建筑工程工程量清单
分部分项计价与预算定额计价对照
实例详解

（依据 GB 50854—2013）

(第三版)

建筑面积
土石方工程
桩与地基基础工程
砌筑工程

工程造价员网　张国栋　主编

中国建筑工业出版社

图书在版编目（CIP）数据

建筑工程工程量清单分部分项计价与预算定额计价对照实例详解 1 建筑面积 土石方工程 桩与地基基础工程 砌筑工程/张国栋主编．—3版．—北京：中国建筑工业出版社，2013.12

ISBN 978-7-112-16148-5

Ⅰ.①建… Ⅱ.①张… Ⅲ.①建筑工程-工程造价②建筑工程-建筑预算定额 Ⅳ.①TU723.3

中国版本图书馆CIP数据核字（2013）第284095号

本书按照《全国统一建筑工程基础定额》的章节，结合《房屋建筑与装饰工程工程量计算规范》（GB 50854—2013）中"建筑工程工程量清单项目及计算规则"，以一问一答一例的方式，对建筑工程各分项的工程量计算方法作了较详细的解释说明。本书最大的特点是实际操作性强，便于读者解决实际工作中经常遇到的难点。

* * *

责任编辑：刘 江 周世明
责任设计：李志立
责任校对：陈晶晶 刘 钰

建筑工程工程量清单
分部分项计价与预算定额计价对照
实例详解
（依据GB 50854—2013）
❶
（第三版）
建筑面积
土石方工程
桩与地基基础工程
砌筑工程
工程造价员网 张国栋 主编

*

中国建筑工业出版社出版、发行（北京西郊百万庄）
各地新华书店、建筑书店经销
北京红光制版公司制版
北京市书林印刷有限公司印刷

*

开本：787×1092毫米 1/16 印张：16¼ 字数：390千字
2014年3月第三版 2014年3月第七次印刷
定价：**36.00**元
ISBN 978-7-112-16148-5
（24899）

版权所有 翻印必究
如有印装质量问题，可寄本社退换
（邮政编码 100037）

编 委 会

主　编　工程造价员网　张国栋

参　编　李　锦　段伟绍　郭芳芳　董明明　王春花

冯　倩　赵小云　荆玲敏　郭小段　耿蕊蕊

李　存　马　波　王文芳　洪　岩　毕晓燕

黄　江　杨进军　冯雪光　李　雪　郑丹红

柳晓娟　吴云雷　徐文金　胡　皓　苗　璐

王　娜　王萌玉　李　轩　吕艳艳　后亚男

第三版前言

根据《全国统一建筑工程基础定额》(GJD—101—95)、《建设工程工程量清单计价规范》(GB 50500—2013)、《房屋建筑与装饰工程工程量计算规范》(GB 50854—2013)编写的《建筑工程工程量清单分部分项计价与预算定额计价对照实例详解》一书，被众多从事工程造价人员选作为学习和工作的参考用书，在第二版销售的过程中，有不少热心的读者来信或电话向作者提供了很多宝贵的意见和看法，在此向广大读者表示衷心的感谢。

为了进一步迎合广大读者的需求，同时也为了进一步推广和完善工程量清单计价模式，推动《建设工程工程量清单计价规范》(GB 50500—2013)、《房屋建筑与装饰工程工程量计算规范》(GB 50854—2013)实施，帮助造价工作者提高实际操作水平，让更多的学习者获得受益，我们特对《建筑工程工程量清单分部分项计价与预算定额计价对照实例详解》一书进行了修订。

该书第三版是在第二版的基础上进行了修订，第三版保留了第一、二版的优点，并对书中有缺陷的地方进行了补充，最重要的是第三版书中计算实例均采用最新的2013版清单计价规范进行讲解，并将读者提供的关于书中的问题进行了集中的解决和处理，个别题目给予了说明，为广大读者提供了便利。

本书与同类书相比，其显著特点是：

(1) 采用2013最新规范，结合时宜，便于学习。

(2) 内容全面，针对性强，且项目划分明细，以便读者有目标性的学习。

(3) 实际操作性强，书中主要以实例说明实际操作中的有关问题及解决方法，便于提高读者的实际操作水平。

(4) 每题进行工程量计算之后均有注释解释计算数据的来源及依据，让读者学习起来快捷，方便。

(5) 结构层次清晰，一目了然。

本书在编写过程中得到了许多同行的支持与帮助，借此表示感谢。由于编者水平有限和时间的限制，书中难免有错误和不妥之处，望广大读者批评指正。如有疑问，请登录 www.gczjy.com（工程造价员网）或 www.ysypx.com（预算员网）或 www.debzw.com（定额编制网）或 www.gclqd.com（工程量清单计价网），或发邮件至 zz6219@163.com 或 dl-whgs@tom.com 与编者联系

目　录

第一章　建筑面积……………………………………………………………………………… 1
第二章　土石方工程 …………………………………………………………………………… 50
第三章　桩与地基基础工程…………………………………………………………………… 100
第四章　砌筑工程……………………………………………………………………………… 165

第一章 建 筑 面 积

【例 1-1】 如图 1-1 所示某单层建筑物示意图，求其建筑面积。

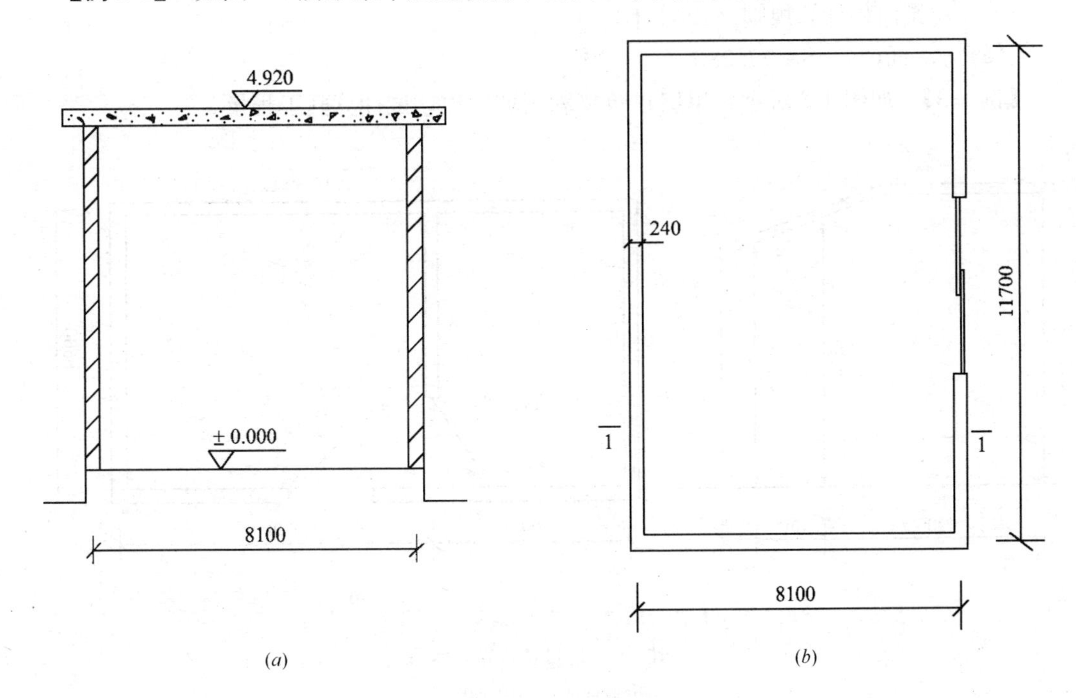

图 1-1 某单层建筑物示意图
(a)剖面图；(b)平面图

【解】 (1)《建筑工程建筑面积计算规范》GB/T 50353—2005

因建筑物高度 4.92m>2.2m，故应计算全面积。

$S=[(8.1+0.24)\times(11.7+0.24)]\text{m}^2=99.58\text{m}^2$

【注释】 8.1 为外墙中心线宽度，0.24 为 2 个半墙的厚度；11.7 为外墙中心线长度，0.24 为 2 个半墙的厚度。

(2)《全国统一建筑工程预算工程量计算规则》(土建工程)GJD_{GZ}-101-95

单层建筑物不论其高度如何，均按建筑物外墙勒脚以上结构的外围水平面积计算其建筑面积。

$S=[(8.1+0.24)\times(11.7+0.24)]\text{m}^2=99.58\text{m}^2$

【注释】 8.1 为外墙中心线宽度，0.24 为 2 倍的外墙中心线距离墙的厚度；11.7 为外墙中心线长度，0.24 为 2 倍的外墙中心线距离墙的厚度。

(3)《建筑面积计算规则》(1982 年)

计算方法同(2)，故 $S=99.58\text{m}^2$

【例 1-2】 如图 1-1 中建筑物高度 H=2.1m，试计算其建筑面积。

【解】 (1)《建筑工程建筑面积计算规范》GB/T 50353—2005

因建筑物高度 $H=2.1m<2.2m$，应计算 1/2 面积。

$$S=\frac{1}{2}\times(8.1+0.24)\times(11.7+0.24)m^2=49.79m^2$$

(2)《全国统一建筑工程预算工程量计算规则》(土建工程)GJD_{GZ}-101-95

计算方法同[例 1-1]中(2)一样，$S=99.58m^2$

(3)《建筑面积计算规则》(1982 年)

计算方法同(2)，$S=99.58m^2$

【例 1-3】 如图 1-2 所示，单层建筑物利用坡屋顶，试计算其工程量。

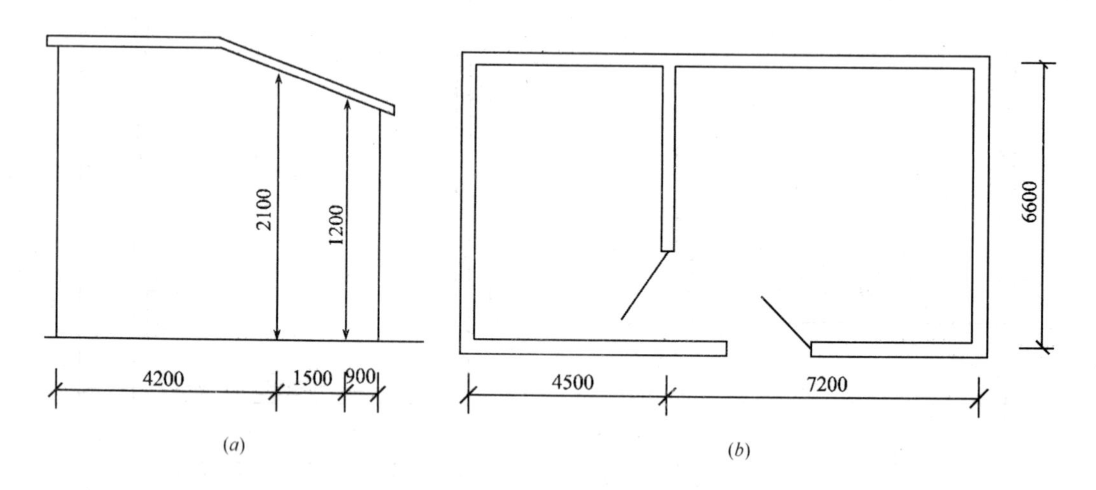

图 1-2 某建筑物示意图

(a)侧面图；(b)平面图

【解】 (1)《建筑工程建筑面积计算规范》GB/T 50353—2005

利用坡屋顶内空间时净高超过 2.1m 的部位应计算全面积；净高在 1.20m 至 2.10m 的部位应计算 1/2 面积；净高不足 1.2m 的部位不应计算面积，由以上可知其建筑面积为：

$$S=[(4.2+0.12)\times(4.5+7.2+0.24)+\frac{1}{2}\times1.5\times(4.5+7.2+0.24)+0]m^2$$
$$=(51.5808+8.955+0)m^2$$
$$=60.54m^2$$

【注释】 (4.2+0.12)×(4.5+7.2+0.24)此部分为净高超过 2.1m 的建筑面积，计算全面积，(4.2+0.12)为建筑物外墙线宽，(4.5+7.2+0.24)为建筑物外墙线长。1/2×1.5×(4.5+7.2+0.24)此部分为净高在 1.2～2.1m 的建筑面积，计算此部分的 1/2 面积，1.5 为此部分外墙线宽，(4.5+7.2+0.24)为此部分外墙线长。

(2)《全国统一建筑工程预算工程量计算规则》(土建工程)GJD_{GZ}-101-95

单层建筑物不论其高度如何，均按一层计算建筑面积。其建筑面积按建筑物外墙勒脚以上结构的外围水平面积计算。

$S=(4.2+1.5+0.9+0.24)\times(4.5+7.2+0.24)m^2$

$=6.84\times11.94m^2$

$=81.67m^2$

【注释】 (4.2+1.5+0.9+0.24)为建筑物外墙外边线宽，(4.5+7.2+0.24)为建筑物外墙外边线长。

(3)《建筑面积计算规则》(1982 年)

计算方法同(2)，故建筑面积 $S=81.67m^2$

【例 1-4】 如图 1-3 所示为一单层建筑物带部分楼层示意图，求其建筑面积。

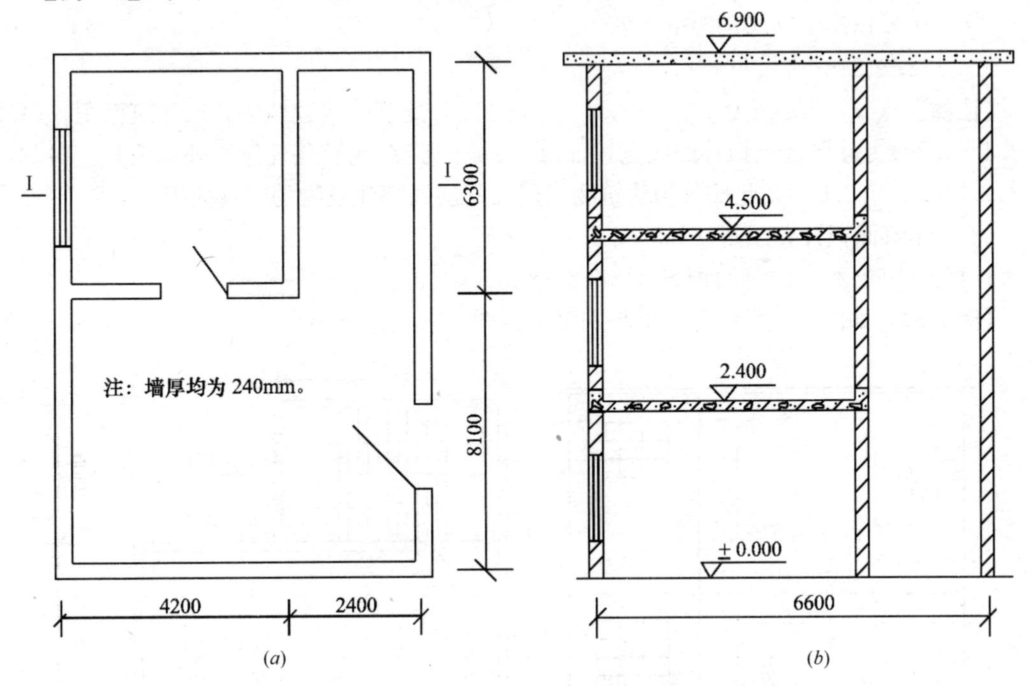

图 1-3 单层建筑物带部分楼层示意图

(a)平面图；(b) Ⅰ-Ⅰ剖面图

【解】 (1)《建筑工程建筑面积计算规范》GB/T 50353—2005

单层建筑物内设有局部楼层者，局部楼层的二层及以上楼层，有围护结构的应按其围护结构外围水平面积计算，无围护结构的应按其结构底板水平面积计算。层高在 2.20m 及以上者应计算全面积；层高不足 2.2m 者应计算 1/2 面积。因二层层高为(4.5－2.4)m＝2.1m＜2.2m，故计算 1/2 面积：三层层高为(6.9－4.5)m＝2.4m＞2.2m，故应计算全面积。建筑物建筑面积计算如下：

$$S=[(4.2+2.4+0.24)\times(8.1+6.3+0.24)+(4.2+0.24)\times(6.3+0.24)\times\frac{1}{2}+(4.2+0.24)\times(6.3+0.24)]m^2$$

$$=(100.1376+14.5188+29.0376)m^2$$

$$=143.694m^2$$

【注释】 (4.2+2.4+0.24)×(8.1+6.3+0.24)此部分为首层建筑面积，因为其层高

2.4m>2.2m，应计算全面积。(4.2+0.24)×(6.3+0.24)×1/2 此部分为二层的局部楼层，因为其层高 2.1m<2.2m，应计算 1/2 面积，(4.2+0.24)为二层局部的外墙线宽，(6.3+0.24)为二层局部楼层的外墙线长。(4.2+0.24)×(6.3+0.24)为三层局部楼层的建筑面积，因其层高 2.4m>2.2m，应计算全面积。

(2)《全国统一建筑工程预算工程量计算规则》(土建工程)GJD_{GZ}-101-95。

单层建筑物内设有部分楼层者，首层建筑面积已包括在单层建筑物内，二层及二层以上应计算建筑面积。

$$S=[(4.2+2.4+0.24)\times(8.1+6.3+0.24)+(4.2+0.24)\times(6.3+0.24)\times2]m^2$$
$$=(100.1376+58.0752)m^2$$
$$=158.2128m^2$$

【注释】 (4.2+2.4+0.24)×(8.1+6.3+0.24)此部分为建筑物首层建筑面积，(4.2+2.4+0.24)为首层建筑物外墙线宽，(8.1+6.3+0.24)为首层建筑物外墙线长。(4.2+0.24)×(6.3+0.24)×2 此部分为建筑物二层及三层局部建筑物的建筑面积。

(3)《建筑面积计算规则》(1982 年)

计算方法同(2)，建筑面积 $S=158.2128m^2$。

【例 1-5】 如图 1-4 所示为三层小别墅示意图，求其建筑面积。

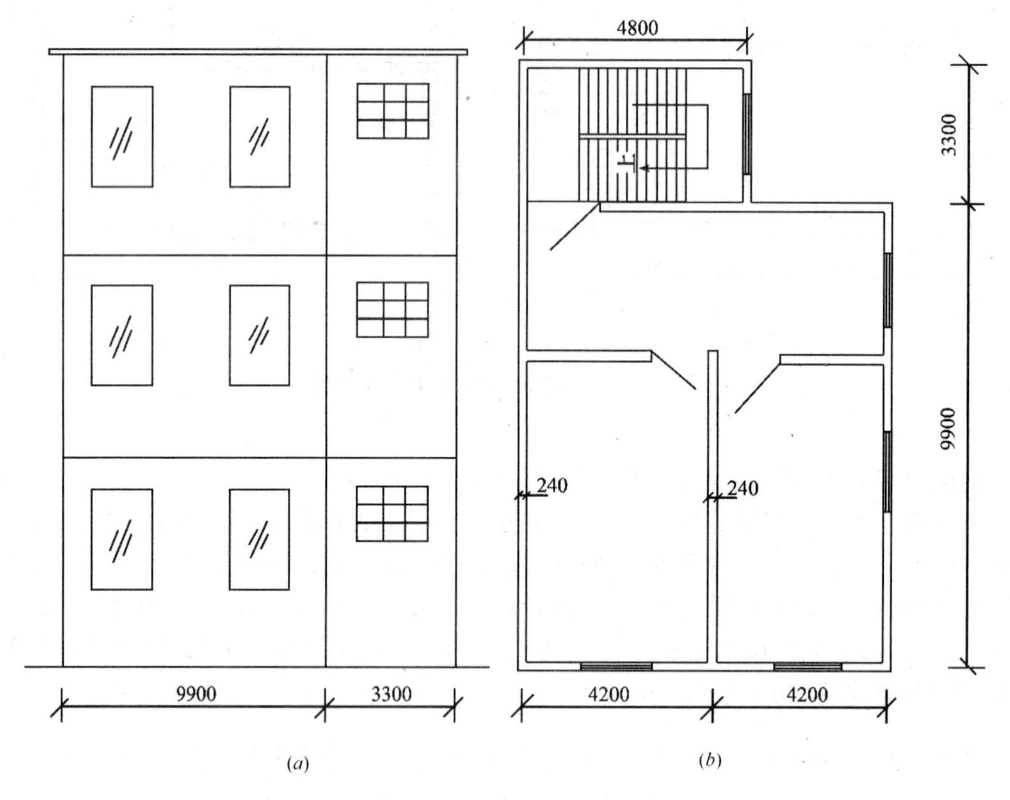

图 1-4 某别墅示意图

(a)东立面图；(b)二、三层平面图

【解】 (1)《建筑工程建筑面积计算规范》GB/T 50353—2005

多层建筑物首层应按其外墙勒脚以上结构外围水平面积计算；二层及以上楼层应按其外

墙结构外围水平面积计算。层高在2.20m及以上者应计算全面积；层高不足2.20m者应计算1/2面积。

1）若三层层高H均在2.2m以上或2.2m，则其建筑面积为：

$$S=[(4.2+4.2+0.24)\times(9.9+0.24)+(4.8+0.24)\times3.3]\times3\text{m}^2$$
$$=(87.6096+16.632)\times3\text{m}^2$$
$$=312.72\text{m}^2$$

【注释】 此种情况为计算全面积的情况.(4.2+4.2+0.24)×(9.9+0.24)此部分为不算楼梯的建筑面积。(4.8+0.24)×3.3此部分为楼梯的建筑面积。

2）若一、二层层高$H_1>2.2$m，$H_2>2.2$m；三层层高$H_3<2.2$m，则其建筑面积为：

$$S=[(4.2+4.2+0.24)\times(9.9+0.24)+(4.8+0.24)\times3.3]\times(2+\frac{1}{2})\text{m}^2$$
$$=(87.6096+16.632)\times\frac{5}{2}\text{m}^2$$
$$=262.109\text{m}^2$$

【注释】 此种情况为三层计算1/2面积的情况。(4.2+4.2+0.24)×(9.9+0.24)此部分为不算楼梯的建筑面积。(4.8+0.24)×3.3此部分为楼梯的建筑面积。(2+1/2)为一层、二层的全面积，三层的1/2面积。

(2)《全国统一建筑工程预算工程量计算规则》(土建工程)GJD_{GZ}-101-95

多层建筑物建筑面积，按各层建筑面积之和计算，其首层建筑面积按外墙勒脚以上结构的外围水平面积计算，二层及二层以上按外墙结构的外围水平面积计算。

$$S=[(4.2+4.2+0.24)\times(9.9+0.24)+(4.8+0.24)\times3.3]\times3\text{m}^2$$
$$=(87.6096+16.632)\times3\text{m}^2$$
$$=312.72\text{m}^2$$

(注：计算方法同(1)中的第1)种情况)

(3)《建筑面积计算规则》(1982年)

计算方法同(2)，建筑面积$S=312.72\text{m}^2$

【注释】 同(1)

【例1-6】 如图1-5，图1-6，图1-7所示为某体育馆看台示意图，试求其建筑面积。

【解】 (1)《建筑工程建筑面积计算规范》GB/T 50353—2005

多层建筑坡屋顶内和体育馆看台下，当设计加以利用时净高超过2.10m的部位应计算全面积；净高在1.20m至2.10m的部位应计算1/2面积；当设计不利用或室内净高不足1.20m时不应计算面积。

1）若此看台下设计不利用，则不应计算建筑面积。

2）若此看台设计利用，其计算示意图如图1-6所示，则其建筑面积为：

$$S=[(81.0-31.5)\times120.0+(31.5-18.0)\times120.0\times\frac{1}{2}+0]\text{m}^2$$
$$=(5940+810+0)\text{m}^2$$
$$=6750\text{m}^2$$

【注释】 (81.0−31.5)×120.0此部分为设计利用净高在2.1m以上，应计算全面积，(81.0−31.5)为此部分外墙线宽，120为此部分外墙线长。(31.5−18.0)×120.0×1/2为

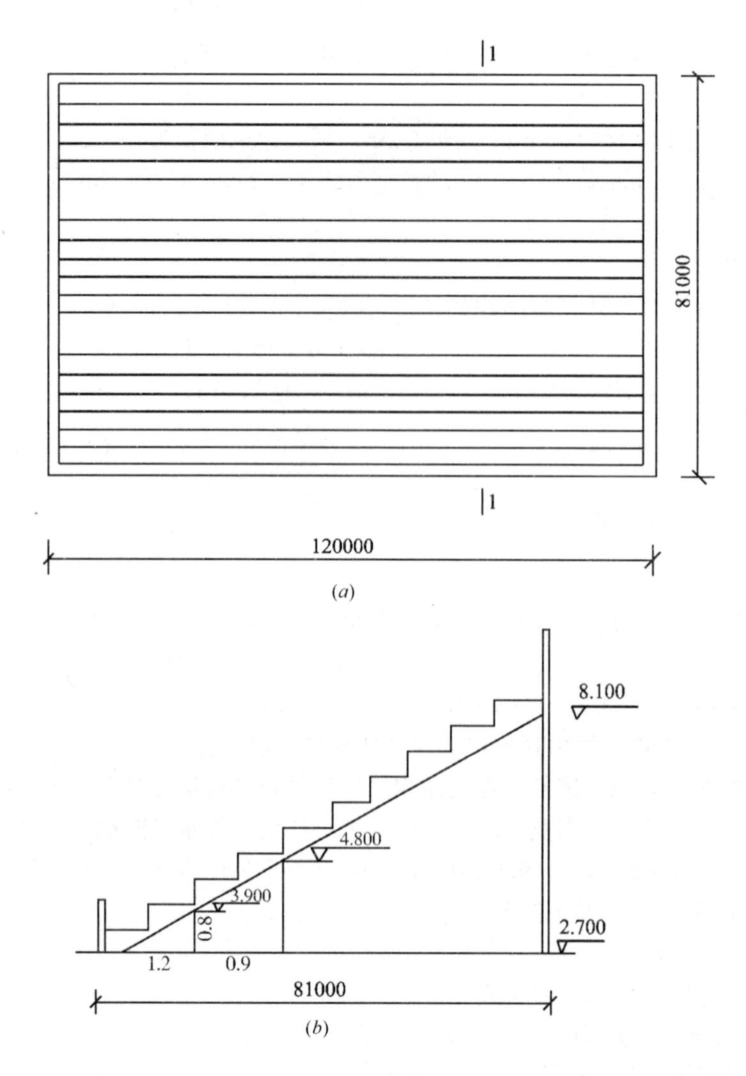

图 1-5 某体育馆看台示意图

(a)平面图；(b)剖面图

净高在 1.2～2.1m 的部位，应计算 1/2 面积，(31.5－18.0)为此部分外墙线的宽，120 为此部分外墙线的长。

(2)《全国统一建筑工程预算工程量计算规则》(土建工程)GJD_{GZ}-101-95。

如图 1-7 所示，短边投影长度为 81m，长边为 120m，故建筑面积按其水平投影面积计算如下：

$S=81.0\times120.0m^2=9720.0m^2$

(3)《建筑面积计算规则》(1982 年)

计算方法同(2)，建筑面积 $S=9720.0m^2$

【例 1-7】 如图 1-8 所示为某建筑物地下室，求其建筑面积。

【解】 (1)《建筑工程建筑面积计算规范》GB/T 50353—2005

地下室、半地下室(车间、商店、车站、车库、仓库等)，包括相应的有永久性顶盖的出入口，应按其外墙上口(不包括采光井、外墙防潮层及其保护墙)外边线所围水平面积计

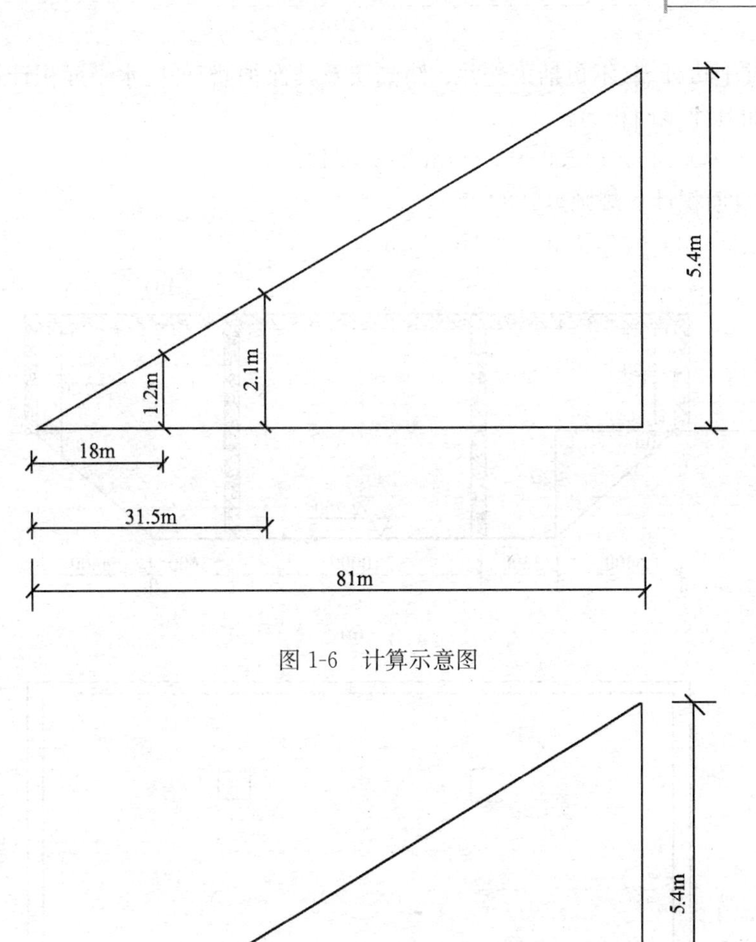

图 1-6　计算示意图

图 1-7　计算示意图

算。层高在 2.20m 及以上者应计算全面积；层高不足2.2m 者应计算 1/2 面积。由图可知其建筑面积为：

$$S=\{[30.0-(0.237+0.12)\times 2]\times(12+0.24)+\frac{1}{2}\times(0.237+0.12+0.12)\times(12.0+0.24)\times 2\}\text{m}^2$$
$$=(358.46+5.84)\text{m}^2$$
$$=364.3\text{m}^2$$

【注释】 0.237 为由比例算得的 X 的值。[30.0－(0.237＋0.12)×2]×(12＋0.24)此部分为外边线水平投影面积。

(2)《全国统一建筑工程预算工程量计算规则》(土建工程)GJD_{GZ}-101-95。

地下室、半地下室、地下车间、仓库、商店、车站、地下指挥部等及相应的出入口建筑面积，按其上口外墙（不包括采光井、防潮层及其保护墙）外围水平面积计算。

由图可知其建筑面积为：

$S=(30.0+0.24)\times(12.0+0.24)\text{m}^2=370.14\text{m}^2$

(3)《建筑面积计算规则》(1982 年)

计算方法同(2)，建筑面积 $S=370.14\text{m}^2$。

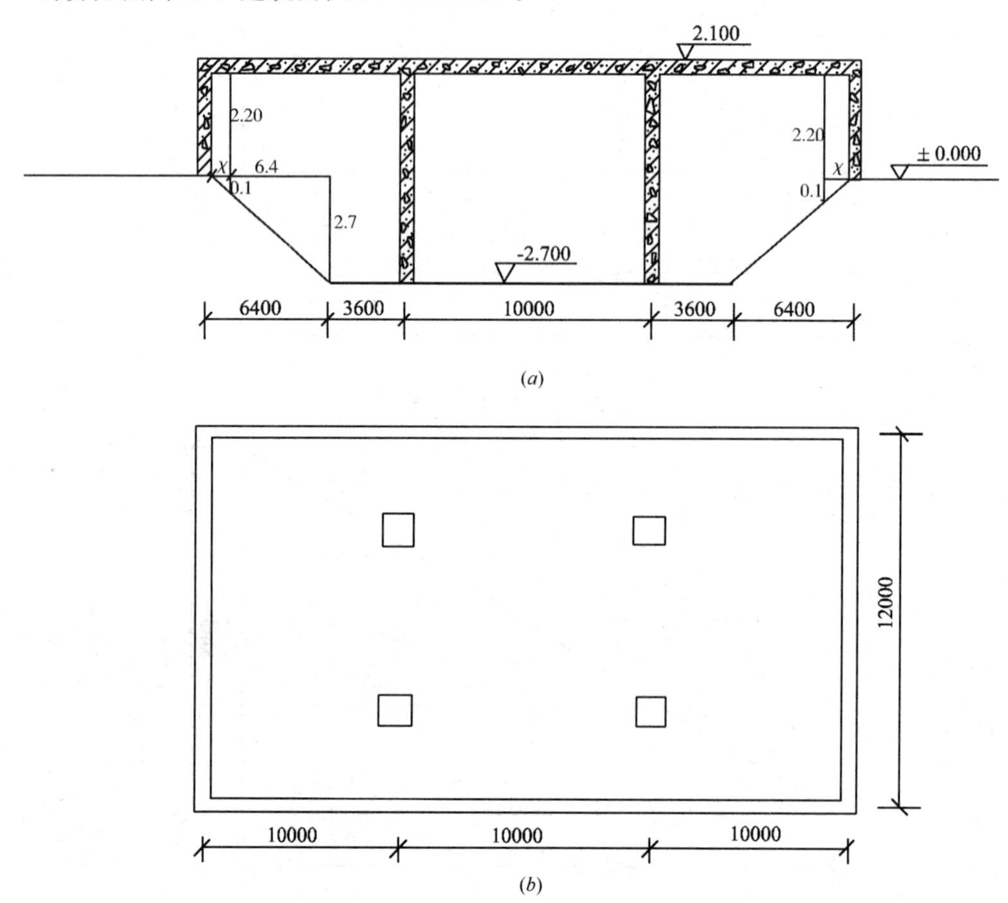

图 1-8 某建筑物地下室停车场示意图

(a)剖面图；(b)平面图

【例 1-8】 如图 1-9 所示，为一利用坡地做吊脚架空层，求其建筑面积。

【解】 (1)《建筑工程建筑面积计算规范》GB/T 50353—2005

坡地的建筑物吊脚架空层，设计加以利用，并有围护结构，层高在 2.20m 及以上的部位应计算全面积；层高不足 2.20m 的部位应计算 1/2 面积。设计加以利用，无围护结构的建筑吊脚架空层，应按其利用部位水平面积的 1/2 计算；设计不利用的深基础架空层，坡地吊脚架空层、多层建筑坡屋顶内、场馆看台下的空间不应计算面积。

1) 如图 1-9 所示，若 $H\geqslant 2.2$m，且设计加以利用并有围护结构则其建筑面积为：

$S=(5.4+0.24)\times(5.4+4.2+0.24)\text{m}^2=55.50\text{m}^2$

【注释】 (5.4+0.24)为吊脚架空层外围护结构的宽度，(5.4+4.2+0.24)为吊脚架空层外围护结构的长度。

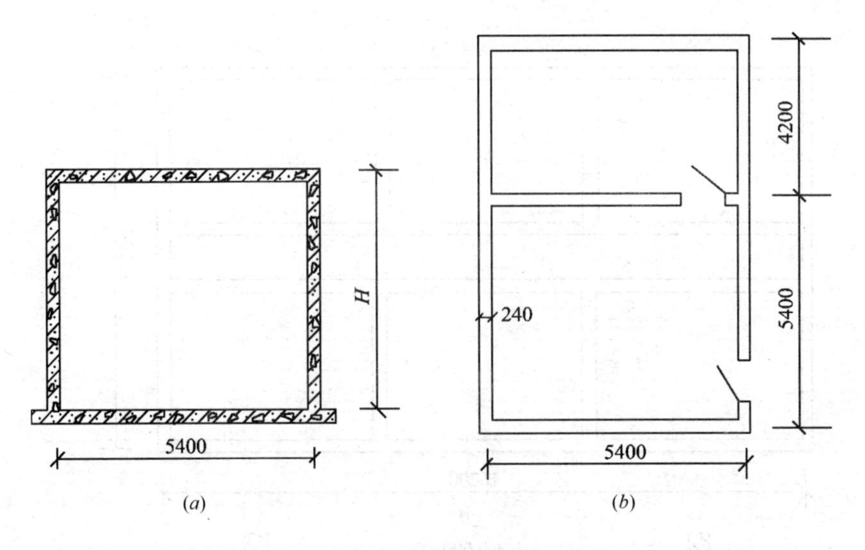

图 1-9 利用坡地吊脚示意图
(a)剖面图；(b)平面图

2）如图 1-9 所示，坡地吊脚空间设计加以利用，但无围护结构，则其建筑面积为：

$S=\frac{1}{2}\times(5.4+0.24)\times(5.4+4.2+0.24)\text{m}^2=27.75\text{m}^2$

【注释】 无围护结构的建筑吊脚架空层，应按其利用部位水平面积的 1/2 计算。

3）如图 1-9 所示，坡地吊脚架空层，层高 $H<2.2\text{m}$，则计算方法同上 2）中，$S=27.75\text{m}^2$。

4）若设计不利用，则不计算建筑面积。

(2)《全国统一建筑工程预算工程量计算规则》(土建工程)GJD_{GZ}-101-95。

建于坡地的建筑物利用吊脚空间设置架空层和深基础地下架空层设计加以利用时，其层高超过 2.2m，按围护结构外围水平面积计算建筑面积。

1）如图 1-9 所示，层高 $H>2.2\text{m}$，则其建筑面积：

$S=(5.4+0.24)\times(5.4+4.2+0.24)\text{m}^2=55.50\text{m}^2$

【注释】 (5.4＋0.24)为吊脚架空层外围护结构的宽度，(5.4＋4.2＋0.24)为吊脚架空层外围护结构的长度。

2）若层高 $H\leqslant2.2\text{m}$，则不应计算建筑面积。

(3)《建筑面积计算规则》(1982 年)

计算方法同(2)。

1）$H>2.2\text{m}$ 时，建筑面积 $S=55.50\text{m}^2$

2）$H\leqslant2.2\text{m}$ 时，不计算建筑面积。

【例 1-9】 如图 1-10 所示为一深基础架空层，试求其建筑面积。

【解】 (1)《建筑工程建筑面积计算规范》GB/T 50353—2005

深基础架空层，设计加以利用并有围护结构的，层高在 2.2m 及以上的部位应计算全面积；层高不足 2.20m 的部位应计算 1/2 面积。设计不利用的深基础架空层不应计算建筑面积。

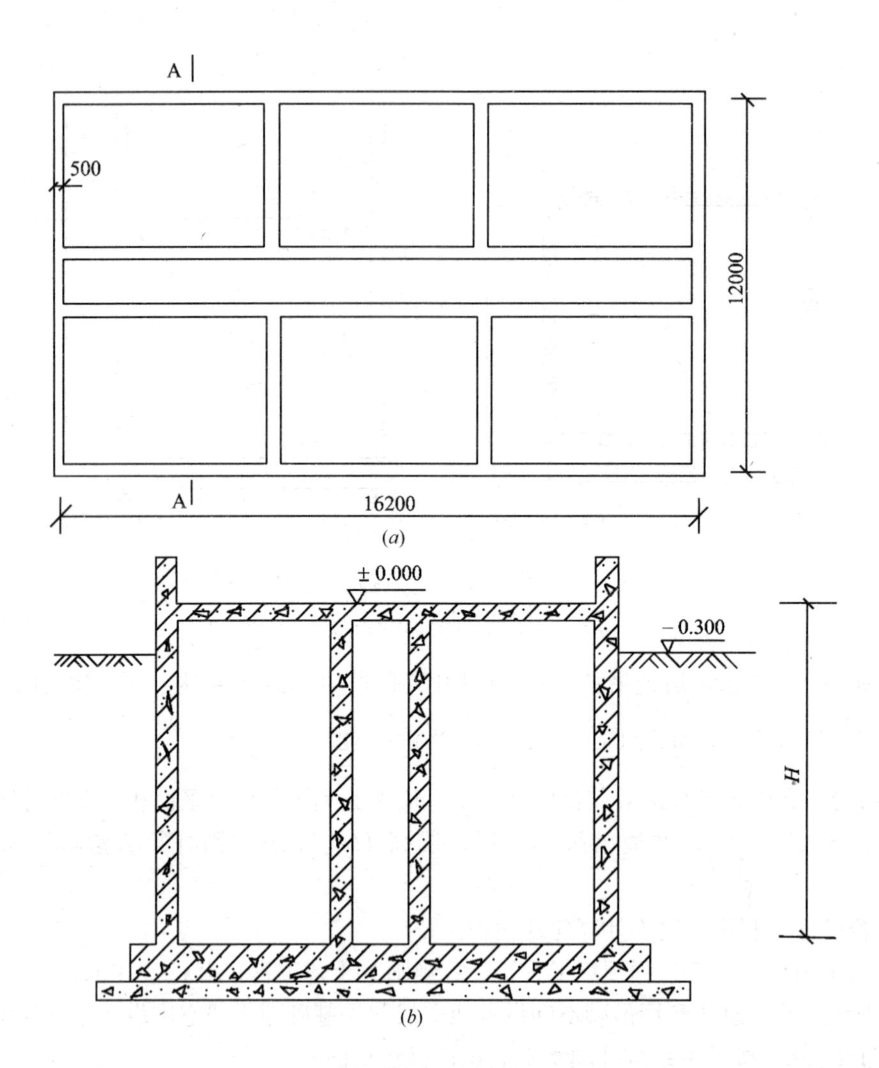

图 1-10 深基础作地下架空层示意图

(a)基础平面图；(b)A-A 基础剖面图

1) 如图 1-10 所示，若深基础设计利用且层高 $H \geqslant 2.2$m，则其建筑面积为：

$S = (16.2+0.5) \times (12.0+0.5)\text{m}^2 = 208.75\text{m}^2$

【注释】 (16.2+0.5)为深基础架空层长度，(12.0+0.5)为深基础架空层宽度。

2) 若设计利用，$H < 2.2$m，则其建筑面积为：

$S = \frac{1}{2} \times (16.2+0.5) \times (12.0+0.5)\text{m}^2 = 104.38\text{m}^2$

【注释】 设计利用高度小于 2.2m 的，应按 1/2 面积计算。

3) 若设计不利用时，不论其高度 H 如何，均不应计算建筑面积。

(2)《全国统一建筑工程预算工程量计算规则》(土建工程)GJD_{GZ}-101-95

深基础地下架空层设计加以利用时，其层高超过 2.2m，按围护结构外围水平面积计算建筑面积。层高在 2.2m 以内的深基础以及设计不利用时，均不应计算建筑面积。

1) 设计加以利用且层高 $H \geqslant 2.2$m 时，则其建筑面积为：

$S = (16.2+0.5) \times (12.0+0.5)\text{m}^2 = 208.75\text{m}^2$

【注释】 (16.2+0.5)为深基础架空层长度，(12.0+0.5)为深基础架空层宽度。

2) 若其层高 $H<2.2$m 时，不应计算建筑面积。

3) 若设计不利用，也不应计算建筑面积。

(3)《建筑面积计算规则》(1982 年)

用深基础做地下架空层加以利用，层高超过 2.2m 的，按架空层外围的水平面积的一半计算建筑面积。

1) 若设计加以利用，且层高 $H\geqslant 2.2$m，则其建筑面积为：

$$S=\frac{1}{2}\times(16.2+0.5)\times(12.0+0.5)\text{m}^2=104.38\text{m}^2$$

【注释】 (16.2+0.5)为深基础架空层长度，(12.0+0.5)为深基础架空层宽度。

2) 若层高 $H<2.2$m，则其建筑面积不应计算。

3) 若设计不利用时，也不应计算建筑面积。

【例 1-10】 如图 1-11 所示为一建筑物大厅内不设回廊的示意图，求大厅建筑面积。

【解】 (1)《建筑工程建筑面积计算规范》GB/T 50353—2005

建筑物的门厅、大厅按一层计算建筑面积。

$S=(9.9+0.24)\times(7.2+0.24)\text{m}^2=75.44\text{m}^2$

【注释】 (9.9+0.24)为大厅外墙线的长度，(7.2+0.24)为大厅外墙线的宽度。

(2)《全国统一建筑工程预算工程量计算规则》(土建工程)GJD_{GZ}-101-95

建筑物内的门厅、大厅，不论其高度如何均按一层建筑面积计算。

$S=(9.9+0.24)\times(7.2+0.24)\text{m}^2=75.44\text{m}^2$

【注释】 (9.9+0.24)为大厅外墙线的长度，(7.2+0.24)为大厅外墙线的宽度。

(3)《建筑面积计算规则》(1982 年)

计算方法同(2)，建筑面积 $S=75.44\text{m}^2$

【例 1-11】 如图 1-12 所示为一带回廊的大厅，其平面外围尺寸如图 1-11(a)中所示，且大厅尺寸与图 1-11 相同，试求其建筑面积。

【解】 (1)《建筑工程建筑面积计算规范》GB/T 50353—2005

门厅、大厅内设有回廊时，应按其结构底板水平面积计算。层高在 2.20m 及以上者应计算全面积；层高不足 2.20m 者应计算 1/2 面积。

1) 若层高 $H\geqslant 2.2$m，则其建筑面积为：

$S=[(9.9+0.24)\times(7.2+0.24)+6.96\times2.4]\text{m}^2=92.14\text{m}^2$

【注释】 (9.9+0.24)为大厅外墙线的长度，(7.2+0.24)为大厅外墙线的宽度。6.96 为回廊的长度，2.4 为回廊的宽度 。

2) 若层高 $H<2.2$m 时，建筑面积为：

$$S=\left[(9.9+0.24)\times(7.2+0.24)+\frac{1}{2}\times6.96\times2.4\right]\text{m}^2=83.79\text{m}^2$$

【注释】 层高小于 2.2m，应按 1/2 面积计算。(9.9+0.24)为大厅外墙线的长度，(7.2+0.24)为大厅外墙线的宽度。6.96 为回廊的长度，2.4 为回廊的宽度 。

(2)《全国统一建筑工程预算工程量计算规则》(土建工程)GJD_{GZ}-101-95

门厅、大厅内设有回廊时，按其自然层的水平投影面积计算建筑面积。

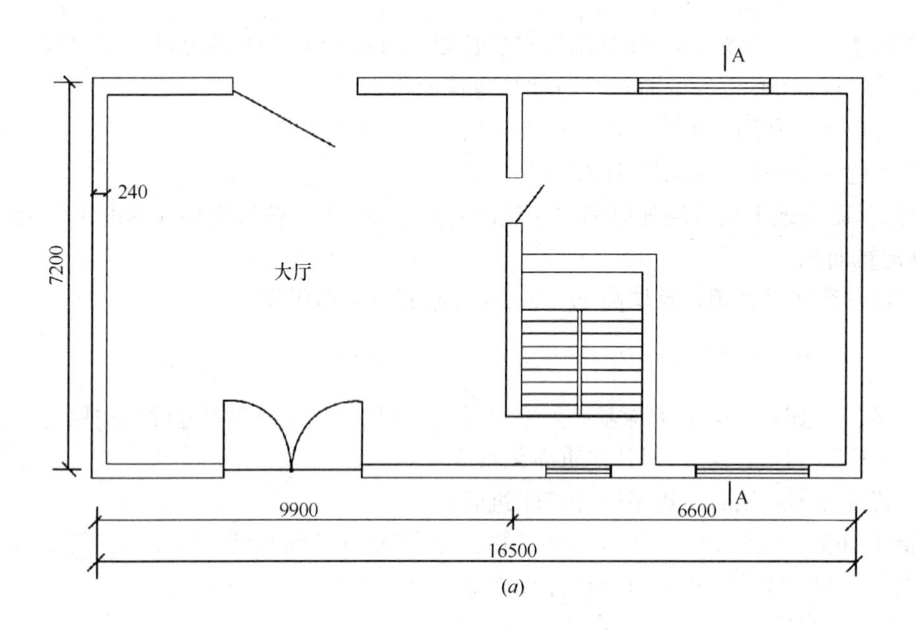

(a)

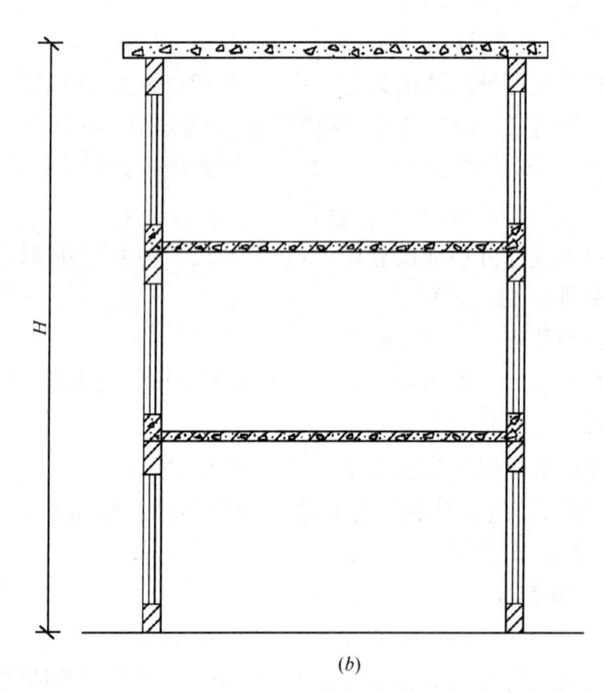

(b)

图 1-11 建筑物大厅内不设回廊的示意图
(a)平面图；(b)立面图

$S=[(9.9+0.24)\times(7.2+0.24)+6.96\times2.4]\text{m}^2=92.14\text{m}^2$

【注释】 (9.9+0.24)为大厅外墙线的水平投影长度，(7.2+0.24)为大厅外墙线水平投影的宽度。6.96 为回廊的长度，2.4 为回廊的宽度 。

(3)《建筑面积计算规则》(1982 年)

计算方法同(2)，建筑面积 $S=92.14\text{m}^2$

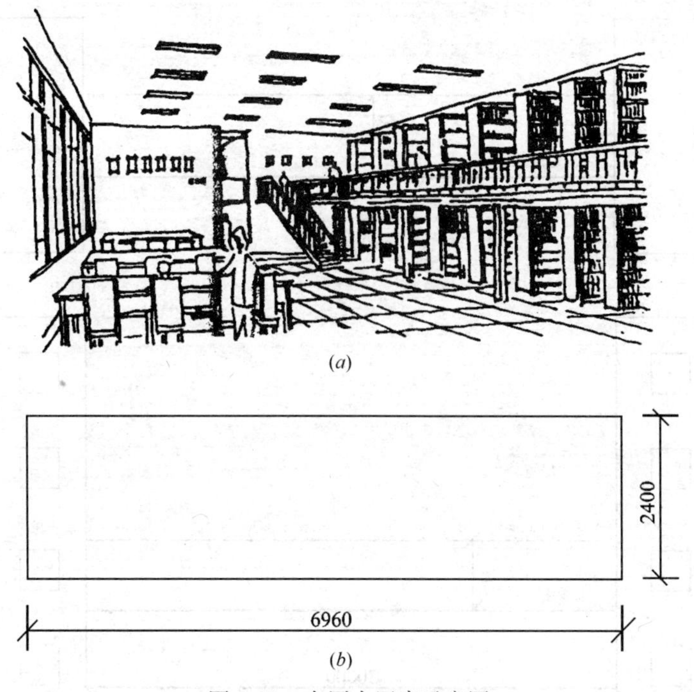

图 1-12 大厅内回廊示意图

(a)大厅平视图；(b)回廊底板尺寸

【例 1-12】 如图 1-13 为一架空走廊示意图，求其建筑面积。

【解】 (1)《建筑工程建筑面积计算规范》GB/T 50353—2005

建筑物间有围护结构的架空走廊，应按其围护结构外围水平面积计算。层高在 2.20m 及以上者应计算全面积；层高不足 2.2m 者应计算 1/2 面积；有永久性顶盖无围护结构的应按其结构底板水平面积的 1/2 计算；无永久性顶盖的架空走廊不计算建筑面积。

1) 若此架空走廊有围护结构，且层高 $H \geqslant 2.20$m 时，建筑面积为：

$S = 5.1 \times 30.0\text{m}^2 = 153\text{m}^2$

【注释】 5.1 为架空走廊的宽度，30 为架空走廊的长度。

2) 若有围护结构，但层高 $H < 2.20$m 时，建筑面积为：

$$S = \frac{1}{2} \times 5.1 \times 30.0\text{m}^2 = 76.5\text{m}^2$$

【注释】 层高小于 2.2m 时，应计算 1/2 面积。5.1 为架空走廊的宽度，30 为架空走廊的长度。

3) 若架空走廊无围护结构，但有永久性顶盖，则其建筑面积为：

$$S = \frac{1}{2} \times 5.1 \times 30.0\text{m}^2 = 76.5\text{m}^2$$

【注释】 有永久性顶盖无围护结构的应按其结构底板水平面积的 1/2 计算。5.1 为架空走廊的宽度，30 为架空走廊的长度。

4) 若架空走廊无永久性顶盖，则不应计算建筑面积。

(2)《全国统一建筑工程预算工程量计算规则》(土建工程)GJD_{GZ}-101-95

建筑物间有顶盖的架空走廊，不论其高度如何、有无围护结构，均按其顶盖水平投影

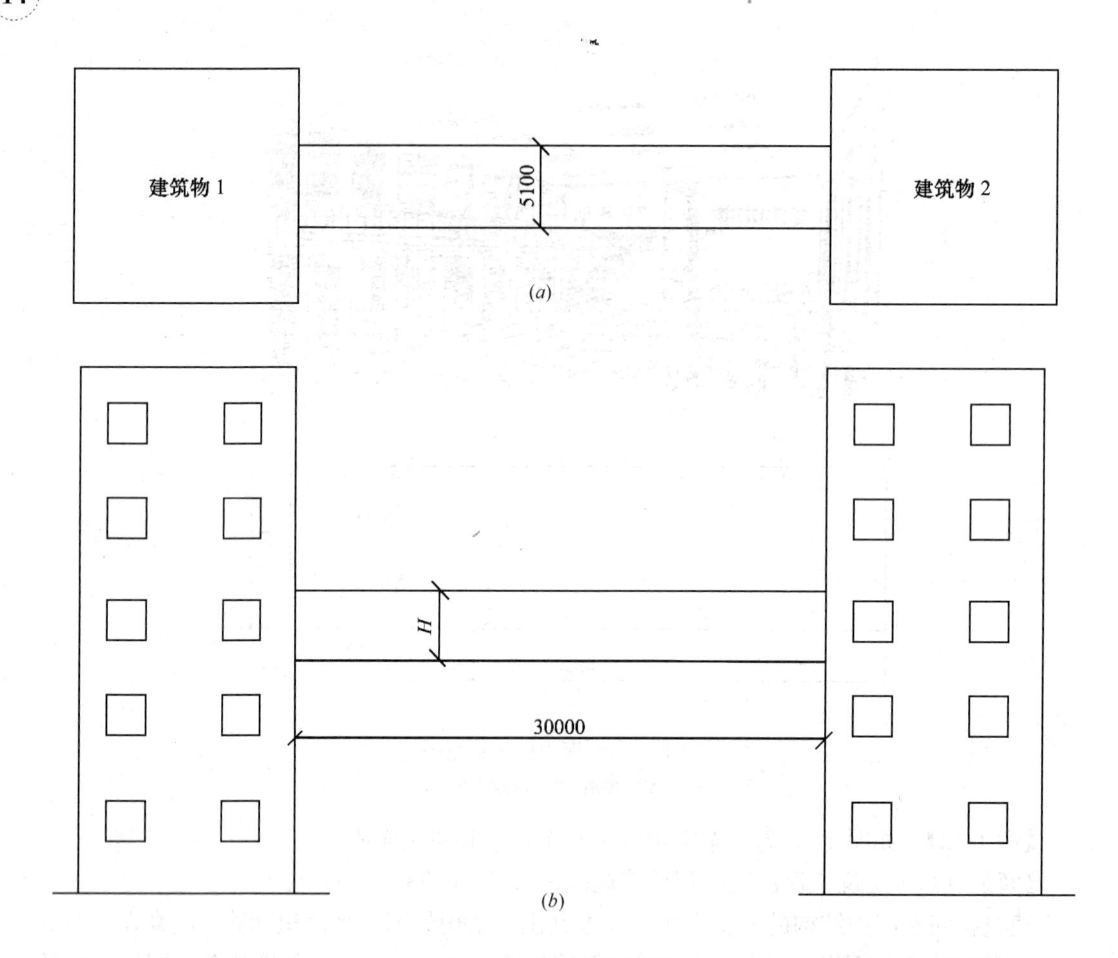

图 1-13　架空走廊示意图
(a)平面图；(b)立面图

面积计算建筑面积。若无顶盖，不应计算建筑面积。

1）有顶盖，尺寸如图 1-13 所示，则其建筑面积为：

$S=5.1\times30.0\text{m}^2=153\text{m}^2$

【注释】 5.1 为顶盖水平投影的长，30 为顶盖水平投影的宽。

2）若无顶盖，则其建筑面积不应计算。

(3)《建筑面积计算规则》(1982 年)

两个建筑物间有顶盖的架空通廊，按通廊的投影面积计算建筑面积。无顶盖的架空通廊按其投影面积的一半计算建筑面积。

1）如图 1-13 中架空通廊有顶盖，则其建筑面积为：

$S=5.1\times30.0\text{m}^2=153\text{m}^2$

【注释】 5.1 为顶盖水平投影的长，30 为顶盖水平投影的宽。

2）若无顶盖，建筑面积为：

$S=\frac{1}{2}\times5.1\times30.0\text{m}^2=76.5\text{m}^2$

【注释】 两个建筑物间无顶盖的架空通廊按其投影面积的一半计算建筑面积。5.1 为架空走廊的宽度，30 为架空走廊的长度。

【例 1-13】 如图 1-14 所示为一书库，求其建筑面积。

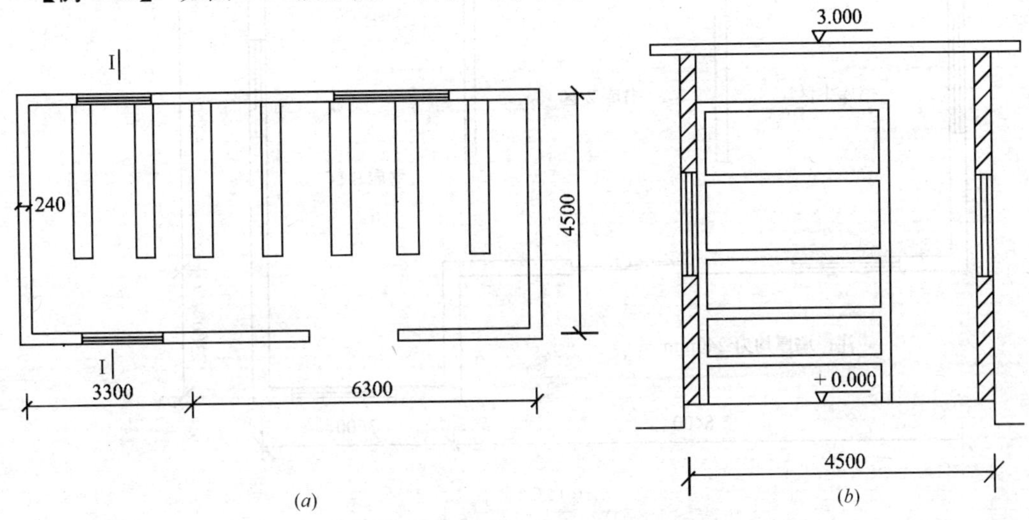

图 1-14 书库示意图

(a)平面图；(b) I-I 剖面图

【解】 (1)《建筑工程建筑面积计算规范》GB/T 50353—2005

立体书库无结构层的应按一层计算，如图 1-14 所示，建筑面积为：

$S=(3.3+6.3+0.24)\times(4.5+0.24)\mathrm{m}^2=46.64\mathrm{m}^2$

【注释】 (3.3+6.3+0.24)为书库外墙线的总长，(4.5+0.24)为书库外墙线的宽。

(2)《全国统一建筑工程预算工程量计算规则》(土建工程)GJD_{GZ}-101-95

书库没有结构层的，按承重书架层计算建筑面积。建筑面积计算如下：

$S=(3.3+6.3+0.24)\times(4.5+0.24)\times5\mathrm{m}^2=233.2\mathrm{m}^2$

【注释】 (3.3+6.3+0.24)为书库外墙线的总长，(4.5+0.24)为书库外墙线的宽。5 为层数。

(3)《建筑面积计算规则》(1982 年)

图书馆的书库按书架层计算建筑面积。

图 1-14 中书库建筑面积为：

$S=233.2\mathrm{m}^2$

【例 1-14】 如图 1-15 所示，带有结构层的书库，试计算其建筑面积。

【解】 (1)《建筑工程建筑面积计算规范》GB/T 50353—2005

立体书库有结构层的，应按其结构层面积分别计算。层高在 2.20m 及以上者应计算全面积；层高不足 2.20m 者应计算 1/2 面积。

1) 如图 1-15 所示，层高 $H_1=3.0\mathrm{m}$，$H_2=H_3=H_4=2.1\mathrm{m}$，其建筑面积计算如下：

$$S=[(8.4+3.6+0.24)\times(3.0+5.4+0.24)-(3.0+0.12-0.12)\times(8.4+0.12-0.12)]\times(1+\frac{1}{2}\times3)\mathrm{m}^2$$

$$=201.38\mathrm{m}^2$$

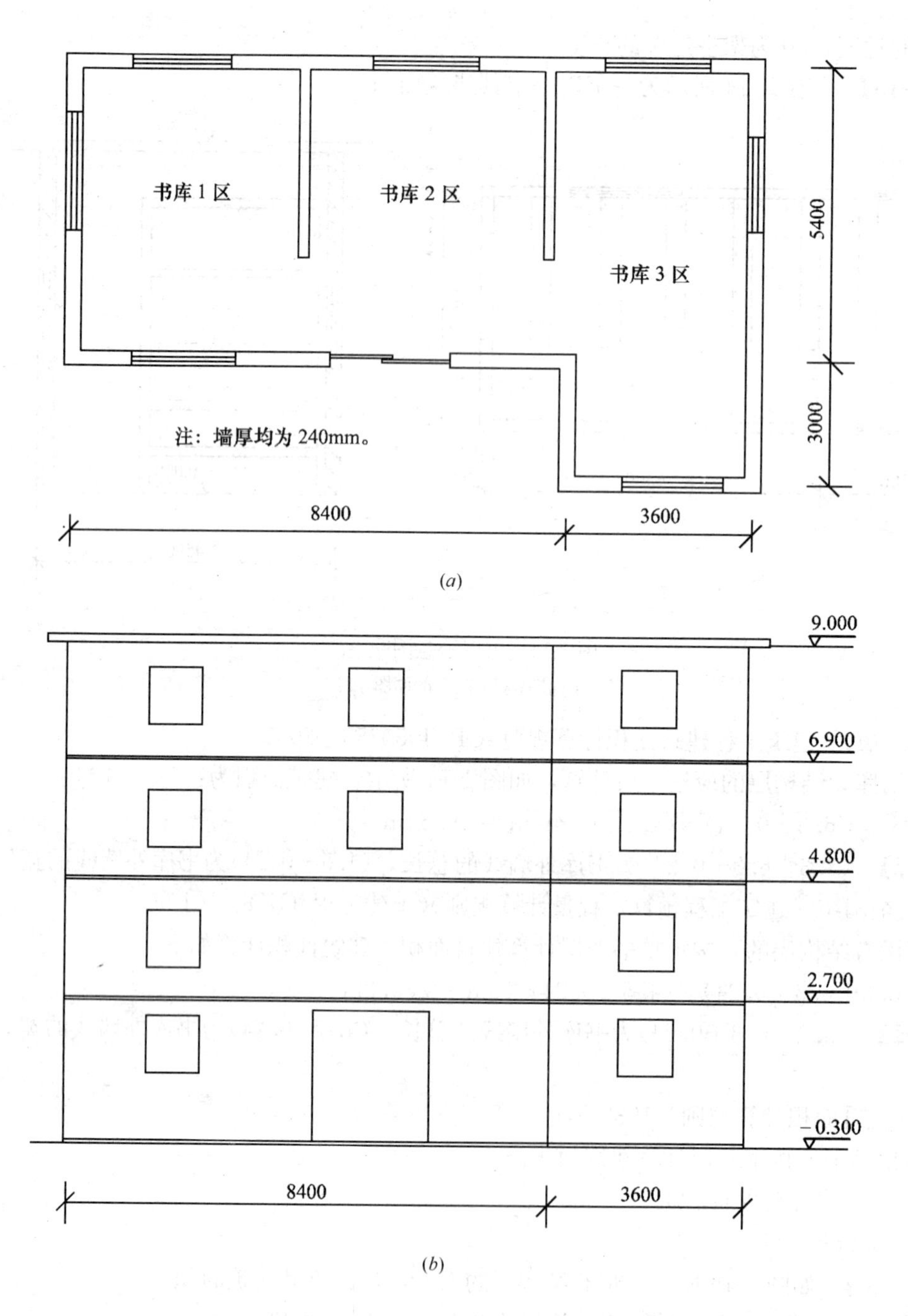

图 1-15 某书库示意图

(a)首层平面图；(b)南立面图

【注释】 (8.4+3.6+0.24)×(3.0+5.4+0.24)−(3.0+0.12−0.12)×(8.4+0.12−0.12)此部分为外围结构线所围成的建筑面积，减去实际不存在的部分面积，(8.4+3.6+0.24)×(3.0+5.4+0.24)此部分为外围结构线所围成的建筑面积，(8.4+3.6+0.24)为外围结构线总长，(3.0+5.4+0.24)为外围结构线总宽。(3.0+0.12−0.12)×(8.4+0.12−0.12)此部分为实际不存在的部分，应予以扣除。(1+1/2×3)为一层建筑面积和2、3、4层的1/2建筑面积。

2）如图 1-15 中层高 H 均大于等于 2.20m，则其建筑面积为：

$S=[(8.4+3.6+0.24)\times(3.0+5.4+0.24)-(3.0+0.12-0.12)\times(8.4+0.12-0.12)]\times 4m^2$

$=322.21m^2$

【注释】 层高均大于 2.2m，都应计算全部建筑面积。(8.4+3.6+0.24)×(3.0+5.4+0.24)−(3.0+0.12−0.12)×(8.4+0.12−0.12)此部分为外围结构线所围成的建筑面积，减去实际不存在的部分面积。

(2)《全国统一建筑工程预算工程量计算规则》(土建工程)GJD_{GZ}-101-95

书库设有结构层的，按结构层计算建筑面积。

图 1-15 所示书库建筑面积为：

$S=[(8.4+3.6+0.24)\times(3.0+5.4+0.24)-(3.0+0.12-0.12)\times(8.4+0.12-0.12)]\times 4m^2$

$=322.21m^2$

【注释】 (8.4+3.6+0.24)×(3.0+5.4+0.24)−(3.0+0.12−0.12)×(8.4+0.12−0.12)此部分为外围结构线所围成的建筑面积，减去实际不存在的部分面积。

(3)《建筑面积计算规则》(1982 年)

图书馆的书库按书架层计算建筑面积。

图 1-15 所示书库建筑面积为：

$S=[(8.4+3.6+0.24)\times(3.0+5.4+0.24)-(3.0+0.12-0.12)\times(8.4+0.12-0.12)]\times 4m^2$

$=322.21m^2$

【注释】 (8.4+3.6+0.24)×(3.0+5.4+0.24)−(3.0+0.12−0.12)×(8.4+0.12−0.12)此部分为外围结构线所围成的建筑面积，减去实际不存在的部分面积。

【例 1-15】 如图 1-16 所示，为一立体仓库示意图，试求其建筑面积。

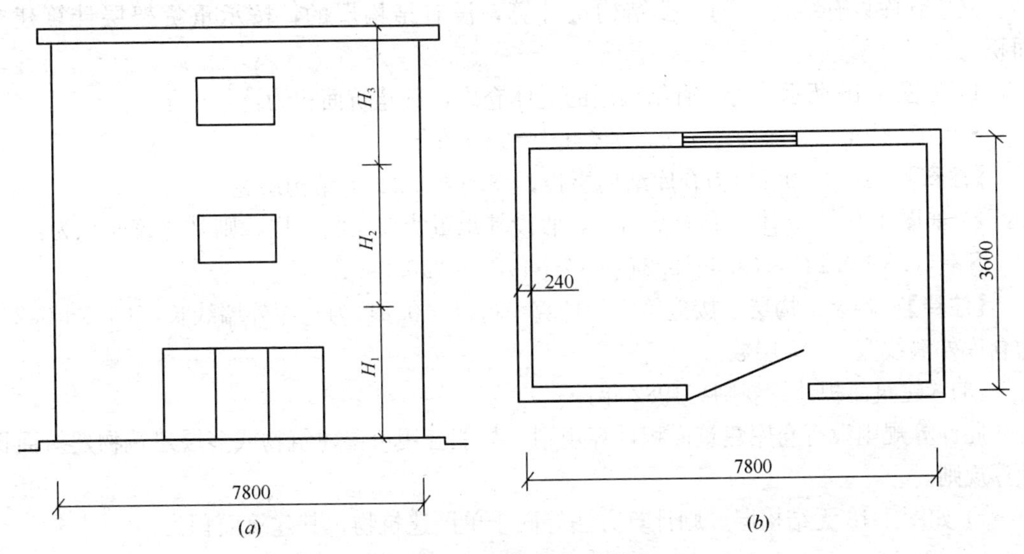

图 1-16　立体仓库示意图

(a)南立面图；(b)首层平面图

【解】 (1)《建筑工程建筑面积计算规范》GB/T 50353—2005

立体仓库无结构层的按一层计算，有结构层的应按其结构层面积分别计算；层高在2.20m及以上者应计算全面积；层高不足2.20m者应计算1/2面积。

1）若此仓库无结构层，平面图如图1-16(*b*)所示，则其建筑面积为：

$S=(7.8+0.24)\times(3.6+0.24)m^2=30.87m^2$

【注释】 若无结构层，按一层建筑面积计算。(7.8+0.24)为仓库外墙线长，(3.6+0.24)为仓库外墙线宽。

2）如图1-16所示，此仓库有三层结构层，若层高均大于等于2.20m($H\geqslant2.20m$)，则其建筑面积为：

$S=(7.8+0.24)\times(3.6+0.24)\times3m^2=92.62m^2$

【注释】 (7.8+0.24)为仓库外墙线长，(3.6+0.24)为仓库外墙线宽。3为层数。

3）如图1-16所示，若三层高分别为：$H_1=3.3m$，$H_2=2.7m$，$H_3=2.1m$，则其建筑面积为：

$$S=(7.8+0.24)\times(3.6+0.24)\times(1+1+\frac{1}{2})m^2=77.18m^2$$

【注释】 1、2层层高大于2.1m，应计算全面积，3层层高小于2.1m，按1/2面积计算。(7.8+0.24)为仓库外墙线长，(3.6+0.24)为仓库外墙线宽。

4）如图1-16所示，若三层层高分别为：$H_1=3.0m$，$H_2=H_3=2.1m$，则其建筑面积为：

$$S=(7.8+0.24)\times(3.6+0.24)\times(1+\frac{1}{2}+\frac{1}{2})m^2=61.74m^2$$

【注释】 1层层高大于2.1m，应计算全面积，2、3层层高小于2.1m，按1/2面积计算。(7.8+0.24)为仓库外墙线长，(3.6+0.24)为仓库外墙线宽。

(2)《全国统一建筑工程预算工程量计算规则》(土建工程)GJD_{GZ}-101-95

立体仓库设有结构层的，按结构层计算，没有结构层的，按承重货架层计算建筑面积。

1）如图1-16所示，为一有结构层的立体仓库，其建筑面积为：

$S=(7.8+0.24)\times(3.6+0.24)\times3m^2=92.62m^2$

【注释】 (7.8+0.24)为仓库结构层长，(3.6+0.24)为结构层宽。

2）如图1-16中立体仓库无结构层，假设其承重货架层共7层，则其建筑面积为：

$S=(7.8+0.24)\times(3.6+0.24)\times(7+1)m^2=246.99m^2$

【注释】 若无结构层，按建筑面积计算。(7.8+0.24)为仓库外墙线长，(3.6+0.24)为仓库外墙线宽。7为层数。

(3)《建筑面积计算规则》(1982年)

此计算规则没有仓库建筑面积计算规则，只能套用单层建筑物或多层建筑物建筑面积计算规则。

1）如图1-16无结构层，则计算方法等同于单层建筑物，其建筑面积为：

$S=(7.8+0.24)\times(3.6+0.24)m^2=30.87m^2$

【注释】 若无结构层，按建筑面积计算。(7.8+0.24)为仓库外墙线长，(3.6+0.24)

为仓库外墙线宽。

2）如图 1-16 所示为三层结构层的仓库，无论其高度如何，均按多层建筑物建筑面积计算，则其建筑面积为：

$S=(7.8+0.24)\times(3.6+0.24)\times3\text{m}^2=92.62\text{m}^2$

【注释】 (7.8+0.24)为仓库结构层长，(3.6+0.24)为结构层宽。3 为层数。

【例 1-16】 如图 1-17 所示，某单层建筑物内的舞台灯光控制室，求其建筑面积。

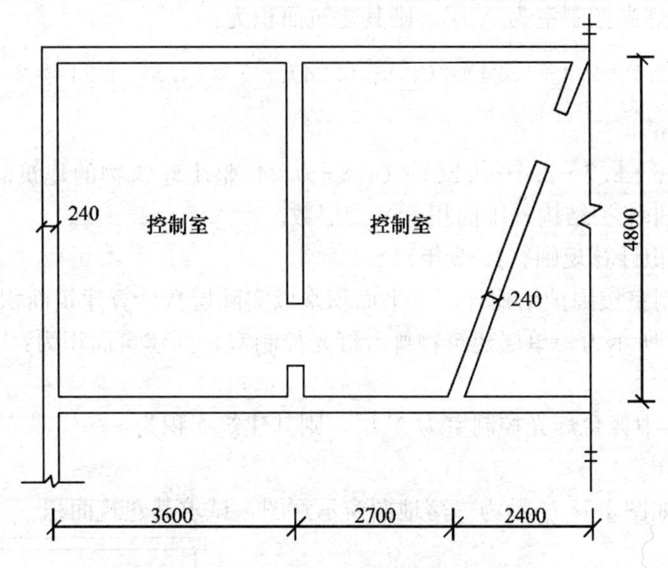

图 1-17 某舞台灯光控制室

【解】 (1)《建筑工程建筑面积计算规范》GB/T 50353—2005

有围护结构的舞台灯光控制室，应按其围护结构外围水平面积计算。层高在 2.20m 及以上者应计算全面积；层高不足 2.20m 者应计算 1/2 面积。

1）由图 1-17 可知，若层高 $H\geqslant2.20\text{m}$，则其建筑面积为：

$$S=\left[(3.6+2.7+2.4+0.24)\times(4.8+0.24)-\frac{1}{2}\times(4.8+0.24)\times2.4\right]\text{m}^2$$

$$=(45.0576-6.05)\text{m}^2=39.01\text{m}^2$$

【注释】 (3.6+2.7+2.4+0.24)×(4.8+0.24)整个建筑物的建筑面积。1/2×(4.8+0.24)×2.4 为非维护结构外围面积。

2）若层高 $H<2.20\text{m}$，则其建筑面积为：

$$S=\frac{1}{2}\times\left[(3.6+2.7+2.4+0.24)\times(4.8+0.24)-\frac{1}{2}\times(4.8+0.24)\times2.4\right]\text{m}^2$$

$$=\frac{1}{2}\times(45.0576-6.05)\text{m}^2$$

$$=19.51\text{m}^2$$

【注释】 因为此种情况为层高 $H<2.20\text{m}$，所以其建筑面积应为(1)的 1/2 面积。

(2)《全国统一建筑工程预算工程量计算规则》(土建工程)GJD_{GZ}-101-95

有围护结构的舞台灯光控制室，按其围护结构外围水平面积乘以层高计算建筑面积。

1）如图 1-17 所示，单层建筑物内舞台灯光控制室，其建筑面积为：

$$S=\left[(3.6+2.7+2.4+0.24)\times(4.8+0.24)-\frac{1}{2}\times(4.8+0.24)\times2.4\right]\text{m}^2$$
$$=(45.0576-6.05)\text{m}^2$$
$$=39.01\text{m}^2$$

【注释】 (3.6+2.7+2.4+0.24)×(4.8+0.24)整个建筑物的建筑面积。1/2×(4.8+0.24)×2.4为非维护结构外围面积。

2）若此舞台灯光控制室为 N 层，则其建筑面积为：

$$S=\left[(3.6+2.7+2.4+0.24)\times(4.8+0.24)-\frac{1}{2}\times(4.8+0.24)\times2.4\right]\times N\text{m}^2$$
$$=39.01N\text{m}^2$$

【注释】 (3.6+2.7+2.4+0.24)×(4.8+0.24)整个建筑物的建筑面积。1/2×(4.8+0.24)×2.4为非维护结构外围面积。N 为层数。

(3)《建筑面积计算规则》(1982年)

舞台灯光控制室按围护结构外围水平面积乘以实际层数计算建筑面积。

1）如图1-17所示为一单层建筑物舞台灯光控制室，其建筑面积为：

$S=39.01\text{m}^2$

2）如图1-17中舞台灯光控制室为 N 层，则其建筑面积为：

$S=39.01N\text{m}^2$

【例1-17】 如图1-18所示为一落地橱窗示意图，试求其建筑面积。

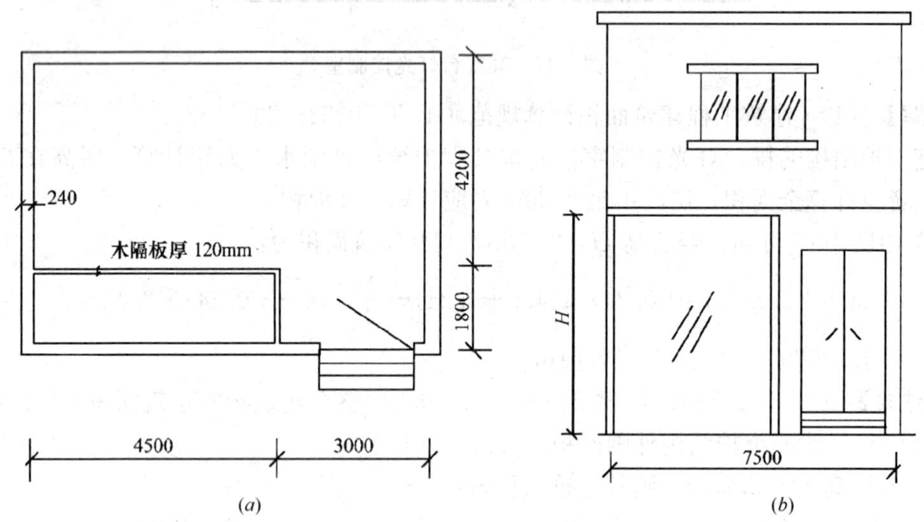

图1-18 落地橱窗示意图

(a)平面图；(b)南立面图

【解】 (1)《建筑工程建筑面积计算规范》GB/T 50353—2005

建筑物外有围护结构的落地橱窗，应按其围护结构外围水平面积计算；房高在2.20m及以上者应计算全面积；层高不足2.20m者应计算1/2面积；有永久性顶盖无围护结构的应按其结构底板水平面积的1/2计算。

1）如图1-18为一有围护结构的单层落地橱窗，若 $H\geqslant2.20$m，其建筑面积为：

$S=(4.5+0.12+0.06)\times(1.8+0.12+0.06)m^2=9.27m^2$

【注释】 当 $H\geqslant2.20m$ 时，计算全面积。(4.5＋0.12＋0.06)为落地橱窗的长，0.06为1/2木隔板厚。(1.8＋0.12＋0.06)为落地橱窗的宽。

2）若 $H<2.20m$，则其建筑面积为：

$$S=\frac{1}{2}\times(4.5+0.12+0.06)\times(1.8+0.12+0.06)m^2$$
$$=\frac{1}{2}\times9.27m^2$$
$$=4.64m^2$$

【注释】 当 $H<2.20m$ 时，计算1/2面积。(4.5＋0.12＋0.06)为落地橱窗的长，0.06为1/2木隔板厚。(1.8＋0.12＋0.06)为落地橱窗的宽。

3）若橱窗有两层，层高分别为 $H_1=3.3m$，$H_2=2.1m$，平面图如图1-18(*a*)所示，则其建筑面积为：

$$S=(4.5+0.12+0.06)\times(1.8+0.12+0.06)\times\left(1+\frac{1}{2}\right)m^2=13.91m^2$$

【注释】 层高<2.20的层，应计算1/2建筑面积。

(2)《全国统一建筑工程预算工程量计算规则》(土建工程)GJD_{GZ}-101-95

建筑物外有围护结构的橱窗，按其围护结构外围水平面积计算建筑面积。

1）如图1-18所示一单层落地橱窗，无论其高度如何，均按其围护结构外围水平面积计算建筑面积。

$S=(4.5+0.12+0.06)\times(1.8+0.12+0.06)m^2=9.27m^2$

【注释】 (4.5＋0.12＋0.06)为落地橱窗的长，0.06为1/2木隔板厚。(1.8＋0.12＋0.06)为落地橱窗的宽。

2）若有两层落地橱窗，则其建筑面积为：

$S=(4.5+0.12+0.06)\times(1.8+0.12+0.06)\times2m^2=9.27\times2m^2=18.54m^2$

【注释】 (4.5＋0.12＋0.06)为落地橱窗的长，0.06为1/2木隔板厚。(1.8＋0.12＋0.06)为落地橱窗的宽。

(3)《建筑面积计算规则》(1982年)

此规则对橱窗建筑面积计算没有规定，只能套用单层或多层建筑物建筑面积的计算规则。

1）如图1-18所示，落地橱窗只有一层，按单层建筑物建筑面积计算如下：

$S=(4.5+0.12+0.06)\times(1.8+0.12+0.06)m^2=9.27m^2$

【注释】 (4.5＋0.12＋0.06)为落地橱窗的长，0.06为1/2木隔板厚。(1.8＋0.12＋0.06)为落地橱窗的宽。

2）若有两层落地橱窗，则按多层建筑物建筑面积计算，平面图如图1-18(*a*)所示，则其建筑面积为：

$S=(4.5+0.12+0.06)\times(1.8+0.12+0.06)\times2m^2=9.27\times2m^2=18.54m^2$

【注释】 (4.5＋0.12＋0.06)为落地橱窗的长，0.06为1/2木隔板厚。(1.8＋0.12＋0.06)为落地橱窗的宽。

【例1-18】 如图1-19所示为一门斗示意图，求其建筑面积。

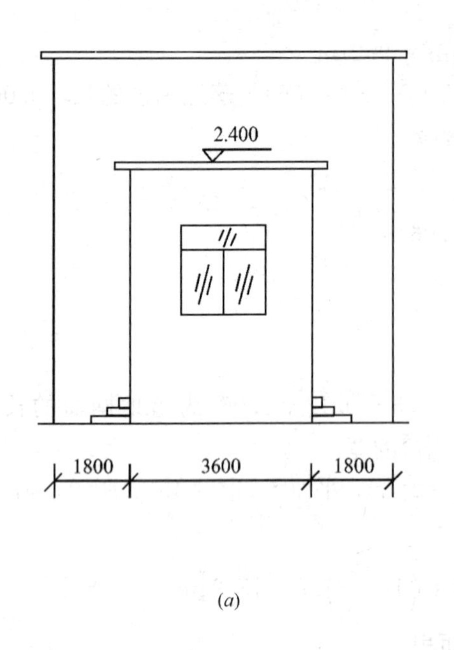

(a)

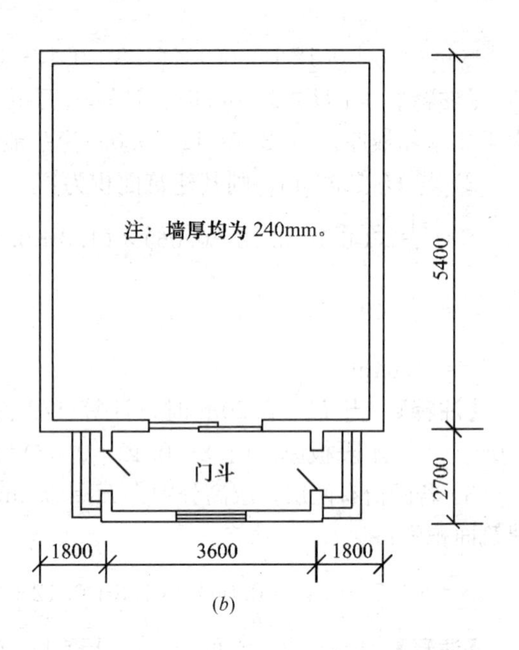

(b)

图 1-19 门斗示意图

(a)立面图；(b)平面图

【解】 (1)《建筑工程建筑面积计算规范》GB/T 50353—2005

建筑物外有围护结构的门斗，应按其围护结构外围水平面积计算；层高在 2.20m 及以上者应计算全面积；层高不足 2.20m 者应计算 1/2 面积。

1) 由图 1-19 可知该门斗有围护结构，且层高 $H=2.40\text{m}>2.20\text{m}$，则其建筑面积为：

$S=(3.6+0.24)\times2.7\text{m}^2=10.37\text{m}^2$

【注释】 (3.6+0.24)为门斗长，2.7 为门斗宽。

2) 如图 1-19 中门斗标高 H 改为 $H=2.1\text{m}$，则其建筑面积为：

$S=\frac{1}{2}\times(3.6+0.24)\times2.7\text{m}^2=5.18\text{m}^2$

【注释】 门斗高<2.1m 时，应计算 1/2 面积。

(2)《全国统一建筑工程预算工程量计算规则》(土建工程)GJD_{GZ}-101-95

建筑物外有围护结构的门斗，按其围护结构外围水平面积计算建筑面积。

不论门斗高度如何，均按其围护结构外围水平面积计算：

$S=(3.6+0.24)\times2.7\text{m}^2=10.37\text{m}^2$

(3)《建筑面积计算规则》(1982 年)

突出墙外的门斗按围护结构外围水平面积计算建筑面积。

由图 1-19 所示，其建筑面积为：

$S=(3.6+0.24)\times2.7\text{m}^2=10.37\text{m}^2$

【例 1-19】 如图 1-20 所示，为一无围护结构门斗示意图，试求其建筑面积。

【解】 (1)《建筑工程建筑面积计算规范》GB/T 50353—2005

有永久性顶盖，无围护结构的门斗，按其结构底板水平面积的 1/2 计算。

如图 1-20 所示，其建筑面积为：

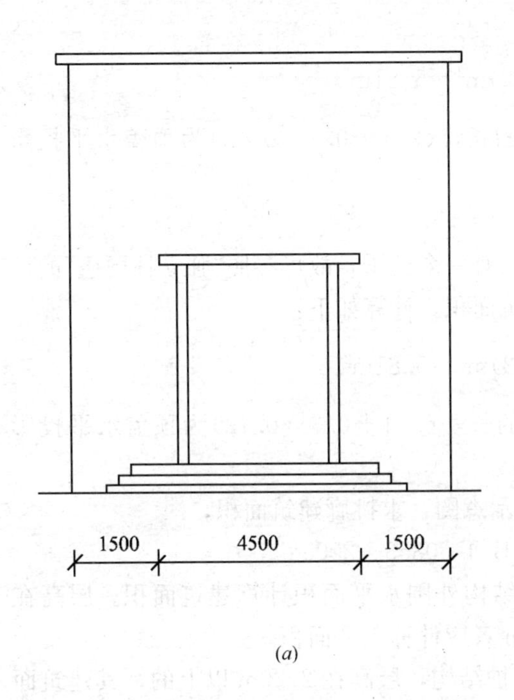

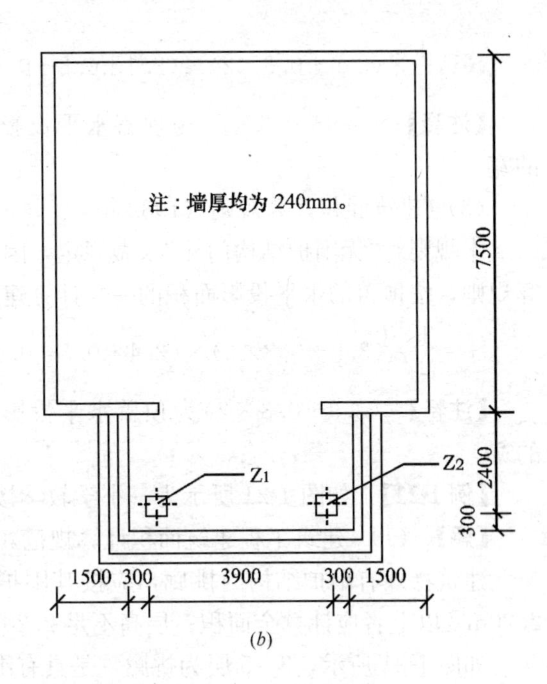

图 1-20 无围护结构门斗示意图

(a)南立面图；(b)平面图

$S=\frac{1}{2}\times(3.9+0.3\times2)\times(2.4+0.3-0.12)\text{m}^2=5.81\text{m}^2$

【注释】 (3.9＋0.3×2)底板结构长，(2.4＋0.3－0.12)底板结构宽。

(2)《全国统一建筑工程预算工程量计算规则》(土建工程)GJD_{GZ}-101-95

此规则对"无围护结构的门斗"未做规定，可参照"有柱雨篷"的计算规则，如图 1-20 所示，其建筑面积应按柱外围水平面积计算建筑面积，计算如下：

$S=3.9\times(2.4-0.12)\text{m}^2=8.892\text{m}^2$

【注释】 3.9 为两个柱子之间的距离，(2.4－0.12)柱子外围距离的宽。

(3)《建筑面积计算规则》(1982 年)

本规则对"无围护结构的门斗"未做规定，参照"有柱雨篷"的计算规则，如图 1-20 所示，其建筑面积应按柱外围水平面积计算。

$S=8.892\text{m}^2$

【例 1-20】 门斗尺寸如图 1-20 所示，但门斗下只有一个柱子，试计算其建筑面积。

【解】 (1)《建筑工程建筑面积计算规范》GB/T 50353—2005

无围护结构门斗按结构底板水平面积的 1/2 计算建筑面积。同【例 1-19】中的(1)，故其建筑面积为：

$S=\frac{1}{2}\times(3.9+0.3\times2)\times(2.4+0.3-0.12)\text{m}^2=5.81\text{m}^2$

【注释】 (3.9＋0.3×2)为结构底板的长，(2.4＋0.3－0.12)为结构底板的宽。

(2)《全国统一建筑工程预算工程量计算规则》(土建工程)GJD_{GZ}-101-95

此规则对"无围护结构的门斗"未做规定，因只有一个柱子，故可参照"独立柱雨篷"的计算规则，按其顶盖水平投影面积的一半计算建筑面积，计算如下：

$S=\frac{1}{2}\times(3.9+0.3\times2)\times(2.4+0.3-0.12)m^2=5.81m^2$

【注释】 (3.9+0.3×2)为顶盖水平投影的长，(2.4+0.3−0.12)为顶盖水平投影的宽。

(3)《建筑面积计算规则》(1982年)

本规则对“无围护结构门斗”未做规定，因只有一个柱子，故可参照“独立柱雨篷”的计算规则，按顶盖的水平投影面积的一半计算建筑面积，计算如下：

$S=\frac{1}{2}\times(3.9+0.3\times2)\times(2.4+0.3-0.12)m^2=5.81m^2$

【注释】 (3.9+0.3×2)为顶盖水平投影的长，(2.4+0.3−0.12)为顶盖水平投影的宽。

【例 1-21】 如图 1-21 所示为一小学教学楼示意图，求挑廊建筑面积。

【解】 (1)《建筑工程建筑面积计算规范》GB/T 50353—2005

建筑物外有围护结构的挑廊，应按其围护结构外围水平面积计算建筑面积。层高在2.20m及以上者应计算全面积；层高不足2.20m者应计算1/2面积。

如图 1-21 所示，2～5层为挑廊，是具有围护结构，层高在2.20m以上的，其建筑面积为：

$S=(4.2\times3+3.9/2+0.12)\times(2.4+0.24)\times2\times4m^2=309.83m^2$

【注释】 (4.2×3+3.9/2+0.12)为挑廊围护结构外围的长，(2.4+0.24)为挑廊围护结构外围的宽。

(2)《全国统一建筑工程预算工程量计算规则》(土建工程)GJD_{GZ}-101-95

建筑物外有围护结构的挑廊按其围护结构外围水平面积计算建筑面积。

如图 1-21 所示，其建筑面积计算如下：

$S=(4.2\times3+3.9/2+0.12)\times(2.4+0.24)\times2\times4m^2=309.83m^2$

【注释】 同上。

(3)《建筑面积计算规则》(1982年)

封闭式挑廊按其水平投影面积计算建筑面积。

如图 1-21 所示，其挑廊建筑面积为：

$S=(4.2\times3+3.9/2+0.12)\times2.4\times2\times4m^2=281.66m^2$

【例 1-22】 如图 1-22 所示，试求其走廊建筑面积。

【解】 (1)《建筑工程建筑面积计算规范》GB/T 50353—2005

建筑物外有围护结构的走廊，应按其围护结构外围水平面积计算。层高在2.20m及以上者应计算全面积；层高不足2.20m者应计算1/2面积。有永久性顶盖无围护结构的应按其结构底板水平面积的1/2计算。

1) 如图 1-22 所示为某学校宿舍楼，共四层，其走廊建筑面积为：

$S=(18.0+0.24)\times(2.1+0.24)\times4m^2=170.73m^2$

【注释】 (18.0+0.24)走廊围护结构的长，(2.1+0.24)为走廊围护结构的宽。4为层数。

2) 如图 1-22 所示，不是学校宿舍，是一资料室，每层层高均为2.10m，则其走廊建

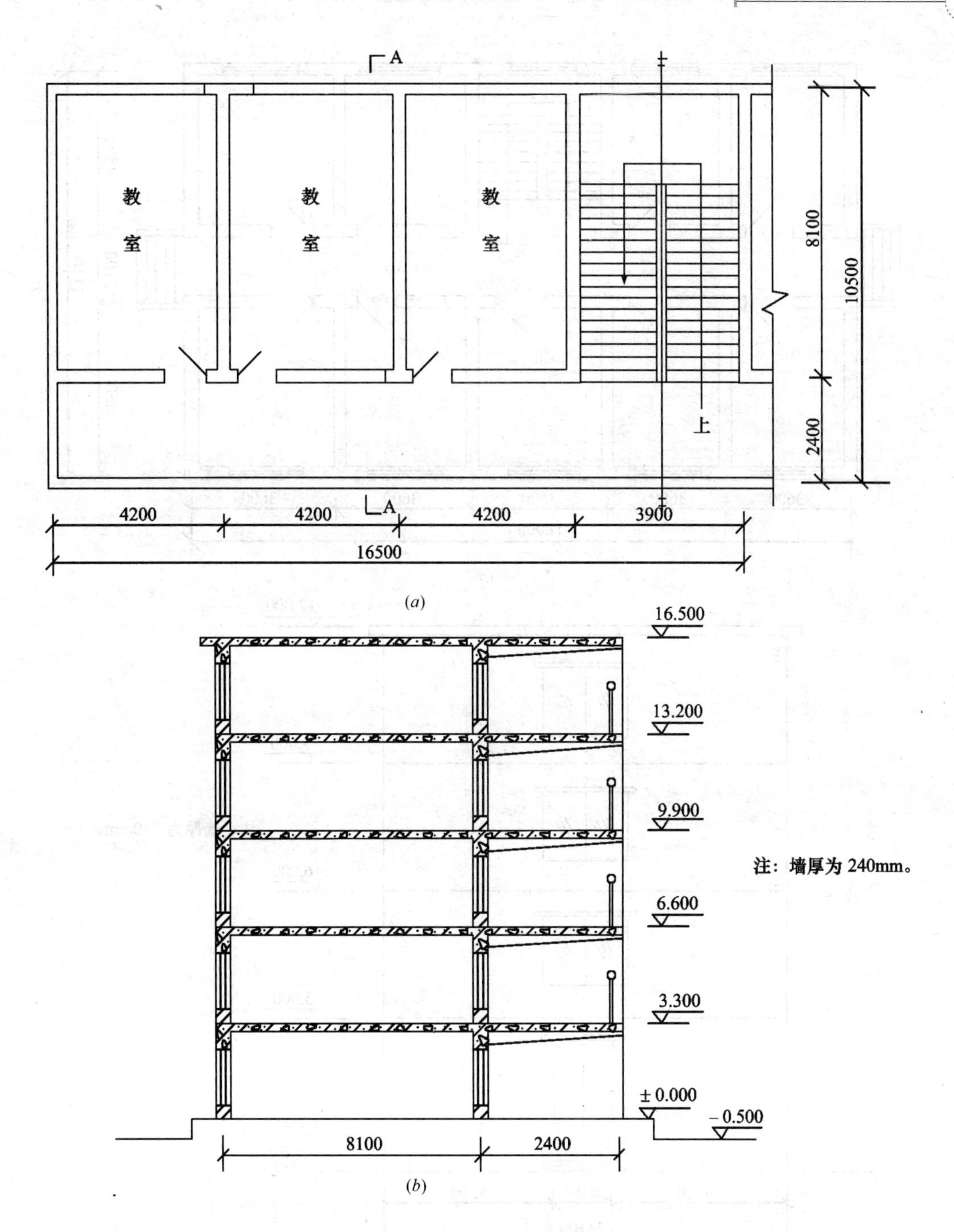

图 1-21 某小学教学楼示意图

(a)平面图；(b)A-A剖面图

筑面积为：

$$S=(18.0+0.24)\times(2.1+0.24)\times4\times\frac{1}{2}\text{m}^2=85.36\text{m}^2$$

【注释】 层高不足 2.2.m，应计算 1/2m 面积。

(2)《全国统一建筑工程预算工程量计算规则》(土建工程)GJD_{GZ}-101-95

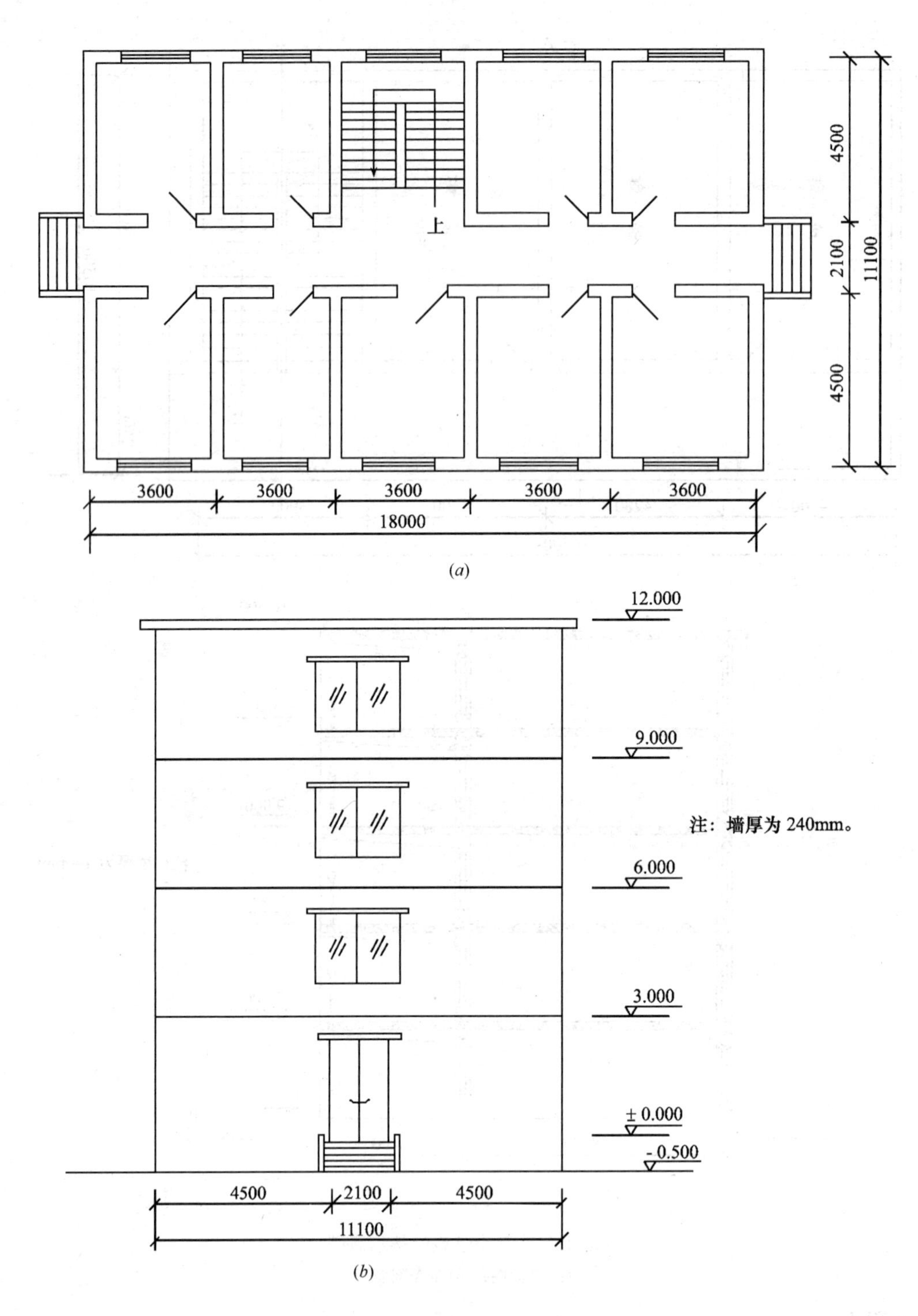

图 1-22　某学校宿舍示意图

(a)平面图；(b)侧面图

建筑物外有围护结构的走廊按其围护结构外围水平面积计算。

如图 1-22 所示，无论层高如何，均按其围护结构外围水平面积计算：

$S=(18.0+0.24)\times(2.1+0.24)\times4\text{m}^2=170.73\text{m}^2$

【注释】 (18.0+0.24)走廊围护结构的长，(2.1+0.24)为走廊围护结构的宽。4 为层数。

(3)《建筑面积计算规则》(1982 年)

本规则对建筑物内走廊未作规定，可参照“多层建筑物”建筑面积计算规则，则该走廊建筑面积为：

$$S=(18.0+0.24)\times(2.1+0.24)\times4\text{m}^2=170.73\text{m}^2$$

【例 1-23】 如图 1-23 所示，为某建筑物檐廊示意图，求檐廊建筑面积。

【解】 (1)《建筑工程建筑面积计算规范》GB/T 50353—2005

建筑物外有围护结构的檐廊按其围护结构外围水平面积计算。层高在 2.20m 及以上者应计算全面积；层高不足 2.20m 者应计算 1/2 面积。有永久性顶盖无围护结构的按其结构底板水平面积的 1/2 计算。

1) 如图 1-23 所示，此檐廊有围护结构且层高 $H\geqslant2.20$m，故其建筑面积为：

$$S=(1.8+0.24)\times(2.7+0.24)\text{m}^2=6.00\text{m}^2$$

【注释】 (1.8+0.24)为檐廊的宽，(2.7+0.24)为檐廊的长。

2)如图 1-23 中所示檐廊高度 $H<2.20$m，则其建筑面积为：

$$S=\frac{1}{2}\times(1.8+0.24)\times(2.7+0.24)\text{m}^2=3.00\text{m}^2$$

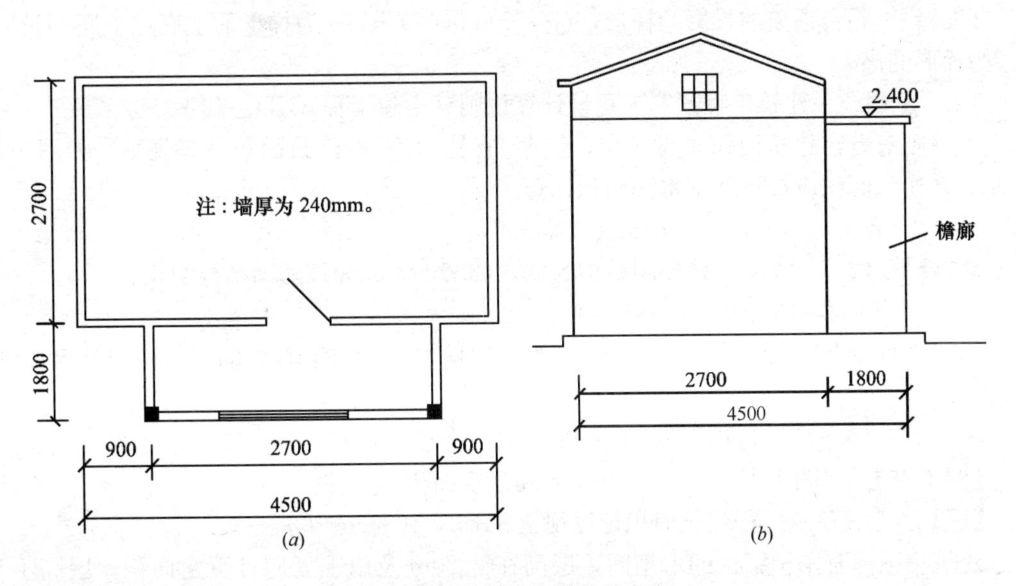

图 1-23 某建筑物檐廊示意图

(a)平面图；(b)侧立面图

(2)《全国统一建筑工程预算工程量计算规则》(土建工程)GJD$_{GZ}$-101-95

建筑物外有柱和顶盖檐廊，按柱外围水平面积计算建筑面积；有盖无柱的檐廊挑出墙外宽度在 1.5m 以上时，按其顶盖投影面积的一半计算建筑面积。

1) 如图 1-23 所示，檐廊为直柱和顶盖檐廊，则其建筑面积为：

$S=(1.8+0.24)\times(2.7+0.24)\mathrm{m}^2=6.00\mathrm{m}^2$

【注释】 (1.8+0.24)为檐廊的宽，(2.7+0.24)为檐廊的长。

2）如图1-23中檐廊无柱，但有盖，则其建筑面积为：

$$S=\frac{1}{2}\times(1.8+0.24)\times(2.7+0.24)\mathrm{m}^2=3.00\mathrm{m}^2$$

【注释】 (1.8+0.24)为檐廊的宽，(2.7+0.24)为檐廊的长。有盖无柱的檐廊且挑出墙外的宽度在1.5m以上，应按其顶盖投影面积1/2算。

(3)《建筑面积计算规则》(1982年)

计算方法同(2)，其建筑面积分以下两种情况：

1）有柱有顶盖(图1-23)，建筑面积为：

$S=6.00\mathrm{m}^2$

2）有盖无柱，挑出宽度1.5m以上，其建筑面积为：

$S=3.00\mathrm{m}^2$

【例1-24】 如图1-24所示，为某场馆看台示意图，试求看台建筑面积。

【解】 (1)《建筑工程建筑面积计算规范》GB/T 50353—2005

有永久性顶盖无围护结构的场馆看台应按其顶盖水平投影面积的1/2计算。

如图1-24所示，为有永久性顶盖无围护结构的看台，其建筑面积为：

$$S=[(2.4+0.9\times2)+7.8]\times4.8\times\frac{1}{2}\times\frac{1}{2}\mathrm{m}^2=14.4\mathrm{m}^2$$

【注释】 看台顶盖的投影为梯形，(2.4+0.9×2)+7.8为梯形的上底加下底的长度，4.8为梯形的高。

(2)《全国统一建筑工程预算工程量计算规则》(土建工程)GJD_{GZ}-101-95

本规则对看台建筑面积未做规定，参照“有柱雨篷”的建筑面积计算规则，如图1-24所示，其建筑面积应按柱外围水平面积计算。

$S=(2.4+0.6)\times(3.6+0.6)\mathrm{m}^2=12.6\mathrm{m}^2$

【注释】 (2.4+0.6)为柱外围结构的宽，(3.6+0.6)为柱外围结构的长。

(3)《建筑面积计算规则》(1982年)

本规则也没有“看台”建筑面积计算规则，同样参照“有柱雨篷”的建筑面积计算规则，计算如下：

$S=(2.4+0.6)\times(3.6+0.6)\mathrm{m}^2=12.6\mathrm{m}^2$

【例1-25】 如图1-25所示，求其水箱间建筑面积。

【解】 (1)《建筑工程建筑面积计算规范》GB/T 50353—2005

建筑物顶部有围护结构的水箱间，层高在2.20m及以上者应计算全面积；层高不足2.20m者应计算1/2面积。

1）如图1-25所示，若水箱高度$H\geqslant2.20\mathrm{m}$，则其建筑面积为：

$S=\pi R^2=3.1416\times0.6^2\mathrm{m}^2=1.131\mathrm{m}^2$

【注释】 R为水箱的半径。

2）若$H<2.20\mathrm{m}$，则水箱间的建筑面积为：

$$S=\frac{1}{2}\pi R^2=\frac{1}{2}\times3.1416\times0.6^2\mathrm{m}^2=0.565\mathrm{m}^2$$

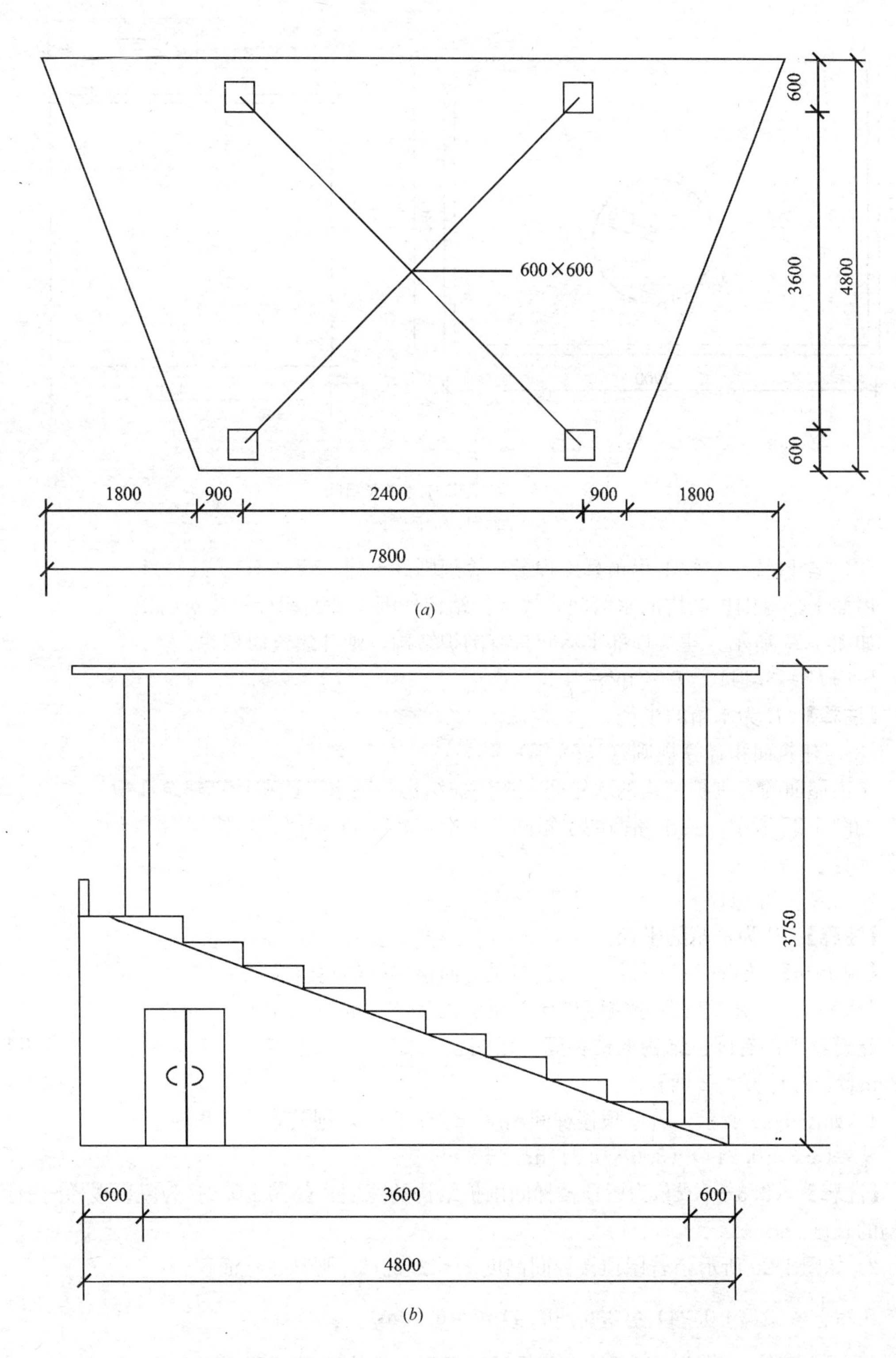

图 1-24 某场馆看台示意图

(a)平面图；(b)侧面图

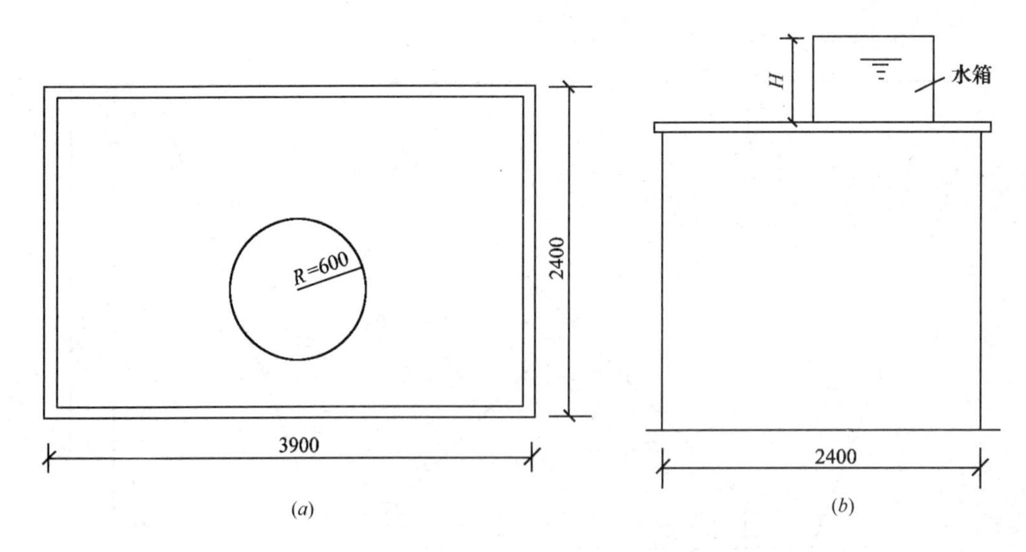

图 1-25 某建筑物顶部水箱间
(a)平面图；(b)侧面图

(2)《全国统一建筑工程预算工程量计算规则》(土建工程)GJD_{GZ}-101-95

屋面上部有围护结构的水箱间，按围护结构外围水平面积计算建筑面积。

如图 1-25 所示，建筑顶部水箱间具有围护结构，则其建筑面积为：

$S=\pi R^2=3.1416\times0.6^2\text{m}^2=1.131\text{m}^2$

【注释】 R 为水箱的半径。

(3)《建筑面积计算规则》(1982 年)

突出屋面的有围护结构的水箱间，按围护结构外围水平面积计算建筑面积。

如图 1-25 所示，突出屋面的水箱间，不论其高度 H 如何，均按其围护结构外围水平面积计算。

$S=\pi R^2=3.1416\times0.6^2\text{m}^2=1.131\text{m}^2$

【注释】 R 为水箱的半径。

【例 1-26】 如图 1-26 所示，求其屋顶上面楼梯间的建筑面积。

【解】 (1)《建筑工程建筑面积计算规范》GB/T 50353—2005

建筑物顶部有围护结构的楼梯间，层高在 2.20m 及以上者应计算全面积；层高不足 2.20m者，应计算 1/2 面积。

1) 如图 1-26 所示，若屋顶楼梯间高度 $H\geqslant2.20$m，则其建筑面积为：

$S=(3.3+0.24)\times(3.6+0.24)\text{m}^2=13.59\text{m}^2$

【注释】 (3.3+0.24)为屋顶楼梯间围护结构的宽度，(3.6+0.24)为屋顶楼梯间围护结构的长度。

2) 如图 1-26 所示，若屋顶楼梯间高度 $H<2.20$m，则其建筑面积为：

$$S=\frac{1}{2}\times(3.3+0.24)\times(3.6+0.24)\text{m}^2=6.80\text{m}^2$$

(2)《全国统一建筑工程预算工程量计算规则》(土建工程)GJD_{GZ}-101-95

屋面上部有围护结构的楼梯间按围护结构外围水平面积计算建筑面积。

如图 1-26 所示，其楼梯间建筑面积为：

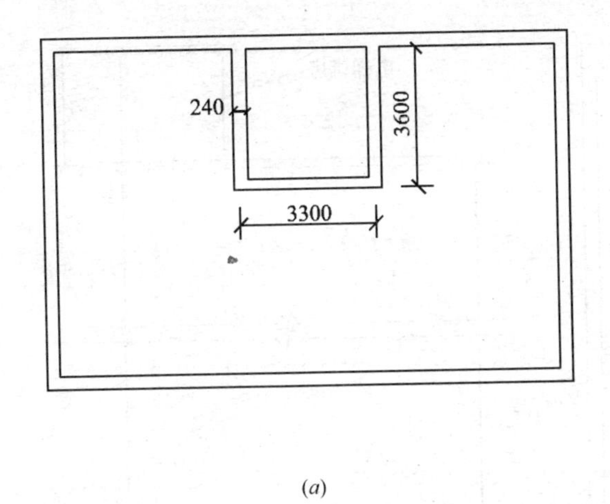

(a)

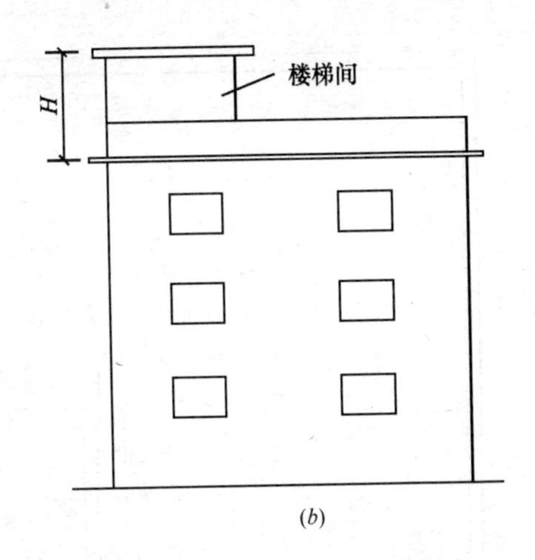

(b)

图 1-26　屋顶楼梯间示意图

(a)屋顶平面图；(b)侧面图

$S=(3.3+0.24)\times(3.6+0.24)\text{m}^2=13.59\text{m}^2$

【注释】 (3.3+0.24)为屋顶楼梯间围护结构的宽度，(3.6+0.24)为屋顶楼梯间围护结构的长度。

(3)《建筑面积计算规则》(1982 年)

突出屋面且有围护结构的楼梯间按围护结构外围水平面积计算建筑面积。

如图 1-26 所示，其建筑面积为：

$S=(3.3+0.24)\times(3.6+0.24)\text{m}^2=13.59\text{m}^2$

【注释】 (3.3+0.24)为屋顶楼梯间围护结构的宽度，(3.6+0.24)为屋顶楼梯间围护结构的长度。

【例 1-27】 如图 1-27 所示，求电梯机房的建筑面积。

【解】 (1)《建筑工程建筑面积计算规范》GB/T 50353—2005

建筑物顶部有围护结构的电梯机房，层高在 2.20m 及以上者应计算全面积；层高不足2.20m者应计算 1/2 面积。

1) 如图 1-27 所示，若电梯机房高度 $H\geqslant 2.20\text{m}$，则其建筑面积为：

$S=(2.4+0.24)\times(2.4+0.24)\text{m}^2=6.97\text{m}^2$

【注释】 (2.4+0.24)为电梯机房的外围结构的边长。

2) 若电梯机房高度 $H<2.20\text{m}$，则其建筑面积为：

$S=\frac{1}{2}\times(2.4+0.24)\times(2.4+0.24)\text{m}^2=3.48\text{m}^2$

【注释】 (2.4+0.24)为电梯机房的外围结构的边长。

(2)《全国统一建筑工程预算工程量计算规则》(土建工程)GJD_{GZ}-101-95

屋面上部有围护结构的电梯机房按围护结构外围水平面积计算建筑面积。

如图 1-27 所示，电梯机房建筑面积为：

$S=(2.4+0.24)\times(2.4+0.24)\text{m}^2=6.97\text{m}^2$

【注释】 (2.4+0.24)为电梯机房的外围结构的边长。

(3)《建筑面积计算规则》(1982 年)

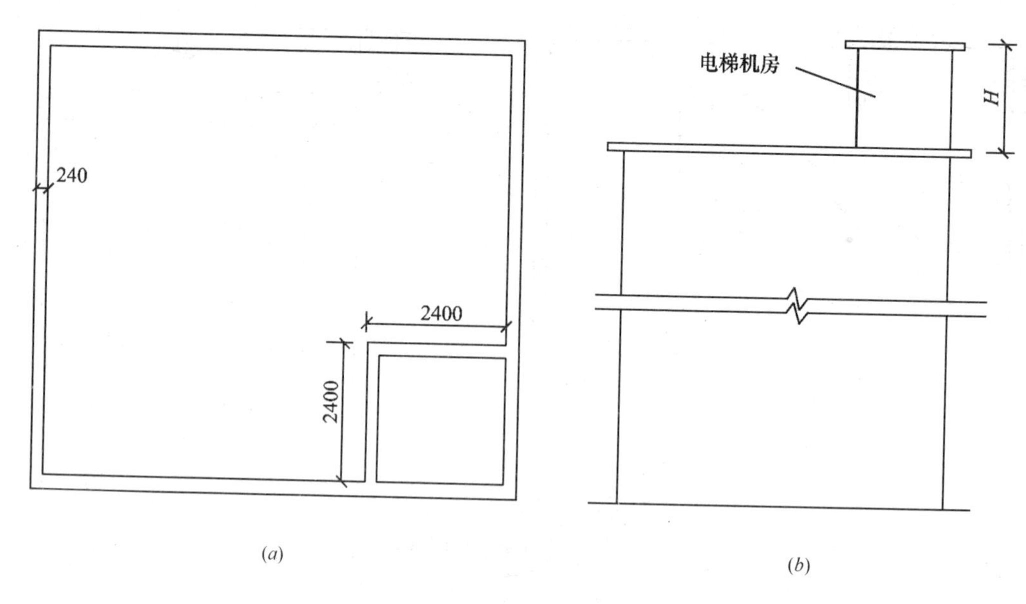

图 1-27 某建筑物屋顶电梯机房

(a)平面图；(b)南立面图

突出屋面且有围护结构的电梯机房按围护结构外围水平面积计算建筑面积。

如图 1-27 所示，电梯机房建筑面积为：

$S=(2.4+0.24)\times(2.4+0.24)m^2=6.97m^2$

【注释】 (2.4+0.24)为电梯机房的外围结构的边长。

【例 1-28】 如图 1-28 所示，求其楼梯间的建筑面积。

【解】 (1)《建筑工程建筑面积计算规范》GB/T 50353—2005

建筑物内的室内楼梯井按建筑物的自然层计算。如图 1-28 所示，为三层建筑物，楼梯的建筑面积为：

$S=(4.8+0.24)\times3.3\times3m^2=49.90m^2$

【注释】 (4.8+0.24)为楼梯井的长度，3.3 为楼梯井的宽度。

(2)《全国统一建筑工程预算工程量计算规则》(土建工程)GJD_{GZ}-101- 95

室内楼梯间、电梯井、提物井、垃圾道、管道井等均按建筑物的自然层计算建筑面积。

如图 1-28 所示，计算楼梯建筑面积为：

$S=(4.8+0.24)\times3.3\times3m^2=49.90m^2$

(3)《建筑面积计算规则》(1982 年)

本规则对室内楼梯间未做规定，参照“多层建筑物”建筑面积计算规则计算如下：

$S=(4.8+0.24)\times3.3\times3m^2=49.90m^2$

【例 1-29】 如图 1-28 所示，某 12 层高层建筑物平面示意图，求电梯井建筑面积。

【解】 (1)《建筑工程建筑面积计算规范》GB/T 50353—2005

建筑物内的电梯井按建筑物的自然层计算。

如图 1-28 所示，电梯井建筑面积为：

$S=3.6\times2.1\times12m^2=90.72m^2$

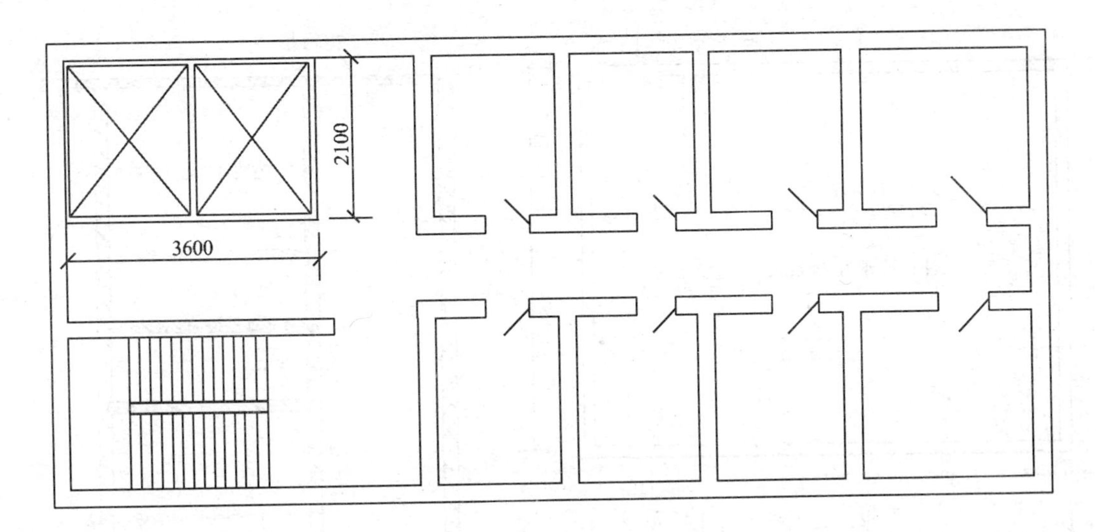

图 1-28 电梯井示意图

【注释】 3.6 为电梯井的长度，2.1 为电梯井的宽度，12 为层数。

(2)《全国统一建筑工程预算工程量计算规则》(土建工程)GJD_{GZ}-101-95

室内电梯井按建筑物的自然层计算建筑面积。

如图 1-28 所示，电梯井建筑面积为：

$S=3.6\times2.1\times12m^2=90.72m^2$

【注释】 同上。

(3)《建筑面积计算规则》(1982 年)

电梯井按建筑物自然层计算建筑面积。

$S=3.6\times2.1\times12m^2=90.72m^2$

【注释】 同上。

【例 1-30】 如图 1-29 所示，求建筑物内电梯井建筑面积。

【解】 (1)《建筑工程建筑面积计算规范》GB/T 50353—2005

建筑物内的室内提物井按建筑物的自然层计算。

如图 1-29 所示建筑物内提物井，其建筑面积为：

$S=(2.1+0.24)\times(2.1+0.24)\times5m^2=5.48\times5m^2=27.38m^2$

【注释】 (2.1+0.24)为提升井的宽度，(2.1+0.24)为提升井的长度，5 为层数。

(2)《全国统一建筑工程预算工程量计算规则》(土建工程)GJD_{GZ}-101-95

室内电梯井按建筑物的自然层计算建筑面积。

如图 1-29 所示，提物井建筑面积为：

$S=(2.1+0.24)\times(2.1+0.24)\times5m^2=27.38m^2$

【注释】 同上。

(3)《建筑面积计算规则》(1982 年)

提物井按自然层计算建筑面积为：

$S=(2.1+0.24)\times(2.1+0.24)\times5m^2=27.38m^2$

【注释】 同上。

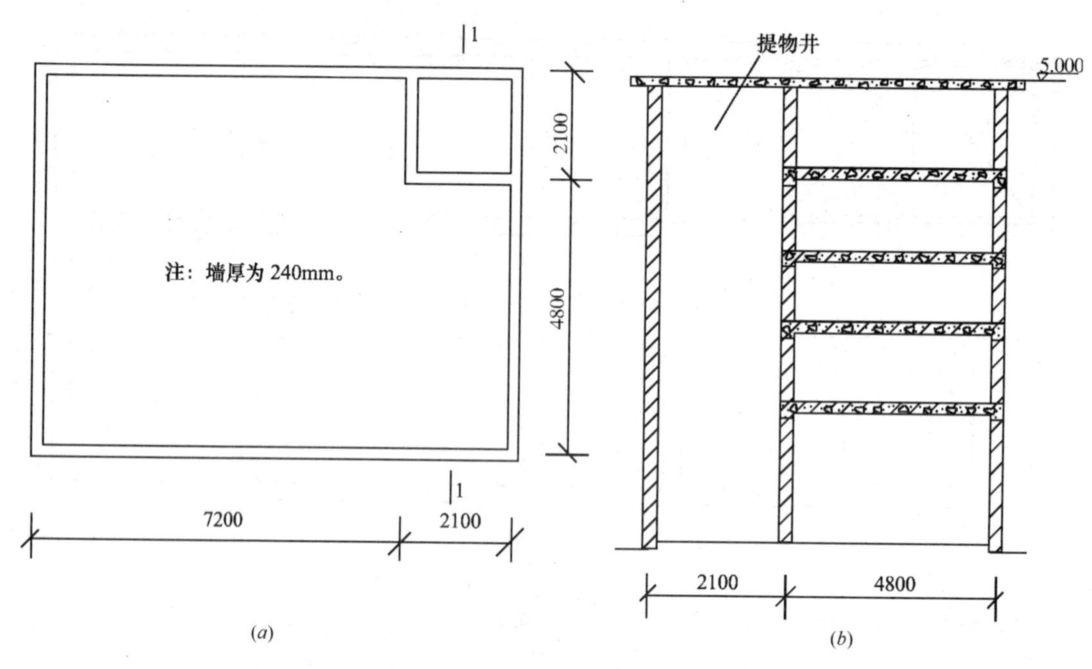

图 1-29 电梯井示意图

(a)平面图；(b)剖面图

【例 1-31】 如图 1-30 所示，某建筑物垃圾道示意图，该建筑物为 10 层，求其垃圾道建筑面积。

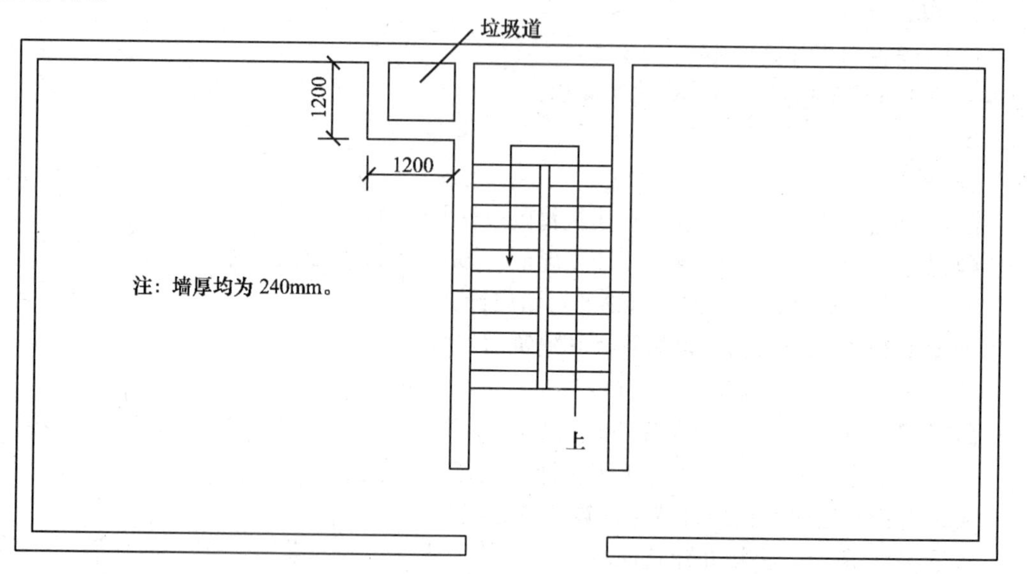

图 1-30 某建筑物垃圾道示意图

【解】 (1)《建筑工程建筑面积设计规范》GB/T 50353—2005 建筑物内的室内垃圾道按自然层计算建筑面积。

如图 1-30 所示，垃圾道建筑面积为：

$S=(1.2+0.24)\times(1.2+0.24)\times10\text{m}^2=20.74\text{m}^2$

【注释】 (1.2+0.24)为垃圾道的边长。10 为层数。

（2）《全国统一建筑工程预算工程量计算规则》（土建工程）GJD_{GZ}-101-95 室内垃圾道按建筑物的自然层计算建筑面积。

如图 1-30 所示，垃圾道建筑面积为：

$S=(1.2+0.24)\times(1.2+0.24)\times 10\text{m}^2=20.74\text{m}^2$

【注释】 同上。

（3）《建筑面积计算规则》（1982 年）

垃圾道按建筑物自然层计算建筑面积。如图 1-30 所示，垃圾道建筑面积为：

$S=(1.2+0.24)\times(1.2+0.24)\times 10\text{m}^2=20.74\text{m}^2$

【例 1-32】 如图 1-31 所示，试求附墙烟囱建筑面积。

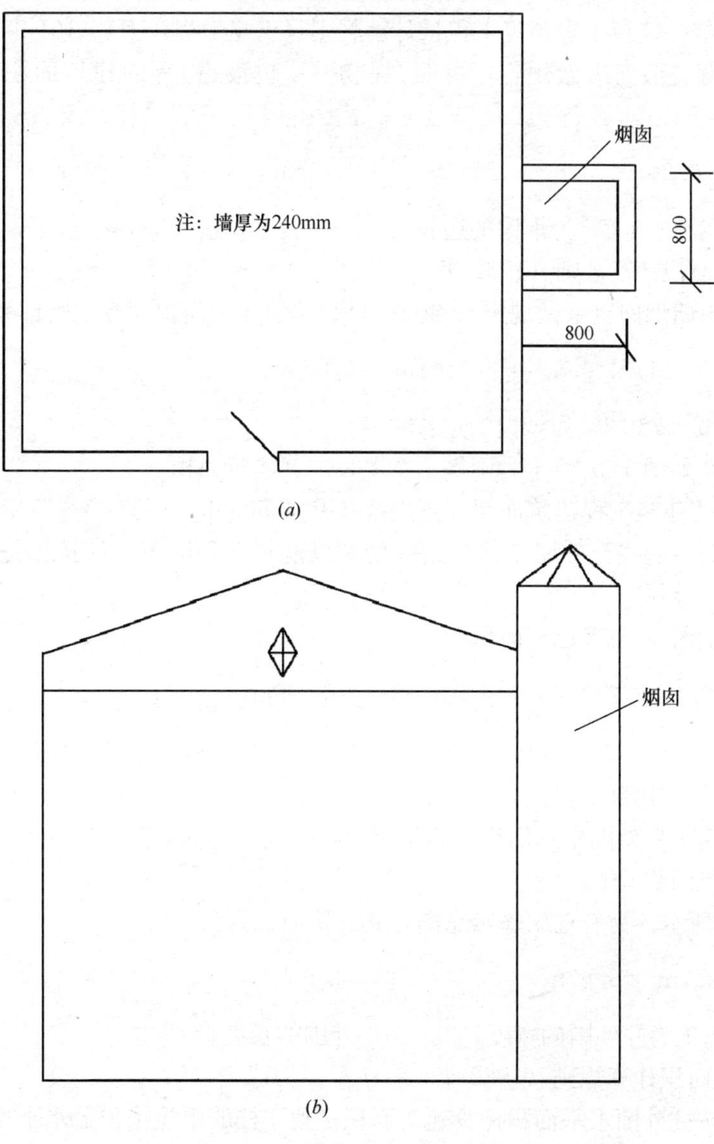

图 1-31　附墙烟囱示意图

(*a*)平面图；(*b*)立面图

【解】 (1)《建筑工程建筑面积计算规范》GB/T 50353—2005

建筑物内的附墙烟囱按建筑物的自然层计算。

如图 1-31 所示，当不考虑烟囱依附的墙厚时，附墙烟囱建筑面积为：

$S=(0.8+0.24)\times(0.8+0.12)\times 1m^2=0.96m^2$

【注释】 (0.8+0.24)为烟囱的纵向边长；(0.8+0.12)为烟囱的横向边长。

当考虑烟囱依附的墙厚时，附墙烟囱建筑面积为：

$S=(0.8+0.24)\times(0.8+0.24+0.12)\times 1m^2=1.21m^2$

【注释】 (0.8+0.24)为烟囱的纵向边长；(0.8+0.12+0.24)为烟囱的横向边长。

(以上两种情况供读者参考)

(2)《全国统一建筑工程预算工程量计算规则》(土建工程)GJD_{GZ}-101-95

本规则对附墙烟囱未做规定，参照“提物井，垃圾道”等的建筑面积计算规则计算如下：

$S=(0.8+0.24)\times(0.8+0.24)\times 1m^2=1.08m^2$

【注释】 (0.8+0.24)为烟囱的边长。

(3)《建筑面积计算规则》(1982 年)

本规则对附墙烟囱也未做规定，参照“电梯井”的建筑面积计算规则计算如下：

$S=(0.8+0.24)\times(0.8+0.24)\times 1m^2=1.08m^2$

【注释】 (0.8+0.24)为烟囱的边长。

【例 1-33】 如图 1-32 所示为雨篷示意图，求其建筑面积。

【解】 (1)《建筑工程建筑面积计算规范》GB/T 50353—2005

雨篷结构的外边线至外墙结构外边线的宽度超过2.10m 者，应按雨篷结构板的水平投影面积的 1/2 计算。

如图 1-32 所示，雨篷建筑面积为：

$S=\frac{1}{2}\times(2.1+0.3)\times(2.7+0.3\times 2)m^2=3.96m^2$

【注释】 (2.1+0.3)雨篷水平投影的宽度，(2.7+0.3×2)为雨篷水平投影的长度。

(2)《全国统一建筑工程预算工程量计算规则》(土建工程)GJD_{GZ}-101-95

有柱的雨篷按柱外围水平面积计算建筑面积；独立柱的雨篷，按其顶盖水平投影面积的一半计算建筑面积。

如图 1-32 所示，为有柱雨篷示意图，其建筑面积为：

$S=2.1\times 2.7m^2=5.67m^2$

【注释】 2.1 为柱外围的宽度，2.7 为柱外围的长度。

(3)《建筑面积计算规则》(1982 年)

有柱雨篷按柱外围水平面积计算建筑面积；独立柱的雨篷按顶盖水平投影面积的一半计算建筑面积。

如图 1-32 所示，雨篷建筑面积为：

$S=2.1\times 2.7m^2=5.67m^2$

【注释】 2.1为柱子外围距离间的宽度，2.7为柱子外围距离间的长度。

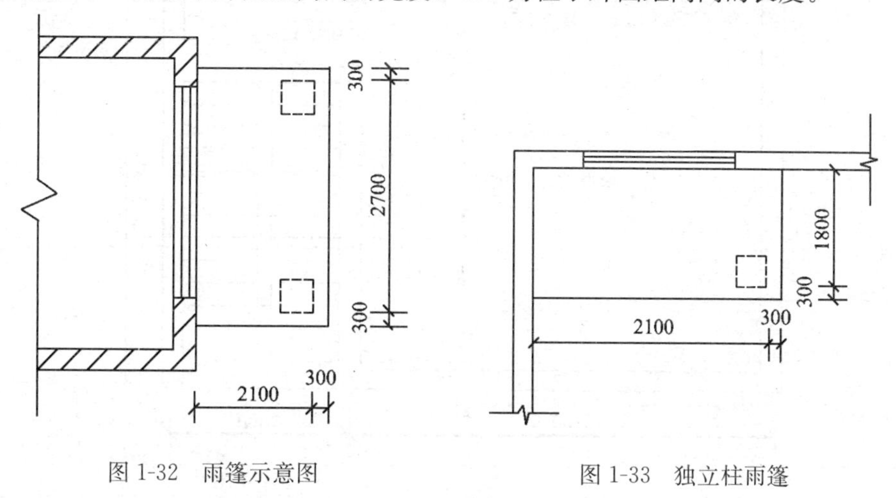

图1-32 雨篷示意图

图1-33 独立柱雨篷

【例1-34】 如图1-33所示，求雨篷建筑面积。

【解】 (1)《建筑工程建筑面积计算规范》GB/T 50353—2005

雨篷结构外边线至外墙结构外边线的宽度超过2.10m者，应按雨篷结构板的水平投影面积的1/2计算。

如图1-33所示，雨篷结构外边线至外墙结构外边线的宽度为2.1m，故此雨篷不应计算建筑面积。

(2)《全国统一建筑工程预算工程量计算规则》(土建工程)GJD_{GZ}-101-95

有柱的雨篷，按柱外围水平面积计算建筑面积；独立柱的雨篷，按其顶盖水平投影面积的一半计算建筑面积。

如图1-33所示，为独立柱雨篷，其建筑面积为：

$$S=\frac{1}{2}\times(1.8+0.3)\times(2.1+0.3)\text{m}^2=2.52\text{m}^2$$

【注释】 (2.1+0.3)为独立柱雨篷顶盖水平投影的长度。(1.8+0.3)为独立柱雨篷顶盖水平投影的宽度。

(3)《建筑面积计算规则》(1982年)

有柱雨篷按柱外围水平面积计算建筑面积；独立柱的雨篷按顶盖的水平投影面积的一半计算建筑面积。

如图1-33所示，独立柱雨篷应按顶盖水平投影面积的一半计算建筑面积，其建筑面积为：

$$S=\frac{1}{2}\times(1.8+0.3)\times(2.1+0.3)\text{m}^2=2.52\text{m}^2$$

【注释】 (2.1+0.3)为独立柱雨篷顶盖水平投影的长度。(1.8+0.3)为独立柱雨篷顶盖水平投影的宽度。

【例1-35】 如图1-34所示，某七层建筑物的室外楼梯示意图，求楼梯建筑面积。

【解】 (1)《建筑工程建筑面积计算规范》GB/T 50353—2005

①若此室外楼梯无永久性顶盖则不用计算建筑面积，即建筑面积为：$S=0\text{m}^2$

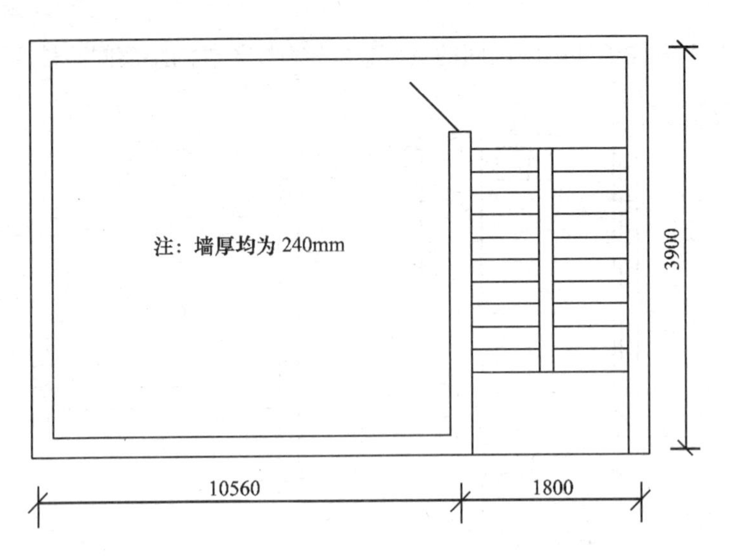

图 1-34 某建筑物顶层平面图

②若此室外楼梯有永久性顶盖，应按建筑物自然层的水平投影面积的 1/2 计算。则其建筑面积为：

$$S=(1.8+0.24)\times(3.9+0.24)\times7\times\frac{1}{2}\text{m}^2=29.56\text{m}^2$$

【注释】 室外楼梯有永久性顶盖的按 1/2 面积算。(1.8+0.24)为室外楼梯的宽度，(3.9+0.24)为室外楼梯的长度。

(2)《全国统一建筑工程预算工程量计算规则》(土建工程)GJD_{GZ}-101-95

室外楼梯按自然层投影面积之和计算建筑面积。

如图 1-34 所示，室外楼梯建筑面积为：

$$S=(1.8+0.24)\times(3.9+0.24)\times7\text{m}^2=59.12\text{m}^2$$

【注释】 (1.8+0.24)为室外楼梯的宽度，(3.9+0.24)为室外楼梯的长度。

(3)《建筑面积计算规则》(1982 年)

室外楼梯做为主要通道和用于疏散的均按每层水平投影面积计算建筑面积；楼内有楼梯，室外楼梯按其水平投影面积的一半计算建筑面积。

1) 如图 1-34 所示，若楼内无楼梯，室外楼梯做为主要通道，则室外楼梯建筑面积为：

$$S=(1.8+0.24)\times(3.9+0.24)\times7\text{m}^2=59.12\text{m}^2$$

【注释】 (1.8+0.24)为室外楼梯的宽度，(3.9+0.24)为室外楼梯的长度。

2) 若楼内有楼梯，则室外楼梯按其水平投影面积的一半计算建筑面积。

$$S=(1.8+0.24)\times(3.9+0.24)\times7\times\frac{1}{2}\text{m}^2=29.56\text{m}^2$$

【注释】 室内有楼梯，按室外楼梯水平投影面积 1/2 算。(1.8+0.24)为室外楼梯的宽度，(3.9+0.24)为室外楼梯的长度。7 为层数。

【例 1-36】 如图 1-35 所示，求阳台建筑面积：

【解】 (1)《建筑工程建筑面积计算规范》GB/T 50353—2005

建筑物的阳台均应按其水平投影面积的 1/2 计算。

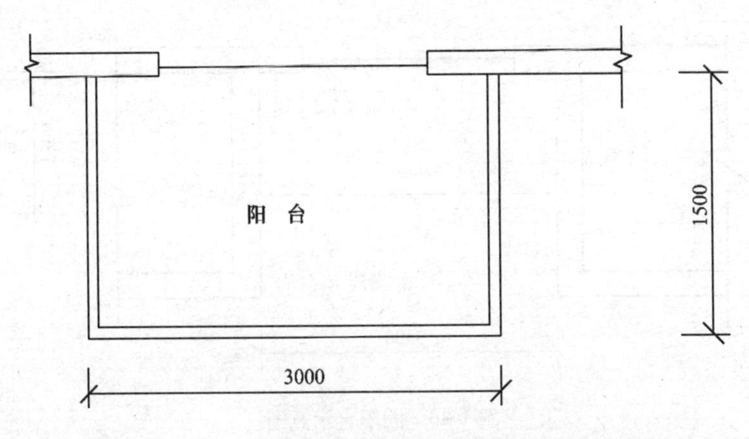

图 1-35 阳台示意图

如图 1-35 所示，阳台建筑面积为：

$S=\frac{1}{2}\times1.5\times3.0m^2=2.25m^2$

【注释】 1.5 为阳台的宽度，3 为阳台的长度。

(2)《全国统一建筑工程预算工程量计算规则》(土建工程)GJD_{GZ}-101-95

1) 如图 1-35 所示阳台具有围护结构即封闭式阳台，应按其围护结构外围水平面积一半计算建筑面积，则其建筑面积为：

$S=3.0\times1.5\times\frac{1}{2}m^2=2.25m^2$

【注释】 1.5 为阳台的宽度，3 为阳台的长度。

2) 如图 1-35 所示阳台无围护结构，则应按其水平面积一半计算建筑面积，计算如下：

$S=\frac{1}{2}\times3.0\times1.5m^2=2.25m^2$

【注释】 1.5 为阳台的宽度，3 为阳台的长度。

(3)《建筑面积计算规则》(1982 年)

1) 如图 1-35 所示阳台为封闭式阳台，应按其水平投影面积一半计算建筑面积。其建筑面积为：

$S=3.0\times1.5\times\frac{1}{2}m^2=2.25m^2$

【注释】 1.5 为阳台的宽度，3 为阳台的长度。

2) 如图 1-35 所示为挑阳台，若不封闭则按其水平投影面积的一半计算建筑面积。

$S=\frac{1}{2}\times3.0\times1.5m^2=2.25m^2$

【注释】 1.5 为阳台的宽度，3 为阳台的长度。

3) 凹阳台计算规则见【例 1-37】中释义。

【例 1-37】 如图 1-36 所示阳台，求其建筑面积。

【解】 (1)《建筑工程建筑面积计算规范》GB/T 50353—2005

建筑物的阳台均应按其水平投影面积的 1/2 计算。

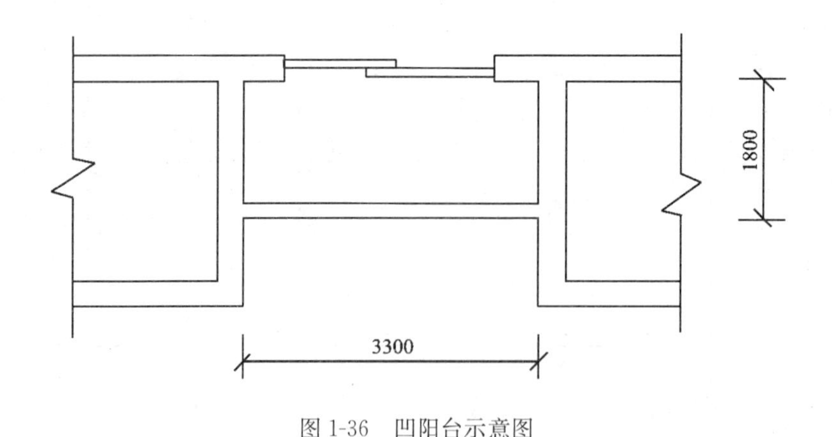

图 1-36 凹阳台示意图

$S=\frac{1}{2}\times 3.3\times 1.8m^2=2.97m^2$

【注释】 3.3. 为阳台水平投影的长度，1.8 为阳台水平投影宽度。

(2)《全国统一建筑工程预算工程量计算规则》(土建工程)GJD_{GZ}-101-95

1) 如图 1-36 所示阳台有围护结构，则按其围护结构物外围水平面积计算建筑面积。

$S=3.3\times 1.8m^2=5.94m^2$

【注释】 3.3. 为阳台水平投影的长度，1.8 为阳台水平投影宽度。

2) 如图 1-36 所示阳台无围护结构，则应按其水平面积一半计算建筑面积。

$S=\frac{1}{2}\times 3.3\times 1.8m^2=2.97m^2$

【注释】 3.3. 为阳台水平投影的长度，1.8 为阳台水平投影宽度。

(3)《建筑面积计算规则》(1982 年)

1) 如图 1-36 所示为封闭式凹阳台，应按其水平投影面积计算建筑面积。

$S=3.3\times 1.8m^2=5.94m^2$

2) 如图 1-36 所示，不是封闭式的凹阳台，则应按其水平投影面积的一半计算建筑面积。

$S=\frac{1}{2}\times 3.3\times 1.8m^2=2.97m^2$

【注释】 不封闭的阳台应按 1/2 面积计算。

【例 1-38】 如图 1-37 所示车棚，试求其建筑面积。

【解】 (1)《建筑工程建筑面积计算规范》GB/T 50353—2005

有永久性顶盖无围护结构的车棚，应按其顶盖水平投影面积的 1/2 计算。

$S=\frac{1}{2}\times(7.2+0.6\times 2)\times(3.9+0.6\times 2)m^2=21.42m^2$

【注释】 (7.2+0.6×2)为顶盖水平投影的长度，(3.9+0.6×2)为顶盖水平投影宽度。

(2)《全国统一建筑工程预算工程量计算规则》(土建工程)GJD_{GZ}-101-95

1) 有柱的车棚按柱外围水平面积计算建筑面积。

$S=7.2\times 3.9m^2=28.08m^2$

【注释】 7.2 为柱子间外围长度，3.9 为柱子间外围宽度。

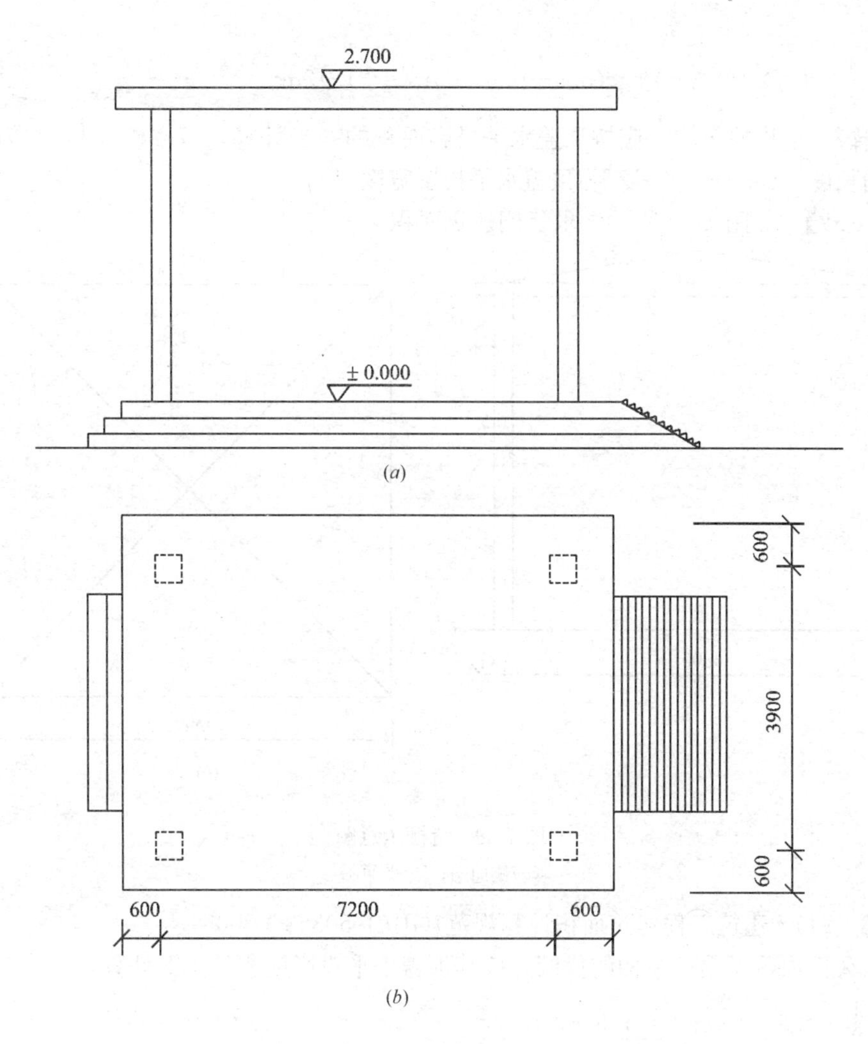

图 1-37 车棚示意图

(a)侧面图；(b)平面图

2）如图 1-37 所示为单排柱车棚，则应按其顶盖水平投影面积的一半计算建筑面积。

$$S=\frac{1}{2}\times(7.2+0.6\times2)\times(3.9+0.6\times2)\text{m}^2$$

$$=\frac{1}{2}\times8.4\times5.1\text{m}^2$$

$$=21.42\text{m}^2$$

【注释】 (7.2＋0.6×2)为顶盖水平投影的长度，(3.9＋0.6×2)为顶盖水平投影宽度。

(3)《建筑面积计算规则》(1982 年)

1）有柱的车棚按柱外围水平面积计算建筑面积。

$S=7.2\times3.9\text{m}^2=28.08\text{m}^2$

【注释】 7.2 为柱子间外围长度，3.9 为柱子间外围宽度。

2）如图 1-37 所示为单排柱车棚，则应按顶盖的水平投影面积的一半计算建筑面积。

$S=\frac{1}{2}\times(7.2+0.6\times2)\times(3.9+0.6\times2)m^2=21.42m^2$

【注释】 单排柱车棚，应按顶盖水平投影面积的一半计算。(7.2+0.6×2)为顶盖水平投影的长度，(3.9+0.6×2)为顶盖水平投影宽度。

【例 1-39】 如图 1-38 所示，求货棚建筑面积。

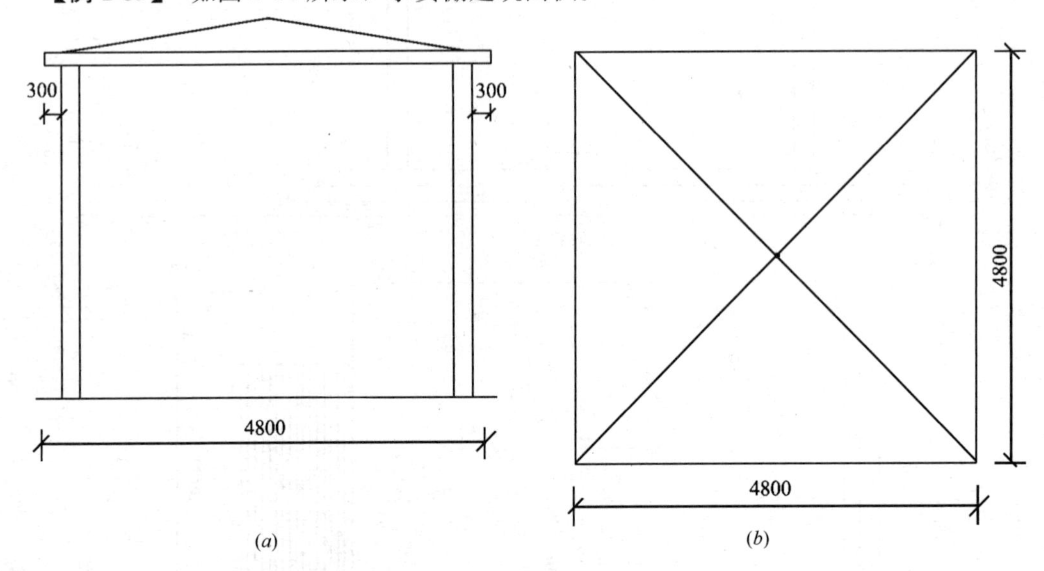

图 1-38 货棚示意图
(a)侧面图；(b)平面图

【解】 (1)《建筑工程建筑面积计算规范》GB/T 50353—2005

有永久性顶盖无围护结构的货棚，按其顶盖水平投影面积的 1/2 计算。

$S=\frac{1}{2}\times4.8\times4.8m^2=11.52m^2$

【注释】 4.8 为顶盖水平投影的边长。

(2)《全国统一建筑工程预算工程量计算规则》(土建工程)GJD_{GZ}-101-95

1) 有柱的货棚按柱外围水平面积计算建筑面积。

$S=(4.8-0.3\times2)\times(4.8-0.3\times2)m^2=17.64m^2$

【注释】 (4.8−0.3×2)为柱子外围之间的距离的长度，(4.8−0.3×2)为柱子外围之间的距离的宽度，0.3×2 为柱子离顶盖边缘的距离。

2) 如图 1-38 所示货棚为单排柱，则应按其顶盖水平投影面积的一半计算建筑面积。

$S=\frac{1}{2}\times4.8\times4.8m^2=11.52m^2$

【注释】 4.8 为顶盖水平投影的边长。

(3)《建筑面积计算规则》(1982 年)

1) 有柱的货棚按柱外围水平面积计算建筑面积。

$S=(4.8-0.3\times2)\times(4.8-0.3\times2)m^2=17.64m^2$

【注释】 (4.8−0.3×2)为柱子外围之间的距离的长度，(4.8−0.3×2)为柱子外围之间的距离的宽度，0.3×2 为柱子离顶盖边缘的距离。

2）如图 1-38 所示货棚为单排柱货棚，则应按其顶盖的水平投影面积的一半计算建筑面积。

$$S=\frac{1}{2}\times4.8\times4.8\text{m}^2=11.52\text{m}^2$$

【注释】 4.8 为顶盖水平投影的边长。

【例 1-40】 如图 1-39 所示，求单排柱站台建筑面积。

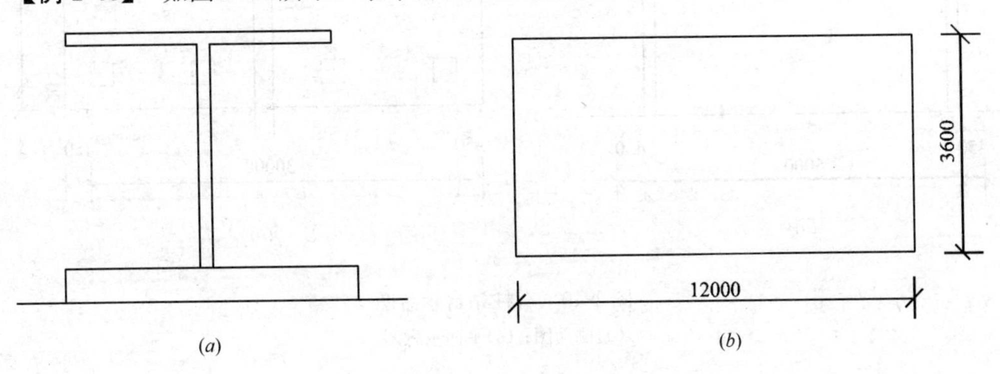

图 1-39 单排柱站台

(a)侧面图；(b)顶盖平面图

【解】 (1)《建筑工程建筑面积计算规范》GB/T 50353—2005

有永久性顶盖无围护结构的站台，应按其顶盖水平投影面积的 1/2 计算。

$$S=12.0\times3.6\times\frac{1}{2}\text{m}^2=21.6\text{m}^2$$

【注释】 12.0 为站台顶盖水平投影的长度，3.6 为站台顶盖水平投影的宽度。

(2)《全国统一建筑工程预算工程量计算规则》(土建工程)GJD_{GZ}-101-95

有柱的站台，按柱外围水平面积计算；单排柱的站台按其顶盖水平投影面积的一半计算建筑面积。

$$S=\frac{1}{2}\times12.0\times3.6\text{m}^2=21.6\text{m}^2$$

【注释】 单排柱的站台按其顶盖水平投影面积的一半计算。12.0 为站台顶盖水平投影的长度，3.6 为站台顶盖水平投影的宽度。

(3)《建筑面积计算规则》(1982 年)

单排柱的站台按顶盖的水平投影面积的一半计算建筑面积。

$$S=\frac{1}{2}\times12.0\times3.6\text{m}^2=21.6\text{m}^2$$

【注释】 单排柱的站台按其顶盖水平投影面积的一半计算。12.0 为站台顶盖水平投影的长度，3.6 为站台顶盖水平投影的宽度。

【例 1-41】 如图 1-40 所示，为有柱站台，求其建筑面积。

【解】 (1)《建筑工程建筑面积计算规范》GB/T 50353—2005

有永久性顶盖无围护结构的站台，应按其顶盖水平投影面积的 1/2 计算。

$$S=\frac{1}{2}\times(30.0+0.45\times2)\times(6.0+0.45\times2)\text{m}^2$$

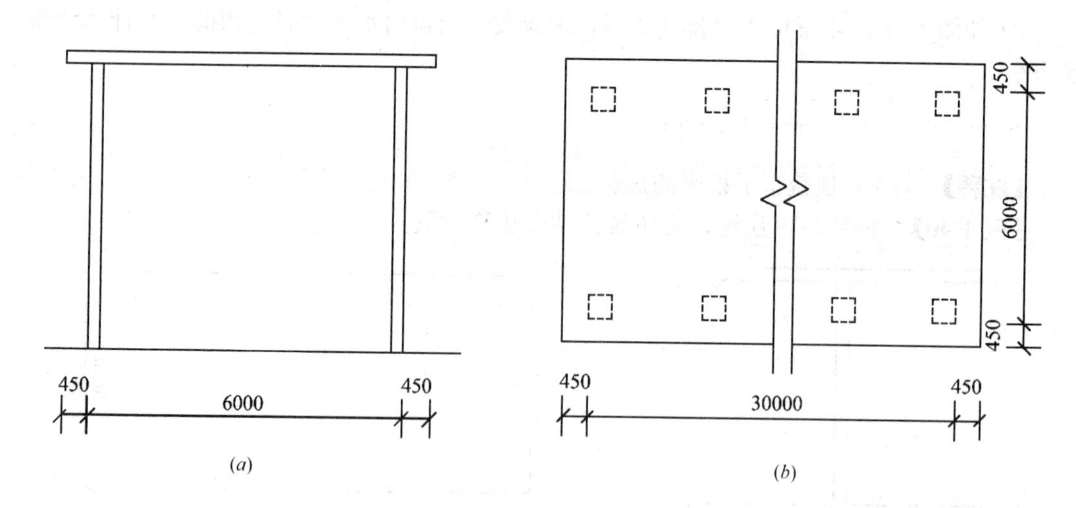

图 1-40 有柱站台示意图
(a)侧面图；(b)平面示意图

$=\frac{1}{2}\times30.9\times6.9\text{m}^2=106.61\text{m}^2$

【注释】 (30.0+0.45×2)为站台顶盖水平投影的长度，0.45×2 为柱子离顶盖边缘的距离。

(2)《全国统一建筑工程预算工程量计算规则》(土建工程)GJD_{GZ}-101-95

有柱站台按柱外围水平面积计算建筑面积：

$S=30.0\times6.0\text{m}^2=180.0\text{m}^2$

【注释】 30 为柱子外围距离之间的长度，6.0 为柱子外围距离之间的宽度。

(3)《建筑面积计算规则》(1982 年)

有柱的站台按柱外围水平面积计算建筑面积。

$S=30.0\times6.0\text{m}^2=180.0\text{m}^2$

【注释】 30 为柱子外围距离之间的长度，6.0 为柱子外围距离之间的宽度。

【例 1-42】 如图 1-41 所示，高低联跨建筑物，求其建筑面积。

【解】 (1)《建筑工程建筑面积计算规范》GB/T 50353—2005

高低联跨的建筑物，应以高跨结构外边线为界分别计算建筑面积；其高低跨内部连通时，其变形缝应计算在低跨面积内。

$S=S_{高}+S_{低}=(6.6\times27.0+4.5\times27.0)\text{m}^2=(178.2+121.5)\text{m}^2=299.7\text{m}^2$

【注释】 6.6×27.0 为高跨结构的外边缘宽和长。4.5×27.0 为低跨结构的外边缘的宽和长。

(2)《全国统一建筑工程预算工程量计算规则》(土建工程)GJD_{GZ}-101-95

高低联跨的单层建筑物，需分别计算建筑面积时，应以结构外边线为界分别计算。

$S=S_{高}+S_{低}=(6.6\times27.0+4.5\times27.0)\text{m}^2=(178.2+121.5)\text{m}^2=299.7\text{m}^2$

【注释】 6.6×27.0 为高跨结构的外边缘宽和长。4.5×27.0 为低跨结构的外边缘的宽和长。

(3)《建筑面积计算规则》(1982 年)

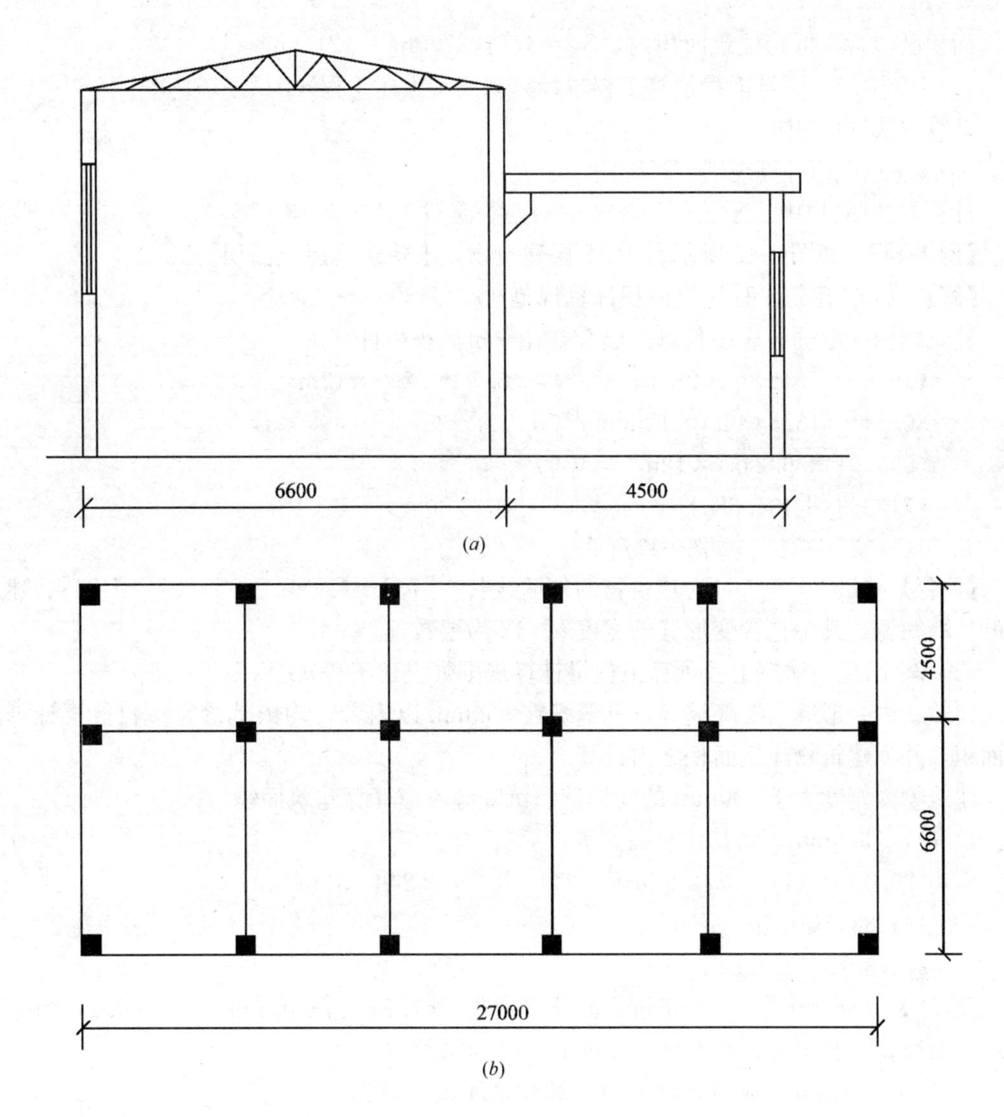

图 1-41 单层高低联跨建筑物

(a)立面图；(b)平面图

高低联跨的单层建筑物，如需分别计算建筑面积，当高跨为边跨时，其建筑面积按勒脚以上两端山墙外表面间的水平长度乘以勒脚以上外墙表面至高跨中柱外边线以水平宽度计算；当高跨为中跨时，其建筑面积按勒脚以上两端山墙外表面间的水平长度乘以中柱外边线的水平宽度计算。

$S=S_{高}+S_{低}=(6.6\times27.0+4.5\times27.0)m^2=(178.2+121.5)m^2=299.7m^2$

【注释】 6.6×27.0 为高跨结构的外边缘宽和长。4.5×27.0 为低跨结构的外边缘的宽和长。

【例 1-43】 如图 1-41 所示，若高低联跨建筑物之间有变形缝，试求其变形缝建筑面积。

【解】 (1)《建筑工程建筑面积计算规范》GB/T 50353—2005

高低联跨建筑物，其高低跨内部连通时，其变形缝应计算在低跨面积内。即变形缝的建筑面积已包含在低跨建筑面积内，$S_{低}=4.5\times27.0m^2=121.5m^2$。

(2)《全国统一建筑工程预算工程量计算规则》(土建工程)GJD_{GZ}-101-95

计算方法同(1)中。

(3)《建筑面积计算规则》(1982年)

计算方法同(1)中。

【例 1-44】 如图1-42所示，为12层建筑物，求建筑物建筑面积。

【解】 (1)《建筑工程建筑面积计算规范》GB/T 50353—2005

建筑物内变形缝，应按其自然层合并在建筑面积内计算。

$S=(36.0+0.24)\times[7.2+(a+0.24)+8.7+0.24]\times12m^2$

$=36.24\times(16.38+a)\times12m^2$

$=(593.61+36.24a)\times12m^2$

$=(7123.33+434.88a)m^2$

(注：a——变形缝宽度，如图1-42所示)

【注释】 (36.0+0.24)为建筑物的外墙线长，$[7.2+(a+0.24)+8.7+0.24]$为建筑物的外墙线宽，其中包含变形缝的宽度a。12为层数。

(2)《全国统一建筑工程预算工程量计算规则》(土建工程)GJD_{GZ}-101-95

建筑物内变形缝，沉降缝等，凡缝宽在300mm以内者，均依其缝宽按自然层计算建筑面积，并入建筑物建筑面积之内计算。

建筑物内宽度大于300mm的变形缝、沉降缝不应计算建筑面积。

1) 若$a\leqslant300mm$，则其建筑面积为：

$S=(36.0+0.24)\times[7.2+(a+0.24)+8.7+0.24]\times12m^2$

$=434.88\times(16.38+a)m^2$

$=(7123.33+434.88a)m^2$

【注释】 (36.0+0.24)为建筑物的外墙线长，$[7.2+(a+0.24)+8.7+0.24]$为建筑物的外墙线宽，其中包含变形缝的宽度a。12为层数。

2) 若$a>300mm$，则变形缝不应计算建筑面积。

建筑物建筑面积为：

$S=[(36.0+0.24)\times(7.2+0.24)+(36.0+0.24)\times(8.7+0.24)]\times12m^2$

$=(269.6256+323.9856)\times12m^2$

$=7123.33m^2$

【注释】 (36.0+0.24)为建筑物的外墙线长，(7.2+8.7+0.24+0.24)为建筑物的外墙线宽。12为层数。

(3)《建筑面积计算规则》(1982年)

本规则对变形缝的建筑面积未做规定，参照前规定可按单层、多层建筑物建筑面积计算规则计算，按自然层并入单层、多层建筑物建筑面积内。

$S=(36.0+0.24)\times[7.2+(a+0.24)+8.7+0.24]\times12m^2$

$=434.88\times(16.38+a)m^2$

$=(7123.33+434.88a)m^2$

【注释】 (36.0+0.24)为建筑物的外墙线长，$[7.2+(a+0.24)+8.7+0.24]$为建筑

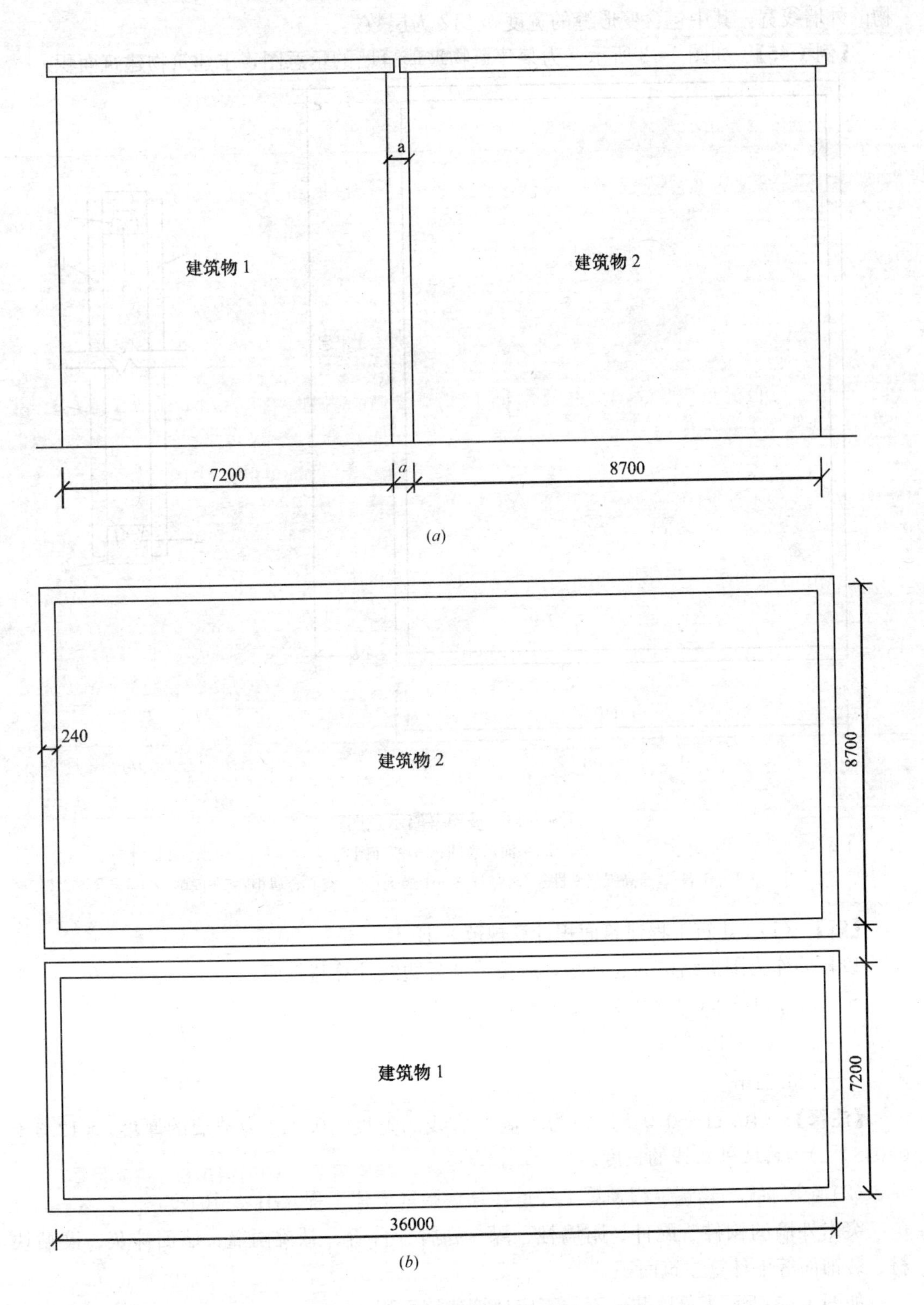

图 1-42 建筑物变形缝示意图

(a)立面图；(b)平面示意图

物的外墙线宽，其中包含变形缝的宽度 a。12 为层数。

【例 1-45】 如图 1-43 所示，为某建筑物玻璃幕墙的示意图，求建筑物建筑面积。

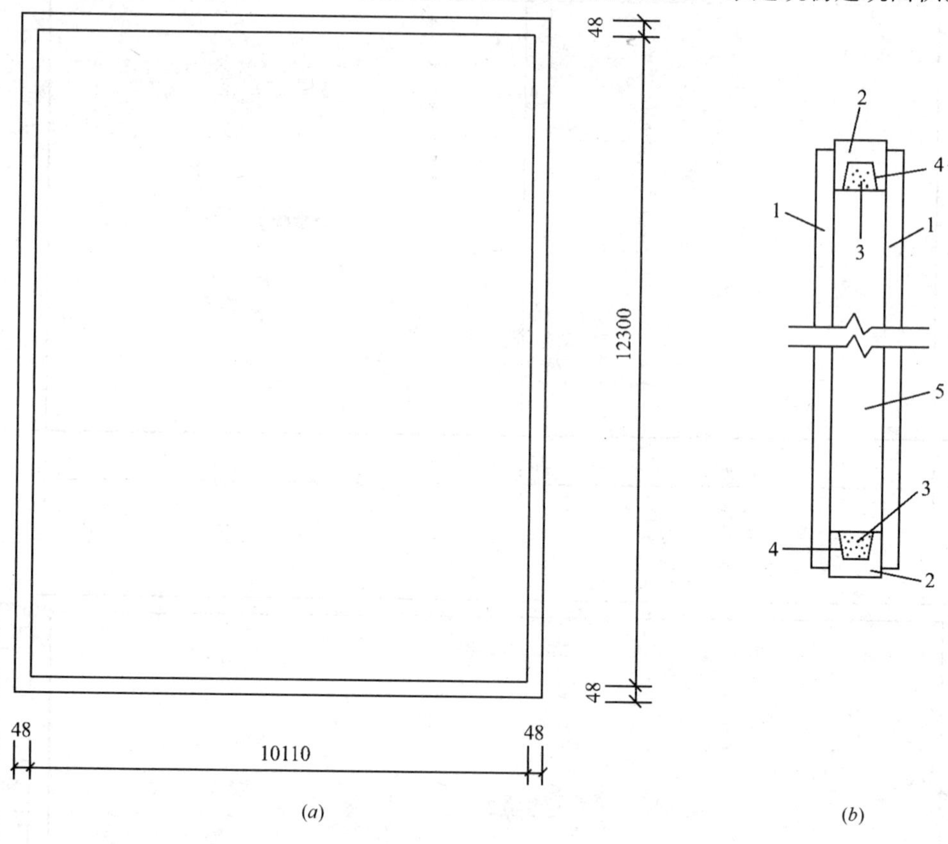

图 1-43 玻璃幕墙示意图

(a)平面示意图；(b)断面图

1—玻璃；2—高强气密性复合粘剂；3—干燥剂；4—空心金属柜；5—间隙

【解】 (1)《建筑工程建筑面积计算规范》GB/T 50353—2005

以幕墙作为围护结构的建筑物，应按幕墙外边线计算建筑面积。

$S=(10.11+0.048\times2)\times(12.3+0.048\times2)\text{m}^2$

$=10.206\times12.396\text{m}^2$

$=126.51\text{m}^2$

【注释】 (10.11＋0.048×2)为幕墙外边线的宽度，0.048 为玻璃的厚度。(12.3＋0.048×2)为幕墙外边线的长度。

(2)《全国统一建筑工程预算工程量计算规则》(土建工程)GJD_{GZ}-101-95

突出外墙的构件、配件、附墙柱、垛、勒脚、台阶、悬挑雨篷、墙面抹灰、镶贴块材、装饰面等不计算建筑面积。

如图 1-43 所示为幕墙装饰面，不应计算建筑面积。

(3)《建筑面积计算规则》(1982 年)

突出墙面的构件配件和艺术装饰，如：柱、垛、勒脚、台阶、无柱雨篷等不计算建筑面积。

如图 1-43 所示幕墙不应计算建筑面积。

【例 1-46】 某建筑如图 1-44 所示，建筑采用 240mm 砖墙砌筑，墙外做 100mm 厚泡沫混凝土保温隔热层，试计算其建筑面积。

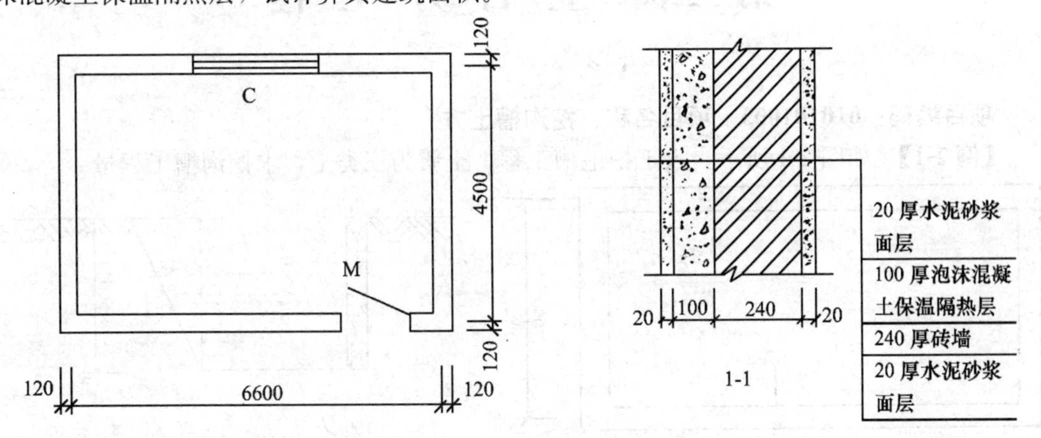

图 1-44 某建筑示意图

【解】 其建筑面积为：

(1)《建筑工程建筑面积计算规范》GB/T 50353—2005

建筑物外墙外侧有保温隔热层的，应按保温隔热层外边线计算建筑面积。

故其建筑面积＝(6.6＋0.12×2＋0.1×2)×(4.5＋0.12×2＋0.1×2)m^2

＝34.78m^2

【注释】 (6.6＋0.12×2＋0.1×2)此部分为含保温隔热层的建筑外墙外边线的长，0.1×2 为保温隔热层的厚度。(4.5＋0.12×2＋0.1×2)此部分为含保温隔热层的建筑外墙外边线的宽度。

(2)《全国统一建筑工程预算工程量计算规则》(土建工程)GJD_{GZ}-101-95

单层建筑物不论其高度如何，均按一层计算建筑面积。其建筑面积，按建筑物外墙勒脚以上结构的外围水平面积计算。

故其建筑面积＝(6.6＋0.12×2＋0.1×2)×(4.5＋0.12×2＋0.1×2)m^2＝34.78m^2

【注释】 同上。

(3)《建筑面积计算规则》(1982 年)

单层建筑物不论其高度如何均按一层计算，其建筑面积按建筑物外墙勒脚以上的外围水平面积计算。

故其建筑面积＝(6.6＋0.12×2＋0.1×2)×(4.5＋0.12×2＋0.1×2)m^2

＝34.78m^2

【注释】 同上。

第二章　土 石 方 工 程

项目编码：010101003　项目名称：挖沟槽土方

【例 2-1】 如图 2-1 所示，人工挖地槽工程，土质为三类土，求挖沟槽工程量。

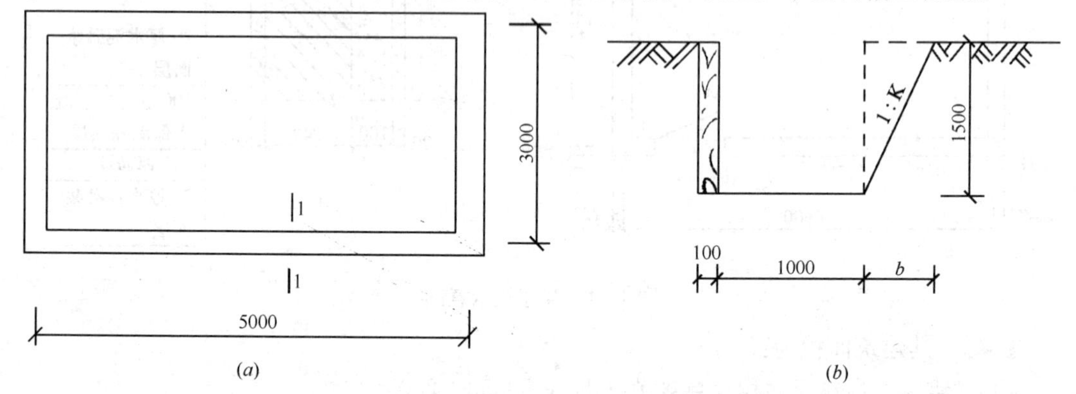

图 2-1　沟槽示意图

(a)平面图；(b)1-1 剖面图

【解】 已知 $K=0.33$　$h=1.5$m

则放坡宽度 $b=(1.5\times0.33)$m$=0.495$m

所以放坡后上口宽度为：$(1.0+0.495)$m$=1.495$m

【注释】 0.33 为放坡系数，1.5 为沟槽深度。$b=k\times h$，1.0 为沟槽下底宽。

(1) 清单工程量

挖沟槽工程量：$[1.0\times1.5\times(50+3)\times2]\text{m}^3=159\text{m}^3$

【注释】 1.0 为沟槽宽度，1.5 为沟槽深度，$(50+3)\times2$ 为沟槽总长度。

清单工程量计算见表 2-1。

清单工程量计算表　　　　**表 2-1**

项目编码	项目名称	项目特征描述	计量单位	工程量
010101003001	挖沟槽土方	三类土，沟槽，1.5m	m^3	159

(2) 定额工程量

挖沟槽工程量：$\left[(1.0+0.1+1.495+0.1)\times1.5\times\frac{1}{2}\times(50+3)\times2\right]\text{m}^3$

$=214.25\text{m}^3$

套用基础定额 1-8。

【注释】 $(1.0+0.1+1.495+0.1)$为沟槽宽度，1.0 为沟槽下底宽，0.1 为挡土板的厚度，1.495 为上开口宽度，$(50+3)\times2$ 为沟槽总长度。

项目编码：010101001 项目名称：平整场地

【例 2-2】 求如图 2-2 所示人工平整场地工程量。(三类土)

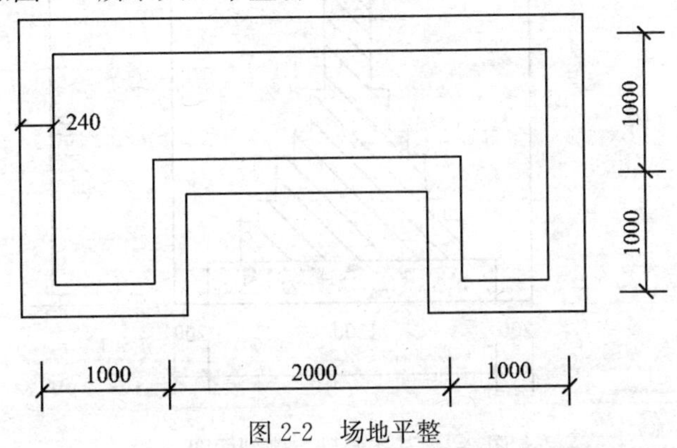

图 2-2 场地平整

【解】 (1) 清单工程量(按设计图示尺寸以建筑物首层面积计算)：

人工平整场地工程量＝[(1.0＋2.0＋1.0＋0.24)×(1.0＋1.0＋0.24)－(2.0－0.24)×1.0]m^2

＝7.74m^2

【注释】 (1.0＋2.0＋1.0＋0.24)为场地的总长度，(1.0＋1.0＋0.24)为场地的总宽度。(2.0－0.24)×1.0 为场地平整中不存在的部分。

清单工程量计算见表 2-2。

清单工程量计算表 **表 2-2**

项目编码	项目名称	项目特征描述	计量单位	工程量
010101001001	平整场地	三类土	m^2	7.74

(2) 定额工程量(按建筑物外墙外边线每边各加 2m，以平方米计算)：

人工平整场地工程量＝底层面积＋2×外围长＋16

＝[(4＋0.24)×(2＋0.24)－1.0×(2－0.24)＋[(4＋0.24＋2＋0.24)×2＋1.0×2]×2＋16]m^2

＝[9.4976－1.76＋29.92＋16]m^2

＝53.66m^2

套用基础定额 1-267。

【注释】 (1.0＋2.0＋1.0＋0.24)为场地的总长度，(1.0＋1.0＋0.24)为场地的总宽度。(2.0－0.24)×1.0 为场地平整中不存在的部分。(4＋0.24＋2＋0.24)×2＋1.0×2 为外围总长度。1.0×2 为凹进去部分的宽。

项目编码：010101003 项目名称：挖沟槽土方

【例 2-3】 某不放坡砖基础沟槽如图 2-3 所示，求挖沟槽土方工程量三类土(已知槽长 50m)

【解】 (1) 清单工程量(按设计图示尺寸以基础垫层底面积乘以挖土深度计算)：

挖基础土方工程量＝1.2×50×1.5m^3＝90m^3

【注释】 1.2 为基础沟槽的宽，50 为沟槽的长，1.5 为沟槽的深。

清单工程量计算见表 2-3。

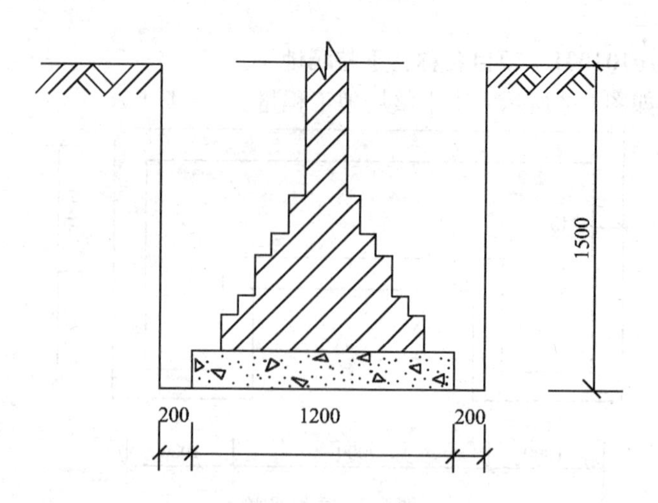

图 2-3 某砖基础沟槽剖面图

清单工程量计算表 **表 2-3**

项目编码	项目名称	项目特征描述	计量单位	工程量
010101003001	挖沟槽土方	三类土，砖基础，垫层底宽 1.2m，底面积 $60m^2$	m^3	90

(2) 定额工程量(砖基础施工每边应各增加工作面宽度为 200mm)：

挖基础土方工程量＝[(1.2＋0.4)×50×1.5]m^3＝120m^3

套用基础定额 1-2。

【注释】 定额工程量计算时，需考虑工作面的宽度(200mm)。(1.2＋0.4)为基础沟槽的宽加 2 倍工作面的宽。50 为沟槽的长，1.5 为沟槽的深。

项目编码：010101004 项目名称：挖基坑土方

【例 2-4】 如图 2-4 所示，槽长 100m，深 1.2m，土质为四类土，基础宽度为 1.2m，3：7 灰土垫层上砌毛石基础。求人工挖基坑土方体积。

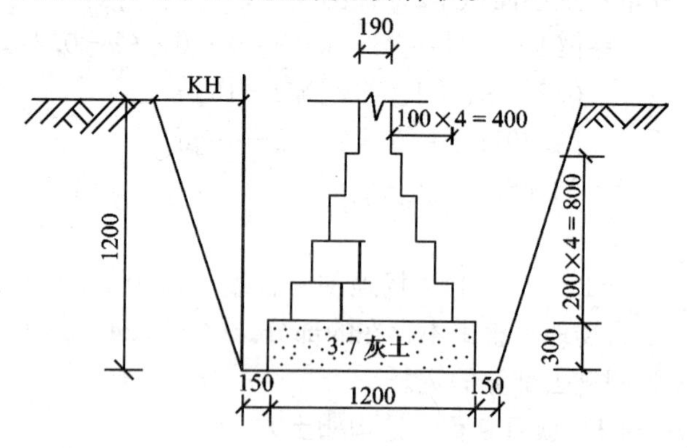

图 2-4 毛石基础示意图

【解】 (1) 清单工程量(按设计图示尺寸以基础垫层底面积乘以挖土深度)：

人工挖基坑土方体积＝1.2×100×1.2m^3＝144.00m^3

【注释】 1.2 为沟槽的宽度，100 为沟槽的长度，1.2 为沟槽的深度。

清单工程量计算见表 2-4。

清单工程量计算表 **表 2-4**

项目编码	项目名称	项目特征描述	计量单位	工程量
010101004001	挖基坑土方	四类土，毛石基础，垫层底宽 1.2m，垫层底面积 $120m^2$，挖土深度 1.2m	m^3	144.00

(2) 定额工程量(四类土放坡系数 $K=0.25$；浆砌毛石基础每边应各增加工作面宽度为 150mm)：

人工挖土方体积 $=[(1.2\times0.25+1.2+0.3)\times1.2\times100]m^3=216.00m^3$

【注释】 1.2×0.25 为放坡宽度，1.2 为灰土垫层的宽度，0.3 为 2 倍工作面的宽度。1.2 为沟槽的深度，100 为沟槽的长度。

套用基础定额 1-3。

【例 2-5】 已知：某矩形地坑，开挖时仅左右两边单侧支木挡土板开挖，平面图、剖面图及地坑尺寸如图 2-5 所示，求支木挡土板的工程量。

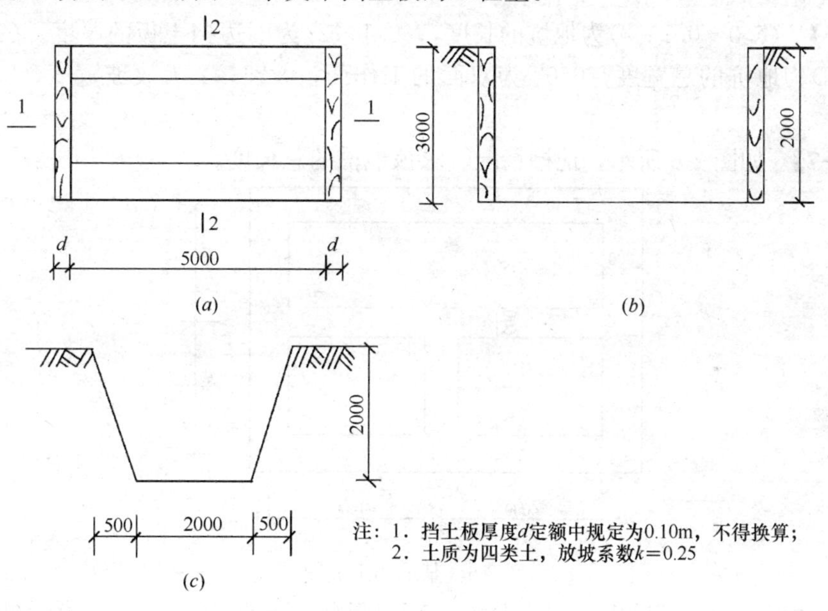

图 2-5 地坑示意图
(a)平面图；(b)1-1 剖面图；(c)2-2 剖面图

【解】 (1)清单工程量(清单计算规则挖土方方面已包含挡土板支拆，所以不必另行计算挡土板的工程量)

(2) 定额工程量(挡土板工程量的计算是计算挡土板的面积)

支挡土板工程量 $=2\cdot H\cdot L=2\times2.0m\times3.0m=12.0m^2$

套用基础定额 1-55。

【注释】 因为左右两侧支挡土板，所以应计算 2 倍工程量。H 为挡土板的深。L 为挡土板的长度。

项目编码：010101004 项目名称：挖基坑土方

【例 2-6】 题目如例 5，求人工挖地坑工程量。

【解】 (1)清单工程量(按设计图示尺寸以体积计算)：

人工挖地坑工程量＝(5.0×2.0×2.0)m^3＝20.00m^3

【注释】 5.0为地坑的长度，2.0为地坑的深度，2.0为地坑的宽度。

清单工程量计算见表2-5。

清单工程量计算表 **表2-5**

项目编码	项目名称	项目特征描述	计量单位	工程量
010101004001	挖基坑土方	四类土，挖土深2.0m	m^3	20.00

(2) 定额工程量(基坑支挡土板时，其宽度按图示基坑底宽，双面加20cm计算，单面加10cm计算)：

人工挖地坑工程量＝[(5.0＋0.1×2)×(2.0＋0.02＋0.25×2)×2.0]m^3

＝26.21m^3

套用基础定额1-20。

【注释】 (5.0＋0.1×2)为地坑的长度，(0.1×2)为两边挡土板的厚度。(2.0＋0.02＋0.25×2)为地坑的总宽度，0.02为双面的工作面，0.25×2为放坡宽度。2.0为地坑深度。

【例2-7】 如图2-6所示，地槽情况，求该地槽的总长度。

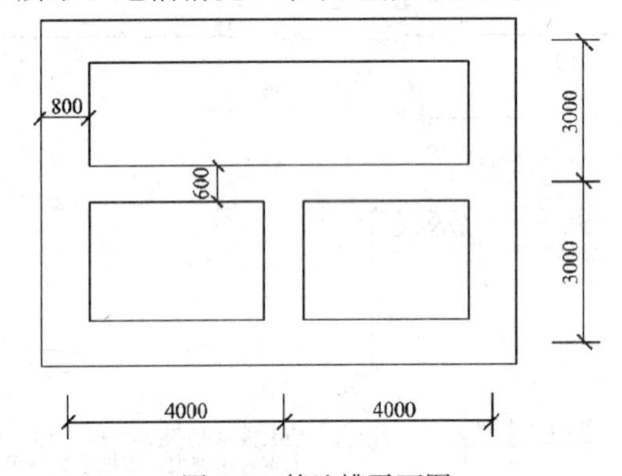

图2-6 某地槽平面图

【解】 由于清单和定额对地槽长度的计算规则是一致的，即：外墙按图示中心线长度计算；内墙按图示基础底面之间净长线长度计算；内外突出部分(垛、附墙烟囱等)体积并入沟槽土方工程量内计算。

外墙地槽长(宽0.8m)＝[(4.0×2＋3.0×2)×2]m＝28m

【注释】 4.0×2为外墙中心线长，3.0×2为外墙中心线的宽。

内墙地槽长(宽0.6m)＝[(4.0×2－0.8)＋(3.0－0.3－0.4)]m＝9.5m

【注释】 (4.0×2－0.8)为横向内墙净长线，0.8为外墙厚。(3.0－0.3－0.4)纵向内墙净长线，0.3为半个内墙厚，0.4为半个外墙厚。

所以，地槽总长度＝(28＋9.5)m＝37.5m

项目编码：010103001 项目名称：回填方

【例2-8】 如图2-4所示，回填土回填至原地面，求回填土工程量。

【解】 (1) 清单工程量

人工挖土方体积＝(1.2×100×1.2)m^3＝144m^3

【注释】 1.2为沟槽的宽度，100为沟槽的长度，1.2为沟槽的深度。

垫层体积＝1.2×100×0.3m^3＝36m^3

【注释】 1.2为基础垫层的宽，100为垫层长，0.3为垫层的高。

毛石基础体积＝[(0.8＋0.19)×100×0.2＋(0.6＋0.19)×100×0.2＋(0.4＋0.19)×100×0.2＋(0.2＋0.19)×100×0.2＋0.19×100×0.1]m^3
＝[19.8＋15.8＋11.8＋7.8＋1.9]m^3
＝57.10m^3

所以，回填土工程量＝(144－36－57.1)m^3＝50.90m^3

【注释】 回填土工程量＝人工挖土方工程量减去垫层体积减去毛石基础体积。

清单工程量计算见表2-6。

清单工程量计算表　**表2-6**

项目编码	项目名称	项目特征描述	计量单位	工程量
010103001001	回填方	夯填	m^3	50.90

(2) 定额工程量

人工挖土方体积＝[(1.2×0.25＋1.2＋0.3)×1.2×100]m^3＝216m^3

【注释】 (1.2×0.25)为放坡宽度，1.2为基础垫层宽，0.3为两侧工作面宽。1.2为深度，100为槽长。

垫层体积＝1.2×100×0.3m^3＝36m^3

【注释】 1.2为基础垫层的宽，100为垫层长，0.3为垫层的高。

毛石基础体积＝[(0.8＋0.19)×100×0.2＋(0.6＋0.19)×100×0.2＋(0.4＋0.19)×100×0.2＋(0.2＋0.19)×100×0.2＋0.19×100×(1.2－0.3－0.8)]m^3
＝[19.8＋15.8＋11.8＋7.8＋1.9]m^3＝57.1m^3

所以：回填土工程量＝(216－36－57.1)m^3＝122.9m^3

【注释】 回填土工程量＝人工挖土方工程量减去垫层体积减去毛石基础体积。

套用基础定额1-45。

项目编码：010101004　项目名称：挖基坑土方

项目编码：010404001　项目名称：垫层

【例2-9】 如图2-7所示，某圆形沟槽，土质类别为三类土，挖深2.5m，采用500厚C30混凝土垫层。求人工挖土方工程量和混凝土垫层工程量。

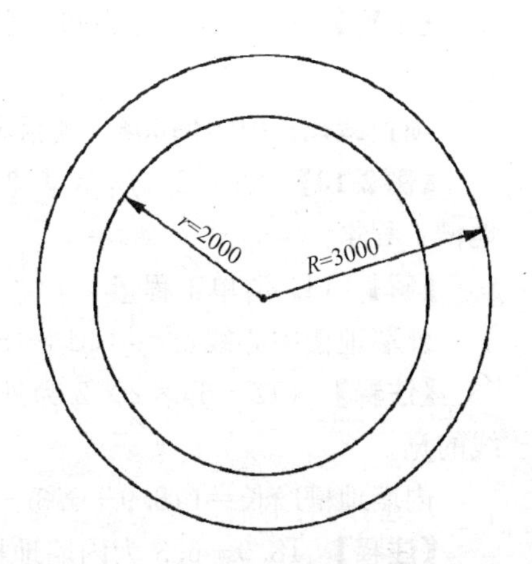

图2-7　圆形沟槽

【解】 (1) 清单工程量

人工挖土方工程量＝$(\pi R^2-\pi r^2)\cdot h$
＝[3.1416×(3.0^2－2.0^2)×2.5]m^3
＝39.27m^3

【注释】 R外圆的半径，r为内圆的半径，h为挖深。人工挖土量＝大圆体积—小圆体积。

混凝土垫层工程量 $=(3.0-2.0)\times 0.5\times 2\pi\left(r+\frac{R-r}{2}\right)\text{m}^3$

$=\left[3.1416\times\left(2.0+\frac{3.0-2.0}{2}\right)\right]\text{m}^3$

$=7.85\text{m}^3$

【注释】 (3.0－2.0)为垫层的宽度，0.5 为垫层的厚，$2\pi[r+(R-r)/2]$为垫层的长度。

清单工程量计算见表 2-7。

清单工程量计算表 **表 2-7**

序号	项目编码	项目名称	项目特征描述	计量单位	工程量
1	010101004001	挖基坑土方	三类土，垫层底半径 R＝3.0m，底面积 28.27m^2，挖土深度 2.5m	m^3	39.27
2	010404001001	垫层	C 30混凝土	m^3	7.85

(2) 定额工程量

混凝土垫层施工时，每边各增加 300mm 的工作面，所以槽底宽度应为：[(3.0－2.0)＋0.3×2]m＝1.6m

计算挖沟槽、基坑时需放坡，放坡系数 K＝0.33(三类土)

所以槽面宽度应为：[(3.0－2.0＋0.3×2)＋2.5×0.33×2]m＝3.25m

【注释】 2.5×0.33×2 为双面放坡宽度。

沟槽长度为：$2\pi\left(r+\frac{R-r}{2}\right)=\left[2\times 3.1416\times\left(2.0+\frac{3.0-2.0}{2}\right)\right]\text{m}=15.71\text{m}$

所以：人工挖土方工程量 $=\left[(1.6+3.25)\times 2.5\times\frac{1}{2}\times 15.71\right]\text{m}^3=95.24\text{m}^3$

套用基础定额 1-9。

【注释】 (1.6＋3.25)为槽底宽与槽面宽，2.5 为沟槽深，15.71 为沟槽长度。

混凝土垫层工程量 $=(3.0-2.0)\times 0.5\times 2\pi\times\left(r+\frac{R-r}{2}\right)\text{m}^3=7.9\text{m}^3$

【注释】 (3.0－2.0)为垫层的宽度，0.5 为垫层的厚，$2\pi[r+(R-r)/2]$为垫层的长度。

项目编码：010101004 项目名称：挖基坑土方

【例 2-10】 如图 2-8 所示某建筑物基础，采用机械坑内挖土方，土质类别二类，求挖地槽工程量。

【解】 (1) 清单工程量

外墙地槽中心线长＝[(12＋6)×2×2＋(6.3＋18.9)×2]m＝(72＋50.4)m＝122.4m

【注释】 (12＋6)×2×2 为外墙地槽中心线的长，(6.3＋18.9)×2 为外墙地槽中心线的宽。

内墙地槽净长＝(18.9＋6.3－1.3)m＝23.9m

【注释】 18.9＋6.3 为内墙地槽中心线长，1.3 为中心线距离地槽边的距离。

地槽总长度＝(122.4＋23.9)m＝146.3m

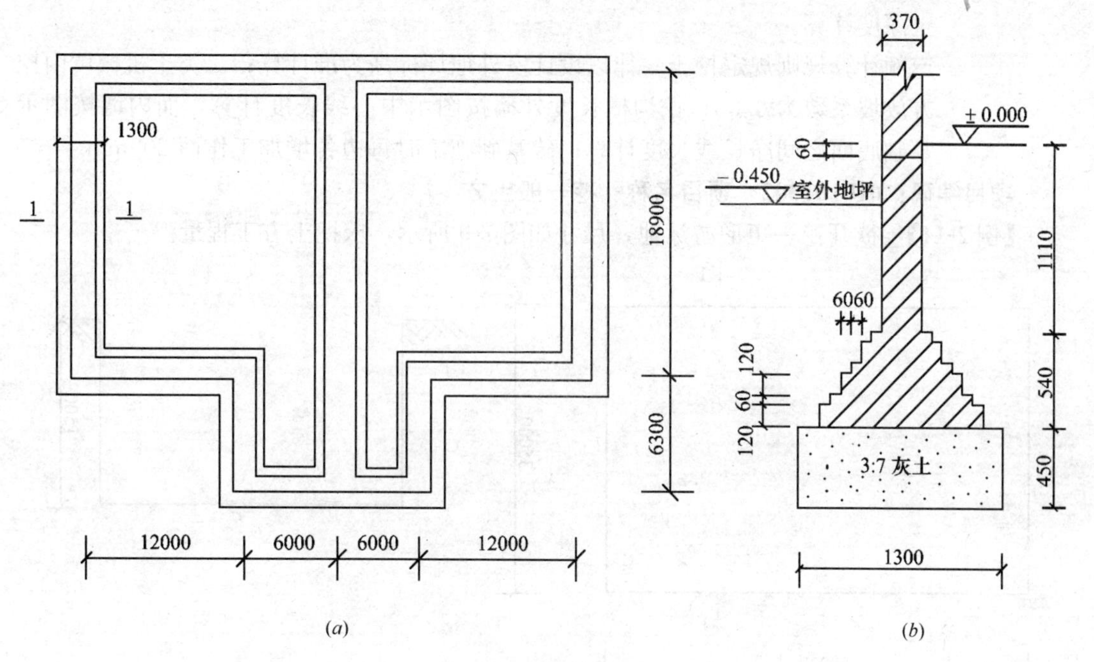

图 2-8 某建筑物基础

(a)平面图；(b)剖面图

所以地槽工程量＝[1.3×(2.1－0.45)×146.3]m³＝313.81m³

【注释】 1.3 为地槽的宽度，(2.1－0.45)为地槽的深度，146.3 为地槽的长度。

清单工程量计算见表 2-8。

清单工程量计算表 **表 2-8**

项目编码	项目名称	项目特征描述	计量单位	工程量
010101004001	挖基坑土方	二类土，砖基础，垫层底宽 1.3m，垫层底面积 190.19m²，挖土深 1.65m	m³	313.81

(2) 定额工程量

砖基础施工每边各增加工作面 200mm。

所以槽底宽为：(1.3＋0.2×2)m＝1.7m

二类土采用机械坑内挖土方的放坡系数 K＝0.33

所以槽面宽为：[1.7＋(2.1－0.45)×0.33×2]m＝2.789m

【注释】 (2.1－0.45)×0.33×2 为槽面双侧放坡的宽度，(2.1－0.45)地槽的深度，0.33为放坡系数。

地槽总长度＝146.3m

所以地槽工程量＝$[(1.7+2.789)\times1.65\times\frac{1}{2}\times146.3]\text{m}^3=541.81\text{m}^3$

套用基础定额 1-5。

【注释】 1.7 为槽底宽，2.789 为槽面宽，1.65 为槽深，(1.7＋2.789)×1.65×1/2 为地槽的横截面面积。146.3 为地槽的总长度。

说明：清单计算规则规定挖基础土方工程量按设计图示尺寸以基础垫层底面积乘以挖

土深度计算。

定额计算规则规定挖土一律以设计室外地坪标高为准计算；二类土机械坑内挖方放坡系数为0.33；挖沟槽长度外墙按图示中心线长度计算，而内墙按图示基础底面之间净长线长度计算；砖基础施工时每边各增加工作面200mm。

项目编码：010101002　项目名称：挖一般土方

【例2-11】 欲开挖一矩形游泳池，尺寸如图2-9所示，求挖土方工程量。

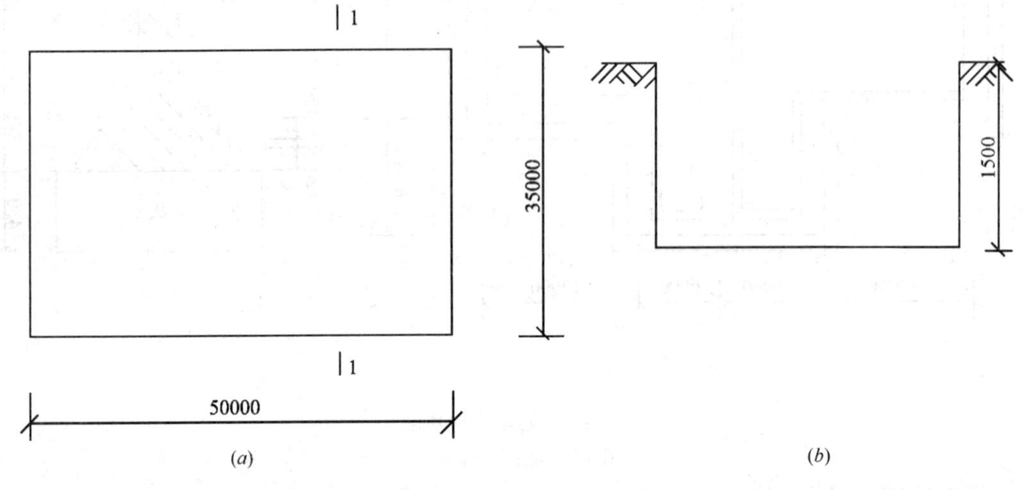

图2-9　矩形游泳池

(a)平面图；(b)剖面图

【解】 (1) 清单工程量(按设计图示尺寸以体积计算)：

挖土方工程量＝50×35×1.5＝2625m^3

【注释】 50为地坑的长，35为地坑的宽，1.5为挖深。

清单工程量计算见表2-9。

清单工程量计算表　　　　**表2-9**

项目编码	项目名称	项目特征描述	计量单位	工程量
010101002001	挖一般土方	一～四类土，挖土深1.5m	m^3	2625

(2) 定额工程量[定额中挖土深度在1.5m以内(包括1.5m)根据不同土的类别分别选套定额，由于此题图中未已知土的类别，可分别假设不同类别分别计算如下]

1) 一、二类土时，h＝1.5m＞1.2m，超过1.2m，需放坡，取K＝0.5

$$挖土方工程量=\frac{1.5}{6}[35\times50+(50+0.5\times1.5\times2)\times(35+0.5\times1.5\times2)+(50+50+0.5\times1.5\times2)\times(35+35+0.5\times1.5\times2)]$$

$$=2721.75\text{m}^3$$

套用基础定额1-1。

2) 三类土时，h＝1.5m，需放坡，取K＝0.33

$$挖土方工程量=\frac{1.5}{6}[35\times50+(50+0.33\times1.5\times2)\times(35+0.33\times1.5\times2)+(50+50+0.33\times1.5\times2)\times(35+35+0.33\times1.5\times2)]$$

$=2688.60m^3$

套用基础定额 1-2。

3) 四类土时，$h=1.5m<2m$，不需放坡。

挖土方工程量$=50\times35\times1.5=2625m^3$

套用基础定额 1-3。

项目编码：010103001 项目名称：回填方

【例 2-12】 某住宿楼基础如图 2-10 所示，计算基槽回填土夯实工程量。

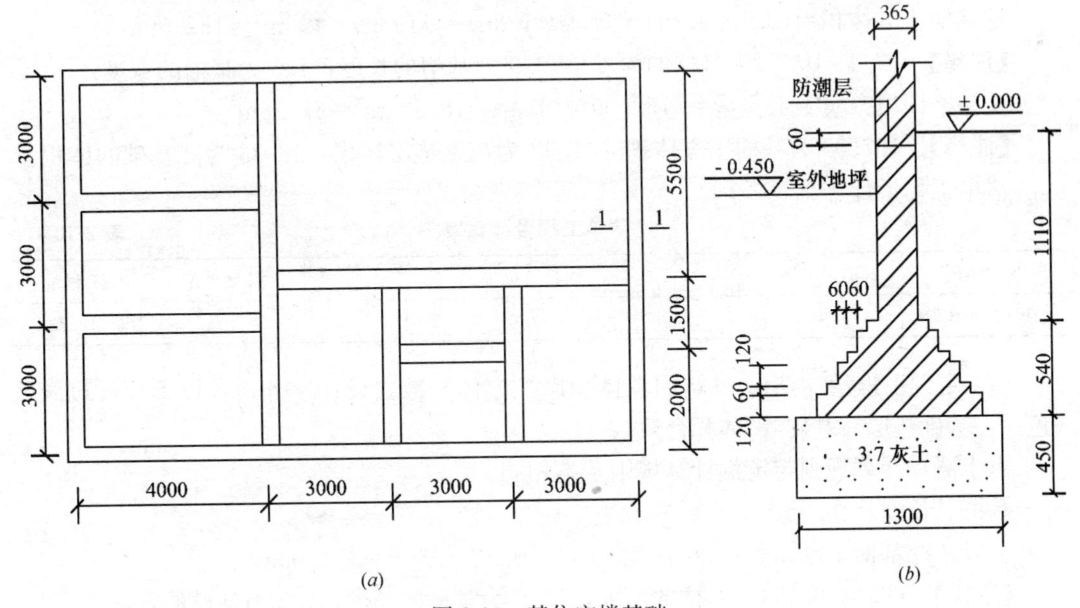

图 2-10 某住宅楼基础

(a)平面图；(b)1—1 剖面图

【解】 (1) 清单工程量(基础回填工程量为挖方体积减去设计室外地坪以下埋设的基础体积，包括基础垫层及其他构筑物)：

外墙地槽中心线长$=[(4.0+3.0\times3)\times2+(3.0\times3)\times2]m=44m$

【注释】 $(4.0+3.0\times3)\times2$ 为外墙地槽中心线的总长，$(3.0\times3)\times2$ 为外墙地槽中心线的总宽。

内墙基槽长度$=[(4.0-1.3)\times2+(3.0\times3-1.3)+(3.0-1.3)+(2.0+1.5-1.3)\times2+(2.0+1.5+5.5-1.3)]m$

$=[5.4+7.7+1.7+4.4+7.7]m$

$=26.9m$

【注释】 $(4.0-1.3)$为左边横向地槽的内墙基槽长度，1.3 为基槽的宽度的一半乘以 2。$(3.0\times3-1.3)$为右上边横向内墙地槽净长。$(3.0-1.3)$为右下边横向内墙地槽净长，$(2.0+1.5-1.3)\times2$ 为右边纵向内墙地槽净长，$(2.0+1.5+5.5-1.3)$为左边纵向内墙地槽净长。

基槽总长度$=(44+26.9)m=70.9m$

450 厚 3：7 灰土垫层体积$=1.3\times70.9\times0.45m^3=41.48m^3$

【注释】 1.3 为垫层的宽，70.9 为垫层的长度，0.45 为垫层的厚。

砖基础体积＝[(1.65－0.45)×(0.06×12＋0.37)－(1.65－0.54－0.45)×0.06×6×2－0.06×0.06×42]×70.9m^3

＝(1.308－0.4752－0.1512)×70.9m^3

＝0.6816×70.9m^3

＝48.33m^3

其中，0.06×0.06×42 为砖基础大放脚部分 42 个边长为 0.06 的小正方形的面积。

挖基槽土方体积＝(2.1－0.45)×70.9×1.3m^3＝116.99×1.3m^3＝152.09m^3

【注释】 (2.1－0.45)为基槽的深度，70.9 为基槽的长度，1.3 为基槽的宽度。

∴基槽回填夯实土工程量＝(152.09－41.48－48.33)m^3＝62.28m^3

【注释】 152.09 为基槽土方体积。41.48 为灰土垫层体积，48.33 为砖基础的体积。

清单工程量计算见表 2-10。

清单工程量计算表 **表 2-10**

项目编码	项目名称	项目特征描述	计量单位	工程量
010103001001	回填方	夯填	m^3	62.28

(2) 定额工程量[沟槽、基坑回填体积以挖方体积减去设计室外地坪以下埋设砌筑物(包括：基础垫层、基础等)体积计算]：

由于清单计算规则与定额计算规则基本相同。

基槽总长度＝70.9m

所以：挖基槽土方体积＝(2.1－0.45)×70.9×1.3m^3＝152.09m^3

【注释】 (2.1－0.45)为基槽的深度，70.9 为基槽的长度，1.3 为基槽的宽度。

450 厚灰土垫层体积＝1.3×70.9×0.45m^3＝41.48m^3

【注释】 1.3 垫层的宽，70.9 为垫层的长度，0.45 为垫层的厚。

砖基础体积＝48.33m^3

∴基槽回填夯实土工程量＝(152.09－41.48－48.33)m^3＝62.28m^3

【注释】 152.09 为基槽土方体积。41.48 为灰土垫层体积，48.33 为砖基础的体积。

套用基础定额 1-46。

说明：清单计算规则与定额计算规则在基础回填方面基本相同，所以两者最终的计算结果一致。

项目编码：010103001 项目名称：回填方

【例 2-13】 计算上题(图 2-10)室内地面回填土夯实工程量。

【解】 (1) 清单工程量(室内回填按主墙间净面积乘以回填厚度)：

室内主墙间总的净面积：

[(3.0－0.365)×(4.0－0.365)×3＋(3.0×3－0.365)×(5.5－0.365)＋(3.0－0.365)×(2.0＋1.5－0.365)×2＋(3.0－0.365)×(2.0－0.365)＋(3.0－0.365)×(1.5－0.365)]m^2＝[2.635×3.635×3＋8.635×5.135＋2.635×3.135×2＋2.635×1.635＋2.635×1.135]m^2＝[28.73＋44.34＋16.52＋4.31＋2.99]m^2＝96.89m^2

【注释】 (3.0－0.365)×(4.0－0.365)×3 为左侧三个房间净面积，0.365 为墙厚。

(3.0×3－0.365)×(5.5－0.365)为右侧上边房间室内净面积。(3.0－0.365)×(2.0＋1.5－0.365)为右下侧对称两个房间的净面积。(3.0－0.365)×(2.0－0.365)＋(3.0－0.365)×(1.5－0.365)为右下侧中间两个房间室内净面积。

由1－1剖面图可知室内平均回填土厚度为0.45m。

所以室内回填土夯实工程量＝96.89×0.45m^3＝43.60m^3

清单工程量计算见表2-11。

清单工程量计算表 **表2-11**

项目编码	项目名称	项目特征描述	计量单位	工程量
010103001001	回填方	夯填	m^3	43.60

(2) 定额工程量(房心回填土按主墙之间的面积乘以回填土厚度计算)：

室内主墙总净面积＝96.89m^2

室内回填土厚度为0.45m

所以室内回填土夯实工程量＝96.89×0.45m^3＝43.6m^3

套用基础定额1-46

【例2-14】 计算如图2-10所示余土外运总体积。

【解】 由清单计算规则与定额计算规则关于余土外运方面的对照比较可知余土外运或取土工程量计算式为：余土外运体积＝挖土总体积－回填土总体积。

注：(1)式中计算结果为正值时为余土外运体积，负值时为须取土体积。

(2)本题中回填土总体积包括基础回填土夯实体积和室内回填土夯实体积两部分；

所以余土外运体积＝(152.09－62.28－43.6)m^3＝46.21m^3

套用基础定额1-49。

【注释】 152.09为基槽土方的体积，62.28为基槽回填夯实土工程量，43.6为室内回填土夯实量。

说明：在余土外运体积的计算方面，清单计算和定额计算相同，计算结果也一致。

项目编码：010101001 项目名称：平整场地

【例2-15】 如图2-11所示，欲修建一学校的环形跑道，求平整场地工程量。(三类土)

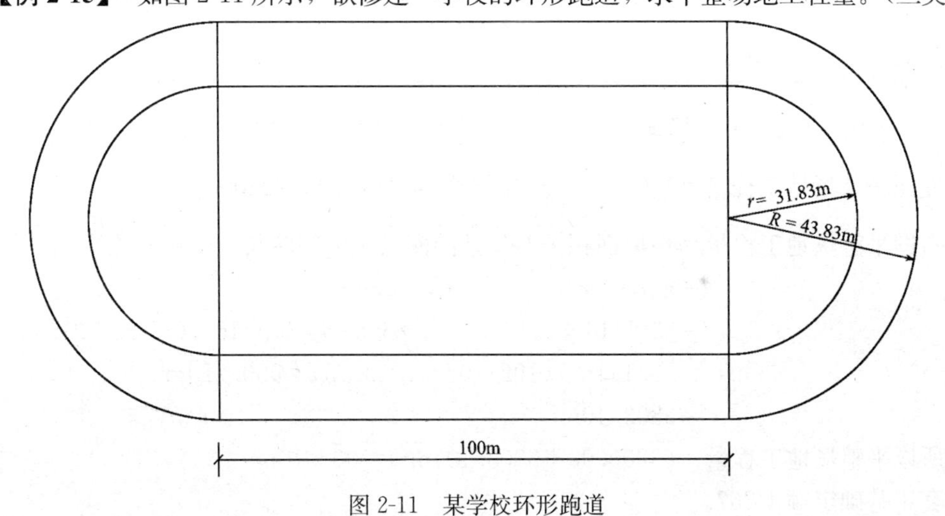

图2-11 某学校环形跑道

【解】 (1) 清单工程量(按设计图示尺寸以建筑物首层面积计算):

上图可分解为图 2-12 所示进行计算。

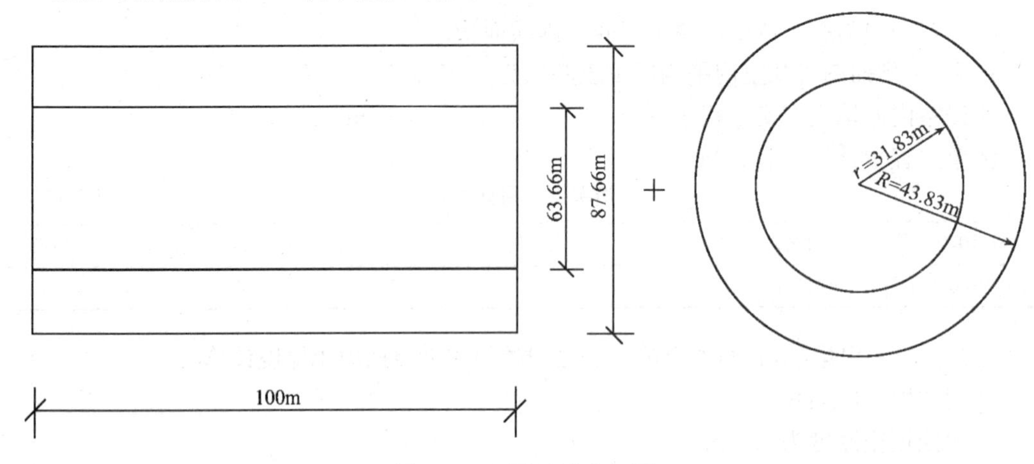

图 2-12　环形跑道分解图

左图平整场地工程量$=100\times(87.66-63.66)\text{m}^2=2400.00\text{m}^2$

【注释】 由题可得，把此环形跑道看成一个矩形和两个半圆拼成的圆形跑道。此部分为矩形的工程量。100 为矩形场地的长，(87.66－63.66)为矩形场地的宽。

右图平整场地工程量$=\pi R^2-\pi r^2$

$=3.1416\times(43.83^2-31.83^2)\text{m}^2$

$=3.1416\times(1921.07-1013.15)\text{m}^2$

$=2852.30\text{m}^2$

【注释】 此部分为圆形跑道的工程量。R 为大圆的半径，r 为小圆的半径。

所以平整场地工程量$=(2400.00+2852.30)\text{m}^2=5252.30\text{m}^2$

【注释】 平整场地的工程量为两部分的和。

清单工程量计算见表 2-12。

清单工程量计算表　　　　**表 2-12**

项目编码	项目名称	项目特征描述	计量单位	工程量
010101001001	平整场地	三类土	m^2	5252.30

(2) 定额工程量(平整场地工程量按外边线每边各加 2m，以平方米计算):

左图平整场地工程量$=100\times(\frac{87.66-63.66}{2}+4)\times2\text{m}^2=3200.00\text{m}^2$

右图平整场地工程量=环形面积+2×(外圆圈长+内圆圈长)

$=\pi(R^2-r^2)+2\times(2\pi R+2\pi r)$

$=[3.1416\times(43.83^2-31.83^2)+4\times3.1416\times(43.83+31.83)]\text{m}^2$

$=[3.1416\times(1921.07-1013.15)+950.77]\text{m}^2$

$=3803.10\text{m}^2$

所以平整场地工程量$=(3200.00+3803.10)\text{m}^2=7003.10\text{m}^2$

套用基础定额 1-267。

说明：清单计算规则中的“建筑物首层面积”应按建筑物外边线计算。

项目编码：010101007　项目名称：管沟土方

【例 2-16】 如图 2-13 所示某管道沟槽平面图，采用铸铁管道，管直径 450mm，挖深 1.5m，土质为三类土，试计算管沟土方。

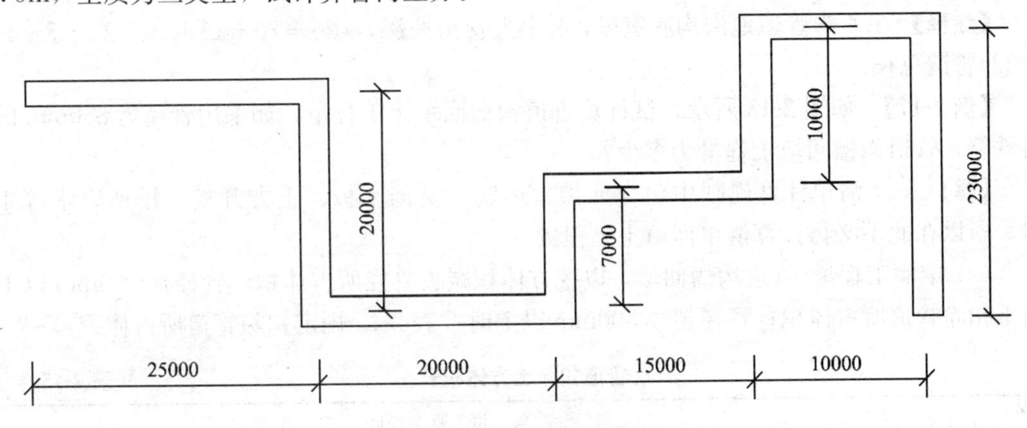

图 2-13　某管道沟槽平面图

【解】（1）清单工程量(按设计图示以管道中心线长度计算)：

管沟土方＝(25＋20＋15＋10＋20＋7＋10＋23)m＝130.00m

【注释】 此部分为管沟土方的总长度。

清单工程量计算见表 2-13。

清单工程量计算表　　**表 2-13**

项目编码	项目名称	项目特征描述	计量单位	工程量
010101007001	管沟土方	三类土，管外径 0.45m，挖深 1.5m	m	130

（2）定额工程量(挖管道沟槽按图示中心线长度计算，沟底宽度：设计有规定的，按设计规定尺寸计算；设计无规定的，可按表 2-14 规定宽度计算：)

管道地沟沟底宽度计算表　单位：m　　**表 2-14**

管径(mm)	铸铁管、钢管、石棉水泥管	混凝土、钢筋混凝土、预应力混凝土管	陶土管
50～70	0.60	0.80	0.70
100～200	0.70	0.90	0.80
250～350	0.80	1.00	0.90
400～450	1.00	1.30	1.10
500～600	1.30	1.50	1.40
700～800	1.60	1.80	
900～1000	1.80	2.00	
1100～1200	2.00	2.30	
1300～1400	2.20	2.60	

注：1. 按上表计算管道沟槽土方工程量时，各种井类及管道(不含铸铁给排水管)接口等处需加宽增加的土方量不另行计算，底面积大于 $20m^2$ 的井类，其增加工程量并入管沟土方内计算。

2. 铺设铸铁给排水管道时其接口等处土方增加量，可按铸铁给排水管道地沟土方总量的 2.5%计算。

本题采用直径 450mm 的铸铁管道，查表 2-14 得管道地沟沟底宽度为 1.00m；由于管沟挖深1.5m，不需放坡，所以，管沟土方=[1.0×1.5×(25+20+15+10+20+7+10+23)]m^3=195m^3

套用基础定额 1-8。

【注释】 1.0 为管道地沟沟底宽度，1.5 为管沟挖深，(25+20+15+10+20+7+10+23)管道总长。

【例 2-17】 如图 2-13 所示，试计算管道沟槽回填土工程量，如采用管径为 850mm 的铸铁管，管道沟槽回填工程量为多少？

【解】 (1) 清单计算规则中包含回填、运输、支挡土板、土方开挖、排地表水等工程，所以在此不必再计算清单回填土工程量。

(2) 定额工程量(管道沟槽回填，以挖方体积减去管径所占体积。管径在 500mm 以下的不扣除管道所占体积；管径超过 500mm 以上时按表 2-15 规定扣除管道所占体积：)

管道扣除土方体积表 **表 2-15**

管道名称	管道直径(mm)					
	501～600	601～800	801～1000	1101～1200	1201～1400	1401～1600
钢　管	0.21	0.44	0.71			
铸铁管	0.24	0.49	0.77			
混凝土管	0.33	0.60	0.92	1.15	1.35	1.55

因为所用管径为 450mm<500mm。

所以管道沟槽回填土工程量=管沟土方工程量=208.00m^3

如采用管径为 850mm>500mm 的铸铁管。

由定额计算规则和管道扣除土方体积表知：应扣除管道土方体积 0.77m^3/m。

所以管道沟槽回填土工程量=管沟土方-0.77m^3/m×130

=(208-100.1)m^3=107.90m^3

【注释】 208 为管沟土方的工程量。

套用基础定额 1-45。

说明：管沟开挖加宽工作面，放坡和接口处加宽工作面增加的土方不计算在工程量清单内，而是包括在管沟土方报价中。

项目编码：010201007　项目名称：砂石桩

【例 2-18】 计算如图 2-14 所示人工挖孔桩工程量。(三类土)

【解】 由清单计算规则和定额计算规则对照可知，二者在挖孔桩土方量计算方面一致即：人工挖孔桩按图示桩断面积乘以设计桩孔中心线深度计算。

(1) 桩身部分工程量

由于挖孔桩的半径尺寸=护壁上部尺寸+桩芯半径

所以桩身工程量=$\pi R^2 \cdot h$

$$=\pi\times\left(\frac{1.0+0.24}{2}\right)^2\times(12-0.2-0.8)\mathrm{m}^3$$

$$=3.1416\times0.3844\times11\mathrm{m}^3$$

$$=13.28\mathrm{m}^3$$

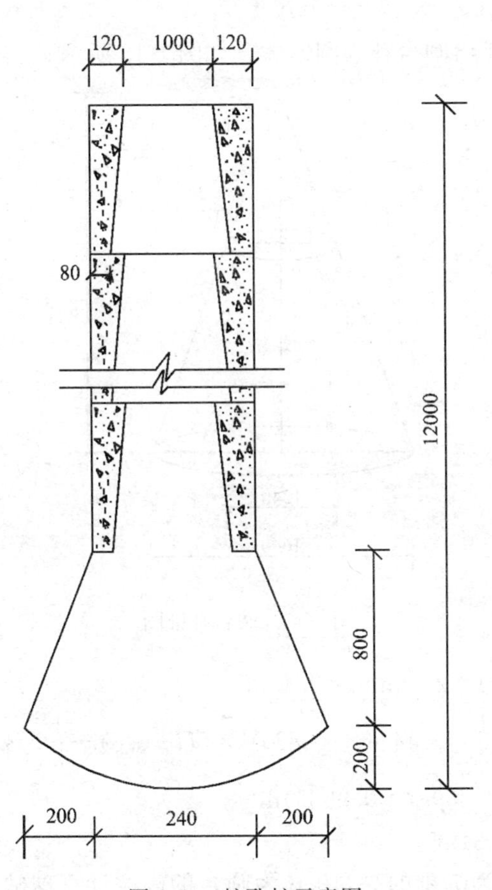

图 2-14　挖孔桩示意图

【注释】 πR^2 桩截面面积。(1.0＋0.24)/2 桩的半径。(12－0.2－0.8)为桩身的深度。

(2) 扩大头工程量

扩大头工程量由圆台和球缺两部分组成，应分别按圆台和球缺计算其工程量。如图 2-15 所示。

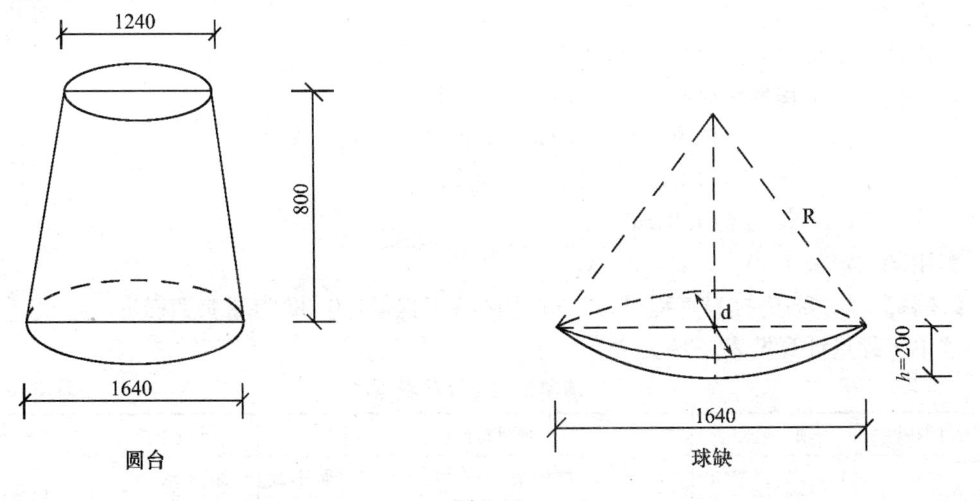

图 2-15

计算圆台工程量时可将圆台补为圆锥体，如图 2-16 所示。

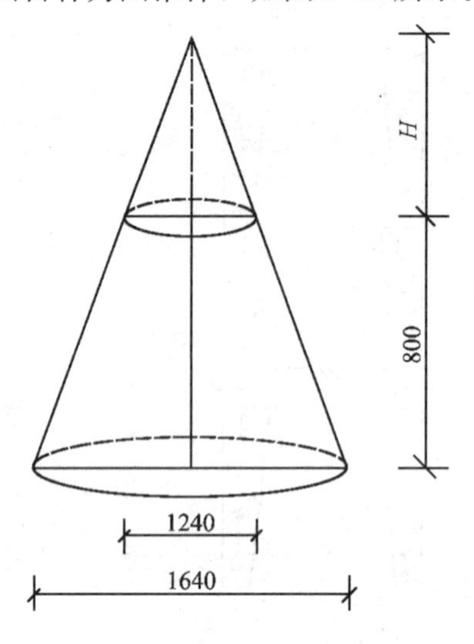

图 2-16 圆台补锥图

由几何知识可求得 H=2480mm=2.48m

所以圆台工程量$=\left[\frac{1}{3}\times3.1416\times(0.820)^2\times(H+0.8)-\frac{1}{3}\times3.1416\times(0.620)^2\times H\right]\text{m}^3$

$=(2.30957-0.9983)\text{m}^3$

$=1.31\text{m}^3$

【注释】 (H+0.8)为圆锥的高，0.8 为圆台的高。计算球缺时可由几何知识推导出球缺计算公式

$V_{球缺}=\pi h^2\left(R-\frac{h}{3}\right)$……(1)

$d=\sqrt{4h(2R-h)}$ ……(2)

由公式(2)可计算得：$1.64=\sqrt{4\times0.2\times(2R-0.2)}$

所以 R=1.781m

所以球缺工程量$=[3.1416\times0.2^2\times(1.781-0.2/3)]\text{m}^3=0.22\text{m}^3$

人工挖孔桩工程量=桩身工程量+扩大头工程量

=桩身工程量+圆台工程量+球缺工程量

$=(13.28+1.31+0.22)\text{m}^3$

$=14.81\text{m}^3$

套用基础定额 1-30。

【注释】 13.28 为桩身工程量，1.31 为圆台工程量，0.22 为球缺工程量。

清单工程量计算见表 2-16。

清单工程量计算表 **表 2-16**

项目编码	项目名称	项目特征描述	计量单位	工程量
010201007	砂石桩	三类土，单桩长 12m，共 1 根桩，圆形截面，人工挖孔桩	m^3	14.81

项目编码：010102001 项目名称：挖一般石方

【例 2-19】 如图 2-17 开挖某建筑物地槽，土质为普通岩石，挖深 1.5m，计算其地槽开挖工程量。

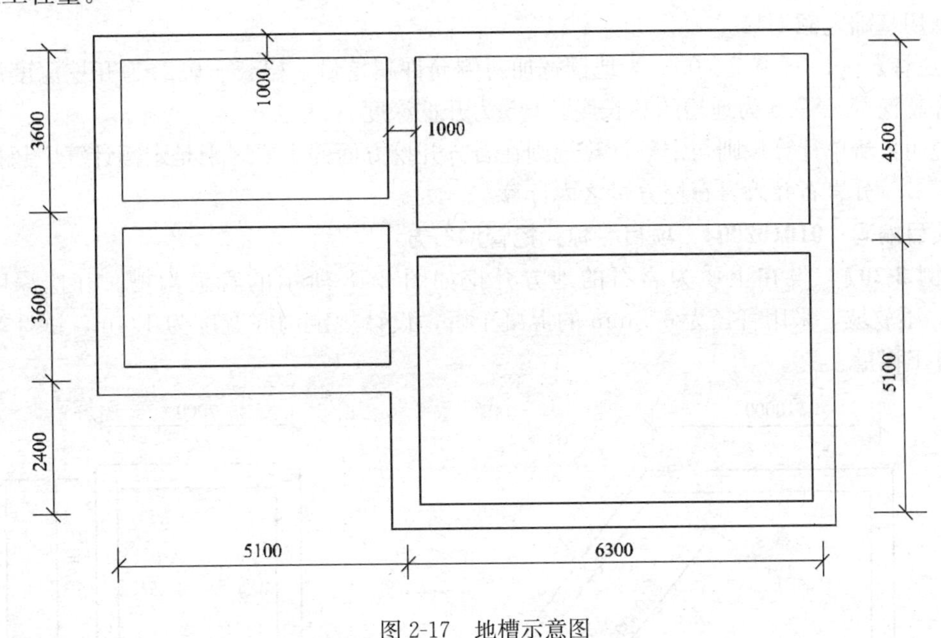

图 2-17 地槽示意图

【解】 (1)清单工程量(石方开挖按设计图示尺寸以体积计算)：

外墙地槽中心线长＝[2×(5.1＋6.3)＋5.1＋4.5＋3.6×2＋2.4]m
＝42.00m

【注释】 2×(5.1＋6.3)为地槽外墙中心线长，5.1＋4.5＋3.6×2＋2.4 为地槽外墙中心线宽。

内墙地槽净长＝[(5.1－1.0)＋(6.3－1.0)＋(3.6＋3.6－1.0)]m
＝15.60m

【注释】 (5.1－1.0)为左侧横向内墙线净长，(6.3－1.0)为右侧横向内墙线净长，(3.6＋3.6－1.0)为纵向内墙线净长，1.0 为地槽的宽。

地槽总长度＝(42＋15.6)m＝57.60m

所以地槽开挖工程量＝1.0×57.6×1.5m^3＝86.40m^3

【注释】 1.0 为地槽的宽，57.6 为地槽的总长度，1.5 为开挖深度。

清单工程量计算见表 2-17。

清单工程量计算表 **表 2-17**

项目编码	项目名称	项目特征描述	计量单位	工程量
010102001001	挖一般石方	普通岩石，挖深 1.5m	m^3	86.40

(2) 定额工程量(石方开挖沟槽和基坑工程量按图示尺寸加允许超挖量以立方米计算，而沟槽、基坑深度、宽度允许超挖量：次坚石 200mm，特坚石 150mm)：

由于普通岩石属次坚石，所以允许超挖宽度为 200mm。

所以地槽总长度=(42+15.6)m=57.6m(同清单计算)

地槽开挖工程量=[(1.0+0.2+0.2)×57.6×(1.5+0.2)]m^3=137.09m^3

套用基础定额 1-11。

【注释】 (1.0+0.2+0.2)为地槽宽加两侧允许超挖量，(1.5+0.2)为开挖深度加下部允许超挖量。57.6 为地槽的总长度，1.5 为开挖深度。

说明：清单计算规则与定额计算规则在石方开挖方面的主要区别是定额计算中超挖部分岩石并入岩石挖方量之内计算。

项目编码：010102004　项目名称：挖管沟石方

【例 2-20】 设在土质为岩石的地方开挖如图 2-18 所示的管道沟槽。开挖深度为 1.2m，不放坡，采用管径为 600mm 的混凝土管，设计规定沟底宽度为 1.4m，试计算管沟石方工程量。

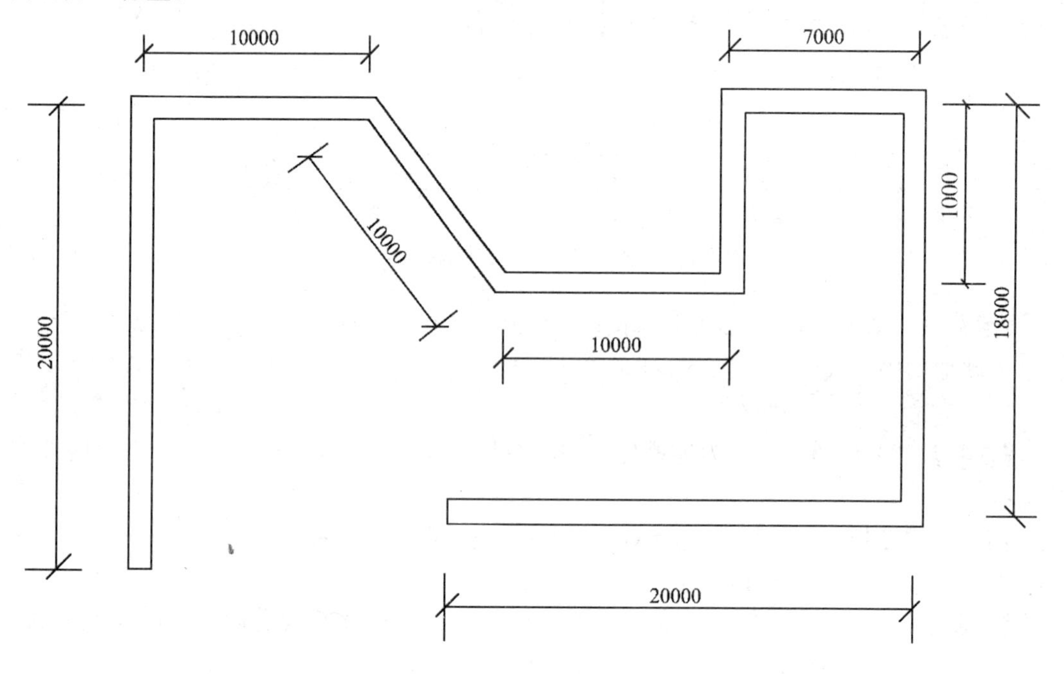

图 2-18　管道沟槽图

【解】 (1)清单工程量(管沟石方按设计图示尺寸以管道中心线长度计算)：

管沟石方工程量=(20+18+7+10+10+10+10+20)m=105m

【注释】 此部分为管沟的总长度。

清单工程量计算见表 2-18。

清单工程量计算表　　**表 2-18**

项目编码	项目名称	项目特征描述	计量单位	工程量
010102004001	挖管沟石方	混凝土管径为 600mm，开挖深度为 1.2m，不放坡	m	105

(2) 定额工程量

挖管道沟槽按图示中心线长度计算，沟底宽度，设计有规定的，按设计规定尺寸计算，设计无规定的可按表 2-19 计算。

管道地沟沟底宽度计算表 单位：m **表 2-19**

管径/mm	铸铁管、钢管 石棉水泥管	混凝土、钢筋混凝土 预应力混凝土管	陶土管
50～70	0.60	0.80	0.70
100～200	0.70	0.90	0.80
250～350	0.80	1.00	0.90
400～450	0.90	1.30	1.10
500～600	1.30	1.50	1.40
700～800	1.60	1.80	
900～1000	1.80	2.00	
1100～1200	2.00	2.30	
1300～1400	2.20	2.60	

由于题目中设计规定了沟底宽度为 1.4m，所以不必查表 1-19 求管道地沟沟底宽度。

所以管沟石方工程量＝[1.4×(20＋18＋7＋10×4＋20)×1.2]m³

＝1.4×105×1.2m³＝176.4m³

套用基础定额 1-68。

【注释】 1.4 为沟底宽度，1.2 为开挖深度，(20＋18＋7＋10×4＋20)为管沟总长度。

项目编码：010101005 项目名称：冻土开挖

【例 2-21】 如图 2-19 所示，某工程地槽采用人工开挖，挖深 1.2m，混凝土垫层宽 1.0m，土壤类型为冻土，放坡系数为 K＝0.25，求人工挖冻土地槽工程量。(已知地槽全长 116m)

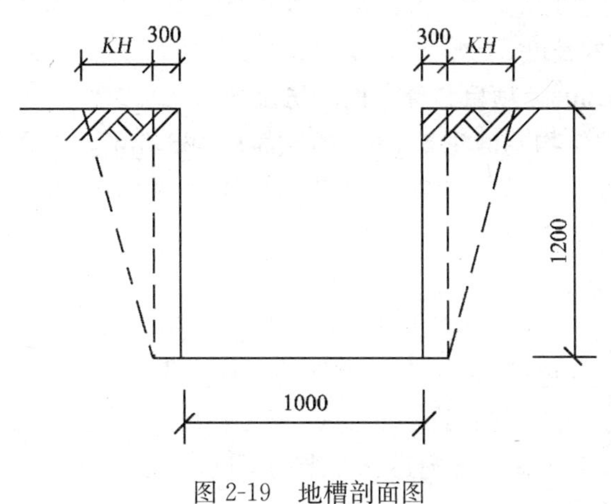

图 2-19 地槽剖面图

【解】 (1) 清单工程量(按设计图示尺寸开挖面积乘以厚度以体积计算冻土开挖工程量)

冻土开挖工程量＝1.0×1.2×116m³＝139.20m³

【注释】 1.0 为地槽的宽，1.2 为开挖深度，116 为地槽的长度。

说明：由于土质类型为冻土，所以冻土开挖厚度按图示开挖深度 1.2m 取值。

清单工程量计算见表 2-20。

清单工程量计算表 表 2-20

项目编码	项目名称	项目特征描述	计量单位	工程量
010101005001	冻土开挖	挖深 1.2m，人工开挖	m^3	139.20

(2) 定额工程量(按图示尺寸加上基础施工所需工作面算得开挖面积后乘以开挖冻土厚度以体积计算)：

基础施工所需工作面按表 2-21 规定计算。

基础施工所需工作面宽度计算表 表 2-21

基础材料	每边各增加工作面宽度(mm)
砖基础	200
浆砌毛石、条石基础	150
混凝土基础垫层支模板	300
混凝土基础支模板	300
基础垂直面做防水层	800(防水层面)

根据表 2-21，混凝土基础垫层每边各增加工作面 300mm。

冻土开挖工程量$=[(1.0+0.3\times2+KH)\times H\times116]m^3$

$=[(1.0+0.6+0.25\times1.2)\times1.2\times116]m^3$

$=1.9\times1.2\times116m^3$

$=264.48m^3$

套用基础定额 1-41。

【注释】 1.0 为地槽的宽，0.3×2 为两侧工作面宽，KH 为放坡宽度，H 为开挖深度为 1.2，116 为沟槽的长度。

项目编码：010101004 项目名称：挖基坑土方

【例 2-22】 设某建筑物基槽深 2.1m，槽底面积 168.5m^2，土质类别为三类土不放坡，求人工挖土方深度超过 1.5m 时，增加人工工日的工程量。

【解】 (1) 清单工程量(清单计算规则中规定，人工挖土方工程量按设计图示尺寸以体积计算，所以人工挖土方深度超过 1.5m 时，增加人工工日的工程量也应该按超过 1.5m 所开挖的土方量进行计算。)因为该建筑物基槽挖深 2.1m；

所以人工挖土方深度超过 1.5m 时，增加的工程量为：

$(2.1-1.5)\times168.5m^3=101.1m^3$

【注释】 (2.1－1.5)为挖土方超过 1.5 米的深度。

清单工程量计算见表 2-22。

清单工程量计算表 表 2-22

项目编码	项目名称	项目特征描述	计量单位	工程量
010101004001	挖基坑土方	三类土，挖深 2.1m，不放坡	m^3	101.1

(2) 定额工程量(人工挖土方深度超过 1.5m 时，按表 2-23 增加工日)：

人工挖土方超深增加工日表 单位：$100m^3$ 表 2-23

深 2m 以内	深 4m 以内	深 6m 以内
5.55 工日	17.60 工日	26.16 工日

深 1.5m 以内的挖土量＝$1.5\times168.5m^3=252.75m^3$

深 2.0m 以内的挖土量＝$0.5\times168.5m^3=84.25m^3$

【注释】 0.5 为超过 1.5 米的挖深，即 2.0 减去 1.5。

深 4.0m 以内的挖土量＝$0.1\times168.5m^3=16.85m^3$

由表 5 可知，深 2m 以内人工挖土方每 $100m^3$ 增加 5.55 人工工日。

深 4m 以内人工挖土方每 $100m^3$ 增加 17.60 人工工日；

所以该工程共增加人工工日的数量为：

(84.25/100×5.55＋16.85/100×17.60)工日＝(4.68＋2.97)工日＝7.65 工日

项目编码：010101006　项目名称：挖淤泥、流砂

【例 2-23】 如图 2-20 所示，其河道开挖工程，放坡系数 $K=0.33$，试根据图示尺寸计算人工挖淤泥工程量。(已知河道总长度 8000m)

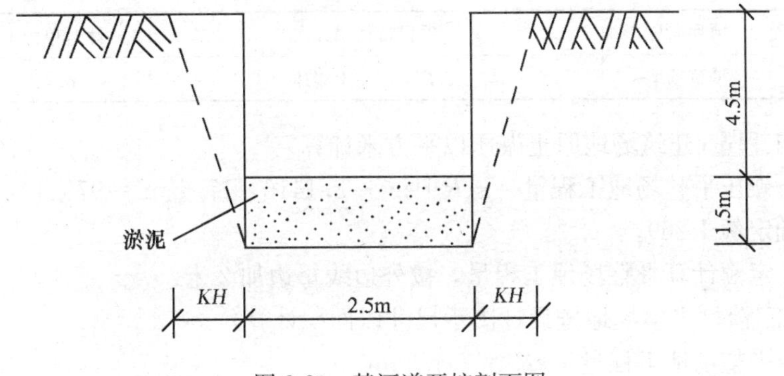

图 2-20　某河道开挖剖面图

【解】 (1) 清单工程量(挖淤泥、流砂按设计图示位置、界限以体积计算)：

所以人工挖淤泥工程量＝$2.5\times8000\times1.5m^3=30000m^3$

【注释】 2.5 为淤泥的底宽，8000 为河道的总长度，1.5 为淤泥深。

清单工程量计算见表 2-24。

清单工程量计算表 表 2-24

项目编码	项目名称	项目特征描述	计量单位	工程量
010101006001	挖淤泥、流砂	挖淤泥 1.5m	m^3	30000

(2) 定额工程量(按设计图示位置和放坡后的总尺寸，以体积计算)：

如图 2-20 所示，$KH=0.33\times1.5m=0.495m$

【注释】 K 为放坡系数，H 为深度。此部分为放坡宽度。

∴人工挖淤泥工程量＝$[(2.5+0.495)\times8000\times1.5]m^3$

$=2.995\times8000\times1.5m^3$

$=35940m^3$

【注释】 (2.5＋0.495)为淤泥底宽与放坡宽度的和。8000 为河道的总长度。1.5 为淤泥深。

套用基础定额 1-4。

项目编码：010101001　项目名称：平整场地

【例 2-24】 设采用机械平整如图 2-21 所示场地，试计算：

(1) 原土碾压平整场地工程量(二类土)；

(2) 填土 300mm 碾压平整场地工程量。

【解】 1)清单工程量(平整场地按设计图示尺寸以面积计算)：

原土碾压平整场地工程量 $=\pi R^2$

$=3.1416\times15.6\times15.6\text{m}^2$

$=764.54\text{m}^2$

【注释】 R 为场地的半径。

清单工程量计算见表 2-25。

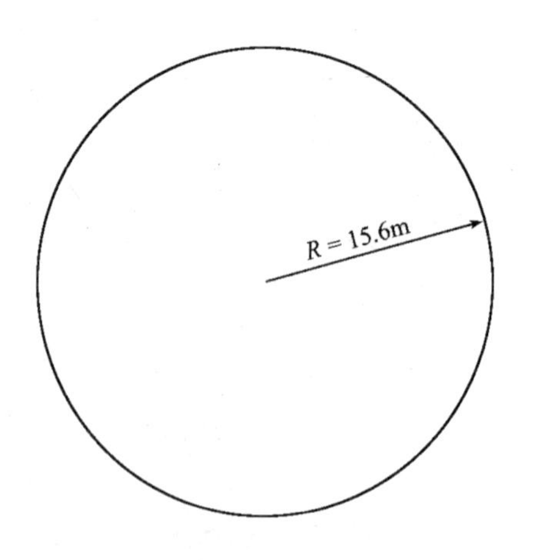

图 2-21　某建筑物地

清单工程量计算表　　表 2-25

项目编码	项目名称	项目特征描述	计量单位	工程量
010101001001	平整场地	二类土，原土碾压	m^2	764.54

2) 定额工程量(建筑场地原土碾压以平方米计算)：

所以原土碾压平整场地工程量 $=\pi(R+2)^2=3.1416\times17.6^2\text{m}^2=973.14\text{m}^2$

套用基础定额 1-269。

【注释】 定额计算平整场地工程量，按外边线每边加 2 米。

① 清单工程量(平整场地按设计图示尺寸以面积计算)：

填土碾压平整场地工程量 $=\pi R^2=764.54\text{m}^2$

清单工程量计算见表 2-26。

清单工程量计算表　　表 2-26

项目编码	项目名称	项目特征描述	计量单位	工程量
010101001002	平整场地	二类土，填土 300mm 碾压	m^2	764.54

② 定额工程量(填土碾压按图示填土厚度以立方米计算)：

填土碾压平整场地工程量 $=\pi(R+2)^2\cdot h\text{m}^3$

$=3.1416\times17.6\times17.6\times0.3\text{m}^3$

$=291.94\text{m}^3$

套用基础定额 1-271。

【注释】 h 为填土厚度。R 为场地半径。

项目编码：010101007　项目名称：管沟土方

【例 2-25】 欲在岩石上爆破开挖一地坑，其底面尺寸为 3.0m×1.5m，爆破单孔深度 1.6m，爆破后地坑深 2.0m，如图 2-22 所示，求岩石开挖工程量。

【解】 (1)清单工程量(爆破石方工程量按设计图示以钻孔总长度计算)

所以爆破石方工程量 $=1.60\text{m}$

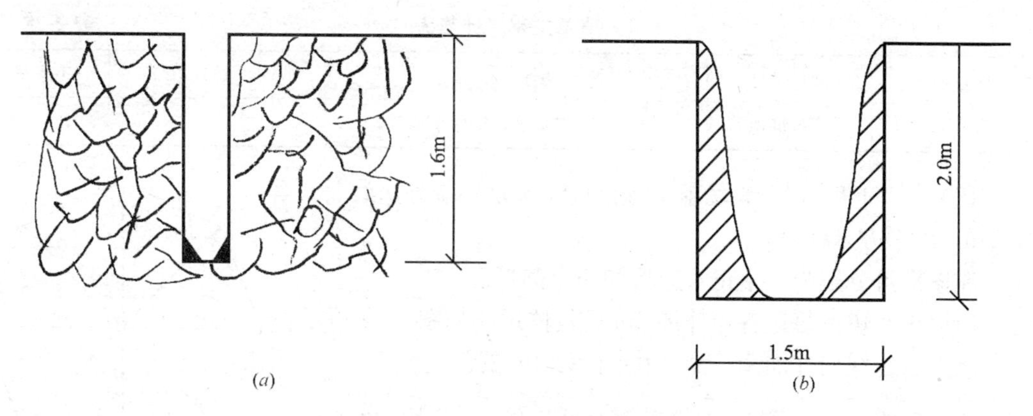

图 2-22 地挖
(a)爆破前地坑；(b)爆破后地坑

清单工程量计算见表 2-27。

清单工程量计算表 表 2-27

项目编码	项目名称	项目特征描述	计量单位	工程量
010101007001	管沟土方	预裂爆破，单孔深 1.6m	m	1.60

(2) 定额工程量(爆破岩石工程量按图示尺寸以立方米计算)：

爆破石方工程量＝$(1.5\times3.0\times2.0)m^3=9.00m^3$

套用基础定额 1-91。

【注释】 1.5×3.0 为底面尺寸，2.0 为坑深。

项目编码：010101001 项目名称：平整场地

【例 2-26】 如图 2-23 所示某花坛平面图，求机械场地平整 30cm 以内的场地平整工程量。(三类土)

【解】 (1) 清单工程量(平整场地按设计图示尺寸以建筑物首层面积计算)：

所以场地平整工程量＝$S_{正八边形}+8S_{半圆}$

$$=(8\times\frac{1}{2}\times6\times6\times\sin45^\circ+8\times3.1416\times2\times2\times\frac{1}{2})m^2$$
$$=(101.82+50.27)m^2$$
$$=152.10m^2$$

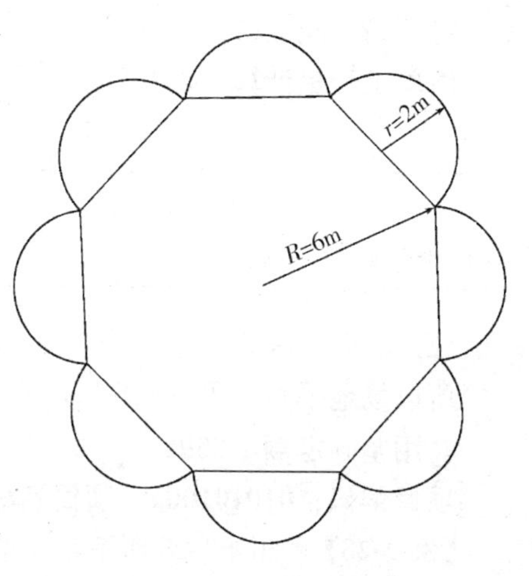

图 2-23 某花坛平面图

【注释】 $8\times\frac{1}{2}\times6\times6\times\sin45^\circ$此部分为正八边形的面积。$8\times3.1416\times2\times2\times\frac{1}{2}$此部分为八个半圆的面积。

清单工程量计算见表 2-28。

清单工程量计算表 表 2-28

项目编码	项目名称	项目特征描述	计量单位	工程量
010101001001	平整场地	三类土，机械平整	m^2	152.10

(2) 定额工程量(平整场地工程量按建筑物外墙外边线每边各加 2m，以平方米计算)：

原图形可分解为一个正八边形和四个圆形。

所以正八边形每边各向外加 2m 后具体尺寸如图 2-24 所示。

圆形沿边线向外加 2m 后变为半径为 4m 的圆。

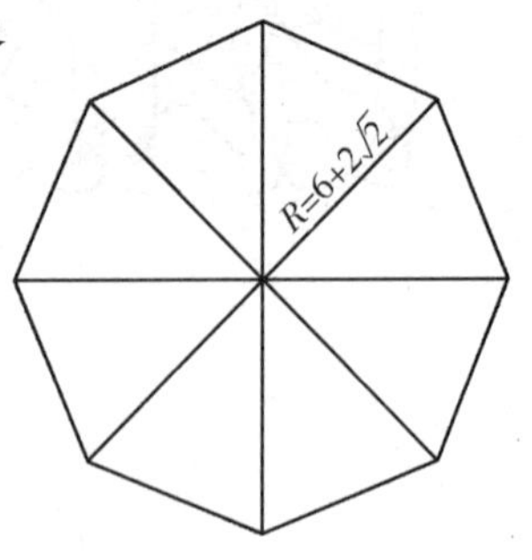

图 2-24 场地平整

$$所以场地平整工程量=\left[8\times\frac{1}{2}\times(6+2\sqrt{2})\times(6+2\sqrt{2})\times\sin45°+4\pi\times4\times4\right]m^2$$
$$=(4\times77.94\times0.7071+4\times3.1416\times16)m^2$$
$$=421.51m^2$$

套用基础定额 1-267。

项目编码：010101001 项目名称：平整场地

【例 2-27】 如图 2-23 所示，求原土碾压场地平整工程量。

【解】 (1) 清单工程量(平整场地按设计图示尺寸以建筑物首层面积计算)(三类土)：

$$所以场地平整工程量=S_{八边形}+8S_{半圆}$$
$$=(8\times\frac{1}{2}\times6\times6\times\sin45°+8\times3.1416\times2\times2\times\frac{1}{2})m^2$$
$$=(101.82+50.27)m^2$$
$$=152.10m^2$$

【注释】 同上(1)。

清单工程量计算见表 2-29。

清单工程量计算表 表 2-29

项目编码	项目名称	项目特征描述	计量单位	工程量
010101001001	平整场地	三类土，原土碾压	m^2	152.10

(2) 定额工程量(平整场地工程量按建筑物场地原土碾压以平方米计算)：

所以场地平整工程量$=S_{八边形}+8S_{半圆}=(101.82+50.27)m^2=152.1m^2$

套用基础定额 1-269。

项目编码：010101001 项目名称：平整场地

【例 2-28】 如图 2-23 所示，原地填土 500mm 厚，求填土碾压场地平整工程量。(三类土)

【解】 (1) 清单工程量(平整场地按设计图示尺寸以建筑物首层面积计算)

所以场地平整工程量$=S_{八边形}+8S_{半圆}=152.10m^2$

清单工程量计算见表 2-30。

清单工程量计算表　　表 2-30

项目编码	项目名称	项目特征描述	计量单位	工程量
010101001001	平整场地	三类土，填土 500mm 碾压	m^2	152.10

(2) 定额工程量(填土碾压工程量按图示填土厚度以立方米计算)：

所以场地平整工程量$=(S_{八边形}+8S_{半圆})\times 0.5m^3=152.1\times 0.5m^3=76.10m^3$

套用基础定额 1-271。

【注释】 0.5 为填土厚。

项目编码：010101004　项目名称：挖基坑土方

【例 2-29】 欲修建一五角星形构筑物，基础土方全部挖除，开挖深度 1.8m，土质类别为三类土，不放坡，构筑物基础开挖形状及其细部尺寸如图 2-25 所示，求基础开挖土方工程量。

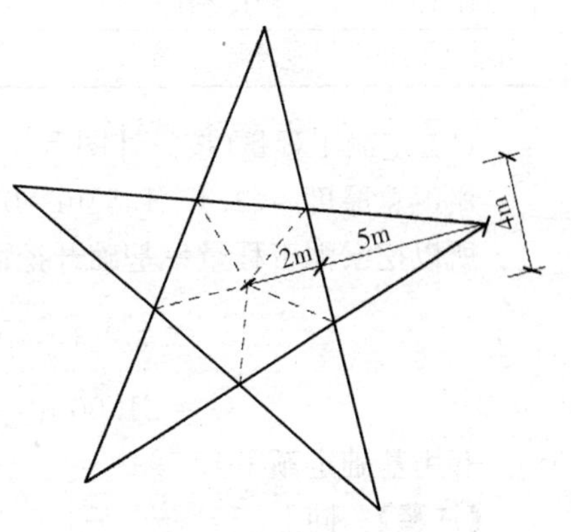

图 2-25　土方开挖示意图

【解】 (1) 清单工程量(挖土方按设计图示尺寸以体积计算)：

基础挖土方工程量＝基础开挖面积×开挖深度

$$=\frac{1}{2}\times 4\times (5+2)\times 1.8\times 5m^3$$

$$=25.2\times 5m^3=126.00m^3$$

【注释】 把五角星看成五个大三角，内部为五个小三角。1/2×4×(5+2)为一个大三角和一个小三角的和。1.8 为开挖深度。

清单工程量计算见表 2-31。

清单工程量计算表　　表 2-31

项目编码	项目名称	项目特征描述	计量单位	工程量
010101004001	挖基坑土方	三类土，挖深 1.8m	m^3	126.00

(2) 定额工程量(定额中土方开挖计算规则和清单一样)：

所以：基础挖土方工程量＝基础开挖面积×开挖深度

$$=\frac{1}{2}\times 4\times (5+2)\times 1.8\times 5m^3$$

$$=25.2\times 5m^3$$

$$=126m^3$$

套用基础定额 1-2。

【注释】 同上。

项目编码：010101006　项目名称：挖淤泥、流砂

【例 2-30】 如图 2-25，若已知基础开挖深度为 2.1m，其中 1.8m 以下全是淤泥，不放坡，求挖淤泥工程量。

【解】 (1) 清单工程量(按设计图示位置、界限以体积计算)：

因为淤泥总厚度＝(2.1－1.8)m＝0.3m

所以挖淤泥工程量＝基础开挖面积×淤泥总厚度

$=\frac{1}{2}\times4\times(5+2)\times5\times0.3m^3$

$=21.00m^3$

【注释】 1/2×4×(5+2)×5为基础开挖面积。0.3为淤泥总厚度。

清单工程量计算见表2-32。

清单工程量计算表 **表2-32**

项目编码	项目名称	项目特征描述	计量单位	工程量
010101006001	挖淤泥、流砂	挖淤泥深0.3m	m^3	21.00

(2)定额工程量(按设计图示尺寸以体积计算):

淤泥总厚度=(2.1−1.8)m=0.3m

所以挖淤泥工程量=基础开挖面积×淤泥总厚度

$=\frac{1}{2}\times4\times(5+2)\times5\times0.3m^3$

$=21.00m^3$

套用基础定额1-4。

【注释】 同上。

项目编码:010101002 项目名称:挖一般土方

【例2-31】 如图2-25,设将挖出的土方人工运至100m处堆放,求人工运土方工程量。(四类土)

【解】 (1)清单工程量(由于清单计算规则中的挖土方的工程内容中包括土方运输,所以从土方运输工程量仍按设计图示尺寸以体积计算):

人工运土方工程量=基础开挖面积×开挖深度

$=\frac{1}{2}\times4\times(5+2)\times1.8\times5m^3$

$=126.00m^3$

【注释】 1/2×4×(5+2)×5为基础开挖面积。1.8为开挖深度。

清单工程量计算见表2-33。

清单工程量计算表 **表2-33**

项目编码	项目名称	项目特征描述	计量单位	工程量
010101002001	挖一般土方	四类土,弃土运距100m,人工运输	m^3	126.00

(2)定额工程量:(在不放坡、不支挡土板的情况下,定额关于土方开挖的计算规则和清单计算规则一致,同样土方运输工程量计算规则仍和清单一致)

人工运土方工程量=基础开挖面积×开挖深度

$=\frac{1}{2}\times4\times(5+2)\times1.8\times5m^3$

$=126.00m^3$

套用基础定额1-50

【注释】 同上。

项目编码:010101006 项目名称:挖淤泥、流砂

【例 2-32】 若将例 2-30 中开挖出的淤泥采用人工运至 150m 处堆放，求人工运淤泥工程量。

【解】（1）清单工程量(由于清单计算规则中挖淤泥、流砂的工程内容中包括弃淤泥、流砂，所以人工运淤泥工程量仍按设计图示位置、界限以体积计算)：

人工运淤泥工程量＝基础开挖面积×淤泥总厚度

$$=\frac{1}{2}\times4\times(5+2)\times5\times(2.1-1.8)\text{m}^3$$

$$=21.00\text{m}^3$$

【注释】 1/2×4×(5+2)×5 为基础开挖面积。(2.1－1.8)为淤泥总厚度。

清单工程量计算见表 2-34。

清单工程量计算表　　表 2-34

项目编码	项目名称	项目特征描述	计量单位	工程量
010101006001	挖淤泥、流砂	挖淤泥深 0.3m，弃淤泥距离 150m	m^3	21.00

（2）定额工程量(由于按土方工程中的土壤类别包括淤泥、流砂等，且开挖工程内容中包括运输，所以人工运淤泥工程量等于挖淤泥工程量，且淤泥开挖工程量按设计图示尺寸以体积计算)：

所以人工运淤泥工程量＝基础开挖面积×淤泥总厚度

$$=\frac{1}{2}\times4\times(5+2)\times5\times0.3\text{m}^3$$

$$=21.00\text{m}^3$$

套用基础定额 1-52。

【注释】 同上。

项目编码：010101004　项目名称：挖基坑土方

【例 2-33】 设人工开挖一基础沟槽，基础类型为砖基础，土壤类别为二类土，沟槽总长度 98m，沟槽剖面图如图 2-26 所示，求挖基础土方工程量。(需放坡)

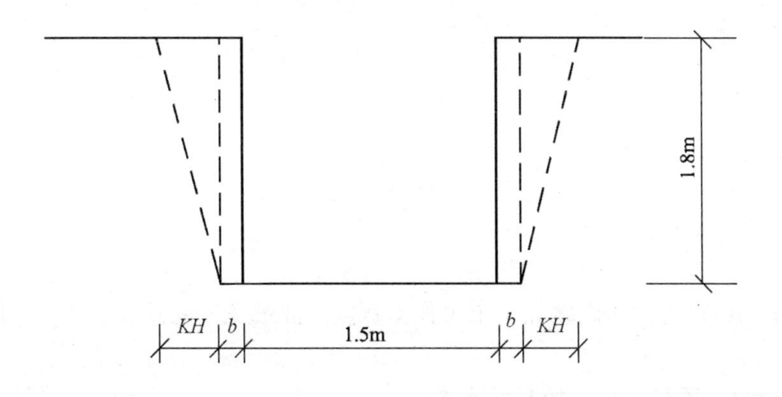

图 2-26　沟槽剖面图

【解】（1）清单工程量(计算规则：按设计图示尺寸以基础垫层底面积乘以挖土深度计算)：

所以挖基础土方工程量$=1.5\times98\times1.8m^3=264.60m^3$

【注释】 1.5为沟槽的宽度，98为沟槽的总长度，1.8为开挖深度。

清单工程量计算见表2-35。

清单工程量计算表 表2-35

项目编码	项目名称	项目特征描述	计量单位	工程量
010101004001	挖基坑土方	二类土，砖基础，挖土深1.8m	m^3	264.60

(2) 定额工程量

由于此砖基础沟槽开挖，所以每边各应增加工作面宽度为b，具体b值查表2-36；沟槽开挖需放坡时放坡系数按表2-37取定。

基础施工所需工作面宽度计算表 表2-36

基础材料	每边各应增加工作面宽度/mm
砖基础	200
浆砌毛石、条石基础	150
混凝土基础垫层支模板	300
混凝土基础支模板	300
基础垂直面做防水层	800(防水层面)

放坡系数表 表2-37

土壤类别	放坡起点(m)	人工挖土	机械挖土	
			在坑内作业	在坑上作业
一、二类土	1.20	1∶0.5	1∶0.33	1∶0.75
三类土	1.50	1∶0.33	1∶0.25	1∶0.67
四类土	2.00	1∶0.25	1∶0.10	1∶0.33

查表得 $b=200mm$

$K=0.5$

$KH=0.5\times1.8m=0.9m$

挖基土方工程量$=(1.5+2b+KH)\times1.8\times98m^3$

$=(1.5+0.4+0.9)\times1.8\times98m^3$

$=2.8\times1.8\times98m^3$

$=493.92m^3$

套用基础定额1-5。

【注释】 $(1.5+2b+KH)$为沟槽底宽加2个工作面宽度加放坡宽度的总和。1.8为挖深，98为沟槽总长。

项目编码：010101004 项目名称：挖基坑土方

【例2-34】 如图2-26，设基础类型为浆砌毛石基础，土壤类别为三类土，沟槽总长度115m，不放坡，求挖基础土方工程量。

【解】 (1)清单工程量(按设计图示尺寸以基础垫层底面积乘以挖土深度计算)：

挖基础土方工程量$=1.5\times115\times1.8m^3=310.50m^3$

清单工程量计算见表 2-38。

清单工程量计算表 **表 2-38**

项目编码	项目名称	项目特征描述	计量单位	工程量
010101004001	挖基坑土方	三类土，浆砌毛石基础，挖深 1.8m	m^3	310.50

(2) 定额工程量(浆砌毛石基础开挖，每边各应增加工作面宽度查表 2-37 可得；然后按增加工作面之后尺寸以体积计算)：

挖基础土方工程量＝[(1.5＋2b)×115×1.8]m^3

＝(1.5＋2×0.15)×115×1.8m^3

＝372.60m^3

套用基础定额 1-8。

【注释】 (1.5＋2b)为沟槽底宽加 2 侧工作面宽。115 为沟槽的总长度，1.8 为开挖深度。

项目编码：010101004　项目名称：挖基坑土方

【例 2-35】 如图 2-26，设基础类型为混凝土基础，土壤类别为四类土，放坡、沟槽开挖总长度 115m，求挖基础土方工程量。

【解】 (1) 清单工程量(按设计图示尺寸以基础垫层底面积乘以挖土深度计算)：

挖基础土方工程量＝1.5×115×1.8m^3＝310.50m^3

【注释】 1.5 为沟槽的宽度，115 为沟槽的总长度，1.8 为开挖深度。

清单工程量计算见表 2-39。

清单工程量计算表 **表 2-39**

项目编码	项目名称	项目特征描述	计量单位	工程量
010101004001	挖基坑土方	四类土，混凝土基础，挖深 1.8m	m^3	310.50

(2) 定额工程量(混凝土基础开挖，每边各应增加工作面宽度可查表 2-37 得 b＝300mm；四类土放坡系数可查表 2-38 得 K＝0.25；然后按增加工作面、放坡之后尺寸以体积计算)：

挖基础土方工程量＝[(1.5＋2b＋KH)×115×1.8]m^3

＝(1.5＋0.6＋0.25×1.8)×115×1.8m^3

＝527.90m^3

套用基础定额 1-11

【注释】 (1.5＋2b＋KH)为沟槽底宽加 2 个工作面宽度加放坡宽度的总和。1.8 为挖深，115 为沟槽总长。

项目编码：010101004　项目名称：挖基坑土方

【例 2-36】 如图 2-27 所示，人工开挖一矩形基坑，已知土壤类别为四类土，开挖时左右两侧放坡，上下两侧支挡土板，挖土平均厚度为 2.2m，具体尺寸如图 2-27 所示，求挖基坑土方工程量。

【解】 (1) 清单工程量(按设计图示尺寸以体积计算)：

挖基坑土方工程量＝4.5×3.5×2.2m^3＝34.70m^3

【注释】 4.5 为基坑的长，3.5 为基坑的宽，2.2 为基坑的深。

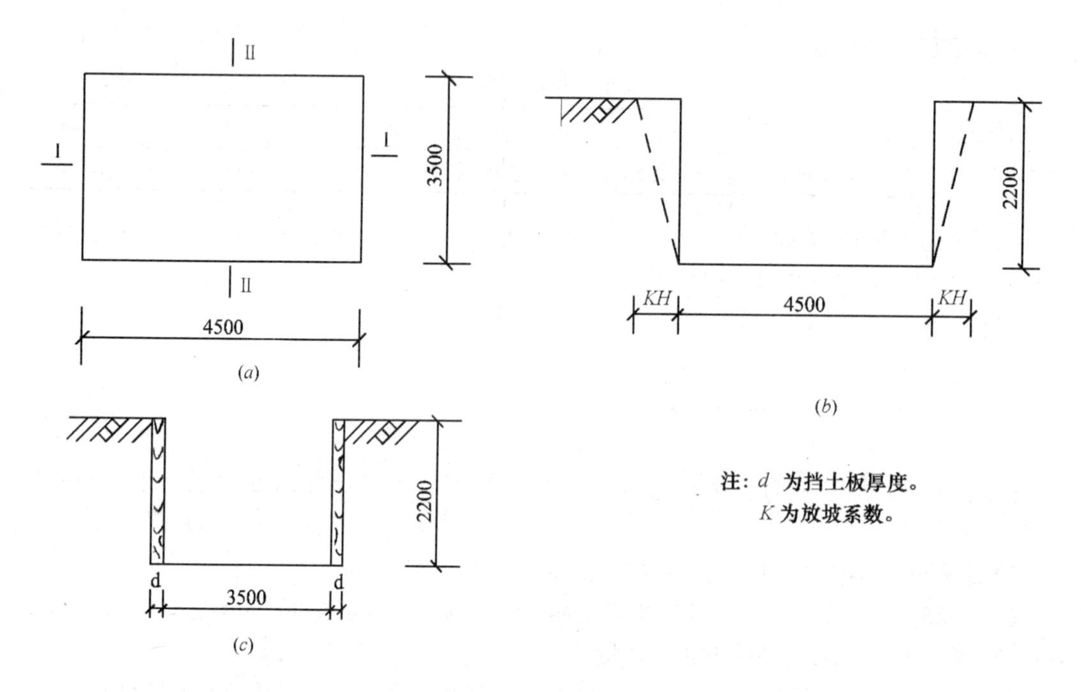

图 2-27 矩形基坑

(a)平面图；(b)Ⅰ－Ⅰ剖面图；(c)Ⅱ－Ⅱ剖面图

清单工程量计算见表 2-40。

清单工程量计算表 **表 2-40**

项目编码	项目名称	项目特征描述	计量单位	工程量
010101004001	挖基坑土方	四类土，挖土深度 2.2m	m^3	34.70

(2) 定额工程量(由于土质类别为四类土，查表 2-38 得放坡系数 $K=0.25$；基坑开挖时上下两侧支挡土板，基坑底宽应加 20cm，然后按增加后尺寸以体积计算)：

挖基坑土方量$=(4.5+HK)\times2.2\times(3.5+0.2)\text{m}^3$

$=(4.5+0.25\times2.2)\times2.2\times3.7\text{m}^3$

$=41.11\text{m}^3$

套用基础定额 1-21。

【注释】 (4.5＋HK)为基坑底长加上放坡宽度。(3.5＋0.2)为基坑底宽加两侧挡土板厚。2.2 为基坑的深度。

项目编码：010101002 项目名称：挖一般土方

【例 2-37】 如图 2-27，设采用木挡土板与加密钢支撑护壁，求支挡土板工程量。

【解】 (1) 清单工程量(由于清单计算规则规定挖土方的工程内容包括挡土板支拆，所以清单不必再另行计算支挡土板工程量)：

(2) 定额工程量(挡土板工程量的计算是计算挡土板的面积)：

所以支挡土板工程量$=4.5\times2.2\times2\text{m}^2=19.80\text{m}^2$

【注释】 4.5 为挡土板的长度，2.2 为挡土板的深度，2 为两侧。

套用基础定额 1-56。

项目编码：010101005 项目名称：冻土开挖

【例 2-38】 欲开挖一圆形地槽，如图 2-28 所示，已知地面表层冻土厚度 0.8m，地槽总的开挖深度为 1.5m，开挖时不支挡土板，不放坡，求挖冻土工程量。

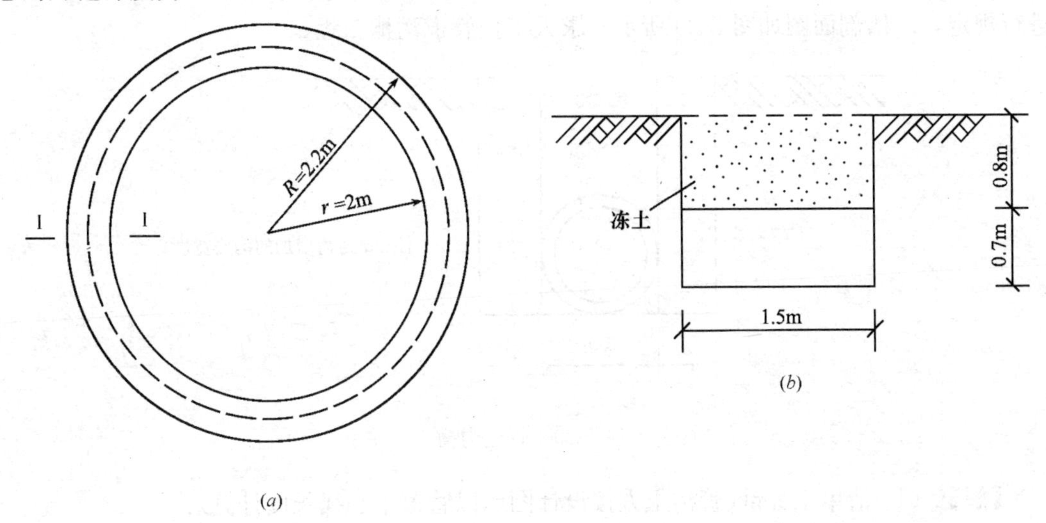

图 2-28 圆形地槽

(a)平面图；(b)Ⅰ－Ⅰ剖面图

【解】 (1) 清单工程量(冻土开挖工程量按设计图示尺寸开挖面积乘以厚度以体积计算)：

地槽中心线长度$=2\pi\left(r+\frac{R-r}{2}\right)$

$=2\times3.1416\times\left(2+\frac{2.2-2.0}{2}\right)$m

$=[2\times3.1416\times2.1]$m

$=13.20$m

所以冻土开挖工程量$=(1.5\times13.2\times0.8)\text{m}^3=15.84\text{m}^3$

【注释】 1.5 为地槽的宽，13.2 为地槽的中心线长，0.8 为冻土厚。

清单工程量计算见表 2-41。

清单工程量计算表 **表 2-41**

项目编码	项目名称	项目特征描述	计量单位	工程量
010101005001	冻土开挖	挖冻土厚 0.8m	m^3	15.84

(2) 定额工程量(在不支挡土板、不放坡的情况下进行土方开挖，开挖工程量按设计图示尺寸开挖面积乘以厚度以体积计算)：

地槽中心线长度$=2\pi\cdot\left(r+\frac{R-r}{2}\right)=13.2$m

冻土开挖工程量$=1.5\times13.2\times0.8\text{m}^3=15.84\text{m}^3$

【注释】 1.5 为地槽的宽，13.2 为地槽的中心线长，0.8 为冻土厚。

套用基础定额 1-40。

项目编码：010101007　项目名称：管沟土方

【例 2-39】 设人工开挖一管道沟槽，土壤类别为三类土，钢筋混凝土管外径 650mm，挖沟平均深度 1.2m，不放坡，管道沟槽中心线总长度为 116m，设计方面没有对沟底宽度进行规定，沟槽剖面图如图 2-29 所示，求人工挖管道沟槽工程量。

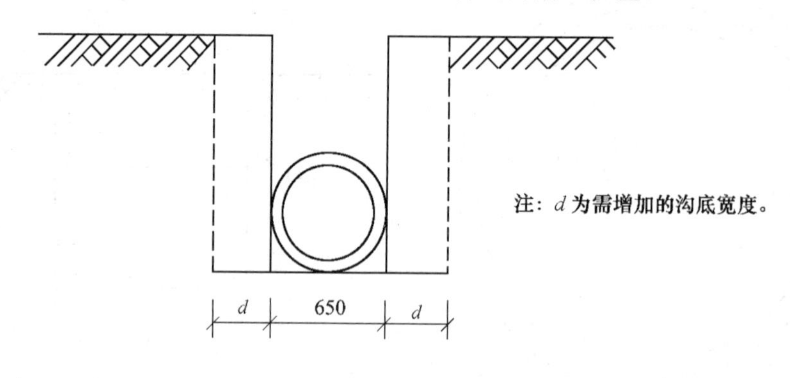

图 2-29　管道沟槽

【解】 (1) 清单工程量(管沟土方按设计图示以管道中心线长度计算)：

所以挖管道沟槽工程量＝管道沟槽中心线长度＝116.00m

清单工程量计算见表 2-42。

清单工程量计算表　　**表 2-42**

项目编码	项目名称	项目特征描述	计量单位	工程量
010101007001	管沟土方	三类土，管外径 650mm，挖沟平均深 1.2m	m	116.00

(2) 定额工程量(挖管道沟槽按图示中心线长度计算。沟底宽度设计有规定的，按设计规定尺寸计算；设计无规定的，可按表 2-14 规定宽度计算)：

查表 2-14 得，沟底宽度为 1.50m。

挖管道沟槽工程量＝1.50×1.2×116m^3＝208.80m^3

套用基础定额 1-8。

【注释】 1.5 为沟底宽度，1.2 为沟槽的深度，116 为沟槽的长度。

项目编码：010101007　项目名称：管沟土方

【例 2-40】 如图 2-29，若挖出土方用单轮车运到 100m 处堆放，试求土方运输工程量。

【解】 (1) 清单工程量(清单计算规则中规定管沟土方的工程内容中包括土方运输，所以土方运输工程量不必另行计算，而是包含在管沟土方开挖工程量中)：

(2) 定额工程量(定额计算规则规定土方运输工程量计算方法和挖方工程量计算方法一致)：

所以土方运输工程量＝挖管道沟槽工程量＝1.50×1.2×116m^3

＝208.80m^3

【注释】 1.5 为沟底宽度，1.2 为沟槽的深度，116 为沟槽的长度。

套用基础定额 1-54。

项目编码：010101007 项目名称：管沟土方

【例 2-41】 如图 2-29 所示求回填夯实土工程量。

【解】 (1) 清单工程量(清单计算规则规定了管沟土方的工程内容包括土方回填工程，所以回填夯实土工程量不必另行计算)。

(2) 定额工程量(管道沟槽回填，以挖方体积减去管道所占体积计算；管径在 500mm 以下的不扣除管道所占体积；管道超过 500mm 以上时按表 2-43 规定扣除管道所占体积计算)。

管道扣除土方体积表 **表 2-43**

管道名称	管道直径(mm)					
	501～600	601～800	801～1000	1001～1200	1201～1400	1401～1600
钢 管	0.21	0.44	0.71			
铸铁管	0.24	0.49	0.77			
混凝土管	0.33	0.60	0.92	1.15	1.35	1.55

因采用 650mm 的钢筋混凝土管，所以由表 2-43 查得管道扣除土方体积 $0.60m^3/m$。

所以回填夯实土工程量＝挖管道沟槽工程量－管道体积

$=(208.8-0.60\times116)m^3$

$=139.20m^3$

套用基础定额 1-46。

【注释】 0.60×116 为扣除的管道总体积，0.6 为每米扣除的管道体积，116 为管道总长。

项目编码：010102003 项目名称：挖基坑石方

【例 2-42】 欲在一次坚石地带人工开挖一方形基坑，其平面和剖面图如图 2-30 所示，求石方开挖工程量。

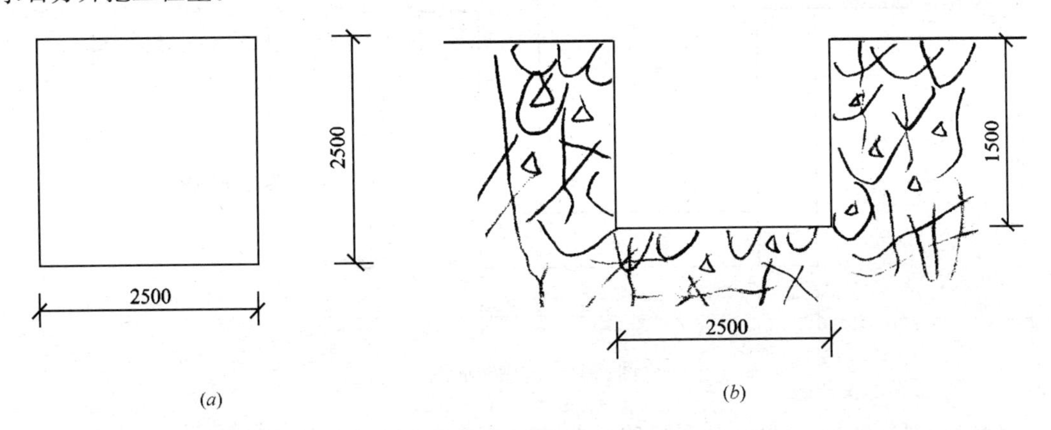

图 2-30 方形基坑

(a)平面图；(b)剖面图

【解】 (1) 清单工程量(石方开挖按设计图示尺寸以体积计算)：

石方开挖工程量$=2.5\times2.5\times1.5m^3=9.40m^3$

【注释】 2.5 为基坑的边长，1.5 为基坑的深。

清单工程量计算见表 2-44。

清单工程量计算表 **表 2-44**

项目编码	项目名称	项目特征描述	计量单位	工程量
010102003001	挖基坑石方	次坚石，开凿深度 1.5m	m^3	9.40

(2) 定额工程量(人工凿岩石，按图示尺寸以立方米计算)：

石方开挖工程量 $=2.5\times2.5\times1.5m^3=9.40m^3$

套用基础定额 1-76。

【注释】 2.5 为基坑的边长，1.5 为基坑的深。

项目编码：010103002 项目名称：余方弃置

【例 2-43】 如把例 2-42 所开挖出的石方人工运至 150m 处堆放，求人工运石方工程量。

【解】 (1) 清单工程量(清单计算规则规定石方开挖的工程内容中包括石方运输，所以石方运输工程量不必另行计算)。

(2) 定额工程量(石方运输工程量计算规则与石方开挖工程量计算规则相一致，均按图示尺寸以立方米计算)：

石方运输工程量 = 石方开挖工程量 $=(2.5\times2.5\times1.5)m^3=9.4m^3$

套用基础定额 1-116。

【注释】 2.5 为基坑的边长，1.5 为基坑的深。

项目编码：010102004 项目名称：挖管沟石方

【例 2-44】 某施工队在岩石种类是特坚石的地方开挖一基础沟槽，采用人工打单孔预裂爆破，已知钻孔总深度 1.53m，爆破后沟槽断面尺寸如图 2-31 所示，沟槽总长度 79m，求岩石挖方量。

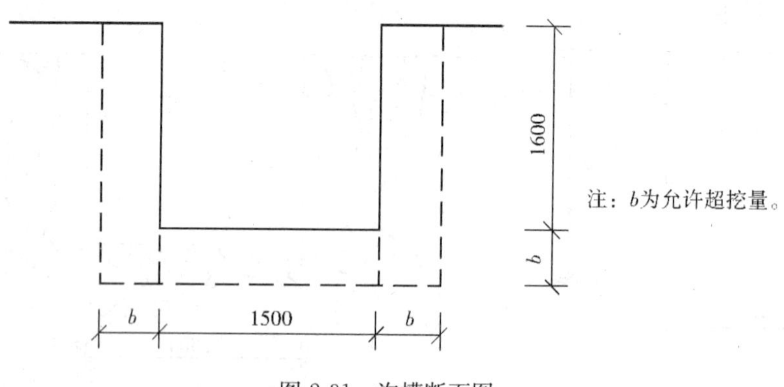

图 2-31 沟槽断面图

【解】 (1) 清单工程量(预裂爆破石方按设计图示以钻孔总长度计算)。

由于钻孔总长度为 1.53m

所以预裂爆破工程量 = 1.53m

清单工程量计算见表 2-45。

清单工程量计算表　表 2-45

项目编码	项目名称	项目特征描述	计量单位	工程量
010102004001	挖管沟石方	单孔预裂爆破，特坚石，钻孔深 1.53m	m	1.53

（2）定额工程量（爆破岩石按图示尺寸以立方米计算，其沟槽、基坑深度、宽允许超挖量：次坚石：200mm；特坚石：150mm，超挖部分岩石并入岩石挖方量之内计算）：

所以岩石挖方量＝[(1.5＋2b)×(1.6＋b)×79]m^3

＝(1.5＋2×0.15)×(1.6＋0.15)×79m^3

＝248.9m^3

套用基础定额 1-98。

【注释】 (1.5＋2b)为坑底宽加两侧允许超挖量。(1.6＋b)为坑深加下部允许超挖量，79 为沟槽总长。

项目编码：010102004　项目名称：挖管沟石方

【例 2-45】 如图 2-31 是某次坚石地带开挖的基坑断面，已知基坑底面尺寸为 1.6m×1.6m，求岩石挖方量。

【解】 （1）清单工程量（预裂爆破石方量按设计图示以钻孔总长度计算）：

所以岩石挖方量＝1.53m

清单工程量计算见表 2-46。

清单工程量计算表　表 2-46

项目编码	项目名称	项目特征描述	计量单位	工程量
010102004001	挖管沟石方	单孔预裂爆破，次坚石，钻孔深 1.53m	m	1.53

（2）定额工程量（爆破岩石按图示尺寸以立方米计算，其沟槽、基坑深度、宽允许超挖量：次坚石：200mm；特坚石：150mm，超挖部分岩石并入岩石挖方量之内计算）：

所以 b＝200mm

岩石挖方量＝[(1.6＋2b)^2×(1.6＋b)]m^3

＝(1.6＋2×0.2)^2×(1.6＋0.2)m^3

＝7.20m^3

套用基础定额 1-102。

【注释】 (1.6＋2b)为沟槽边长加上两侧允许超挖部分。(1.6＋b)为深度加上允许超挖的部分。由于是次坚石，所以允许超挖深度为 0.2。

项目编码：010102004　项目名称：挖管沟石方

【例 2-46】 某地区采用人工开挖管道沟槽，已知该地区土质类别为普坚石，采用直径为 550mm 的铸铁管道，平均开凿深度为 1.68m，管道沟槽中心线总长度为 67.5m，管道沟槽剖面图如图 2-32 所示，求管沟石方工程量。

【解】 （1）清单工程量（管沟石方按设计图示尺寸以管道中心线长度计算）

所以管沟石方工程量＝沟槽中心线总长度＝67.5m

清单工程量计算见表 2-47。

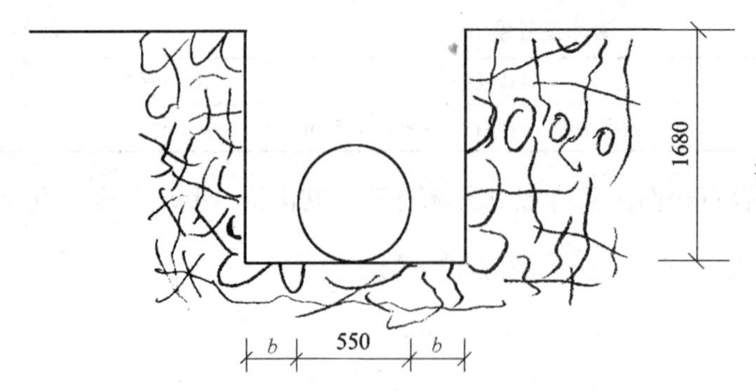

图 2-32 管道沟槽剖面图

清单工程量计算表 **表 2-47**

项目编码	项目名称	项目特征描述	计量单位	工程量
010102004001	挖管沟石方	普坚石，管外径 550mm，开凿深 1.68m	m	67.5

(2) 定额工程量(人工凿岩石按图示尺寸以立方米计算；其中沟底宽度无设计规定，应按表 2-14 规定取沟底总宽度)：

所以由表 2-14 查得沟底宽度=1.30m

管沟石方工程量=1.30×1.68×67.5m³=147.42m³

【注释】 1.3 为沟底宽度，1.68 为开凿深度，67.5 为沟槽总长度。

套用基础定额 1-73。

项目编码：010102004　项目名称：挖管沟石方

【例 2-47】 试求上题中的运石方工程量。(假设将上题中所开挖的石方采用人工运至 160m 处堆放)

【解】 (1) 清单工程量(清单计算规则规定了管沟石方的工程内容中包括石方的运输、清理、回填工作，所以在此运输石方工程量不必另行计算)：

(2) 定额工程量(石方运输工程量计算规则与人工凿岩石工程量计算规则相一致)：

所以石方运输工程量=管沟石方工程量

=1.30×1.68×67.5m³

=147.42m³

套用基础定额 1-116。

【注释】 1.3 为沟底宽度，1.68 为开凿深度，67.5 为沟槽总长度。

项目编码：010102004　项目名称：挖管沟石方

【例 2-48】 试求例 2-46 中的石方回填工程量。

【解】 (1) 清单工程量(由于清单计算规则规定了管沟石方的工程内容中包括石方的清理、运输、回填等工作，所以石方回填工程量在此不必另行计算)：

(2) 定额工程量(石方回填工程量等于人工凿石方工程量减去管道所占石方体积)：

由于本例中所用的是直径为 550mm 的铸铁管道，所以查表 2-43 得管道扣除石方体积为0.24m³/m。

所以石方回填工程量=管沟石方工程量－管道体积

$=[1.30\times1.68\times67.5-67.5\times0.24]m^3$

$=(147.42-16.2)m^3$

$=131.22m^3$

【注释】 67.5×0.24 为管道所占总体积。0.24 为每米管道所占体积，67.5 为管道总长。

项目编码：010103001 项目名称：回填方

【例 2-49】 某建筑物基础沟槽如图 2-33 所示，已知该建筑场地回填土平均厚度为 500mm，土质类别为三类土，沟槽采用放坡人工开挖，基础类型为砖基础，求 1)该场地回填土工程量；2)基础回填土工程量。

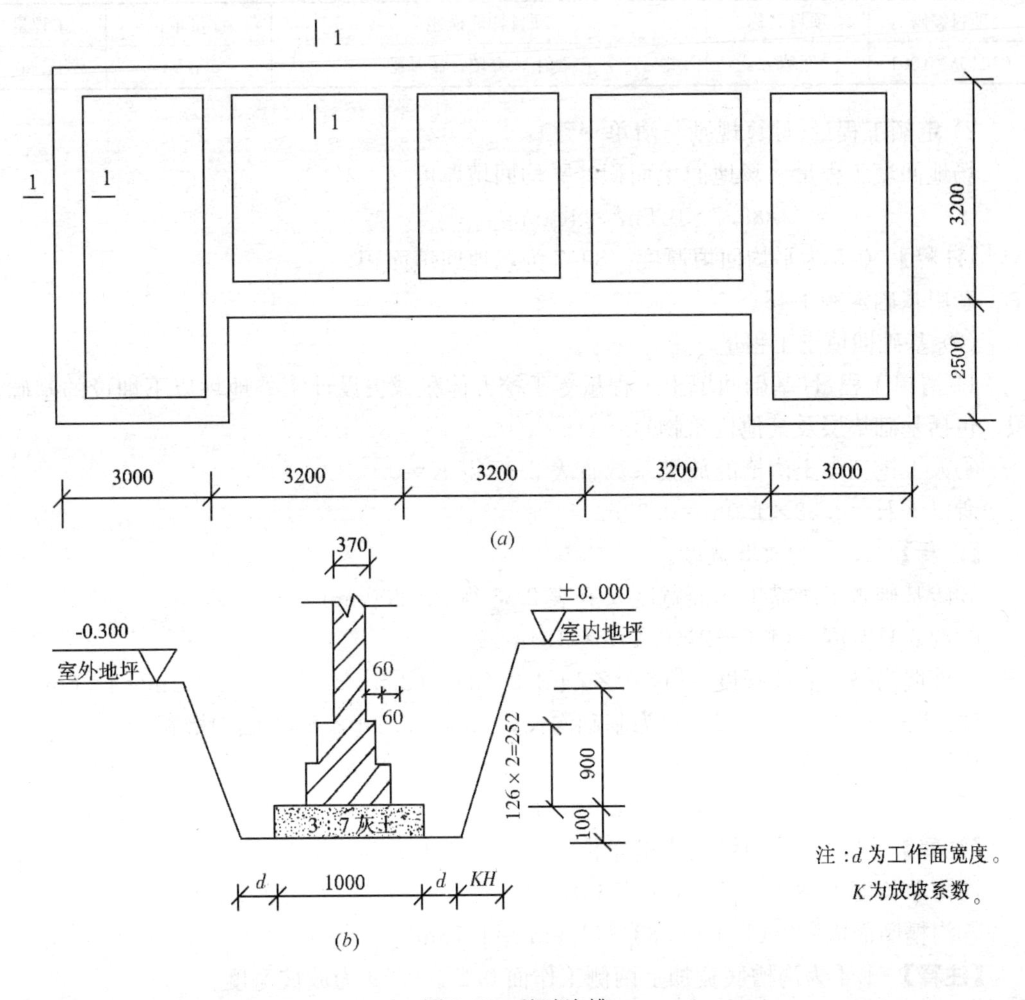

图 2-33 基础沟槽

(a)平面图；(b)剖面图

【解】 (1) 场地回填土工程量

1) 清单工程量(场地回填土工程量按回填面积乘以平均回填厚度以体积计算)：

①场地回填面积 $=[(3.0\times2+3.2\times3+1.0)\times(2.5+3.2+1.0)-(3.2\times3-1.0)\times2.5]m^2$

$=(16.6\times6.7-21.5)m^2$

=89.70m²

【注释】 (3.0×2+3.2×3+1.0)为基础沟槽总长，(2.5+3.2+1.0)基础沟槽总宽。(3.2×3−1.0)为凹进去部分的总长，2.5 为凹进去部分的总宽，(3.2×3−1.0)×2.5 此部分为凹进去部分的面积(即为不存在的面积)。

②场地回填工程量=场地回填面积×平均回填厚度

=89.7×0.5m³=44.90m³

【注释】 0.5 为平均回填厚度。89.7 为场地回填面积。

清单工程量计算见表 2-48。

清单工程量计算表 **表 2-48**

项目编码	项目名称	项目特征描述	计量单位	工程量
010103001001	回填方	三类土，夯填，砖基础	m³	44.90

2) 定额工程量(计算规则与清单一致)：

场地回填工程量=场地回填面积×平均回填厚度

=89.7×0.5m³=44.9m³

【注释】 0.5 为平均回填厚度。89.7 为场地回填面积。

套用基础定额 1-48。

(2) 基础回填土工程量

1) 清单工程量(基础回填土工程量等于挖方体积减去设计室外地坪以下埋设的基础体积，包括基础垫层及其他构筑物)：

①人工挖三类土沟槽的放坡系数查表 2-37 得 K=0.33

所以 KH=0.33×1.0m=0.33m

【注释】 0.33 为放坡宽度。

②砖基础施工所需工作面宽度 d 查表 2-36 得 d=200mm

③沟底总宽度=(1.0+2×0.2)m=1.4m

④外墙沟槽中心线长度=[(3.0×2+3.2×3)+(2.5+3.2+2.5)]×2m=47.6m

【注释】 (3.0×2+3.2×3)为基础沟长，(2.5+3.2+2.5)基础沟槽宽。

内墙沟槽净长度=[(3.2−1.0)×2+(3.2−1.0)×2]m

=(4.4+4.4)m=8.8m

【注释】 (3.2−1.0)纵向沟槽净长度。

沟槽总长度=(8.8+47.6)m=56.4m

⑤沟槽断面面积=(1.4+0.33)×1.0m²=1.73m²

【注释】 1.4 为沟槽底宽加上两侧工作面 0.2 。0.33 为放坡宽度。

⑥人工挖沟槽工程量=沟槽断面面积×沟槽总长度=1.73×56.4m³=97.6m³

【注释】 1.73 为沟槽断面面积。56.4 为沟槽总长度。

⑦基础垫层体积=0.1×1.0×56.4m³=5.64m³

【注释】 0.1 为垫层厚，1.0 为垫层宽，56.4 为沟槽总长度。

砖基础体积=(0.126×0.06×6×56.4+0.37×0.9×56.4)m³

=(2.5583+18.7812)m³

$=21.34m^3$

【注释】 0.126 为大放脚的砖高，0.06 为大放脚砖宽，6 为个数，56.4 为总长度，0.126×0.06×6×56.4 此部分为大放脚的体积。0.37 为墙厚，0.9 为深，56.4 为长，0.37×0.9×56.4 此部分为墙的体积。

⑧基础回填土方量＝人工挖沟槽工程量－基础垫层体积－砖基础体积

$=(97.6-5.64-21.34)m^3$

$=70.62m^3$

【注释】 97.6 为人工挖沟槽工程量，5.64 为基础垫层体积，21.34 为砖基础体积。

清单工程量计算见表 2-49。

清单工程量计算表 **表 2-49**

项目编码	项目名称	项目特征描述	计量单位	工程量
010103001001	回填方	三类土，夯填	m^3	70.62

2）定额工程量[沟槽、基坑回填土体积以挖方体积减去设计室外地坪以下埋设砌筑物(包括：基础垫层、基础等)体积计算]：

①挖方体积＝挖沟槽断面面积×沟槽总长度＝$1.73\times56.4m^3=97.6m^3$

套用基础定额 1-8。

【注释】 1.73 为沟槽断面面积，56.4 为沟槽总长度。

②基础垫层体积＝$0.1\times1.0\times56.4m^3=5.64m^3$

砖基础体积＝$(0.126\times0.06\times6\times56.4+0.37\times0.9\times56.4)m^3$

$=21.34m^3$

【注释】 0.126 为大放脚的砖高，0.06 为大放脚砖宽，6 为个数，56.4 为总长度，0.126×0.06×6×56.4 此部分为大放脚的体积。0.37 为墙厚，0.9 为深，56.4 为长，0.37×0.9×56.4 此部分为墙的体积。

③基础回填土方量＝挖方体积－基础垫层体积－砖基础体积

$=(97.6-5.64-21.34)m^3$

$=70.62m^3$

套用基础定额 1-46。

【注释】 97.6 为挖方体积，5.64 为基础垫层体积，21.34 为砖基础体积。

项目编码：010103001 项目名称：回填方

【例 2-50】 求例 2-49 中的室内回填土工程量。

【解】 (1) 清单工程量(室内回填土工程量按主墙间净面积乘以回填土厚度以体积计算)：

1）由图 2-33 平面图可算得：

主墙间净面积＝$[(3.0-0.37)\times(3.2+2.5-0.37)\times2+(3.2-0.37)\times(3.2-0.37)\times3]m^2$

$=(28.0358+24.0267)m^2$

$=52.06m^2$

【注释】 (3.0－0.37)×(3.2＋2.5－0.37)×2，此部分为左右两侧对称房间的净面积，其中(3.0－0.37)为房间的宽，(3.2＋2.5－0.37)为房间的长。(3.2－0.37)×(3.2－

0.37)×3 此部分为中间三个房间的净面积其中(3.2−0.37)为房间的边长。

2) 由剖面图可算室内回填土厚度为 0.3m

3) 室内回填土工程量=主墙间净面积×室内回填土厚度

$=52.06\times0.3\text{m}^3$

$=15.62\text{m}^3$

【注释】 52.06 为主墙间净面积。0.3 为室内回填土厚。

清单工程量计算见表 2-50。

清单工程量计算表 表 2-50

项目编码	项目名称	项目特征描述	计量单位	工程量
010103001001	回填方	三类土，夯填	m^3	15.62

(2) 定额工程量(房心回填土，按主墙之间的面积乘以回填土厚度以立方米计算)：

1) 主墙间面积$=[(3.0-0.37)\times(3.2+2.5-0.37)\times2+(3.2-0.37)\times(3.2-0.37)\times3]\text{m}^2$

$=(28.0358+24.0267)\text{m}^2$

$=52.06\text{m}^2$

【注释】 同上(1)。

2) 回填土厚度为 0.3m

3) 室内回填土工程量=主墙间面积×回填土厚度$=52.06\times0.3\text{m}^3=15.62\text{m}^3$

【注释】 52.06 为主墙间净面积，0.3 为回填土厚度。

套用基础定额 1-46。

项目编码：010101002 项目名称：挖一般土方

【例 2-51】 采用正铲挖掘机开挖一地基沟槽，已知土质类别为二类土，开挖深度为 1.7m，沟槽总长度为 75.6m，沟槽剖面图如图 2-34 所示，开挖时放坡，求挖土方工程量。

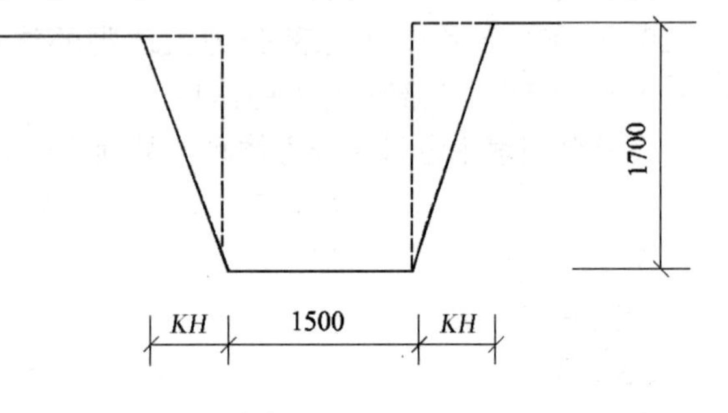

图 2-34 沟槽剖面图

【解】 (1) 清单工程量

挖土方工程量按设计图示尺寸以体积计算

1) 已知沟槽开挖深度 $H=1.7\text{m}$，土质类别为二类土，采用正铲挖掘机开挖，所以由放坡系数表 2-37 查得 $K=0.33$，所以 $KH=0.33\times1.7\text{m}=0.561\text{m}$

【注释】 0.561 为放坡宽度。

2) 沟槽断面积$=1.5\times1.7\text{m}^2=2.55\text{m}^2$(由图示尺寸算得)

【注释】 1.5 为沟槽底宽，1.7 为沟槽深。

3) 挖土方工程量=沟槽断面积×沟槽总长度$=2.55\times75.6\text{m}^3=192.78\text{m}^3$

【注释】 75.6 为沟槽总长度。

清单工程量计算见表 2-51。

清单工程量计算表 表 2-51

项目编码	项目名称	项目特征描述	计量单位	工程量
010101002001	挖一般土方	二类土，开挖深度为 1.7m，机械开挖	m^3	192.78

(2) 定额工程量

挖土方工程量按图示尺寸加上放坡尺寸以体积计算。

1) 已知沟槽开挖深度 H=1.7m，土质类别为二类土采用机械开挖，所以由放坡系数表2-37查得K=0.33。

所以 $KH=0.33\times1.7=0.561$m

【注释】 略。

2) 沟槽断面积=$(1.5+KH)\times1.7m^3=3.50m^2$

【注释】 $(1.5+KH)$为沟槽底宽加放坡宽度，1.7 为开挖深度。

3) 挖土方工程量=沟槽断面面积×沟槽总长度=$3.5\times75.6m^3=264.60m^3$

【注释】 3.5 为沟槽断面面积。75.6 为沟槽总长。

套用基础定额 1-147。

项目编码：010101002 项目名称：挖一般土方

【例 2-52】 如图 2-35 所示，采用反铲挖掘机开挖一不规则形地坑，其平面图如图所示，已知开挖平均深度为 2.2m，采用放坡坑上作业，求挖土方工程量(土质类别为三类土，K=0.67)。

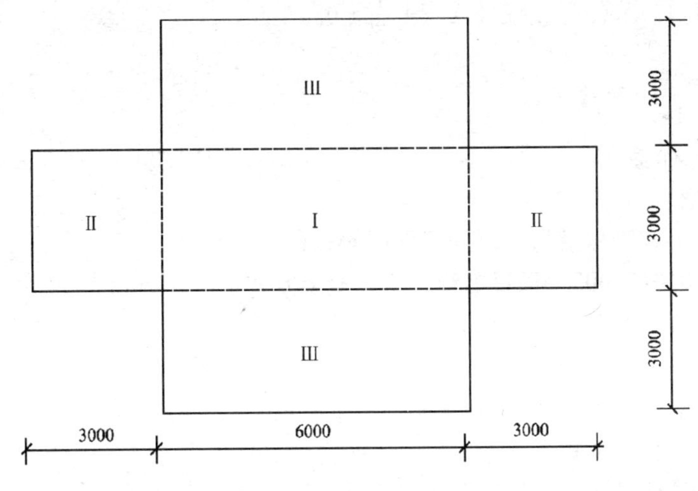

图 2-35 地坑平面图

【解】 (1) 清单工程量

挖土方工程量按设计图示尺寸以体积计算。

1) 由地坑平面图知：

地坑平面面积=$[(3.0\times2+6.0)\times(3.0\times3)-(3.0\times3.0\times4)]m^2$

$=(12\times9-36)m^2=72.00m^2$

【注释】 $(3.0\times2+6.0)\times(3.0\times3)$为地坑总长，$(3.0\times3)$为地坑总宽。$(3.0\times3.0\times4)$为地坑四个角的面积(实际不存在的部分)，应扣除。

2) 挖土方工程量=地坑平面面积×开挖平均深度=$72\times2.2m^3=158.40m^3$

【注释】 2.2 为平均开挖深度。

清单工程量计算见表 2-52。

清单工程量计算表 表 2-52

项目编码	项目名称	项目特征描述	计量单位	工程量
010101002001	挖一般土方	三类土，挖土厚 2.2m	m^3	158.40

(2) 定额工程量

挖土方工程量按设计图示尺寸加上放坡后尺寸以体积计算。

1) 由于采用机械开挖三类土，所以由放坡系数表 2-37 查得：

$K=0.67$；$KH=0.67\times2.2m=1.47m$

【注释】 1.47 为放坡宽度。

2) 如图 2-35 所示地坑可分解为Ⅰ、Ⅱ、Ⅲ三部分，其中Ⅰ部分可视为四面不放坡开挖，Ⅱ、Ⅲ部分可视为四面放坡开挖。

$V_{\text{I}}=6.0\times3.0\times2.2m^3=39.6m^3$

【注释】 6.0 为此部分地坑的长，3.0 为此部分地坑的宽，2.2. 为平均挖深。

$$V_{\text{II}}=(3+1.47)\times(6+1.47)\times2.2+\frac{1}{3}\times0.67^2\times2.2^3m^3$$

$$=75.05m^3$$

【注释】 套用放坡挖土方公式：$v=(a+KH)(b+KH)\times H+1/3k^2\times h^3$

$$V_{\text{III}}=(6+1.47)\times(6+1.47)\times2.2+\frac{1}{3}\times0.67^2\times2.2^3m^3$$

$$=124.35m^3$$

【注释】 同上。

3) 挖土方工程量$=V_{\text{I}}+V_{\text{II}}+V_{\text{III}}=(39.6+75.05+124.35)m^3=239.00m^3$

套用基础定额 1-150。

【注释】 挖土方工程量为三部分工程量的总和。

项目编码：010101002 项目名称：挖一般土方

【例 2-53】 设采用斗容量为 $0.6m^3$ 的液压挖掘机开挖一圆形地坑，如图 2-36 所示，土质类别为四类土，采用坑内放坡开挖，平均挖深为 2.1m，求挖土方工程量。

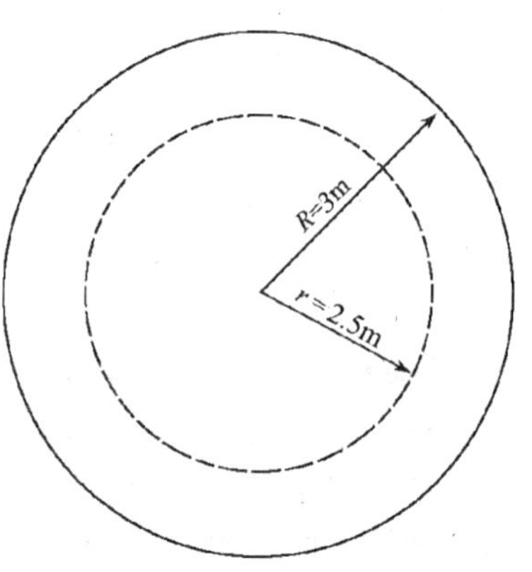

图 2-36 地坑平面图

【解】 (1) 清单工程量

挖土方工程量按设计图示尺寸以体积计算。

1) 圆形地坑底面积 $=\pi r^2=3.1416\times2.5^2m^2$

$=19.64m^2$

【注释】 r 为圆形地坑底部的半径。

2) 平均挖土深度为 2.1m

3) 挖土方工程量=底面积×平均挖土深度

$=19.64\times2.1m^3=41.24m^3$

【注释】 19.64 为地坑底面积。2.1 为平均挖土深度。

清单工程量计算见表 2-53。

清单工程量计算表 表 2-53

项目编码	项目名称	项目特征描述	计量单位	工程量
010101002001	挖一般土方	四类土，挖土深 2.1m	m^3	41.24

（2）定额工程量

挖土方工程量按设计图示尺寸加上放坡尺寸后以体积计算，即为倒圆台的体积，如图 2-37 所示倒圆台补锥形后的剖面图。

1）由几何知识得：$\frac{2.5}{3}=\frac{H}{H+2.1}$

所以 $H=10.5$m

2）大圆锥体积

$$V_{\text{I}}=\pi R^2(H+2.1)\times\frac{1}{3}$$

$$=3.1416\times3\times3\times(10.5+2.1)\times\frac{1}{3}\text{m}^3$$

$$=118.75\text{m}^3$$

【注释】 套用圆锥体积公式。

3）小圆锥体积

$$V_{\text{II}}=\pi r^2 H\times\frac{1}{3}$$

$$=3.1416\times2.5\times2.5\times10.5\times\frac{1}{3}\text{m}^3$$

$$=68.72\text{m}^3$$

4）挖土方工程量 $=V_{\text{I}}-V_{\text{II}}$

$$=(118.75-68.72)\text{m}^3$$

$$=50.03\text{m}^3$$

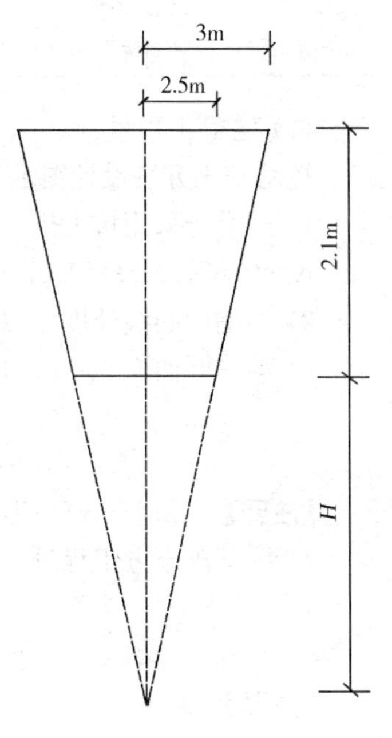

图 2-37 剖面图

套用基础定额 1-153。

项目编码：010101004 项目名称：挖基坑土方

【例 2-54】 设采用斗容量为 0.75m^3 的拉铲挖掘机开挖如图 2-38 所示的基础沟槽，土质为三类土，坑上作业，放坡开挖，平均挖土深度为 1.9m，槽底宽 2.1m，求挖基础土方工程量。

【解】 （1）清单工程量

挖基础土方按设计图示尺寸以基础垫层底面积乘以挖土深度计算。

1）沟槽中心线长度 $=(10+5)\times2\text{m}=30.00\text{m}$

【注释】 10 为外墙沟槽中心线长，5 为外墙沟槽中心线宽。

2）沟槽基础底面积 $=2.1\times30\text{m}^2=63.00\text{m}^2$

【注释】 2.1 为槽底宽，30 为沟槽长。

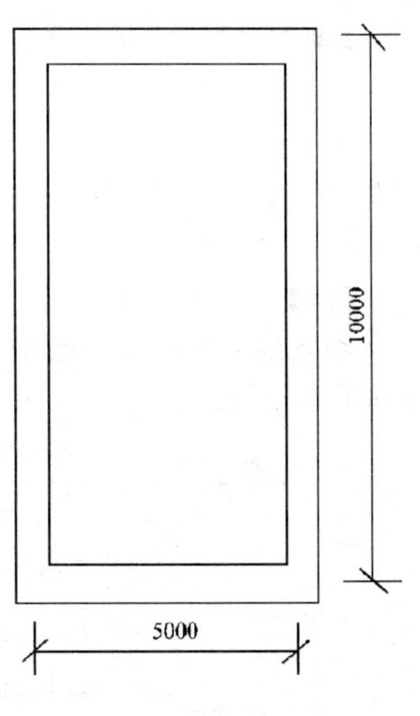

图 2-38 基槽平面图

3）挖基础土方工程量＝沟槽基础底面积×平均挖土深度

＝63.00×1.9m^3

＝119.70m^3

【注释】 1.9为沟槽平均挖土深度。

清单工程量计算见表2-54。

清单工程量计算表 **表2-54**

项目编码	项目名称	项目特征描述	计量单位	工程量
010101004001	挖基坑土方	三类土，挖土深度1.9m	m^3	119.70

（2）定额工程量

挖基础土方按设计图示尺寸以基础垫层加上放坡尺寸后乘以挖土深度以体积计算。

1）三类土采用坑上机械开挖，查放坡系数表2-37得，

K＝0.67；KH＝0.67×1.9m＝1.27m

2）沟槽中心线长度＝(10＋5)×2m＝30m

3）沟槽断面面积＝(2.1＋KH)×1.9m^2

＝(2.1＋1.27)×1.9m^2

＝6.40m^2

【注释】 (2.1＋KH)为沟槽底宽加上放坡宽度。1.9为沟槽深。

4）挖基础土方工程量＝沟槽断面面积×沟槽中心线长度

＝6.40×30m^3

＝192.00m^3

【注释】 略。

套用基础定额1-160。

项目编码：010101004 项目名称：挖基坑土方

【例2-55】 采用斗容量为1.8m^3的液压挖掘机挖如图2-39所示的环形地槽，已知土质类别为二类土，平均挖土深度为2.6m，沟槽底宽1.6m，放坡开挖，坑上作业，求挖土方工程量（K＝0.75）。

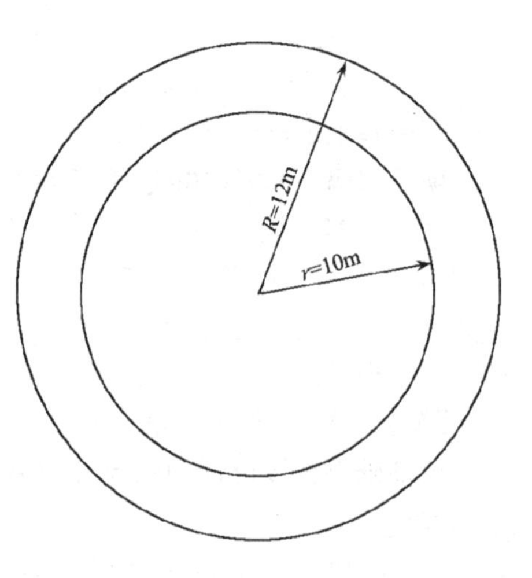

图2-39 环形地槽平面图

【解】 (1)清单工程量

挖基础土方按设计图示尺寸以基础垫层底面积乘以挖土深度计算。

1）沟槽总长度$=2\pi\left(r+\dfrac{R-r}{2}\right)$

$=2\times3.1416\times\left(10+\dfrac{12-10}{2}\right)$m

＝2×3.1416×11m

＝69.10m

【注释】 沟槽总长度指沟槽中心线长度。

2）沟槽底面积＝沟槽总长度×沟槽底宽＝$69.1\times1.6\text{m}^2=110.60\text{m}^2$

【注释】 69.1为沟槽总长度，1.6为沟槽底宽。

3）挖基础土方量＝沟槽底面积×平均挖土深度

$=110.6\times2.6\text{m}^3$

$=287.56\text{m}^3$

【注释】 2.6为平均挖土深度。

清单工程量计算见表2-55。

清单工程量计算表 **表2-55**

项目编码	项目名称	项目特征描述	计量单位	工程量
010101004001	挖基坑土方	二类土，平均挖土深2.6m	m^3	287.56

（2）定额工程量

挖基础土方按设计图示尺寸底宽加上放坡宽度后乘以沟槽总长度再乘以挖土深度以体积计算。

1）沟槽总长度$=2\pi\left(r+\dfrac{R-r}{2}\right)=2\times3.1416\times11\text{m}=69.10\text{m}$

【注释】 同清单工程量。

2）沟槽断面面积$=(1.6+KH)\times2.6$

$=(1.6+2.6\times0.75)\times2.6\text{m}^3$

$=9.23\text{m}^2$

（其中K由放坡系数表2-37查得：0.75）

【注释】 $(1.6+KH)$为沟槽底宽加上放坡宽度。2.6为沟槽深。

3）挖基础土方量＝沟槽断面面积×沟槽总长度

$=9.23\times69.1\text{m}^3$

$=637.79\text{m}^3$

套用基础定额1-158

【注释】 9.23为沟槽断面面积，69.1为沟槽总长度。

项目编码：010101001 项目名称：平整场地

【例2-56】 设采用70kW推土机平整如图2-40所示场地，挖方区和填方区如图所示，已知挖方区原始地面高出填方区800mm，求推土机推土方工程量。（二类土）

【解】（1）清单工程量

平整场地按设计图示尺寸以建筑物首层面积计算

推土机推土方工程量$=20\times(20+10)\text{m}^2$

$=600.00\text{m}^2$

【注释】 20为场地的宽，(20+10)为场地的长。

清单工程量计算见表2-56。

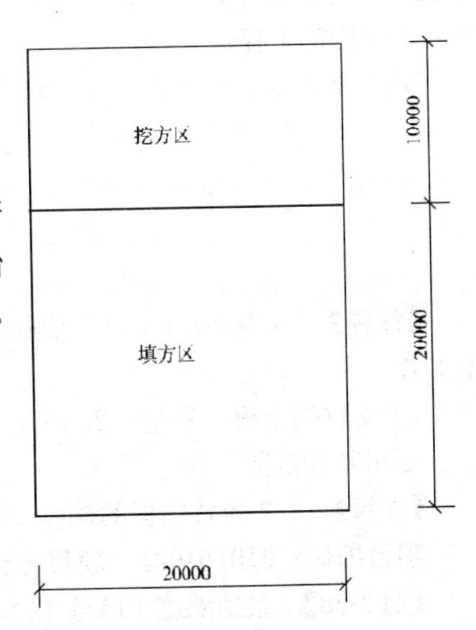

图2-40 挖、填平面图

清单工程量计算表 表 2-56

项目编码	项目名称	项目特征描述	计量单位	工程量
010101001001	平整场地	二类土	m^2	600.00

(2) 定额工程量

1) 推土机推土运距按挖方区重心至回填区重心之间的直线距离计算，所以由图可知：推土机推土运距=15m(套定额 1-119)

2) 由于挖方区原始地面高出填方区 800mm。

由几何知识知：$20\times10\times h=20\times20\times(0.8-h)200h=320-400hh=0.53$m

所以推土机推土方工程量$=20\times10\times0.53\text{m}^3=106.00\text{m}^3$

套用基础定额 1-119。

项目编码：010101002 项目名称：挖一般土方

【例 2-57】 设某基础沟槽总长度为 156m，开挖时双面支竹挡土板和加密钢支撑，槽底宽 1m，挖土深度为 2.30m。求挖土方工程量和支竹挡土板工程量。(三类土)

【解】 (1) 清单工程量

挖土方工程量按设计图示尺寸以体积计算。

1) 挖土方工程量$=1\times2.3\times156\text{m}^3=358.80\text{m}^3$

【注释】 1 为槽底宽，2.3 为挖土深度，156 为沟槽总长度。

清单工程量计算见表 2-57。

清单工程量计算表 表 2-57

项目编码	项目名称	项目特征描述	计量单位	工程量
010101002001	挖一般土方	三类土，挖土深 2.30m	m^3	358.80

2) 支竹挡土板工程量

由于清单计算规则规定了挖土方的工程内容中包括挡土板支拆，所以支竹挡土板工程量在此不再另行计算。

(2) 定额工程量

挡土板工程量的计算是计算挡土板的面积。

1) 挖沟槽双面支挡土板时，每边各加 10cm。

2) 挖土方工程量$=(1.0+0.1\times2)\times2.3\times156\text{m}^3$

$=1.2\times2.3\times156\text{m}^3$

$=430.56\text{m}^3$

【注释】 $(1.0+0.1\times2)$为槽底宽加双面挡土板的厚度，2.3 为挖土深度，156 为沟槽总长度。

3) 支竹挡土板工程量$=2.3\times156\times2\text{m}^2=358.8\times2\text{m}^2=717.60\text{m}^2$

套用基础定额 1-60。

【注释】 2.3 为竹挡板的深度，156 为长度，2 为双侧支挡板。

项目编码：010101001 项目名称：平整场地

【例 2-58】 某道路施工队施工至小山丘前，欲采用 90kW 的推土机将山丘土推至 98m 洼地处，已知路面宽 25m，小山丘高 1.5m(形似圆锥体)求推土机推土方工程量。(二类土)

【解】（1）清单工程量

平整场地工程量按设计图示尺寸以建筑物首层面积计算

推土机推土方工程量 $=98\times25\text{m}^2=2450.00\text{m}^2$

【注释】98为洼地到高处的距离，25为路面宽。

清单工程量计算见表2-58。

清单工程量计算表　　表2-58

项目编码	项目名称	项目特征描述	计量单位	工程量
010101001001	平整场地	二类土，运距98m	m^2	2450.00

（2）定额工程量

推土机推土方工程量按物体外形尺寸以体积计算。

1）小山丘底面积 $=\pi R^2$

$$=3.1416\times\left(\frac{25}{2}\right)^2\text{m}^2$$

$$=3.1416\times12.5\times12.5\text{m}^2$$

$$=490.9\text{m}^2$$

【注释】由于小山丘形似圆锥体，所以其底面积按圆面积计算。

2）推土机推土方工程量 = 山丘底面积 × 山丘高度 × $\frac{1}{3}$

$$=490.9\times1.5\times\frac{1}{3}\text{m}^3$$

$$=245.45\text{m}^3$$

套用基础定额1-124。

项目编码：010101001　项目名称：平整场地

【例2-59】欲采用100kW的推土机从60m处推土方平整如图2-41所示的地坑，求推土机推土方工程量。（四类土）

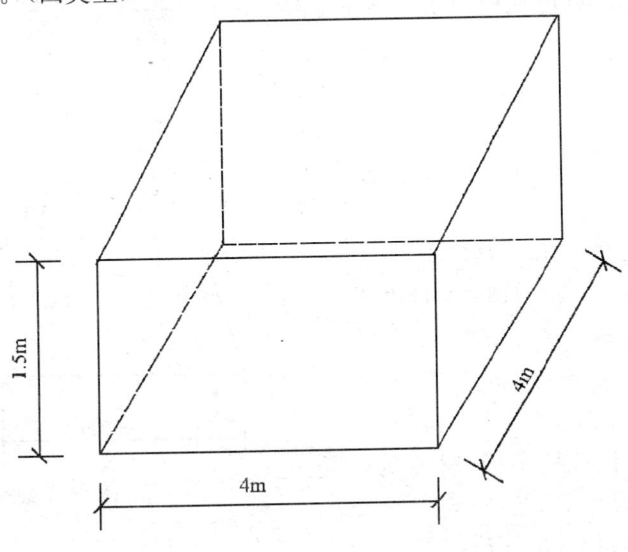

图2-41　地坑示意图

【解】 (1) 清单工程量

平整场地工程量，也就是本题的推土机推土方工程量按设计图示尺寸以建筑物首层面积计算。

所以推土机推土方工程量=4.0×4.0m^2=16.00m^2

【注释】 4.0为地坑的边长。

清单工程量计算见表2-59。

清单工程量计算表 **表2-59**

项目编码	项目名称	项目特征描述	计量单位	工程量
010101001001	平整场地	四类土，运距60m	m^2	16.00

(2) 定额工程量

推土机推土方工程量按图示尺寸以体积计算。

1) 地坑面积=4×4m^2=16m^2

【注释】 4为地坑边长。

2) 推土机推土方工程量=地坑底面积×地坑深度=16×1.5m^3=24.00m^3

【注释】 1.5为地坑深度。

套用基础定额1-127。

项目编码：010101002　项目名称：挖一般土方

【例2-60】 已知如图2-42所示人工挖孔桩，具体尺寸如图，求人工挖孔桩工程量。

【解】 (1) 清单工程量

挖土方工程量按设计图示尺寸以体积计算。

(2) 定额工程量

人工挖孔桩工程量按图示桩断面面积乘以设计桩孔中心线深度计算。所以两者在计算挖孔桩土方量方面的计算规则相一致，具体计算如下：

1) 挖孔桩直径=护壁上部尺寸+桩芯直径

=(0.1×2+0.6)m=0.8m

【注释】 0.1×2为两侧护壁上部尺寸。0.6为桩芯直径。

2) 三类土挖方量=$\pi R^2 \cdot h_1$

=3.1416×0.4×0.4×3.0m^3

=1.51m^3

套用基础定额1-27。

【注释】 R为挖孔桩半径，3.0为三类土深度。

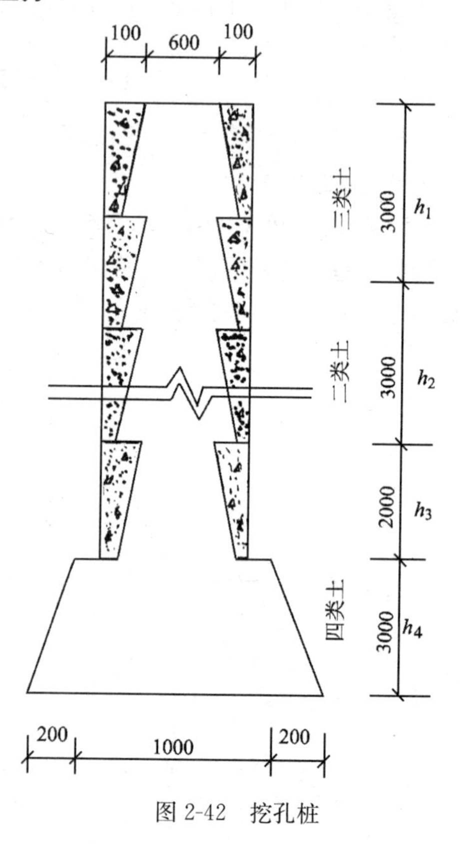

图2-42 挖孔桩

3) 二类土挖方量=$\pi R^2 \cdot h_2$

$=3.1416\times0.4\times0.4\times3.0\text{m}^3$

$=1.51\text{m}^3$

套用基础定额 1-23。

【注释】 R 为挖孔桩半径，3.0 为二类土深度。

4）四类土工程量(h_3 部分)$=\pi R^2\cdot h_3$

$=3.1416\times0.4\times0.4\times2.0\text{m}^3$

$=1.01\text{m}^3$

【注释】 R 为挖孔桩半径，2.0 为四类土深度。

套用基础定额 1-31。

四类土工程量(扩大头总部分)即圆台部分工程量。

由几何知识可算得圆台补锥后的小圆锥的高 $H=7.5\text{m}$。

所以圆台部分工程量$=[\frac{1}{3}\pi(0.7)^2\times(H+3.0)-\frac{1}{3}\pi(0.5)^2\times H]\text{m}^3$

$=(\frac{1}{3}\times3.1416\times0.49\times10.5-\frac{1}{3}\times3.1416\times0.25\times7.5)\text{m}^3$

$=3.43\text{m}^3$

套用基础定额 1-31。

【注释】 套用圆锥体积公式。大圆锥的高为 10.5。小圆锥的高为 7.5。

5）人工挖孔桩工程量＝三类土挖方量＋二类土挖方量＋四类土挖方量

$=(1.51+1.51+1.01+3.43)\text{m}^3$

$=7.46\text{m}^3$

【注释】 人工挖孔桩工程量为三类、二类、四类土挖方量。

第三章　桩与地基基础工程

项目编码：010202004　项目名称：预制钢筋混凝土板桩

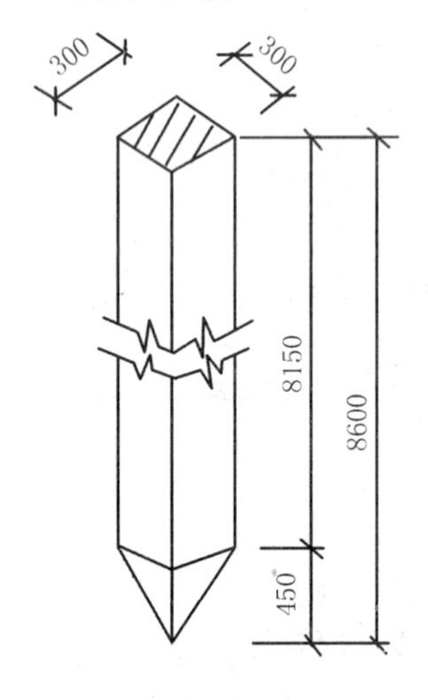

图 3-1　钢筋混凝土桩

【例 3-1】 某工程打预制钢筋混凝土桩，其形状如图 3-1 所示，其中土质为二类土，试求打桩工程量。

【解】 (1) 清单工程量

工程量按设计图示尺寸以桩长(包括桩尖)按 m 计算。

故工程量＝8.60m。

清单工程量计算见表 3-1。

清单工程量计算表　　**表 3-1**

项目编码	项目名称	项目特征描述	计量单位	工程量
010202004001	预制钢筋混凝土板桩	二类土，单桩长 8.6m，共 1 根，桩截面为 300mm×300mm，管桩填充钢筋混凝土	m	8.60

(2) 定额工程量：按设计桩长乘以桩截面面积以 m^3 计算。

故工程量＝$(0.3\times0.3\times8.6)m^3=0.77m^3$

【注释】 0.3 为桩截面边长。8.6 为桩长。打预制钢筋混凝土桩的体积，按设计桩长(包括桩尖，不扣除桩尖虚体积)乘以桩截面面积计算。

项目编码：010202004　项目名称：预制钢筋混凝土板桩

【例 3-2】 用柴油打桩机打预制空心管桩，桩形状如图 3-2 所示，已知共有 16 根预制桩，求其工程量。

【解】 (1) 清单工程量

工程量＝11×16m＝176.00m

【注释】 11 为单桩长，16 为根数 。

清单工程量计算见表 3-2。

清单工程量计算表　　**表 3-2**

项目编码	项目名称	项目特征描述	计量单位	工程量
010202004001	预制钢筋混凝土板桩	单桩长 11m，共 16 根，桩截面为 $R=$400mm 的圆形，管桩为空心管桩	m	176.00

(2) 定额工程量

据《全国统一建筑工程预算工程量计算规则》知，管桩工程量包括桩尖，不扣除桩尖虚体积。

则工程量$=[\pi\times(0.4^2-0.3^2)\times(11-0.2-0.5)+\pi\times0.4^2\times(0.2+0.5)]\times16\text{m}^3$

$=(3.1416\times0.07\times10.3+3.1416\times0.16\times0.7)\times16\text{m}^3$

$=(2.27+0.35)\times16\text{m}^3$

$=41.92\text{m}^3$

【注释】 $(0.4^2-0.3^2)$此部分为管桩壁厚，$(11-0.2-0.5)$此部分为桩长。0.4 为桩尖截面半径，$(0.2+0.5)$此为桩尖长。16 为根数。管桩应扣除空心部分。

套用基础定额 2-10。

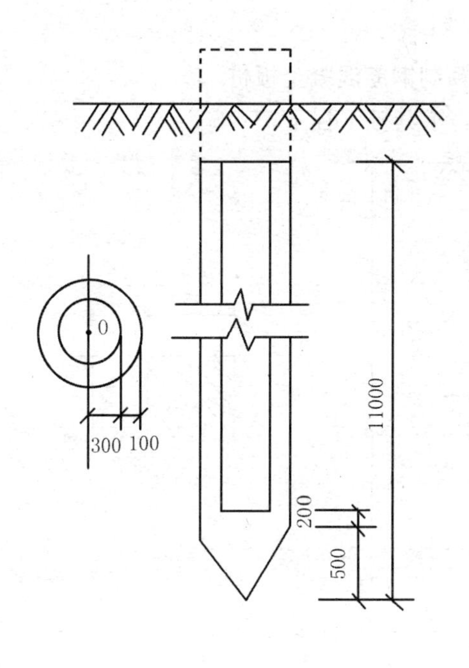

图 3-2 预制空心管桩

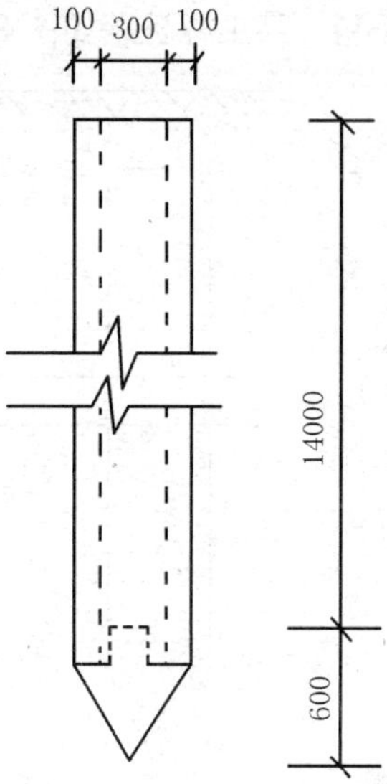

图3-3 钢筋混凝土离心管桩

项目编码：010202004 项目名称：预制钢筋混凝土板桩

【例 3-3】 某单位工程采用预制钢筋混凝土离心管桩，桩形状如图 3-3 所示，土质为二类土，求其打桩工程量。

【解】 (1) 清单工程量

工程量$=(14+0.6)\text{m}=14.60\text{m}$

【注释】 清单工程量按设计图示尺寸以桩长(包括桩尖)按 m 计算。14 为桩身长，0.6 为桩尖长。

清单工程量计算见表 3-3。

清单工程量计算表 **表 3-3**

项目编码	项目名称	项目特征描述	计量单位	工程量
010202004001	预制钢筋混凝土板桩	二类土，单桩长 14.6m，共一根，桩截面为 $R=0.5$m 的圆形截面，管桩为离心管桩	m	14.60

(2) 定额工程量

离心管桩 $V_1=\frac{1}{4}\times(0.5^2-0.3^2)\times\pi\times14m^3=0.04\times3.1416\times14m^3=1.76m^3$

【注释】 $(0.5^2-0.3^2)$为离心管桩的壁厚，14 为桩身长。

预制桩尖：$V_2=3.1416\times\frac{1}{4}\times0.5^2\times0.6m^3=0.12m^3$

【注释】 0.5 为桩截面直径，0.6 为桩尖长。

总体积 $\Sigma V=(1.76+0.12)m^3=1.88m^3$

故其工程量$=1.88m^3$

套用基础定额 2-10。

项目编码：010202004　项目名称：预制钢筋混凝土板桩

【例 3-4】 某工程桩基如图 3-4 所示，求其桩工程量。

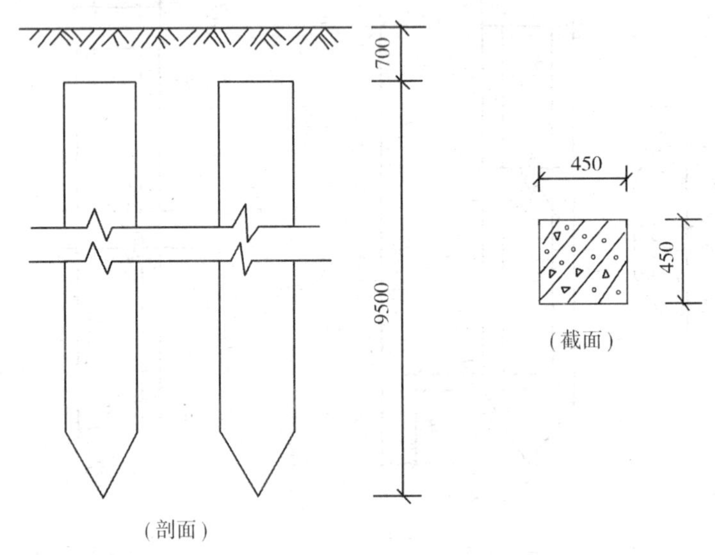

图 3-4　桩基

【解】 (1) 清单工程量

工程量$=9500\times2mm=9.5\times2m=19m$

【注释】 9500 为桩长，2 为根数 。

说明：工程量包括平台搭拆、桩机移位、沉桩、板桩连接。

清单工程量计算见表 3-4。

清单工程量计算表　　表 3-4

项目编码	项目名称	项目特征描述	计量单位	工程量
010202004001	预制钢筋混凝土板桩	单桩桩长 9.5m，共 2 根，桩截面为 450mm×450mm 的方形截面	m	19

(2) 定额工程量

$$打桩工程量=0.45\times0.45\times9.5\times2m^3=3.85m^3$$

【注释】 0.45 为桩截面边长，9.5 为桩长，2 为根数。

送桩：按桩截面面积乘以送桩长度(即打桩架底至桩顶面高度或自桩顶面至自然地面

加0.5m)计算。

$$送桩工程量=0.45\times0.45\times(0.7+0.5)\times2m^3=0.243\times2m^3=0.49m^3$$

【注释】 0.45×0.45 为桩截面面积，(0.7+0.5)为桩顶面至自然地面加 0.5。2 为根数。

预制桩工程在定额第二章第一节，桩长在 12m 以内，土质为二类土。

套用基础定额 2-2。

项目编码：010202004　项目名称：预制钢筋混凝土板桩

【例 3-5】 某工程地基桩施工如图 3-5 所示，共 80 根，计算其桩工程量。

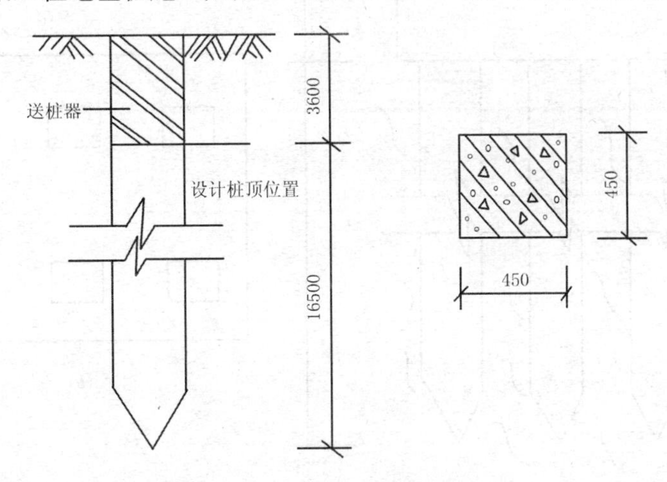

图 3-5　地基桩施工图

【解】 (1)清单工程量

单桩工程量=16.5m

总工程量=16.5×80m=1320m

【注释】 总工程量为单桩工程量即长度乘以总根数。80 为根数。

说明：工作内容包括工作平台搭拆、桩基移位、沉桩、板桩连接。

清单工程量计算见表 3-5。

清单工程量计算表　　**表 3-5**

项目编码	项目名称	项目特征描述	计量单位	工程量
010202004001	预制钢筋混凝土板桩	单桩长 16.5m，共 80 根，桩截面为 450mm×450mm 的方形截面	m	1320.00

(2) 定额工程量

$$送桩工程量=0.45\times0.45\times(3.6+0.5)\times80m^3=66.42m^3$$

【注释】 0.45×0.45 为桩截面面积，(3.6+0.5)为桩顶面至自然地面加 0.5。80 为根数。

$$打桩工程量=0.45\times0.45\times16.5\times80m^3=267.3m^3$$

【注释】 0.45×0.45 为桩截面面积。16.5 为桩长。80 为根数。

套用基础定额 2-4。

项目编码：010202004　项目名称：预制钢筋混凝土板桩

【例 3-6】 某工程预制钢筋混凝土桩现浇平台基础示意图如图 3-6 所示，工程共有 60 个平台，求其工程量。

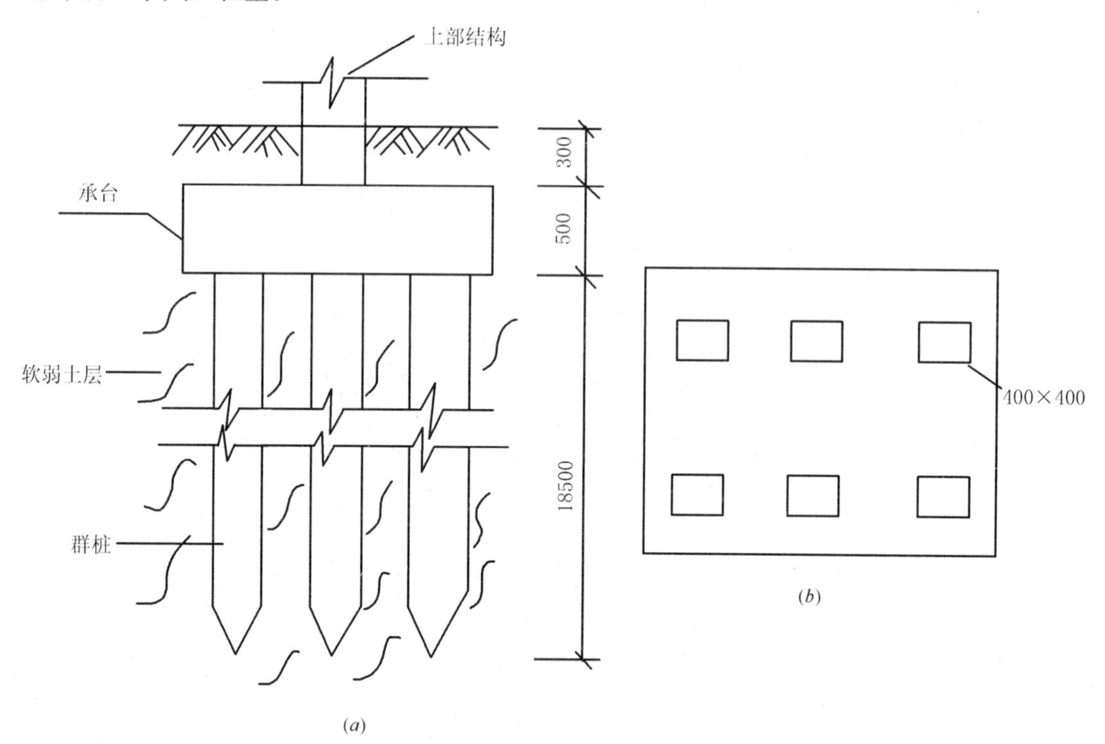

图 3-6　混凝土桩基础

(a)混凝土桩；(b)平台基础

【解】 (1) 清单工程量

$$工程量=18.5\times6\times60\text{m}=6660.00\text{m}$$

【注释】 18.5 为桩长，一个桩承台有六根，共有 60 个承台，所以共有 6×60 根。

说明：工作内容包括工作平台搭拆、桩基移位、沉桩、板桩连接。

清单工程量计算见表 3-6。

清单工程量计算表　　**表 3-6**

项目编码	项目名称	项目特征描述	计量单位	工程量
010202004001	预制钢筋混凝土板桩	单桩长 18.5m，共 360 根，桩截面为 400mm×400mm 的方形截面	m	6660.00

(2) 定额工程量

由图示结构尺寸和已知条件可得：

$$V_{打桩}=0.4\times0.4\times18.5\times6\times60\text{m}^3=1065.60\text{m}^3$$

【注释】 0.4×0.4 为桩截面面积。18.5 为桩长，6×60 为根数。

$$V_{送桩}=(0.5+0.3+0.5)\times0.4\times0.4\times6\times60\text{m}^3=74.88\text{m}^3$$

【注释】 0.5 为承台的高，0.3 为承台离自然地面的距离，0.5 为桩顶面至自然地面加0.5。0.4×0.4 为桩截面面积。6×60 为根数。

故其工程量=(1065.60+74.88)m^3=1140.48m^3

【注释】 工程量为送桩工程量加打桩工程量。

套用基础定额 2-6。

项目编码：010202004　项目名称：预制钢筋混凝土板桩

【例 3-7】 试求上题图 3-6 所示桩基工程中的制作，运输工程量及打桩的复价，土质为二类土质。

【解】 (1)清单工程量

工程量=18.5m×6×60=6660.00m

【注释】 18.5 为桩长，一个桩承台有六根桩，共有 60 个承台，所以共有 6×60 根。

注：工作内容包括平台搭拆、桩机位移、沉桩、桩连接。

清单工程量计算见表 3-7。

清单工程量计算表　　**表 3-7**

项目编码	项目名称	项目特征描述	计量单位	工程量
010202004001	预制钢筋混凝土板桩	单桩长 18.5m，共 360 根，桩截面为 400mm×400mm 的方形截面	m	6660.00

(2) 定额工程量

制桩工程量=0.4×0.4×18.5×6×60×1.02m^3=1086.91m^3

【注释】 0.4×0.4 为桩截面面积。18.5 为桩长，6×60 为桩的个数。1.02 为制桩工程量计算固定系数。

运输工程量=0.4×0.4×18.5×6×60×1.019m^3=1085.85m^3

【注释】 0.4×0.4 为桩截面面积。18.5 为桩长，6×60 为桩的个数。1.019 为运桩工程量计算固定系数。

据定额计算规则可知：

场外运输工程量=图示工程量×1.019

场内运输工程量=图示工程量×1.015

分别查得，基价，人工费，材料费，机械费。

则打桩复价=打桩工程量×(人工费+材料费+机械费)

套用基础定额 2-6。

项目编码：010301002　项目名称：预制钢筋混凝土管桩

【例 3-8】 某工程土质为二类土，需打桩 30 根，每根桩由四段接成，用硫磺胶泥接头(图 3-7)，求其接桩工程量。

【解】 (1)清单工程量

工程量=(4−1)×30 个=90 个

【注释】 因为每根桩由四段接成，有三个接头即(4−1)。30 为根数。

清单工程量计算见表 3-8。

清单工程量计算表 表 3-8

项目编码	项目名称	项目特征描述	计量单位	工程量
010301002001	预制钢筋混凝土管桩	桩截面为$R=0.4$m的圆形截面，接桩材料为硫磺胶泥接头	个	90

(2) 定额工程量

$$工程量=\frac{1}{4}\times\pi\times0.4^2\times(4-1)\times30m^2=11.31m^2$$

【注释】 0.4为桩截面半径。

套用基础定额2-4。

项目编码：010202004　项目名称：预制钢筋混凝土板桩

【例 3-9】 试求如图3-7所示，桩基工程的送桩工程量。

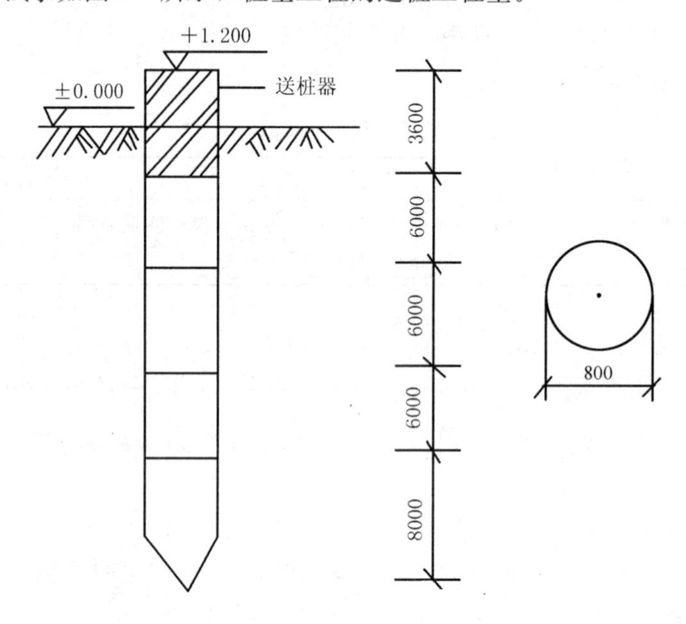

图3-7 桩示意图

【解】 (1) 清单工程量

$$工程量=(3\times6.0+8)m=(18.0+8)m=26m$$

【注释】 3×6.0为桩身长，8为桩尖长。

注：工作内容包括平台搭拆、桩机位移、沉桩、桩连接。

清单工程量计算见表3-9。

清单工程量计算表 表 3-9

项目编码	项目名称	项目特征描述	计量单位	工程量
010202004001	预制钢筋混凝土板桩	二类土，单桩长6m×3，桩共长18m，直径为0.8m的圆形截面，C30混凝土	m	26

(2)定额工程量

$$工程量=\frac{1}{4}\times\pi\times0.4^2\times(3.6-1.2+0.5)m^3$$

$$=\frac{1}{4}\times 3.1416\times 0.16\times 2.9\text{m}^3=0.36\text{m}^3$$

【注释】 0.4 为桩截面半径，(3.6－1.2＋0.5)为桩顶至自然地面的距离加 0.5。

项目编码：010202004　项目名称：预制钢筋混凝土板桩

【例 3-10】 某工程采用钢筋混凝土预制桩如图 3-8 所示，用柴油打桩机打桩，土质为二类土，共有 200 根桩，求其工程量并套用定额。

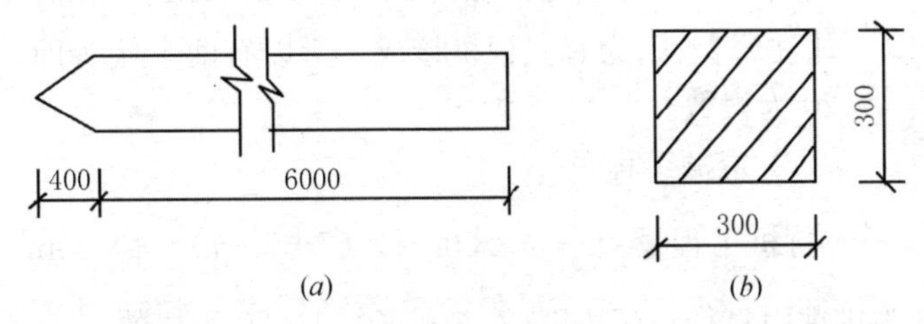

图 3-8　桩示意图

(a)立面；(b)平面

【解】 (1) 清单工程量

$$\text{工程量}=(6+0.4)\times 200\text{m}=1280.00\text{m}$$

【注释】 6 为桩身长，0.4 为桩尖长，200 为根数 。

说明：工程量包括工作平台搭拆、桩机移位、沉桩、桩连接。

清单工程量计算见表 3-10。

清单工程量计算表　　**表 3-10**

项目编码	项目名称	项目特征描述	计量单位	工程量
010202004001	预制钢筋混凝土板桩	二类土，单桩长 6.4m，共 20 根桩，桩截面为 300mm×300mm 的方形截面	m	1280.00

(2) 定额工程量

据计算规则，混凝土桩按桩全长(包括桩尖)以 m^3 计算：

$$\text{打桩工程量}=0.3\times 0.3\times(6+0.4)\times 200\text{m}^3=115.2\text{m}^3$$

【注释】 0.3×0.3 为桩截面面积。(6＋0.4)为桩长，200 为桩根数。

已知送桩深度 $h=2.4\text{m}$

$$\text{故其送桩工程量}=0.3\times 0.3\times(2.4+0.5)\times 200\text{m}^3=0.261\times 200\text{m}^3=52.2\text{m}^3$$

【注释】 0.3×0.3 为桩截面面积。(2.4＋0.5)即送桩深度 2.4 加 0.5。200 为根数。

$$\text{故其工程量}=(115.2+52.2)\text{m}^3=167.4\text{m}^3$$

【注释】 工程量为打桩工程量加送桩工程量。

由于工程量＝158.4m^3＞150m^3，属于中型工程。

故其人工、机械乘以系数 1.25，柴油打桩机打预制混凝土桩在定额中的第二章第 1 节，桩长 6.4m 小于 12m。

套用基础定额 2-2。

项目编码：010202004　项目名称：预制钢筋混凝土板桩

项目编码：010301002　项目名称：预制钢筋混凝土管桩

【例 3-11】 某工程打预制混凝土桩，如图3-9所示，桩长 21m，分别由桩长 7m 的 3

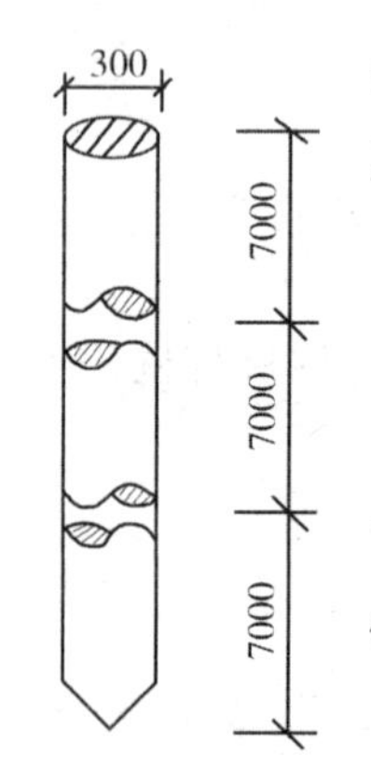

图 3-9 桩示意图

根桩接成，硫磺胶泥接头，每个承台下有 4 根桩，共有 20 个承台，求其打桩和接桩工程量。

【解】 (1) 清单工程量

打桩工程量＝21×4×20m＝1680.00m

【注释】 21 为桩长，4×20 为根数。

接桩工程量＝(3－1)×4×20 个＝160 个

【注释】 因为有三根桩接成，所以有两个接头即(3－1)为接头数；4×20 为根数。

(2) 定额工程量

$$打桩工程量=\frac{1}{4}\times\pi\times0.3^2\times(7+7+7)\times4\times20m^3=118.75m^3$$

【注释】 0.3 为桩截面直径；(7＋7＋7)为桩长；4×20 为根数。

$$接桩工程量=\frac{1}{4}\times\pi\times0.3^2\times4\times20\times(3-1)m^2$$

$$=\frac{1}{4}\times3.1416\times0.09\times4\times20\times2m^2=11.31m^2$$

【注释】 接桩工程量等于桩截面面积乘以接头数，$\frac{1}{4}\times\pi\times0.3^2$ 为桩截面面积；4×20 为根数。

清单工程量计算见表 3-11。

清单工程量计算表 表 3-11

序号	项目编码	项目名称	项目特征描述	计量单位	工程量
1	010202004001	预制钢筋混凝土板桩	单桩长 21m，共 80 根，桩截面为 $R=0.15m$ 的圆形截面	m	1680.00
2	010301002001	预制钢筋混凝土管桩	桩截面为 $R=0.15m$ 的圆形截面，接桩材料为硫磺胶泥接头	个	160

说明：清单工程量计算中，打桩工程量，包括桩的制作、运输、打桩、送桩、清理等。

套用基础定额 2-12。

项目编码：010301002 项目名称：预制钢筋混凝土管桩

【例 3-12】 某工程需要进行预制混凝土桩的送桩，接桩工作，桩形状如图 3-10 所示，每根桩长 5m，设计桩全长 15m，共需 30 根桩，分别求其用电焊接桩和硫磺胶泥接桩的工程量。

【解】 (1)清单工程量

打桩工程量＝15×30m＝450m

【注释】 15 为桩长，30 为根数。

电焊接桩按规定以设计接头，以个计算，则：

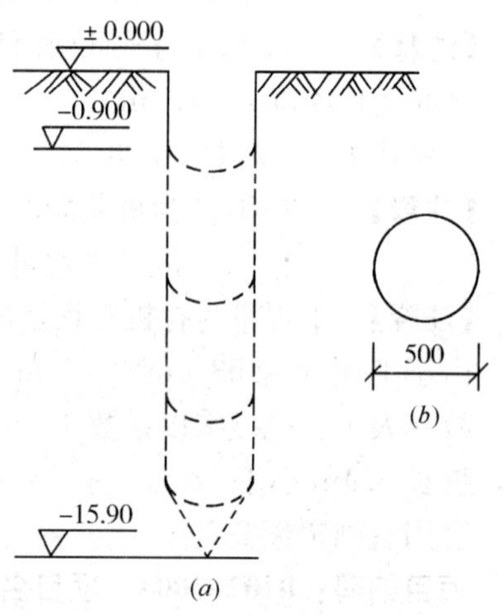

图 3-10 桩示意图
(a)立面；(b)截面

$$V_{接}=(3-1)\times30\text{个}=60\text{个}$$

【注释】 (3-1)为单根桩接头个数；30 为根数。

硫磺胶泥接桩按桩设计图示规定以接头数量计算，则：

$$V_{接}=(3-1)\times30\text{个}=60\text{个}$$

【注释】 (3-1)为单根桩接头个数；30 为根数。

清单工程量计算见表 3-12。

清单工程量计算表 **表 3-12**

序号	项目编码	项目名称	项目特征描述	计量单位	工程量
1	010301002001	预制钢筋混凝土管桩	桩截面为 $R=0.25$m 的圆形截面，接桩材料为电焊接桩	个	60
2	010301002002	预制钢筋混凝土管桩	桩截面为 $R=0.25$m 的圆形截面，接桩材料为硫磺胶泥接桩	个	60

(2)定额工程量

$$打桩工程量=\pi\times\frac{1}{4}\times0.25^2\times15\times30\text{m}^3=22.09\text{m}^3$$

【注释】 0.25 为桩截面半径，15 为桩长，30 为桩的个数。

$$送桩工程量=\pi\times\frac{1}{4}\times0.25^2\times(0.9+0.5)\times30\text{m}^3=2.06\text{m}^3$$

【注释】 (0.9+0.5)为桩顶至自然地面距离加 0.5；30 为桩的个数。

$$电焊接桩工程量=(3-1)\times30\text{个}=60\text{个}$$

包角钢套用基础定额 2-33。

包钢板套用基础定额 2-34。

硫磺胶泥接桩工程量按断面面积以平方米计算，则：

$$V_{接}=\pi\times\frac{1}{4}\times0.25^2\times(3-1)\times30\text{m}^2=2.95\text{m}^2$$

【注释】 接桩工程量等于桩截面面积乘以接头数。$\frac{1}{4}\times\pi\times0.25^2$ 为桩截面面积；(3-1)×30 为接头数。

套用基础定额 2-35。

项目编码：010202004 项目名称：预制钢筋混凝土板桩

项目编码：010301001 项目名称：预制钢筋混凝土方桩

【例 3-13】 某工程采用钢筋混凝土方桩基础，设计桩全长 12m，单桩长 4m，用硫磺胶泥接桩，每个承台下有 4 根桩，共有承台 50 座，现浇承台基础示意图如图 3-11、图 3-12 所示，计算其打桩、送桩、接

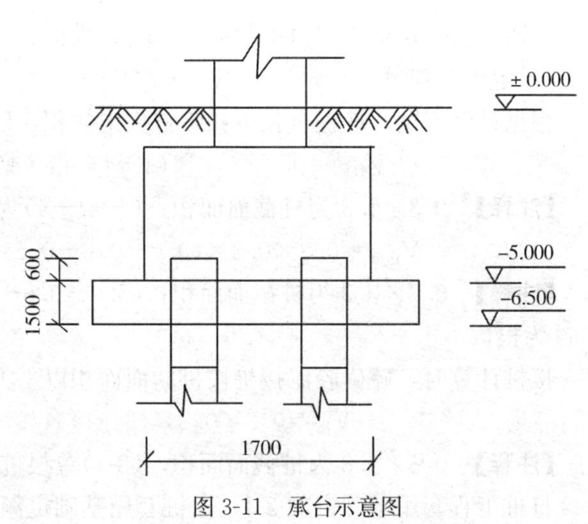

图 3-11 承台示意图

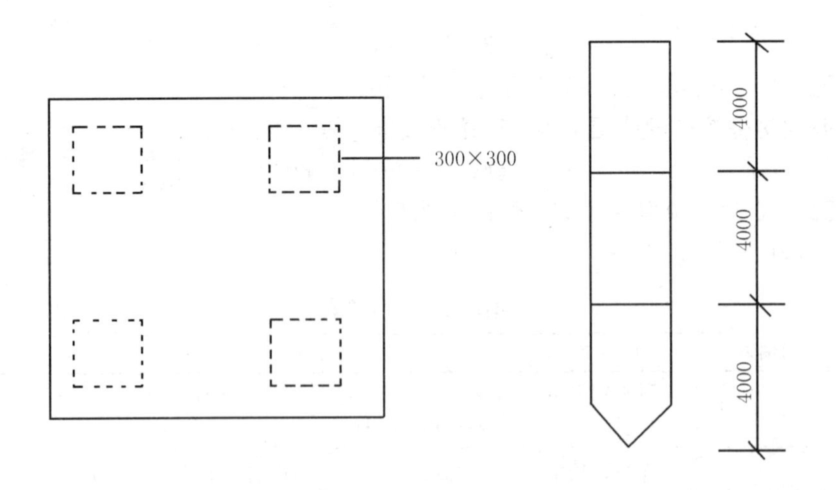

图 3-12　承台示意图

桩的工程量，并套用定额。

【解】 (1)清单工程量

打、送桩工程量＝12×4×50m＝2400.00m

【注释】 12 为桩全长，4×50 为根数。

接桩工程量＝(3－1)×4×50 个＝400 个

【注释】 (3-1)为单根桩接头个数。4×50 为根数。

清单工程量计算见表 3-13。

清单工程量计算表　　**表 3-13**

序号	项目编码	项目名称	项目特征描述	计量单位	工程量
1	010202004001	预制钢筋混凝土板桩	单桩长 12m，共 200 根，桩截面为方形截面 300mm×300mm	m	2400.00
2	010301001001	预制钢筋混凝土方桩	桩截面为方形截面 300mm×300mm，接桩材料为硫磺胶泥接桩	个	400

说明：打、送桩工程量中包括工作平台搭拆、桩机位移、沉桩、桩连接。

(2)定额工程量

根据计算规则，按桩全长不扣除桩尖虚体积，以 m^3 计算，则：

$$V_{打桩}=0.3\times0.3\times(4+4+4)\times4\times50m^3=216.00m^3$$

【注释】 0.3×0.3 为桩截面面积；(4＋4＋4)为桩长；4×50 为根数。

$$V_{送桩}=0.3\times0.3\times(5.0-0.6+0.5)\times4\times50m^3=88.20m^3$$

【注释】 0.3×0.3 为桩截面面积；(5.0－0.6＋0.5)桩顶至自然地面距离再加 0.5；4×50 为根数。

接桩计算时，硫磺胶泥接桩按桩断面面积以平方米计算，则：

$$V_{接}=0.3\times0.3\times(3-1)\times4\times50m^2=28.80m^2$$

【注释】 0.3×0.3 为桩截面面积，(3-1)单根桩接头数，4×50 为根数。

打桩工程套用基础定额 2-1，送桩套用基础定额 2-7。

接桩套用基础定额 2-35。

定额工程量见表 3-14。

定额工程量　　**表 3-14**

序号	分项工程	定额编号	单位	工程量	单价	复价
1	打桩	2—1	$10m^3$	21.6	—	—
2	送桩	2—7	$10m^3$	8.82	—	—
3	接桩	2—35	$10m^2$	2.88	—	—

项目编码：010202006　项目名称：钢板桩

【例 3-14】 某工程采用 36b 工字钢制作的钢板桩，共需打(拔)20 根，土质为二类土，用柴油打桩机打桩如图 3-13 所示，试求其工程量。

【解】 (1)清单工程量(以设计图示尺寸计重量)

工程量＝15m×20×65.6kg/m＝300×65.6＝19.68t

【注释】 15 为桩长，20 为根数。

(2)定额工程量

查预算工作手册得知 36b 工字钢理论质量 65.6kg/m，

则工程量＝65.6kg/m×15m×20＝19680kg＝19.68t

套用基础定额 2-49(柴油打桩机打桩)。

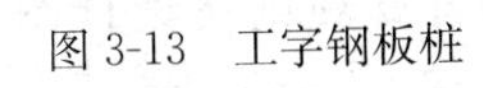

图 3-13　工字钢板桩

项目编码：010301001　项目名称：预制钢筋混凝土方桩

【例 3-15】 工地桩基采用预制混凝土桩，其中桩钢板焊接接头共有 160 个，预制桩形状如图 3-14 所示，计算其接桩工程量，并在用柴油打桩机打桩的条件下套用定额。

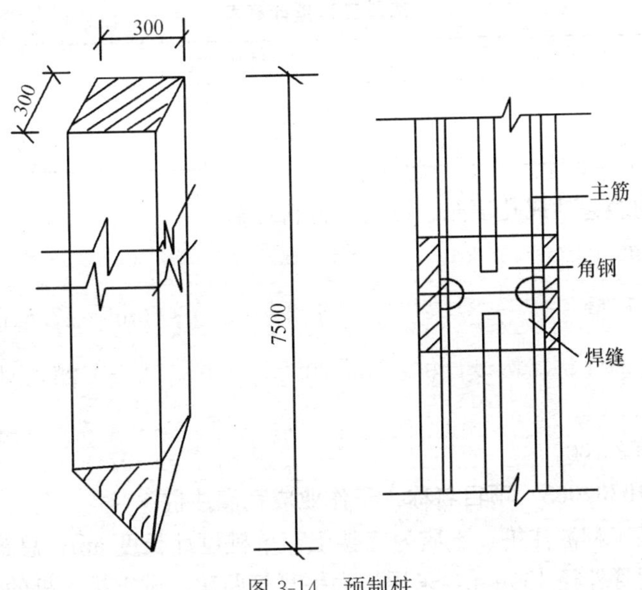

图 3-14　预制桩

【解】 (1) 清单工程量

预制钢筋混凝土桩的钢板焊接接头，按接头数量计算，故其工程量=160个。

清单工程量计算见表3-15。

清单工程量计算表 **表3-15**

项目编码	项目名称	项目特征描述	计量单位	工程量
010301001001	预制钢筋混凝土方桩	桩截面为300mm×300mm的方形截面，接桩材料为钢板焊接头	个	160

(2) 定额工程量

预制混凝土方桩接桩的工程量按断面面积以m^2计算。

$$工程量=0.3\times0.3\times160m^2=14.4m^2$$

【注释】 0.3×0.3为桩的截面面积，160为个数。

用柴油打桩机打预制桩，属于定额的第二章第2节，查到“电焊接桩”。

套用基础定额2-33。

项目编码：010201007 项目名称：砂石桩

【例3-16】 某工程现场土质为二类土，桩基采用打孔灌注砂桩共60根，求其工程量并套用定额，灌注桩形状如图3-15所示。

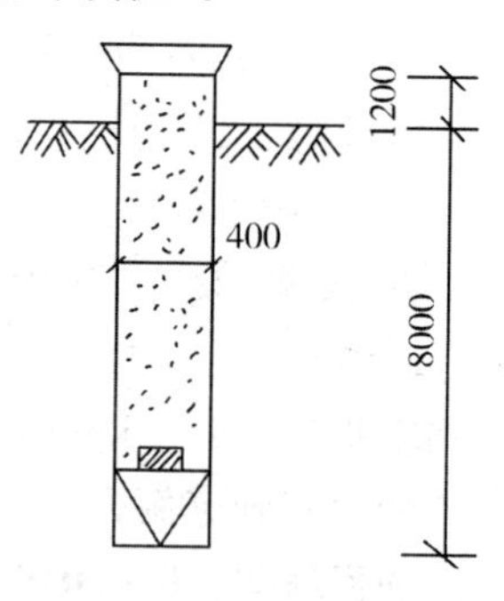

图3-15 灌注桩

【解】 (1) 清单工程量

据计算规则按设计图示尺寸以桩长(包括桩尖)或根数计算。

工程量=(8+1.2)×60m=552.00m

【注释】 (8+1.2)为桩长，60为根数。

清单工程量计算见表3-16。

清单工程量计算表 **表3-16**

项目编码	项目名称	项目特征描述	计量单位	工程量
010201007001	砂石桩	二类土，桩长9.2m，桩截面为R=0.2m的圆形截面，成孔方法采用打孔	m	552.00

说明：工程内容包括成孔填充、振实、材料运输。

(2)定额工程量

$$工程量=\pi\times\frac{1}{4}\times0.2^2\times(8+1.2+0.25)\times60m^3=17.81m^3$$

【注释】 钻孔灌注桩，按设计桩长增加0.25。(8+1.2+0.25)为桩长加0.25；0.2为桩截面半径。

套用基础定额2-100。

项目编码：010302003 项目名称：干作业成孔灌注桩

【例3-17】 某工程灌注桩，土质为二类土，单桩设计长度6m，总根数136根，用柴油打孔机打孔，钢管外径450mm，采用扩大桩复打两次，试求扩大桩的体积。

【解】（1）清单工程量

据计算规则可知，工程量按设计图示尺寸以桩长计算，则：

工程量＝136×6m＝816.00m

【注释】 136为根数，6为单桩设计长度 。

清单工程量计算见表3-17。

清单工程量计算表　　表3-17

项目编码	项目名称	项目特征描述	计量单位	工程量
010302003001	干作业成孔灌注桩	二类土，单桩长6m，共136根，桩截面为R=450mm的圆形截面用柴油打孔机打孔	m	816.00

（2）定额工程量

《全国统一建筑工程预算工程量计算规则》中说明，扩大桩的体积按单桩体积乘以次数计算。

$$V=\text{单桩体积}\times\text{次数}\times\text{个数}=\pi\times\frac{1}{4}\times0.45^2\times6\times(2+1)\times136\text{m}^3=389.34\text{m}^3$$

套用基础定额2-62。

【注释】 次数为复打次数加1。(2＋1)为次数。

项目编码：010202004　项目名称：预制钢筋混凝土板桩

项目编码：010301001　项目名称：预制钢筋混凝土方桩

【例3-18】 某工程地基采用预制混凝土方桩36根，桩全长16m，由单桩长4m的四根桩用硫磺胶泥接起来，施工示意图如图3-16所示，试求其打桩、送桩、接桩工程量。

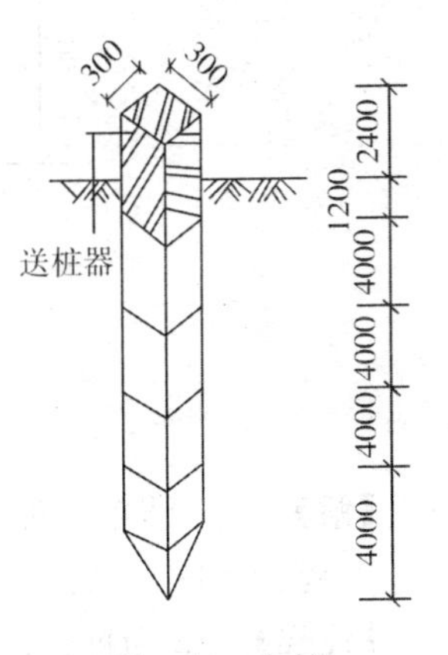

图3-16　方桩

【解】（1）清单工程量

由计算规则知按图示尺寸以桩长计算，则：

打桩工程量＝16×36m＝576m

【注释】 16为桩长，36为根数。

送桩工程量＝1.20×36m＝43.2m

【注释】 1.2为送桩深度。36为根数。

接桩工程量按设计图示规定以接头数量计算。

故接桩工程量＝(4－1)×36个＝108个

【注释】 (4－1)为单桩接头个数。

清单工程量计算见表3-18。

清单工程量计算表　　表3-18

序号	项目编码	项目名称	项目特征描述	计量单位	工程量
1	010202004001	预制钢筋混凝土板桩	单桩长16m，共36根桩，桩截面为300mm×300mm的方形截面	m	576
2	010301001001	预制钢筋混凝土方桩	桩截面为300mm×300mm的方形截面，接桩材料为硫磺胶泥接头	根	108

(2) 定额工程量

$$V_{打桩}=0.3\times0.3\times16\times36m^3=51.84m^3$$

【注释】 0.3×0.3 为桩截面面积。16 为桩长。36 为根数。

$$V_{送桩}=0.3\times0.3\times(1.2+0.5)m^3=0.153m^3$$

【注释】 0.3×0.3 为桩截面面积。(1.2+0.5)为桩顶据自然地面距离加 0.5。

接桩工程量按桩断面面积以平方米计算。

则得：$V_{接桩}=0.3\times0.3\times(4-1)\times36m^2=0.09\times3\times36m^2=9.72m^2$

【注释】 0.3×0.3 为桩截面面积。(4−1)为单桩接头个数 。

套用基础定额 2-4。

项目编码：010202004　项目名称：预制钢筋混凝土板桩

【例 3-19】 某工程采用液压静力压桩机压预制钢筋混凝土方桩 24 根，方桩的截面形状如图 3-17 所示，试计算其工程量并套用定额。

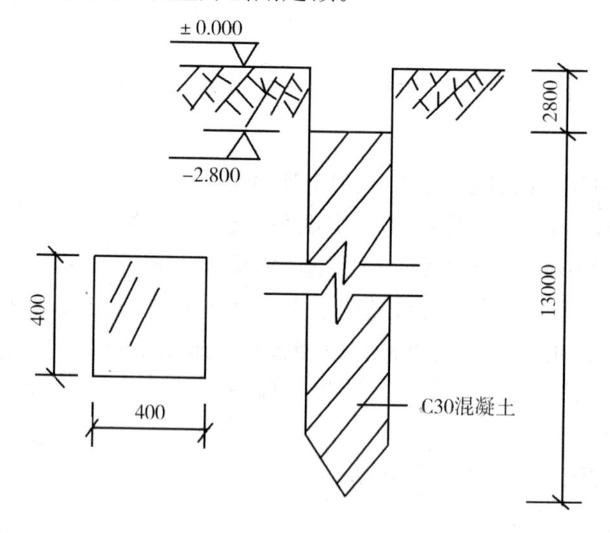

图 3-17　方桩尺寸

【解】 (1) 清单工程量

工程量=13×24m=312.00m

【注释】 13 为桩长，24 为根数。

清单工程量计算见表 3-19。

清单工程量计算表　**表 3-19**

项目编码	项目名称	项目特征描述	计量单位	工程量
010202004001	预制钢筋混凝土板桩	单桩长 13m，共 24 根，桩截面为 400mm×400mm 的方桩截面	m	312.00

(2) 定额工程量

$$工程量=0.4\times0.4\times13\times24m^3=49.92m^3$$

【注释】 0.4×0.4 为桩截面面积 ，13 为桩长，24 为根数。

套用基础定额 2-37。

项目编码：010301001　项目名称：预制钢筋混凝土方桩

【例 3-20】 某地基工程打预制方桩，桩截面尺寸为 400mm×400mm，桩全长 15m，由单桩长 5m 的三根桩用硫磺胶泥接头，每个承台下有 4 根方桩，承台详图如图 3-18 所示，求其工程量。

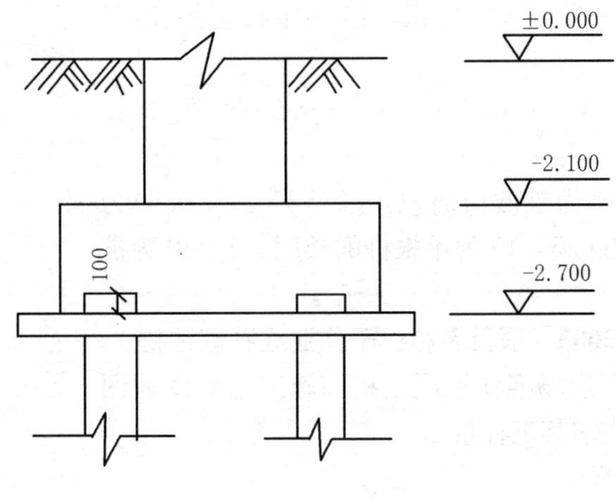

图 3-18　承台

【解】（1）清单工程量

已知接头 2 个，承台 20 座，预制桩全长为 4×15×20m＝300×4m＝1200m

接桩工程量＝20×(3－1)×4 个＝160 个

【注释】 20 为承台的个数，(3-1)单根桩接头个数，4 为每个承台下的桩数。

送桩工程量＝(2.7－0.1)×4×20m＝208m

【注释】 (2.7-0.1)为送桩长度减去深入桩承台的距离。

清单工程量计算见表 3-20。

清单工程量计算表　　**表 3-20**

序号	项目编码	项目名称	项目特征描述	计量单位	工程量
1	010202004001	预制钢筋混凝土板桩	预制方桩、打桩	m	1200＋208＝1408
2	010301001001	预制钢筋混凝土方桩	二级土，C30，送桩	m	
3	010301001002	预制钢筋混凝土方桩	二级土，400×400，C30、接桩	个	160

（2）定额工程量

方桩制作：$V_{制}$＝0.4×0.4×15×4×20×1.02m^3＝195.84m^3

【注释】 0.4×0.4 为桩截面面积，15 为单根桩的长度，4×20 为桩的个数，1.02 为桩制作工程量计算固定系数。

方桩场外运输：$V_{场外}$＝0.4×0.4×15×4×20×1.019m^3＝195.64m^3

【注释】 0.4×0.4 为桩截面面积，15 为单根桩的长度，4×20 为桩的个数，1.019 为桩场外运输工程量计算固定系数。

方桩场内运输：$V_{场内}$＝0.4×0.4×15×4×20×1.015m^3＝194.88m^3

【注释】 0.4×0.4 为桩截面面积，15 为单根桩的长度，4×20 为桩的个数，1.015 为桩场内运输工程量计算固定系数。

接头工程量$=0.4\times0.4\times(3-1)\times4\times20m^2=25.6m^2$

【注释】 0.4×0.4 为桩截面面积，(3－1)为单根桩的接头数，4×20 为桩的个数。

套用基础定额 2-35。

打桩工程量$=0.4\times0.4\times15\times4\times20m^3=192m^3$

【注释】 0.4×0.4 为桩截面面积，15 为单根桩的长度，4×20 为桩的个数。

送桩工程量$=0.4\times0.4\times(2.7-0.1+0.5)\times4\times20m^3=39.68m^3$

【注释】 0.4×0.4 为桩截面面积，(2.7－0.1＋0.5)为桩顶到自然地面距离加 0.5，15 为单根桩的长度，4×20 为桩的个数。

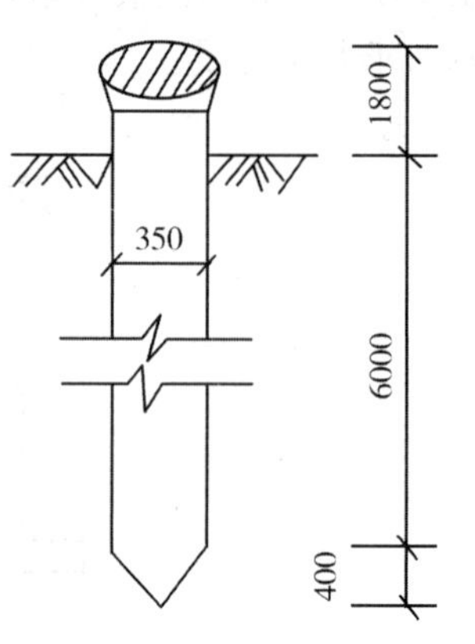

图 3-19 混凝土桩

项目编码：010302003 项目名称：干作业成孔灌注桩

【例 3-21】 某工程现场灌注混凝土桩，施工示意图如图 3-19 所示，共 136 根，求其工程量。

【解】 (1)清单工程量

$$工程量=(1.8+6.0+0.4)\times136m=1115.20m$$

【注释】 (1.8＋6.0＋0.4)为桩长，136 为根数。

清单工程量计算见表 3-21。

清单工程量计算表 表 3-21

项目编码	项目名称	项目特征描述	计量单位	工程量
010302003001	干作业成孔灌注桩	混凝土灌注桩，单桩长 8.2m，共 136 根，桩截面为 $R=175$mm 的圆形截面	m	1115.20

(2) 定额工程量

按设计图示桩长(包括桩尖)乘以截面面积计算：

$$工程量=\pi\times\frac{1}{4}\times0.175^2\times(1.8+6.0+0.4+0.25)\times136m^3$$
$$=26.54m^3$$

【注释】 $\pi\times\frac{1}{4}\times0.175^2$ 为桩截面面积，打孔灌注桩，按设计桩长加 0.25，(1.8＋6.0＋0.4＋0.25)为桩长加 0.25，136 为根数 。

说明：打孔灌注桩，按设计桩长(包括桩尖，不扣除桩尖虚体积)增加 0.25m，乘以设计断面面积计算。

套用基础定额 2-62。

项目编码：010302003 项目名称：干作业成孔灌注桩

【例 3-22】 某工程地基采用钻孔灌注混凝土桩如图 3-20 所示，土质为二类土，现场灌注 120 根，计算其工程量，并套用定额。

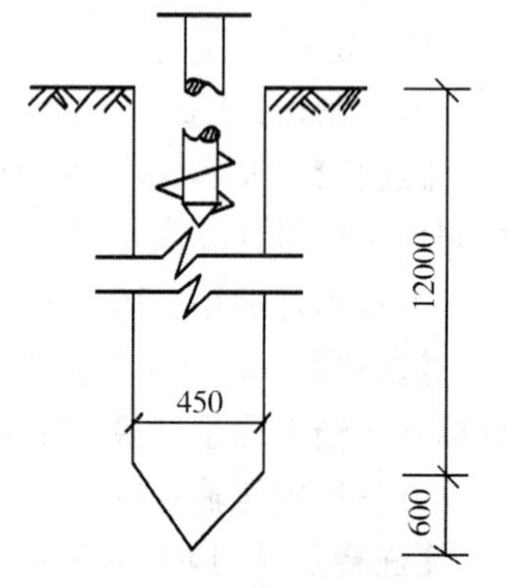

图 3-20 钻孔灌注桩

【解】 (1)清单工程量

$$工程量=(12+0.6)\times120m=1512m$$

【注释】 (12+0.6)为桩身加桩尖长，即桩长；120 为根数。

清单工程量计算见表 3-22。

清单工程量计算表　　表 3-22

项目编码	项目名称	项目特征描述	计量单位	工程量
010302003001	干作业成孔灌注桩	二类土，120 根，单桩长 12.6m，R=225mm C30 钻孔灌注混凝土桩	m	1512

(2) 定额工程量

$$工程量=\pi\times\frac{1}{4}\times0.225^2\times(12+0.6+0.25)\times120m^3$$

$$=3.1416\times0.25\times0.225^2\times12.85\times120m^3$$

$$=61.31m^3$$

【注释】 $3.1416\times0.25\times0.225^2$ 为桩截面面积；(12+0.6+0.25)为桩长加 0.25；120 为根数。

由定额第二章第 6 节可知，长螺旋钻孔灌注桩，在土质为二类土，汽车式钻孔机，以及桩长在 12m 以外。

套用基础定额 2-82。

项目编码：010302003　项目名称：干作业成孔灌注桩

【例 3-23】 某工程现场灌注混凝土桩，设计全长 6.5m，直径 450mm，共需桩 160 根，如图3-21所示，求桩工程量。

【解】 (1) 清单工程量

工程量=(6+0.5)×160m=1040.00m

【注释】 (6+0.5)为桩身长加桩尖长即桩长，160 为根数 。

清单工程量计算见表 3-23。

清单工程量计算表　　表 3-23

项目编码	项目名称	项目特征描述	计量单位	工程量
010302003001	干作业成孔灌注桩	混凝土灌注桩，单桩长 6.5m，共 160 根，桩截面为 R=225mm 的圆形截面	m	1040.00

说明：工作内容包括成孔、扩孔、混凝土制作、运输、灌注、振捣、养护。

(2)定额工程量

$$工程量=\pi\times\frac{1}{4}\times0.45^2\times(6+0.5+0.25)\times160m^3=171.77m^3$$

【注释】 $\pi\times\frac{1}{4}\times0.45^2$ 为桩截面面积；(6+0.5+0.25)设计桩长加 0.25；160 为根数。

套用基础定额 2-10。

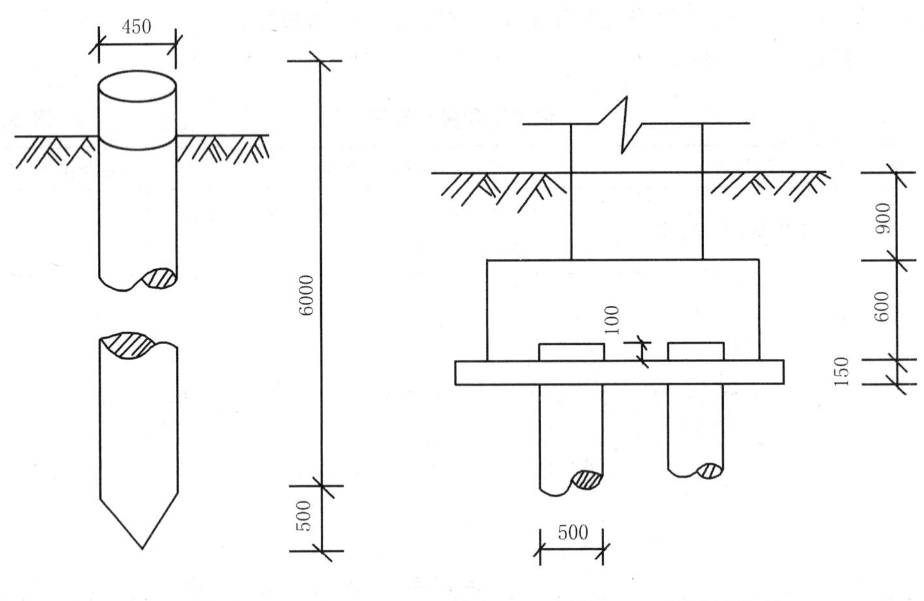

图 3-21　灌注桩　　　　图 3-22　钻孔灌注桩

项目编码：010201007　项目名称：砂石桩

【例 3-24】 某工程钻孔灌注桩示意图如图 3-22 所示，共有承台 20 座，每个承台下有 4 根桩，D=500mm，L=16m，求其工程量。

【解】 (1) 清单工程量

$$工程量=16\times4\times20\text{m}=1280.00\text{m}$$

【注释】 16 为桩长，4×20 为桩根数。

说明：钻孔砂石灌注桩的工程量包括：①成孔；②砂石运输；③填实；④振实。

清单工程量计算见表 3-24。

清单工程量计算表　　　　**表 3-24**

项目编码	项目名称	项目特征描述	计量单位	工程量
010201007001	砂石桩	砂石灌注桩，桩长 16m，桩截面为 R=0.25m 的圆形截面	m	1280.00

(2) 定额工程量

$$打桩工程量=\pi\times\frac{1}{4}\times0.5^2\times16\times4\times20\text{m}^3=251.33\text{m}^3$$

【注释】 $\pi\times\frac{1}{4}\times0.5^2$ 为桩截面面积，16 为桩长，4×20 为个数。

$$送桩工程量=\pi\times\frac{1}{4}\times0.5^2\times(0.9+0.6-0.1+0.5)\times4\times20\text{m}^3$$
$$=29.85\text{m}^3$$

【注释】 $\pi\times\frac{1}{4}\times0.5^2$ 为桩截面面积，(0.9+0.6−0.1+0.5)为送桩深度减去桩深入承台的距离加 0.5，4×20 为根数。

$$故其工程量=(251.33+29.85)\text{m}^3=281.18\text{m}^3$$

套用基础定额 2-10。

项目编码：010201014 项目名称：灰土(土)挤密桩

【例 3-25】 某工程采用灰土挤密桩，桩如图 3-23 所示，D=600mm，共需打桩 20 根，求桩工程量并套用定额。

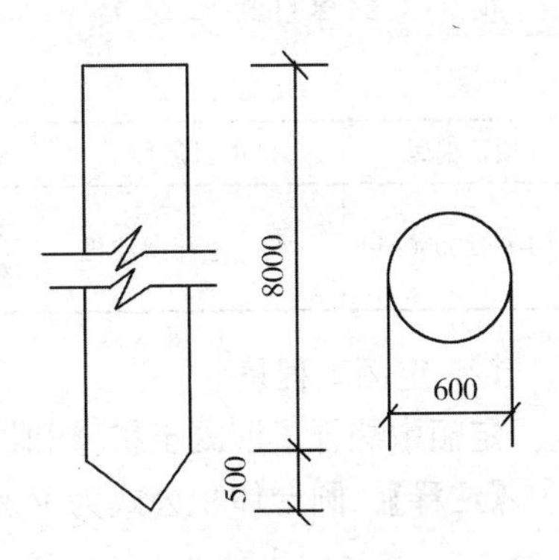

图 3-23 灰土挤密桩

【解】 (1) 清单工程量

工程量按设计图示尺寸以桩长(包括桩尖)计算，则：

工程量=(8+0.5)×20m=170.00m

【注释】 (8+0.5)为桩身加桩尖的长即桩长。20 为根数。

说明：工程量包括成孔、灰土拌和、运输、填充、夯实。

清单工程量计算见表 3-25。

清单工程量计算表 表 3-25

项目编码	项目名称	项目特征描述	计量单位	工程量
010201014001	灰土(土)挤密桩	桩长 8.5m，20 根桩，桩截面为 R=0.3m 的圆形截面	m	170.00

(2) 定额工程量

$$工程量=\pi\times\frac{1}{4}\times0.6^2\times(8+0.5)\times20\text{m}^3$$

$$=48.07\text{m}^3$$

桩长 8.5m 小于 12m，土质为二类土。

【注释】 $\pi\times\frac{1}{4}\times0.6^2$ 为桩截面面积，(8+0.5)为桩长，20 为根数 。

套用基础定额 2-122。

项目编码：010302005 项目名称：人工挖孔灌注桩

【例 3-26】 某工程现场人工挖孔扩底桩，形状大致如图 3-24 所示，试计算其工程量。

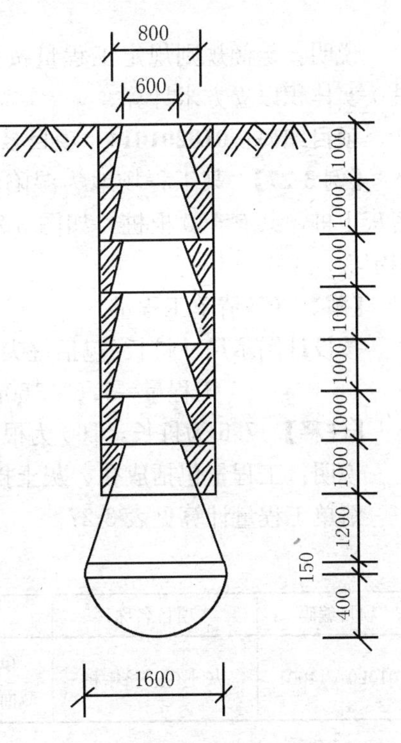

图 3-24 人工挖孔扩底桩

【解】 (1)清单工程量

据计算规则按设计图示尺寸以桩个数计算，则：

工程量=1 根

说明：工程量包括护壁制作、混凝土制作、运输灌注、振捣、养护。

清单工程量计算见表 3-26。

清单工程量计算表 **表 3-26**

项目编码	项目名称	项目特征描述	计量单位	工程量
010302005001	人工挖孔灌注桩	单桩长 8.75m，共一根，桩截面为球形截面	根	1

(2) 定额工程量

定额中综合了混凝土扩壁和桩位垫层，执行中不得换算和重复计算。

【注释】 圆台体积公式为 $V=\pi\times H/3(R^2+r^2+Rr)$

圆台：$V_1=\frac{1}{3}\times3.1416\times1.0\times(0.3^2+0.4^2+0.3\times0.4)\times7\text{m}^3=2.71\text{m}^3$

扩大圆台：$V_2=\frac{1}{3}\times3.1416\times1.2\times(0.4^2+0.8^2+0.4\times0.8)\text{m}^3$

$=1.41\text{m}^3$

圆柱：$V_3=3.1416\times0.8^2\times0.15\text{m}^3=0.30\text{m}^3$

【注释】 3.1416×0.8^2 为圆柱截面面积，0.15 为圆柱的高。

球缺：$V_4=\frac{1}{6}\times3.1416\times0.4\times(3\times0.8^2+0.4^2)\text{m}^3=0.44\text{m}^3$

【注释】 套用球缺体积公式。$V=1/6\times\pi\times r\times(3\times R^2+r^2)$

故得工程量 $=V_1+V_2+V_3+V_4$

$=(2.71+1.41+0.30+0.44)\text{m}$

$=4.86\text{m}^3$

说明：定额规则规定工程量按图示护壁内径圆台体积及扩大桩头实体积以立方米计算。

项目编码：010201014　项目名称：灰土(土)挤密桩

【例 3-27】 某工程场地为湿陷性黄土，地基采用冲击沉管挤密灰土桩，共有 160 根桩，如图 3-25 所示，计算其工程量，并套用定额。

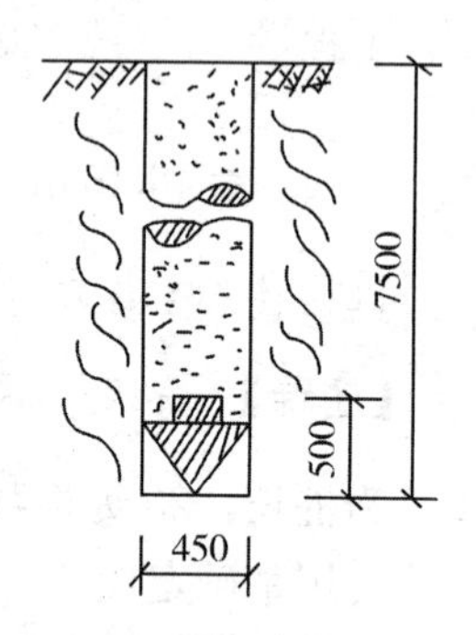

图 3-25 冲击沉管挤密灰土桩

【解】 (1)清单工程量

按设计图示尺寸桩长(包括桩尖)计算，即：

工程量 $=7.5\times160\text{m}=1200.00\text{m}$

【注释】 7.5 为桩长，160 为根数。

说明：工程量包括成孔、灰土拌和、运输、填充、夯实。

清单工程量计算见表 3-27。

清单工程量计算表 **表 3-27**

项目编码	项目名称	项目特征描述	计量单位	工程量
010201014001	灰土(土)挤密桩	单桩长 7.5m，桩截面为 $R=225$mm 的圆形截面	m	1200.00

(2) 定额工程量

灰土挤密桩工程量按其体积计算(不扣除预制桩尖部分)。

$$故工程量=3.1416\times\frac{1}{4}\times0.45^2\times7.5\times160m^3$$
$$=190.85m^3$$

桩长7.5m小于12m，土质为二类土。

【注释】 $3.1416\times\frac{1}{4}\times0.45^2$ 为桩截面面积，7.5为桩长，160为根数。套用基础定额2-122。

项目编码：010302003 项目名称：干作业成孔灌注桩

【例3-28】 某工程采用爆扩桩，桩管和扩大头直径分别为 $R=400mm$，$D=700mm$，共有12根桩，如图3-26所示，计算其混凝土量。

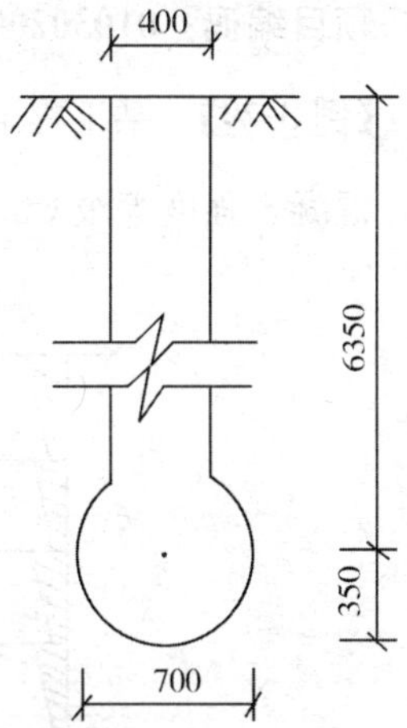

400
6350
350
700

图3-26 爆扩桩

【解】 (1)清单工程量

按设计图示尺寸以桩长(包括桩尖)计算，即：

$$工程量=(6.35+0.35)\times12m=80.40m$$

【注释】 (6.35+0.35)为桩长，12为根数。

说明：工程量包括成孔、扩孔、混凝土制作、运输、灌注、振捣、养护。

清单工程量计算见表3-28。

清单工程量计算表 **表3-28**

项目编码	项目名称	项目特征描述	计量单位	工程量
010302003001	干作业成孔灌注桩	混凝土爆扩桩，单桩长6.7m，共12根，桩身截面为 $R=0.2m$ 的圆形截面，桩头截面为 $R=0.35m$ 的圆形截面，成孔方法为爆扩桩	m	80.40

(2) 定额工程量

爆扩桩也是一种现场灌注混凝土桩，由桩柱和扩大头两部分组成，其体积计算公式为：

$$V=F(L-D)+\frac{\pi}{6}D^3$$

式中 V——单桩体积；

F——桩管截面面积；

L——桩全长(包括扩大球头直径长)；

D——扩大球头直径。

$$故得\ V_1=(\pi\times\frac{1}{4}\times0.4^2\times(6.35+0.35-0.35\times2)+\frac{1}{6}\times\pi\times0.7^3)m^3$$
$$=(0.75+0.18)m^3$$
$$=0.93m^3$$

$$故总工程量=0.93\times12m^3=11.16m^3$$

即所用混凝土量为11.16m³

套用基础定额2-62。

项目编码：010302005　项目名称：人工挖孔灌注桩

【例 3-29】 某工程采用人工打挖孔桩，桩形状如图 3-27 所示，D=1000mm，$\frac{1}{4}$砖护壁，混凝土强度等级 C30，入岩 8m，共需挖孔桩 36 根，求其工程量。

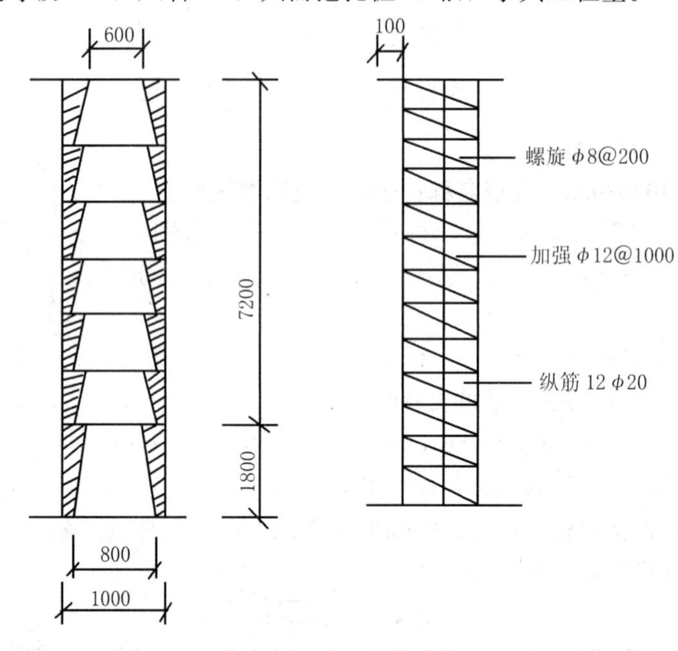

图 3-27　人工打挖孔桩

【解】 (1) 清单工程量

按设计图示尺寸以桩长(包括桩尖)或根数计算，即：

$$工程量=(7.2+1.8)\times 36\text{m}=324.00\text{m}$$

【注释】 (7.2+1.8)为桩长，36 为根数。

说明：工程量包括护壁制作、混凝土制作、运输、灌注、振捣、养护。

清单工程量计算见表 3-29。

清单工程量计算表　　**表 3-29**

项目编码	项目名称	项目特征描述	计量单位	工程量
010302005001	人工挖孔灌注桩	单桩长 9m，共 36 根，桩截面为 R=0.5m 的圆形截面	根	36.00

(2) 定额工程量

$$单桩挖孔桩芯工程量=[\frac{1}{3}\times\pi\times 1.2\times(0.3^2+0.4^2+0.3\times 0.4)\times 6+\frac{\pi}{3}\times 1.8\times(0.4^2+0.5^2+0.2)]\text{m}^3$$

$$=(\frac{1}{3}\times 3.1416\times 1.2\times 0.37\times 6+1.15)\text{m}^3$$

$$=(2.79+1.15)\text{m}^3$$

$$=3.94\text{m}^3$$

【注释】 $\frac{1}{3}\times\pi\times1.2\times(0.3^2+0.4^2+0.3\times0.4)\times6$ 此部分为圆台体积，$\frac{\pi}{3}\times1.8\times(0.4^2+0.5^2+0.2)$此部分为圆台扩大体积。

$$单桩砖护壁工程量=\pi\times\frac{1}{4}\times1.0^2\times(7.2+1.8)m^3=7.07m^3$$

【注释】 $\pi\times\frac{1}{4}\times1.0^2$ 为护壁截面面积，(7.2＋1.8)为护壁的高。

$$入岩工程量=\pi\times\frac{1}{4}\times1.0^2\times8m^3=6.28m^3$$

钢筋笼制作、安装工程量：

$\phi20$：$12\times9\times2.47kg=266.76kg$

$\phi12$：$9\times\pi\times0.6\times0.888kg=15.06kg$

$\phi8$：$9000/200\times0.395\times\sqrt{0.2\times0.2+(0.6\times\pi)^2}=1.90\times0.395\times45kg=33.77kg$

$$钢筋用量=(266.76+15.06+33.77)kg\times1.02=321.9kg=0.322t$$

$$钢筋吊装工程量=0.322t$$

$$泥浆外运工程量=3.94\times4=15.76m^3$$

故得出各分项分部工程总工程量见表 3-30。

分部分项工程总工程量清单 **表 3-30**

名　称	挖桩芯	护壁	入岩	钢筋笼	吊装	泥浆外运
计量单位	m^3	m^3	m^3	t	t	m^3
单桩工程量	3.94	7.07	6.28	0.322	0.322	15.76
总工程量	141.84	254.52	226.08	11.59	11.59	567.36

项目编码：010201012　项目名称：高压喷射注浆桩

【例 3-30】 某工程桩基施工采用高压旋喷桩，土质为一级土，桩成孔孔径 D＝450mm，形状如图 3-28 所示，共需此桩 36 根，求其工程量，并套用定额。

【解】 (1) 清单工程量

据计算规则按设计图示尺寸以桩长(包括桩尖)计算，则：

$$工程量=(8+0.5)\times36m=306.00m$$

【注释】 (8＋0.5)为桩长，8 为桩身长，0.5 为桩尖长，36 为根数。

说明：工程量包括成孔，水泥浆制作，运输，水泥浆旋喷。

清单工程量计算见表 3-31。

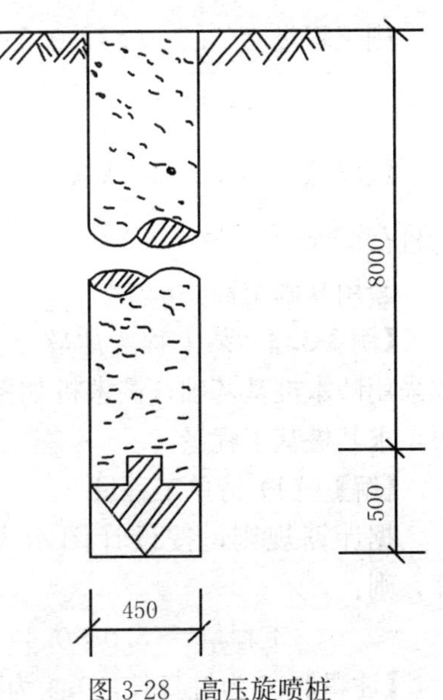

图 3-28　高压旋喷桩

清单工程量计算表 **表 3-31**

项目编码	项目名称	项目特征描述	计量单位	工程量
010201012001	高压喷射注浆桩	桩长 8.5m，桩截面为 R＝225mm 的圆形截面，一级土	m	306.00

(2) 定额工程量

$$工程量=\pi\times\frac{1}{4}\times0.45^2\times(8+0.50)\times36m^3=48.67m^3$$

套用基础定额 2-65。

【注释】 $\pi\times\frac{1}{4}\times0.45^2$ 为桩截面面积，(8+0.50)为桩长，36 为根数。

项目编码：010201010　项目名称：粉喷桩

【例 3-31】 工程喷粉桩施工中，桩大致形状如图 3-29 所示，求其喷粉桩工程量。

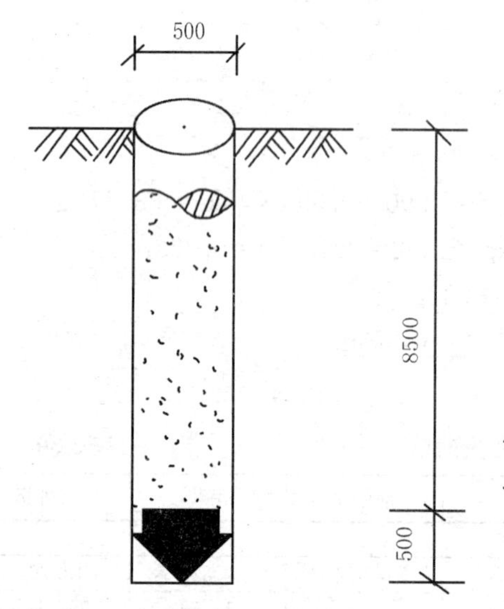

图 3-29　喷粉桩

【解】 (1)清单工程量

按设计图示尺寸以桩长（包括桩尖）计算，则：

$$工程量=(8.5+0.5)m=9.00m$$

【注释】 8.5 为桩身长，0.5 为桩尖长。

说明：工程量包括成孔，粉体运输，喷粉固化。

清单工程量计算见表 3-32。

清单工程量计算表　　表 3-32

项目编码	项目名称	项目特征描述	计量单位	工程量
010201010001	粉喷桩	桩长 9m，桩截面为 $R=225mm$ 的圆形截面	m	9.00

(2) 定额工程量

据工程量计算规则，按设计深度加 0.5m 乘以设计面积以 m^3 计算，设计深度包括预制桩尖长度。

$$则工程量=(8.5+0.5+0.5)\times\pi\times\frac{1}{4}\times0.5^2m^3$$
$$=1.87m^3$$

【注释】 (8.5+0.5+0.5)为桩长加 0.5，$\pi\times\frac{1}{4}\times0.5^2$ 为桩截面面积。

套用基础定额 2-65。

【例 3-32】 某工程土质软土层较浅，且上部结构较轻，故采用圆木桩基基础，圆木桩如图3-30所示，共需圆木桩 16 根，求其桩基工程量。

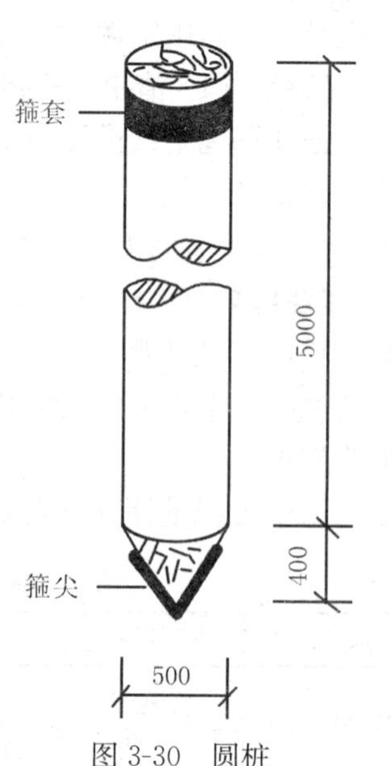

图 3-30　圆桩

【解】 (1) 清单工程量

据计算规则，按设计图示尺寸以桩长(包括桩尖)计算，则：

$$工程量=(5.0+0.4)\times16m=86.4m$$

【注释】 5 为桩身长，0.4 为桩尖长，16 为根数。

说明：工程量包括箍尖、箍套的制作、安装、圆木桩的运输、打桩、清理。

(2) 定额工程量

按林业主管部门原木材积表以体积计算。

$$U=\frac{1}{4}\times\pi\times0.5^2\times(5+0.4)\times16\text{m}^3=16.96\text{m}^3$$

【注释】 $\frac{1}{4}\times\pi\times0.5^2$ 为桩截面面积，(5＋0.4)为桩长，16 为根数。

项目编码：010202001　项目名称：地下连续墙

【例 3-33】 某工程地基处理采用地下连续墙形式，如图 3-31 所示，墙体厚 300mm，埋深 4.6m，土质为二类土，求其工程量。

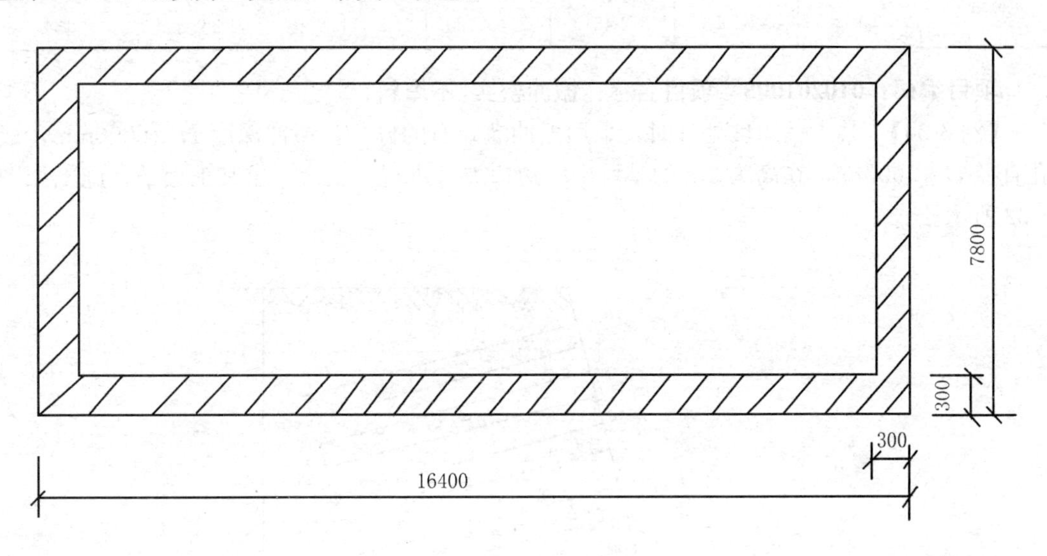

图 3-31　地下连续墙平面图

【解】 (1) 清单工程量

按工程量清单规则得，按设计图示墙中心线长乘以厚度乘以槽深以体积计算。

$$\begin{aligned}\text{工程量}&=[(16.4-0.3)+(7.8-0.3)]\times2\times0.3\times4.6\text{m}^3\\&=65.14\text{m}^3\end{aligned}$$

【注释】 (16.4－0.3)为连续墙的长，(7.8－0.3)为连续墙的宽，[(16.4－0.3)＋(7.8－0.3)]×2 为墙的总长，4.6 为墙的深度。

说明：工程内容包括：①挖土成槽，余土外运；②导墙制作，安装；③锁口管吊拔；④浇注混凝土连续墙；⑤材料运输。

清单工程量计算见表 3-33。

清单工程量计算表　　表 3-33

项目编码	项目名称	项目特征描述	计量单位	工程量
010202001001	地下连续墙	1. 墙体厚度 300mm 2. 成槽深度 4.6mm 3. 混凝土强度等级 C30	m^3	65.14

(2) 定额工程量

$$工程量=[(16.4-0.3)+(7.8-0.3)]\times2\times0.3\times4.6m^3=65.14m^3$$

【注释】 (16.4－0.3)为连续墙的长，(7.8－0.3)为连续墙的宽，[(16.4－0.3)＋(7.8－0.3)]×2 为墙的总长，4.6 为墙的深度。

工程量内容对应定额编号见表 3-34。

分部分项工程量　　表 3-34

序号	1	2	3	4	5	6	7
工程内容	地下连续墙	入岩	泥浆外运	导墙	锁口管吊拔	现场搅拌混凝土	预拌混凝土
定额编号	2-97 2-102	2-103 2-108	2-47 2-48	说明 2、0、20	2-109 2-111	4-1 4-96	4-97 4-134

项目编码：010201005　项目名称：振冲密实(不填料)

【例 3-34】 某工程边坡处理时，采用振冲灌碎石的方法，振冲深度 H＝6000mm，成孔直径 D＝500mm，在高为 8m 的基坑中一边边坡共进行了 7 次，求其工程量，施工如图 3-32 所示。

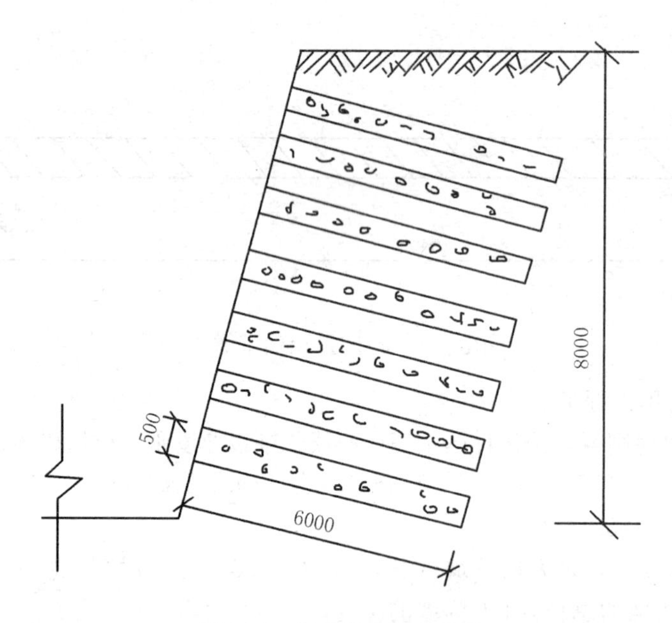

图 3-32　振冲灌碎石示意图

【解】 (1)清单工程量

工程量计算规则规定，工程量按设计图示以孔截面面积计算。

$$工程量=\pi\times\frac{1}{4}\times0.5^2\times7m^3=1.37m^2$$

【注释】 $\pi\times\frac{1}{4}\times0.5^2$ 为孔截面面积，7 为次数。

说明：工程内容包括：成孔、碎石运输、灌注、振实。

清单工程量计算见表 3-35。

清单工程量计算表 **表 3-35**

项目编码	项目名称	项目特征描述	计量单位	工程量
010201005001	振冲密实(不填料)	振冲深度 6m，成孔直径 0.5m	m^2	1.37

(2) 定额工程量

$$工程量=\pi\times\frac{1}{4}\times0.5^2\times6.0\times7m^3=8.25m^3$$

【注释】 $\pi\times\frac{1}{4}\times0.5^2$ 为孔截面面积，6.0 为振冲深度，7 为次数。

项目编码：010201004 项目名称：强夯地基

【例 3-35】 某基础强夯工程，夯点布置如图 3-33 所示，夯击能 400t·m，每坑击数为 4 击，设计要求第一遍，第二遍为隔点夯击，第三遍为低锤满夯，试计算该强夯工程量。

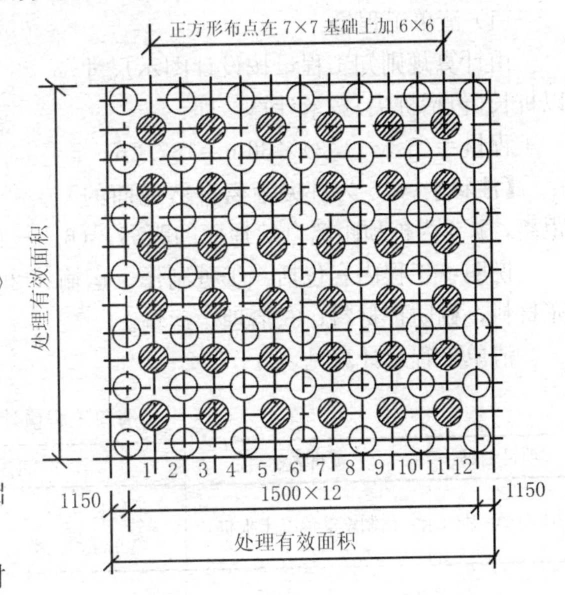

图 3-33 夯点布置

【解】 (1)清单工程量

由《建设工程工程量清单计价规范》知，工程量按设计图示尺寸以面积计算。

$$工程量=(1.5\times12+2.3)\times(1.5\times12+2.3)m^2=412.09m^2$$

【注释】 (1.5×12+2.3)为基础边长。

说明：工程内容包括：①铺夯填材料；②强夯；③夯填材料运输。

项目特征为：①夯击能量；②夯击遍数；③地耐力要求；④夯填材料种类。

清单工程量计算见表 3-36。

清单工程量计算表 **表 3-36**

项目编码	项目名称	项目特征描述	计量单位	工程量
010201004001	强夯地基	夯击能量 400t·m，夯击 3 遍	m^2	412.09

(2) 定额工程量

强夯工程量按设计规定的强夯间距，区分夯击能量，夯点面积，夯击遍数以平方米计算，以边缘夯点，外边缘计算，包括夯点面积和夯点间的面积。

其中 100～600t·m 强夯，以 $100m^2$ 为定额计量单位。定额综合考虑，各类土壤类别所占比例，不论何种类别土壤，均执行本定额，定额中已综合考虑了各类布点形式，不论设计采用何种布点形式，均按定额执行。

$$工程量=(1.5\times12+2.3)\times(1.5\times12+2.3)m^2=412.09m^2=4.12\times100m^2$$

【注释】 (1.5×12+2.3)为基础边长。

套用基础定额 1-260。

项目编码：010202004　项目名称：预制钢筋混凝土板桩

【例 3-36】 某工程打预制混凝土桩，已知共有 36 根桩，桩截面面积 450mm×450mm，桩长6.5m，桩形状如图 3-34 所示，求其工程量，并套用定额（土质为二类土）。

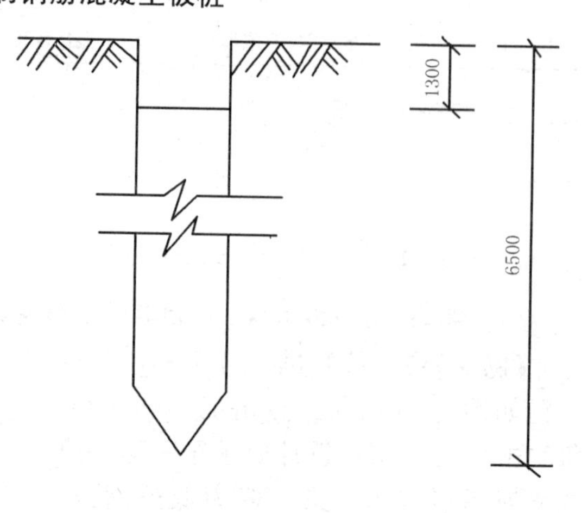

图 3-34　桩示意图

【解】 已知土质为二类土，轨道式柴油打桩机打桩。

（1）清单工程量

由计算规则知工程量按设计图示尺寸以桩长（包括桩尖）按米计算，即：

工程量＝(6.5－1.3)×36m＝187.2m

【注释】 6.5 为桩尖距离自然地面的距离，1.3 为桩顶距离自然地面的距离，(6.5－1.3)为桩长，36 为根数。

说明：工程内容包括：①桩制作、运输；②打桩，试验桩、斜桩；③送桩；④管桩填充材料，刷防护材料；⑤清理、运输。

清单工程量计算见表 3-37。

清单工程量计算表　　**表 3-37**

项目编码	项目名称	项目特征描述	计量单位	工程量
010202004001	预制钢筋混凝土板桩	单桩长 6.5m，共 36 根，桩截面为 450mm×450mm，二类土	m	187.2

（2）定额工程量

1）$V_{图}$＝0.45×0.45×(6.5－1.3)×36m³＝37.91m³

【注释】 0.45×0.45 为桩截面面积，(6.5－1.3)为桩长，36 为根数。

2）制桩工程量＝$V_{图}$×1.02＝37.91×1.02m³＝38.67m³

【注释】 1.02 为制桩工程量计算固定系数。

3）运输工程量＝$V_{图}$×1.019＝38.63m³

【注释】 1.019 为运桩工程量计算固定系数。

4）打桩工程量＝$V_{图}$＝37.91m³

5）送桩工程量＝(1.3＋0.5)×0.45×0.45×36m³＝13.12m³

【注释】 (1.3＋0.5)为桩顶到自然地面的距离加 0.5，0.45×0.45 为桩截面面积，36 为根数。

6）桩承台工程量按钢筋混凝土计算规则计算。

由已知条件可得，桩长小于 12m，土质为二类土。

套用基础定额 2-2

项目编码：010202004　项目名称：预制钢筋混凝土板桩

【例 3-37】 某工程打预制混凝土桩，桩直径 D＝400mm，桩形状如图 3-35 所示，土质为二类土，求其工程量。

【解】 已知用轨道式柴油打桩机打预制管桩，土质为二类土，桩长 $L=8500$mm。

(1)清单工程量

由计算规则知工程量按设计图示尺寸以桩长(包括桩尖)按米计算，即：

$$\text{工程量}=8.50\text{m}$$

说明：工程内容包括：①桩制作、运输；②打桩、试验桩、斜桩；③送桩；④管桩填充材料，刷防护材料；⑤清理、运输。

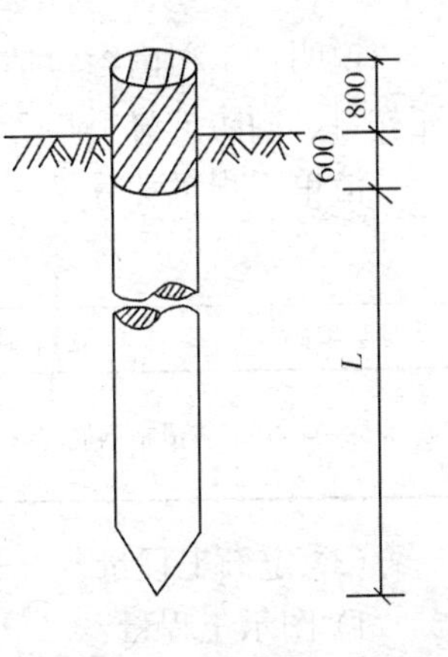

图 3-35　桩示意图

清单工程量计算见表 3-38。

清单工程量计算表　　表 3-38

项目编码	项目名称	项目特征描述	计量单位	工程量
010202004001	预制钢筋混凝土板桩	二类土，单桩长 8.5m，共一根，桩截面为 D=400mm 的圆形	m	8.50

(2) 定额工程量

1) 预制桩图示工程量：$V_{图}=\pi\times\frac{1}{4}\times0.4^2\times8.5\text{m}^3=1.07\text{m}^3$

【注释】 $\pi\times\frac{1}{4}\times0.4^2$ 为桩截面面积，8.5 为桩长。

2) 制桩工程量：$V_{制}=V_{图}\times1.02=1.07\times1.02\text{m}^3=1.09\text{m}^3$

【注释】 1.02 为制桩工程量计算固定系数。

3) 运输工程量：$V_{运}=V_{图}\times1.019=1.07\times1.019\text{m}^3=1.09\text{m}^3$

【注释】 1.019 为运桩工程量计算固定系数。

4) 打桩工程量：$V_{打}=V_{图}=1.07\text{m}^3$

5) 送桩工程量：按计算规则知，按桩截面积乘以送桩长度计算，即：

$$V_{送}=\pi\times\frac{1}{4}\times0.4^2\times(0.6+0.5)\text{m}^3=0.14\text{m}^3$$

套用基础定额 2-10。

【注释】 $\pi\times\frac{1}{4}\times0.4^2$ 为桩截面面积，(0.6+0.5)为桩顶到自然地面的距离加 0.5。

项目编码：010202004　项目名称：预制钢筋混凝土板桩

【例 3-38】 某工程打预制混凝土桩，桩长 $L=18$m，直径 $D=350$mm，共有此桩 160 根，土质为二类土，求其工程量，桩如图 3-35 所示。

【解】 已知用轨道式柴油打桩机打预制桩。

(1) 清单工程量

按设计图示尺寸以桩长(包括桩尖)计算，即：

$$\text{工程量}=18\times160\text{m}=2880\text{m}$$

【注释】 18 为桩长，160 为根数。

说明：工程内容包括：①桩制作、运输；②打桩、试验桩、斜桩；③送桩；④管桩填充材料、刷防护材料；⑤清理、运输。

清单工程量计算见表 3-39。

清单工程量计算表 **表 3-39**

项目编码	项目名称	项目特征描述	计量单位	工程量
010202004001	预制钢筋混凝土板桩	二类土，单桩长 18m，共 160 根，桩截面为 D=350mm 的圆形截面	m	2880.00

(2) 定额工程量

1) 图示工程量：

$$V_{图}=\pi\times\frac{1}{4}\times0.35^2\times18\times160\text{m}^3=277.09\text{m}^3$$

【注释】 $\pi\times\frac{1}{4}\times0.35^2$ 为桩截面面积，18 为桩长，160 为根数。

2) 制桩工程量：$V_{制}=V_{图}\times1.02=282.63\text{m}^3$

【注释】 1.02 为桩制作损耗系数。

3) 运输工程量：$V_{运}=V_{图}\times1.019=282.35\text{m}^3$

【注释】 1.019 为桩场外运输损耗系数。

4) 打桩工程量：$V_{打}=277.09\text{m}^3$

5) 送桩工程量：$V_{送}=\pi\times\frac{1}{4}\times0.35^2\times(0.6+0.5)\times160\text{m}^3=16.93\text{m}^3$

【注释】 $\pi\times\frac{1}{4}\times0.35^2$ 为桩截面面积，(0.6+0.5)为桩顶到自然地面的距离加 0.5，160 为根数。

套用基础定额 2-12。

项目编码：010202004 项目名称：预制钢筋混凝土板桩

【例 3-39】 某预制混凝土管桩截面为 250mm×250mm，桩长 $L=L_1+L_2=(8.0+0.6)\text{m}=8.6\text{m}$，如图 3-36 所示，用轨道式柴油打桩机打桩，土质为二类土，共需打桩机打桩 48 根，求其工程量。

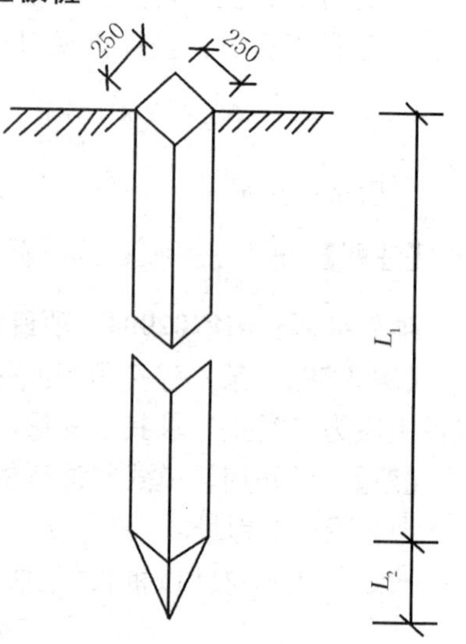

图 3-36 管桩尺寸

【解】 (1) 清单工程量

工程量按设计图示尺寸以桩长(包括桩尖)按米计算。

故得工程量=(8.0+0.6)m×48=412.80m

【注释】 (8.0+0.6)为桩长，48 为根数。

说明：工程内容包括：①桩制作、运输；②打桩、试验桩、斜桩；③送桩；④管桩填充材料，刷防护材料；⑤清理、运输。

清单工程量计算见表 3-40。

清单工程量计算表　　表 3-40

项目编码	项目名称	项目特征描述	计量单位	工程量
010202004001	预制钢筋混凝土板桩	二类土，单桩长 8.6m，共 48 根，桩截面为 250mm×250mm	m	412.80

(2) 定额工程量

按设计桩长乘以桩截面面积以 m^3 计算。

1) 预制桩图示工程量：

$$V_{图}=0.25\times0.25\times(8+0.6)\times48m^3=25.8m^3$$

【注释】 0.25×0.25 为桩截面面积，(8+0.6)为桩长，48 为根数。

2) 制桩工程量 $=25.8\times1.02m^3=26.32m^3$

【注释】 25.8 为桩的工程量，1.02 为桩制作损耗系数。

3) 预制桩场外运输量 $=25.8\times1.019m^3=26.29m^3$

【注释】 1.019 为桩场外运输损耗系数。

4) 预制桩场内运输量 $=25.8\times1.015m^3=26.19m^3$

【注释】 25.8 为桩的工程量，1.015 为桩场内运输损耗系数。

5) 打桩工程量 $=0.25\times0.25\times(8+0.6)\times48m^3=25.8m^3$

【注释】 0.25×0.25 为桩截面面积，(8+0.6)为桩长，48 为根数。

6) 送桩工程量：已知桩顶面与自然地面相重合，即送桩深度为 0.5m，则工程量为：

$$0.25\times0.25\times0.5\times48m^3=1.5m^3$$

【注释】 0.25×0.25 为桩截面面积，0.5 为送桩深度，48 为根数。

套用基础定额 2-2。

项目编码：010202004　项目名称：预制钢筋混凝土板桩

【例 3-40】 某工程打预制混凝土方桩，桩截面为 250mm×250mm，桩长 $L=L_1+L_2=(30+0.8)m=30.8m$，共打 56 根，求其工程量，桩形状如图 3-36 所示，并套用定额（二类土）。

【解】 已知土质为二类土，采用轨道式柴油打桩机打桩。

(1) 清单工程量

工程量按设计图示尺寸以桩长(包括桩尖)以 m 计算。

$$工程量=(30+0.8)m\times56=1724.8m$$

【注释】 (30+0.8)为单根桩总长，56 为根数。

说明：工程量内容包括：①桩制作、运输；②打桩、试验桩、斜桩；③送桩；④管桩填充材料，刷防护材料；⑤清理、运输。

清单工程量计算见表 3-41。

清单工程量计算表　　表 3-41

项目编码	项目名称	项目特征描述	计量单位	工程量
010202004001	预制钢筋混凝土板桩	二类土，桩长 30.8m，共 56 根，桩截面为 250mm×250mm	m	1724.80

（2）定额工程量

按《全国统一建筑工程预算工程量计算规则》计算。

1）制桩工程量=0.25×0.25×(30+0.8)×56×1.02m^3=109.96m^3

【注释】 0.25×0.25为桩截面面积，(30+0.8)为单根桩长，56为桩的个数，1.02为桩制作损耗系数。

2）场外运输工程量=0.25^2×(30+0.8)×56×1.019m^3=109.85m^3

【注释】 0.25×0.25为桩截面面积，(30+0.8)为单根桩长，56为桩的个数，1.019为桩场外运输损耗系数。

3）场内运输工程量=0.25^2×(30+0.8)×56×1.015m^3=109.42m^3

【注释】 0.25×0.25为桩截面面积，(30+0.8)为单根桩长，56为桩的个数，1.015为桩场内运输损耗系数。

4）打桩工程量=0.25×0.25×(30+0.8)×56m^3=107.8m^3

【注释】 0.25×0.25为桩截面面积，(30+0.8)为单根桩总长。56为根数。

5）送桩工程量=0.25×0.25×0.5×56m^3=1.75m^3

套用基础定额2-8。

【注释】 0.25×0.25为桩截面面积，0.5为送桩深度，56为根数。

项目编码：010202004　项目名称：预制钢筋混凝土板桩

【例3-41】 某工程打预制混凝土方桩，桩如图3-37所示，截面为450mm×450mm，土质为二类土，用轨道式柴油打桩机打桩，共打12根，求其打桩工程量。

【解】（1）清单工程量

按设计图示尺寸以桩长(包括桩尖)计算，即：

工程量=(24+0.5)m×12=294.00m

【注释】 (24+0.5)为单根桩长，12为根数。

说明：工程量包括桩的制作、运输、打桩、送桩、清理、运输。

清单工程量计算见表3-42。

清单工程量计算表　　　　表3-42

项目编码	项目名称	项目特征描述	计量单位	工程量
010202004001	预制钢筋混凝土板桩	二类土，单桩长24.5m，共12根，桩截面为450mm×450mm	m	294.00

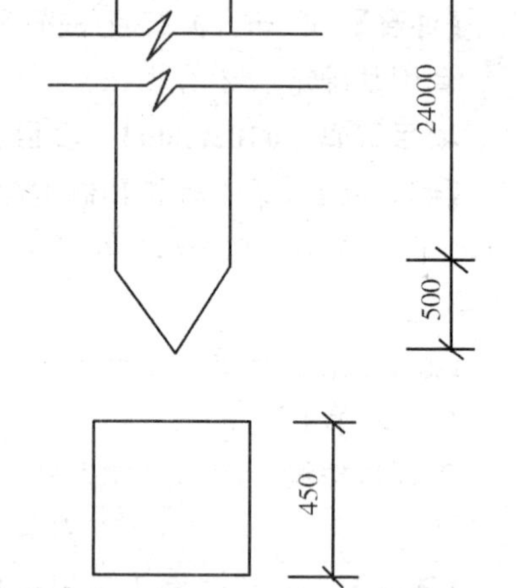

图3-37　方桩尺寸

（2）定额工程量

由计算规则可知，工程量按桩长乘以截面面积以m^3计算，

故打桩工程量=0.45×0.45×(24+0.5)×12m^3=59.54m^3

【注释】 0.45×0.45为桩截面面积，(24+0.5)为单根桩长，12为根数 。

打预制桩在定额的第二章第1节，由已知条件知，用轨道式柴油打桩机打桩，土质为二类土，桩长在30m以内。

套用基础定额2-6。

项目编码：010202004　项目名称：预制钢筋混凝土板桩

【例3-42】 某工程打预制管桩，桩形状如图3-38所示，外径D=350mm，内径R=250mm，土质为二类土，求其打桩和送桩工程量。

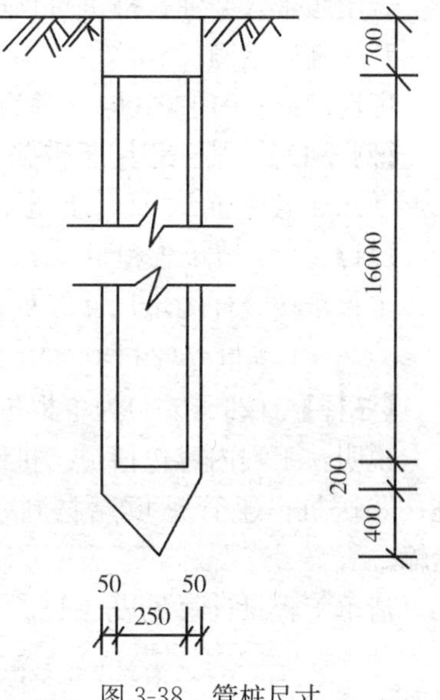

图3-38 管桩尺寸

【解】 (1) 清单工程量

按设计图示尺寸以桩长计算：

工程量=(16+0.2+0.4)m=16.60m

【注释】 (16+0.2+0.4)为单根桩长。

说明：工程内容包括：①桩制作、运输；②打桩、斜桩；③送桩；④管桩填充材料，刷防护材料；⑤清理、运输。

清单工程量计算见表3-43。

清单工程量计算表　　表3-43

项目编码	项目名称	项目特征描述	计量单位	工程量
010202004001	预制钢筋混凝土板桩	二类土，单桩长16.6m，共一根，桩截面为圆环截面	m	16.60

(2) 定额工程量

1) 打桩工程量计算

按《全国统一建筑工程预算工程量计算规则》知，管桩工程量包括桩尖，不扣除桩尖虚体积。则得工程量=$[\pi\times\frac{1}{4}\times(0.35^2-0.25^2)\times16+\pi\times\frac{1}{4}\times0.35^2\times(0.2+0.4)]\text{m}^3=(0.75+0.06)\text{m}^3=0.81\text{m}^3$

【注释】 $\pi\times\frac{1}{4}\times(0.35^2-0.25^2)$为桩身截面面积，0.35为大圆直径，0.25为内圆直径，16为桩身长，$\pi\times\frac{1}{4}\times0.35^2$为桩尖截面面积，(0.2+0.4)为桩尖长。

2) 送桩工程量计算：

按桩截面面积乘以送桩长度(即打桩架底至桩顶面高度或自桩顶面至自然地坪面另加0.5m)计算。

则送桩工程量=$\pi\times\frac{1}{4}\times0.35^2\times(0.7+0.5)\text{m}^3=0.12\text{m}^3$

【注释】 $\pi\times\frac{1}{4}\times0.35^2$为桩截面面积，(0.7+0.5)为桩顶到自然地面的距离再加0.5。

桩长在16m以外24m以内，土质为二类土，为轨道式柴油机打桩；

套用基础定额2-12

若用履带式柴油打桩机打预制管桩；

套用基础定额 2-20。

项目编码：010202004　项目名称：预制钢筋混凝土板桩

【例 3-43】 某工程用履带柴油打桩机打预制桩，如图 3-39 所示，共有桩 24 根，土质为二类土，求其工程量。

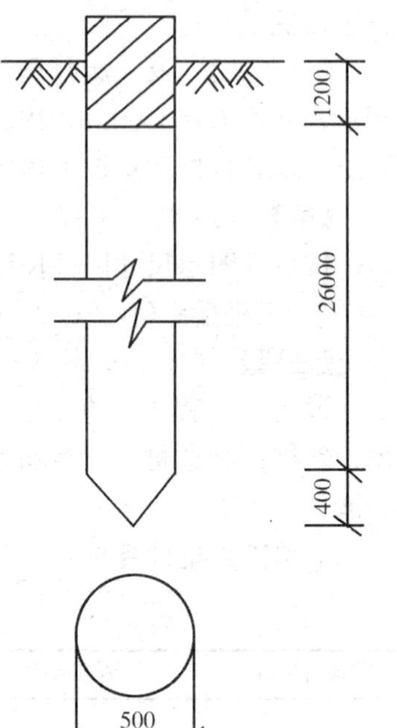

图 3-39　管桩尺寸

【解】 (1) 清单工程量

工程量按设计图示尺寸以桩长(包括桩尖)按 m 计算。

$$工程量=(26+0.4)\times 24m=633.6m$$

【注释】 (26+0.4)为单根桩长，24 为根数。

说明：工程内容包括：①桩制作、运输；②打桩、斜桩；③送桩；④管桩填充材料，刷防护材料；⑤清理、运输。

清单工程量计算见表 3-44。

清单工程量计算表　　表 3-44

项目编码	项目名称	项目特征描述	计量单位	工程量
010202004001	预制钢筋混凝土板桩	二类土，单桩长 26.4m，共 24 根，桩截面为 R=250mm 的圆形截面	m	633.60

(2) 定额工程量

$$桩制作工程量=\pi\times\frac{1}{4}\times 0.5^2\times(26+0.4)\times 24\times 1.02m^3$$
$$=124.4\times 1.02m^3=126.90m^3$$

【注释】 $\pi\times\frac{1}{4}\times 0.5^2$ 为桩截面面积，(26+0.4)为单根桩长，24 为根数。

$$运输工程量=\pi\times\frac{1}{4}\times 0.5^2\times(26+0.4)\times 24\times 1.019m^3=126.77m^3$$

$$打桩工程量=\pi\times\frac{1}{4}\times 0.5^2\times(26+0.4)\times 24m^3=124.41m^3$$

【注释】 $\pi\times\frac{1}{4}\times 0.5^2$ 为桩截面面积，(26+0.4)为单根桩长，24 为根数。

$$单桩送桩工程量=\pi\times\frac{1}{4}\times 0.5^2\times(1.2+0.5)m^3=0.33m^3$$

【注释】 $\pi\times\frac{1}{4}\times 0.5^2$ 为桩截面面积，(1.2+0.5)为桩顶到自然地面距离再加 0.5。

$$则送桩工程量=0.33\times 24m^3=7.92m^3$$

【注释】 0.33 为单桩送桩工程量，24 为根数。

套用基础定额 2-22。

项目编码：010202004　项目名称：预制钢筋混凝土板桩

【例 3-44】 某工程用柴油打桩机打预制板桩，如图 3-40 所示，桩截面为 600mm×300mm，共打桩 48 根，求其总工程量，并套用定额。

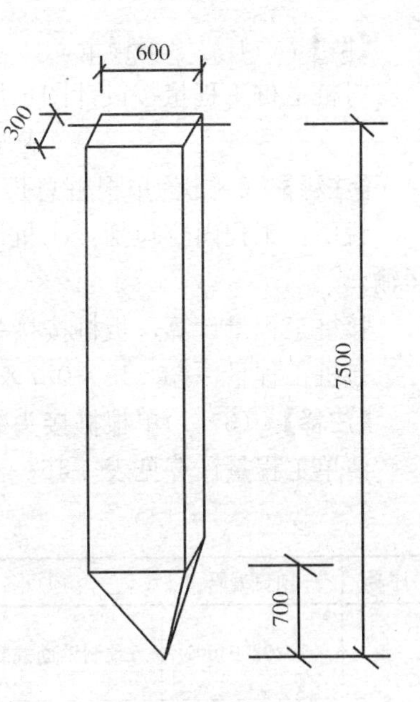

图 3-40　板桩尺寸

【解】(1) 清单工程量

按设计图示尺寸以桩长(包括桩尖)或根数计算。

工程量=7.5×48m=360.00m

【注释】 7.5 为单根桩长，48 为根数。

说明：工程内容包括：①桩制作、运输；②打桩、试验桩、斜桩；③送桩；④清理、运输。

清单工程量计算见表 3-45。

清单工程量计算表　　表 3-45

项目编码	项目名称	项目特征描述	计量单位	工程量
010202004001	预制钢筋混凝土板桩	单桩长 7.5m，共 48 根，桩截面为 600mm×300mm	m	360.00

(2) 定额工程量

1) 桩制作工程量=0.6×0.3×7.5×48m^3×1.02=66.1m^3

【注释】 0.6×0.3 为桩截面面积，7.5 为桩长，48 为根数，1.02 为桩制作工程量计算损耗系数。

2) 场外运输工程量=0.6×0.3×7.5×48×1.019m^3=66.03m^3

【注释】 0.6×0.3 为桩截面面积，7.5 为桩长，48 为根数，1.019 为桩场外运输工程量损耗系数。

3) 场内运输工程量=0.6×0.3×7.5×48×1.015m^3=65.77m^3

【注释】 0.6×0.3 为桩截面面积，7.5 为桩长，48 为根数，1.015 为桩场内运输工程量计算损耗系数。

4) 打桩工程量=0.6×0.3×7.5×48m^3=64.8m^3

【注释】 0.6×0.3 为桩截面面积，7.5 为桩长，48 为根数。

5) 送桩工程量计算，已知桩顶面与自然地面重合，则送桩深度为 0.5m，故可求得工程量。

工程量=0.6×0.3×0.5×48m^3=4.32m^3

【注释】 0.6×0.3 为桩截面面积，7.5 为桩长，48 为根数，0.5 为送桩深度。

由于单桩体积 V_0=0.6×0.3×7.5m^3=1.35m^3。

套用基础定额 2-28。

项目编码：010301001　项目名称：预制钢筋混凝土方桩

【例 3-45】 某工地打预制混凝土板桩，如图 3-41 所示，每根桩由单桩长为 6m 的三根桩接成，截面为 700mm×350mm，共有此桩 24 根，求其工程量。

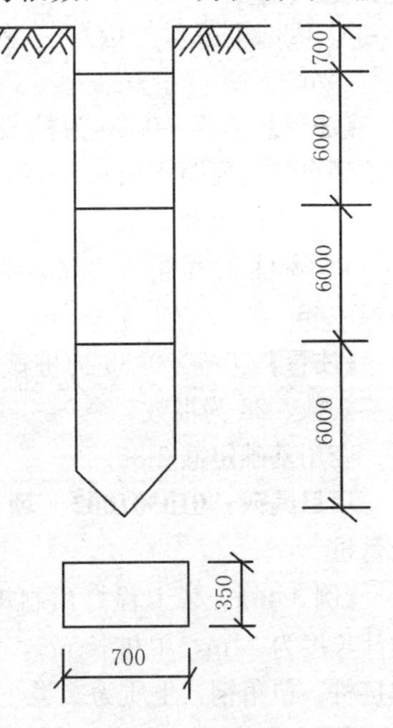

图 3-41　板桩尺寸

【解】 (1) 清单工程量

打桩送桩工程量按设计图示尺寸以桩长(包括桩尖)或根数计算。

$$工程量=6\times3\times24m=432.00m$$

【注释】 6×3 为单根桩总长，24 为根数。

说明：工程内容包括：①桩制作、运输；②打桩、试验桩、斜桩；③送桩；④清理、运输。

接桩工程量计算，板桩按接头长度计算。

接桩工程量=(3−1)×0.7×24m=33.60m

【注释】 (3−1)单根桩接头数，0.7 为接头长度，24 为根数。

清单工程量计算见表 3-46。

清单工程量计算表 **表 3-46**

序号	项目编码	项目名称	项目特征描述	计量单位	工程量
1	010202004001	预制钢筋混凝土板桩	单桩长 18m，共 24 根，桩截面为 700mm×350mm	m	432.00
2	010301001001	预制钢筋混凝土方桩	桩截面 700mm×350mm	m	33.60

(2) 定额工程量：已知用柴油打桩机打板桩，土质为二类土，用硫磺胶泥接桩。

1) 桩制作工程量=0.7×0.35×18×24×1.02m^3=107.96m^3

【注释】 0.7×0.35 为桩截面面积，18 为桩长，24 为根数，1.02 为桩制作工程量损耗系数。

2) 运桩工程量=0.7×0.35×18×24×(1.019+1.015)m^3=215.28m^3

【注释】 0.7×0.35 为桩截面面积，18 为桩长，24 为根数，(1.019+1.015)为运桩工程量损耗系数，1.019 为场外运桩工程量损耗系数，1.015 为场内运桩工程量损耗系数。

3) 送桩工程量=0.7×0.35×24×(0.7+0.5)m^3=7.06m^3

【注释】 0.7×0.35 为桩截面面积，(0.7+0.5)为桩顶到自然地面距离加 0.5，24 为根数。

套用基础定额 2-28。

4) 接桩工程量=0.7×0.35×24×(3−1)m^2=11.76m^2

【注释】 0.7×0.35 为桩截面面积，(3−1)为单根桩接头数，24 为根数。

套用基础定额 2-35。

项目编码：010301002　项目名称：预制钢筋混凝土管桩

【例 3-46】 某工程打预制钢筋混凝土桩 54 根，桩设计长度为 24m，单桩长 6m，管径 D=500mm，用电焊接桩，包角钢，土质为二类土，试求其工程量，如图 3-42 所示。

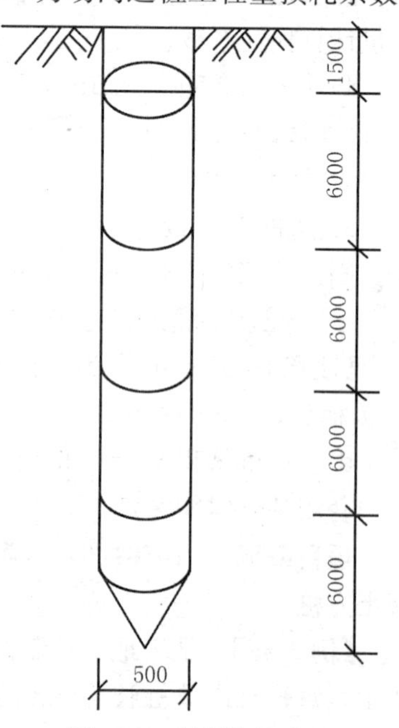

图 3-42 预制桩尺寸

【解】（1）清单工程量

打桩工程量按设计图示尺寸以桩长(包括桩尖)或根数计算。

工程量＝6×4×54m＝1296.00m

【注释】 6×4为单根桩总长，54为根数。

说明：工程内容包括：①桩制作、运输；②打桩、试验桩、斜桩；③送桩；④管桩填充材料，刷防护材料；⑤清理、运输。

接桩工程量按设计图示尺寸规定以接头数量计算。

工程量＝(4－1)×54个＝162个

【注释】 (4-1)为单根桩接头数，54为根数。

说明：工程内容包括：①桩制作、运输；②接桩；③材料运输。

清单工程量计算见表3-47。

清单工程量计算表　　**表3-47**

序号	项目编码	项目名称	项目特征描述	计量单位	工程量
1	010202004001	预制钢筋混凝土板桩	二类土，桩截面 D＝500mm，单桩长6m，共54根	m	1296.00
2	010301002001	预制钢筋混凝土管桩	桩截面 D＝500mm，接桩为电焊接桩	个	162

（2）定额工程量

1）图示桩工程量 $V_{图}$ 按设计桩长(包括桩尖，不扣除桩尖虚体积)乘以桩截面面积计算。

$$图示工程量＝\pi\times\frac{1}{4}\times0.5^2\times54\times24m^3＝254.47m^3$$

【注释】 $\pi\times\frac{1}{4}\times0.5^2$ 为桩截面面积，24为桩长，54为根数。

2）制桩工程量＝$V_{图}\times1.02＝254.47\times1.02m^3＝259.56m^3$

【注释】 254.47为桩的工程量，1.02为装制作损耗系数。

3）运输工程量＝$V_{图}\times(1.019+1.015)m^3＝517.59m^3$

【注释】 1.019为桩场外运输损耗系数，1.015为桩场内运输损耗系数。

4）打桩工程量＝$V_{图}＝254.47m^3$

5）送桩工程量＝$\pi\times\frac{1}{4}\times0.5^2\times(1.5+0.5)\times54m^3＝21.21m^3$

【注释】 $\pi\times\frac{1}{4}\times0.5^2$ 为桩接截面面积，(1.5＋0.5)为桩顶到自然地面距离加0.5，54为根数。

6)接桩工程量计算，电焊接桩按设计接头以个计算，故工程量为：(4－1)×54个＝162个

套用基础定额2-33

项目编码：010301001　项目名称：预制钢筋混凝土方桩

【例3-47】 某工程桩基采用钢筋混凝土预制方桩，桩设计全长21m，单桩长7m，截

面为 450mm×450mm，如图 3-43 所示，接桩采用硫磺胶泥接桩，土质为二类土，求其工程量。

【解】 (1) 清单工程量

$$打桩工程量=7\times3m=21.00m$$

【注释】 单桩长为 7，3 为个数，单根桩总长为 7×3。

说明：工程内容包括：①桩制作、运输；②打桩、试验桩、斜桩；③送桩；④清理、运输。

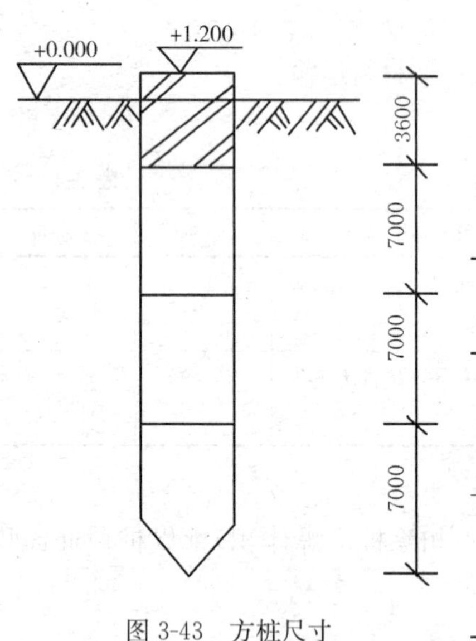

图 3-43 方桩尺寸

接桩工程量按设计图示规定以接头数量计算。

$$工程量=(3-1)个=2个$$

【注释】 因为由三根桩接成，所以有两个接头。

说明：工程内容包括接桩、材料、运输等。

清单工程量计算见表 3-48。

清单工程量计算表　　表 3-48

序号	项目编码	项目名称	项目特征描述	计量单位	工程量
1	010202004001	预制钢筋混凝土板桩	二类土，单桩长 21m，共一根，桩截面 450mm×450mm	m	21.00
2	010301001001	预制钢筋混凝土方桩	桩截面 450mm×450mm，接桩采用硫磺胶泥接桩	根	2

(2) 定额工程量：已知用柴油打桩机轨道式打桩，土质为二类土。

1) 打桩工程量$=0.45\times0.45\times7\times3m^3=4.25m^3$

【注释】 0.45×0.45 为桩截面面积，7×3 为单根桩总长。

套用基础定额 2-6。

2) 送桩工程量$=0.45\times0.45\times(3.6-1.2+0.5)m^3=0.59m^3$

【注释】 0.45×0.45 为桩截面面积，3.6－1.2 为桩顶到自然地面的距离，1.2 为桩顶高出自然地面的距离。

套用基础定额 2-35。

3) 接桩工程量计算，硫磺胶泥接桩按桩断面以平方米计算。

$$故工程量=0.45\times0.45\times(3-1)m^2=0.41m^2$$

【注释】 0.45×0.45 为桩截面面积，(3－1)为单桩接头数。

项目编码：010301001　项目名称：预制钢筋混凝土方桩

【例 3-48】 某工程需进行打桩，接桩的工作，桩设计全长为 15m，如图 3-44 所示，$L=14.85m$，单桩长 5m，用硫磺胶泥接桩，共有 12 座承台，求其接桩工程量。

【解】 (1) 清单工程量

按设计图示规定以接头数量计算。

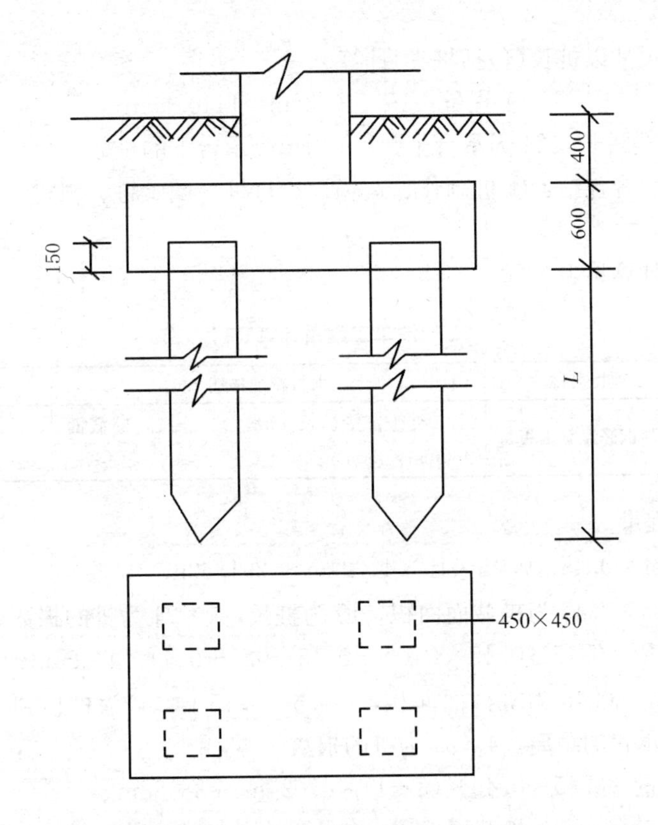

图 3-44　桩及承台尺寸

工程量＝(3－1)×4×12 个＝48×2 个＝96 个

【注释】 (3-1)为单桩接头数，12 为承台数，4 为单个承台下的桩的个数，4×12 为桩的总个数。

说明：工程内容包括：①桩制作、运输；②接桩、材料运输。

清单工程量计算见表 3-49。

清单工程量计算表　　**表 3-49**

项目编码	项目名称	项目特征描述	计量单位	工程量
010301001001	预制钢筋混凝土方桩	桩截面为 450mm×450mm，用硫磺胶泥接桩	根	96

(2) 定额工程量

硫磺胶泥接桩断面以平方米计算。

$$工程量＝0.45×0.45×(3－1)×4×12m^2＝19.44m^2$$

【注释】 0.45×0.45 为桩截面面积，(3-1)为单桩接头数，4×12 为桩的总个数。

套用基础定额 2-35。

项目编码：010202004　项目名称：预制钢筋混凝土板桩

【例 3-49】 某工程用静力压桩机压预制方桩，土质为二类土，如图 3-44 所示，桩长为 15m，L＝14.85m，共有承台 24 座，求其工程量，并套用定额。(硫磺胶泥接桩)

【解】 (1) 清单工程量

按设计图示尺寸以桩长(包括桩尖)计算。

工程量＝15×4×24m＝1440.00m

【注释】 15为桩长，24为承台个数，4为单个承台下的桩数。

说明：工程内容包括：①桩制作、运输；②打桩、试验桩、斜桩；③送桩；④清理、运输。

清单工程量计算见表3-50。

清单工程量计算表 表3-50

项目编码	项目名称	项目特征描述	计量单位	工程量
010202004001	预制钢筋混凝土板桩	二类土，单桩长15m，共96根，桩截面450mm×450mm	m	1440.00

(2) 定额工程量

1)打桩工程量＝0.45×0.45×15×4×24m^3＝291.60m^3

【注释】 0.45×0.45为桩截面面积，15为桩长，4×24为桩的根数。

2) 送桩工程量＝0.45×0.45×(0.6－0.15＋0.5＋0.4)×4×24m^3＝26.24m^3

【注释】 0.45×0.45为桩截面面积，(0.6－0.15＋0.4)为桩顶到自然地面的距离，0.15为桩顶深入承台的距离。4×24为桩的根数。

3) 接桩工程量＝0.45×0.45×(3－1)×4×24m^2＝38.88m^2

【注释】 0.45×0.45为桩截面面积，(3－1)为单桩接头数，4×24为桩的总个数。

打桩、送桩工程量套用基础定额2-37。

接桩工程量套用基础定额2-35。

项目编码：010301001 项目名称：预制钢筋混凝土方桩

【例3-50】 某工程打钢板桩，如图3-45所示，桩设计全长20m，由单桩长分别为8m，6m，6m的三节桩接成，电焊接桩，包钢板，土质为二类土，求接桩工程量。

【解】 (1) 清单工程量

按设计规定接头以个计算。

工程量＝(3－1)个＝2个

【注释】 单根桩由三根桩接成，因此有两个接头。

说明：工程内容包括：①桩制作、运输；②接桩、材料运输。

清单工程量计算见表3-51。

清单工程量计算表 表3-51

项目编码	项目名称	项目特征描述	计量单位	工程量
010301001001	预制钢筋混凝土方桩	桩截面700mm×300mm，用电焊接桩	个	2

(2) 定额工程量

电焊接桩按设计接头以个计算，故得工程量＝(3－1)个＝2个

套用基础定额2-34。

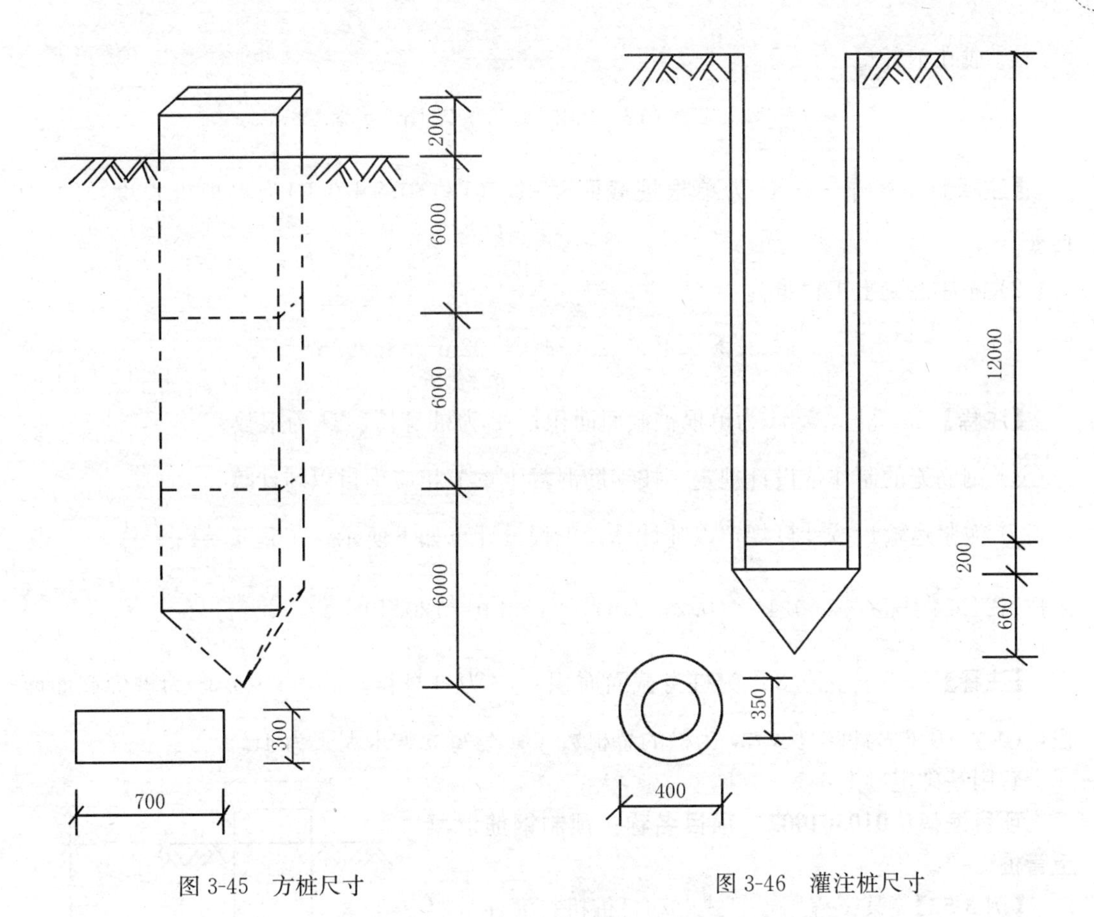

图 3-45　方桩尺寸　　　　图 3-46　灌注桩尺寸

项目编码：010301002　项目名称：预制钢筋混凝土管桩

【例 3-51】 某工程桩基采用混凝土灌注桩，如图 3-46 所示，桩管外径 D＝400mm，内径 R＝350mm，土质为二类土，采用走管式柴油打桩机打桩，共有 24 根，求其工程量。

【解】 (1)清单工程量

按设计图示尺寸以桩长(包括桩尖)计算。

工程量＝(12＋0.2＋0.6)×24m＝307.20m

【注释】 (12＋0.2＋0.6)为单根桩长度，24 为根数。

说明：工程内容包括：①成孔、固壁；②混凝土制作、运输、灌注、振捣养护；③泥浆池及沟槽砌筑、拆除；④泥浆制作、运输；⑤清理、运输。

清单工程量计算见表 3-52。

清单工程量计算表　　**表 3-52**

项目编码	项目名称	项目特征描述	计量单位	工程量
010301002001	预制钢筋混凝土管桩	二类土，单桩长 12.8m，共 24 根，桩截面 D＝400mm	m	307.20

(2) 定额工程量计算：

按计算规则得，灌注桩按设计长度(自桩尖顶面至桩顶面高度)乘以钢管管箍外径截面面积计算。

1) 成孔工程量

$$\pi\times\frac{1}{4}\times0.4^2\times(12+0.2+0.6)\times24\text{m}^3=28.26\text{m}^3$$

【注释】 $\pi\times\frac{1}{4}\times0.4^2$ 为单根桩截面面积，(12＋0.2＋0.6)为单根桩长度，24 为根数。

2) 灌注混凝土工程量为：

$$\pi\times\frac{1}{4}\times0.4^2\times12\times24\times1.02\text{m}^3=36.92\text{m}^3$$

【注释】 $\pi\times\frac{1}{4}\times0.4^2$ 为单根桩截面面积，12 为桩身长，24 为根数。

3) 钢筋笼的制作依设计规定，按钢筋混凝土章节相应项目以吨计算。

4) 泥浆运输量按计算规定以吨计算，工程量计算如下所示，工程量＝$[\pi\times\frac{1}{4}\times0.35^2\times12\times24\times4+\pi\times\frac{1}{4}\times0.4^2\times(0.2+0.6)\times24\times4]\text{t}=120.49\text{t}$

【注释】 $\pi\times\frac{1}{4}\times0.35^2$ 为桩身截面面积，12 为桩身长，$\pi\times\frac{1}{4}\times0.4^2$ 为桩尖截面面积，(0.2＋0.6)为桩尖长，24 为桩的总根数 ，4 为每立方米泥浆为 4t。

套用基础定额 2-64。

项目编码：010301002　项目名称：预制钢筋混凝土管桩

【例 3-52】 某工程用走管式电动打桩机打灌注混凝土桩，如图 3-47 所示，土质为二类土，管径 D＝400mm，共有此桩 120 根，求其工程量，并套用定额。

【解】 (1) 清单工程量

按设计图示尺寸桩长(包括桩尖)或根数计算。

工程量＝(16＋1.2＋0.5)×120m＝2124m

【注释】 (16＋1.2＋0.5)为桩的总长度。120 为桩的根数。

说明：工程内容包括：①成孔、固壁；②混凝土制作、运输、灌注、振捣养护；③泥浆池及沟槽的砌筑和拆除；④泥浆制作、运输；⑤清理、运输。

清单工程量计算见表 3-53。

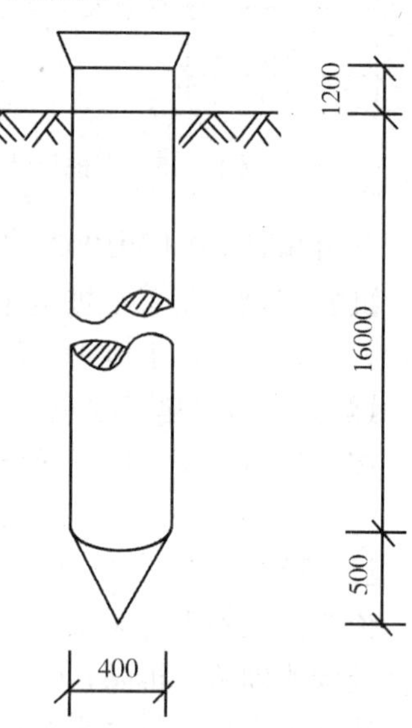

图 3-47　灌注桩尺寸

清单工程量计算表　　表 3-53

项目编码	项目名称	项目特征描述	计量单位	工程量
010301002001	预制钢筋混凝土管桩	二类土，单桩长 17.7m，共 120 根，桩截面 D＝400mm，用走管式电动打桩机打桩	m	2124.00

(2) 定额工程量

灌注桩按设计桩长(包括桩尖，不扣除桩尖虚体积)乘以设计断面面积计算。

1) 成孔工程量

$$\pi\times\frac{1}{4}\times0.4^2\times(1.2+16+0.5)\times120\text{m}^3=266.91\text{m}^3$$

【注释】 $\pi\times\frac{1}{4}\times0.4^2$ 为桩截面面积，(1.2+16+0.5)为单根桩长，120 为根数。

2) 灌注混凝土工程量

$$\pi\times\frac{1}{4}\times0.4^2\times(1.2+16+0.5)\times120\times1.02\text{m}^3=272.25\text{m}^3$$

【注释】 $\pi\times\frac{1}{4}\times0.4^2$ 为桩截面面积，(1.2+16+0.5)为单根桩长，120 为根数。

3) 钢筋笼的制作依设计规定，按钢筋混凝土章节相应项目以吨计算。

4) 泥浆运输量按计算规定以吨计算，每立方米泥浆为 4t，则工程量$=\pi\times\frac{1}{4}\times0.4^2\times(1.2+16+0.5)\times120\times4\text{t}=1067.64\text{t}$

套用基础定额 2-74、2-97。

【注释】 $\pi\times\frac{1}{4}\times0.4^2$ 为桩截面面积，(1.2+16+0.5)为单根桩长，120 为根数，4 为每立方米泥浆的重量。

项目编码：010302003　项目名称：干作业成孔灌注桩

【例 3-53】 某工程采用长螺旋钻孔灌注混凝土桩，如图 3-48 所示，土质为二类土，管径 $D=450\text{mm}$，共有 28 根桩，求其工程量，并套用定额。

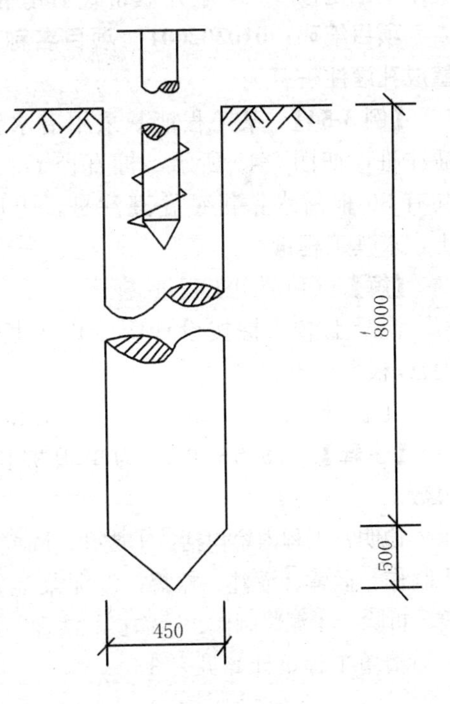

图 3-48　钻孔灌注桩尺寸

【解】 (1) 清单工程量

按设计图示尺寸以桩长(包括桩尖)或根数计算。

$$工程量=(8+0.5)\times28\text{m}=238\text{m}$$

【注释】 (8＋0.5)为单根桩总长，28 为根数。

说明：工程内容包括：①成孔、固壁；②混凝土制作、运输、灌注、振捣、养护；③泥浆池及沟槽砌筑、拆除；④泥浆制作、运输；⑤清理、运输。

清单工程量计算见表 3-54。

清单工程量计算表 表 3-54

项目编码	项目名称	项目特征描述	计量单位	工程量
010302003001	干作业成孔灌注桩	二类土，单桩长 8.5m，共 28 根，桩截面D=450mm，用长螺旋钻孔灌注混凝土桩	m	238.00

(2) 定额工程量

钻孔灌注桩按设计桩长另增加 0.25m，乘以设计断面面积计算。

1) 成孔工程量

$$\pi\times\frac{1}{4}\times0.45^2\times(8+0.5+0.25)\times28\text{m}^3=38.97\text{m}^3$$

【注释】 $\pi\times\frac{1}{4}\times0.45^2$ 为桩截面面积，(8+0.5+0.25)为设计桩长加 0.25，28 为根数。

2) 灌注混凝土工程量

$$\pi\times\frac{1}{4}\times0.45^2\times(8+0.5+0.25)\times28\times1.02\text{m}^3=39.74\text{m}^3$$

【注释】 $\pi\times\frac{1}{4}\times0.45^2$ 为桩截面面积，(8+0.5+0.25)为设计桩长加 0.25，28 为根数。

由定额第二章第 6 节知，长螺旋钻孔灌注桩，土质为二类土，若为汽车式钻孔机，则套用基础定额 2-78，若用履带式则套用基础定额 2-80。

项目编码：010302001 项目名称：泥浆护壁成孔灌注桩

【例 3-54】 某工程地基采用潜水钻机钻孔灌注桩，如图 3-49 所示，桩直径 D=900mm，共有 36 根潜水钻机钻孔灌注桩，土质为二类土，求其工程量。

【解】 (1)清单工程量

混凝土灌注桩按设计图示以桩长(包括桩尖)或根数计算。

工程量=(8.5+0.5)×36m=324.00m

【注释】 (8.5+0.5)为单根桩长，36 为根数。

说明：工程内容包括：①成孔、固壁；②混凝土制作、运输、灌注、振捣；③泥浆池及沟槽砌筑、拆除；④泥浆制作、运输；⑤清理、运输。

清单工程量计算见表 3-55。

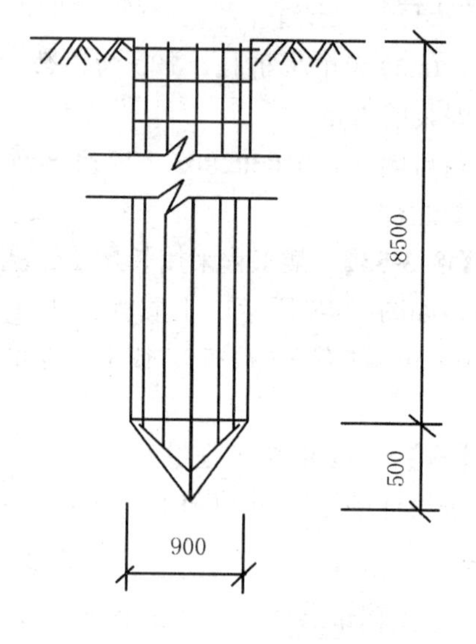

图 3-49 钻孔灌注桩尺寸

清单工程量计算表 表 3-55

项目编码	项目名称	项目特征描述	计量单位	工程量
010302001001	泥浆护壁成孔灌注桩	二类土，单桩长 9.0m，共 36 根，桩截面直径 D=900mm，用潜水钻机钻孔灌注桩	m	324.00

(2) 定额工程量

钻孔灌注桩按设计桩长另增加0.25m，乘以设计断面面积计算。

1) 成孔工程量

$$\pi\times\frac{1}{4}\times0.9^2\times(8.5+0.5+0.25)\times36m^3=211.85m^3$$

【注释】 $\pi\times\frac{1}{4}\times0.9^2$ 为桩截面面积，(8+0.5+0.25)为设计桩长加0.25，36为根数。

2) 钢筋笼的制作、安装按钢筋混凝土部分相应的项目进行定额计算。

3) 灌注混凝土工程量

$211.85\times1.02m^3=216.09m^3$

【注释】 1.02为灌注混凝土工程量计算固定系数。

4) 泥浆运输工程量$=211.85m^3\times4t/m^3=847.4t$

【注释】 4为每立方米泥浆的重量。

套用基础定额2-90。

项目编码：010302003　项目名称：干作业成孔灌注桩

【例3-55】 某工程桩基采用长螺旋钻孔灌注混凝土桩，如图3-50所示，桩径D=300mm，承台采用三角形承台，承台厚度700mm，上部结构荷载作用于承台的中心位置，共有承台24座，求其工程量。

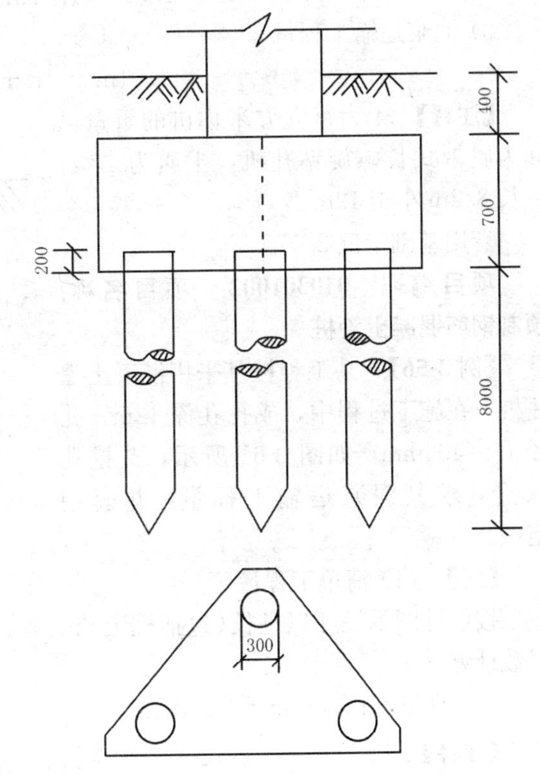

图3-50 钻孔灌注及承台尺寸

【解】 (1) 清单工程量

混凝土灌注桩按设计图示尺寸以桩长(包括桩尖)或根数计算，故可得：

工程量$=(8.0+0.2)\times3\times24m=590.40m$

【注释】 (8.0+0.2)为桩长，24为承台个数，3为单个承台下的桩的根数。

注：工程内容主要包括：①成孔、固壁；②混凝土制作、运输、灌注、振捣养护；③泥浆制作、运输；④清理、运输。

清单工程量计算见表3-56。

清单工程量计算表　**表3-56**

项目编码	项目名称	项目特征描述	计量单位	工程量
010302003001	干作业成孔灌注桩	单桩长8.2m，共72根，桩截面直径D=300mm，用长螺旋钻孔灌注混凝土桩	m	590.40

(2) 定额工程量

按计算规则可知，钻孔灌注桩，按设计桩长(包括桩尖，不扣除桩尖虚体积)增加0.25 m，乘以设计断面面积计算。

1) 成孔工程量

$$\pi\times\frac{1}{4}\times0.3^2\times(8.0+0.2+0.25)\times3\times24\text{m}^3=\pi\times\frac{1}{4}\times0.3^2\times8.45\times3\times24\text{m}^3=43.01\text{m}^3$$

【注释】 $\pi\times1/4\times0.3^2$ 为单个桩的截面面积，(8.0+0.2+0.25)为设计桩长加 0.25。3×24 为桩的总根数。

2) 灌注混凝土工程量

$$43.01\times1.02\text{m}^3=43.87\text{m}^3$$

3) 泥浆运输工程量

$$43.01\text{m}^3\times4\text{t/m}^3=172.04\ \text{t}$$

【注释】 4 为每立方米你讲的重量已知为履带式长螺旋钻孔机，土质为二级，桩长 8.2m 小于 12m。

套用基础定额 2-80。

项目编码：010301002 项目名称：预制钢筋混凝土管桩

【例 3-56】 某工程桩基采用混凝土灌注桩，在施工过程中，成孔孔深 12m，孔径 D=400mm，如图 3-51 所示，共挖孔 24 个，求其泥浆运输工程量，并套用定额。

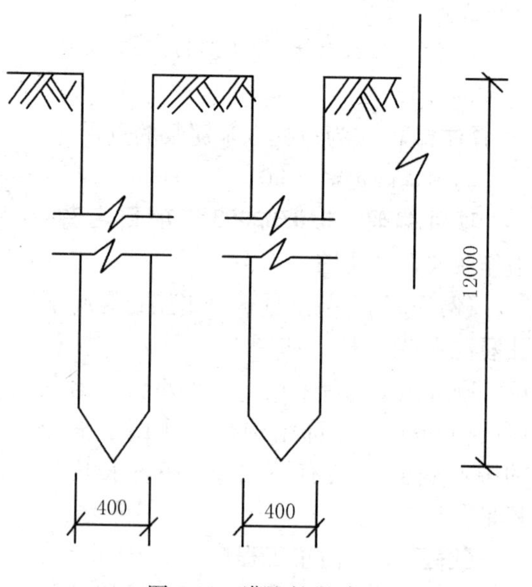

图 3-51 灌注桩尺寸

【解】 (1) 清单工程量

按设计图示尺寸以桩长(包括桩尖)或根数计算。

工程量=12×24m=288.00m

【注释】 12 为孔深即桩长。24 为个数。

说明：工程内容包括：①成孔、固壁；②泥浆池及沟槽砌筑、拆除；③泥浆制作；④清理、运输。

清单工程量计算见表 3-57。

清单工程量计算表 **表 3-57**

项目编码	项目名称	项目特征描述	计量单位	工程量
010301002001	预制钢筋混凝土管桩	单桩长 12m，共 24 根，桩截面直径 D=400mm	m	288.00

(2) 定额工程量

1) 工程量$=\pi\times\frac{1}{4}\times0.4^2\times(12+0.25)\times24\text{m}^3=36.95\text{m}^3$

【注释】 $1/4\times\pi\times0.4^2$ 为单根桩截面面积，(12+0.25)为设计桩长加 0.25，24 为

根数。

2）泥浆运输工程量＝36.95m^3×4t/m^3＝147.8t

【注释】 4为每立方米泥浆的重量。

运距在5km以内时，套用基础定额2-97，若运距超过5km，则套用基础定额2-98。

项目编码：010201007　项目名称：砂石桩

【例3-57】 某工程基础采用打孔灌注砂桩，用轨道式柴油机打砂桩，土质为二级，如图3-52所示，桩径D＝500mm，每个承台下有两根桩，共有12个承台，求桩工程量。

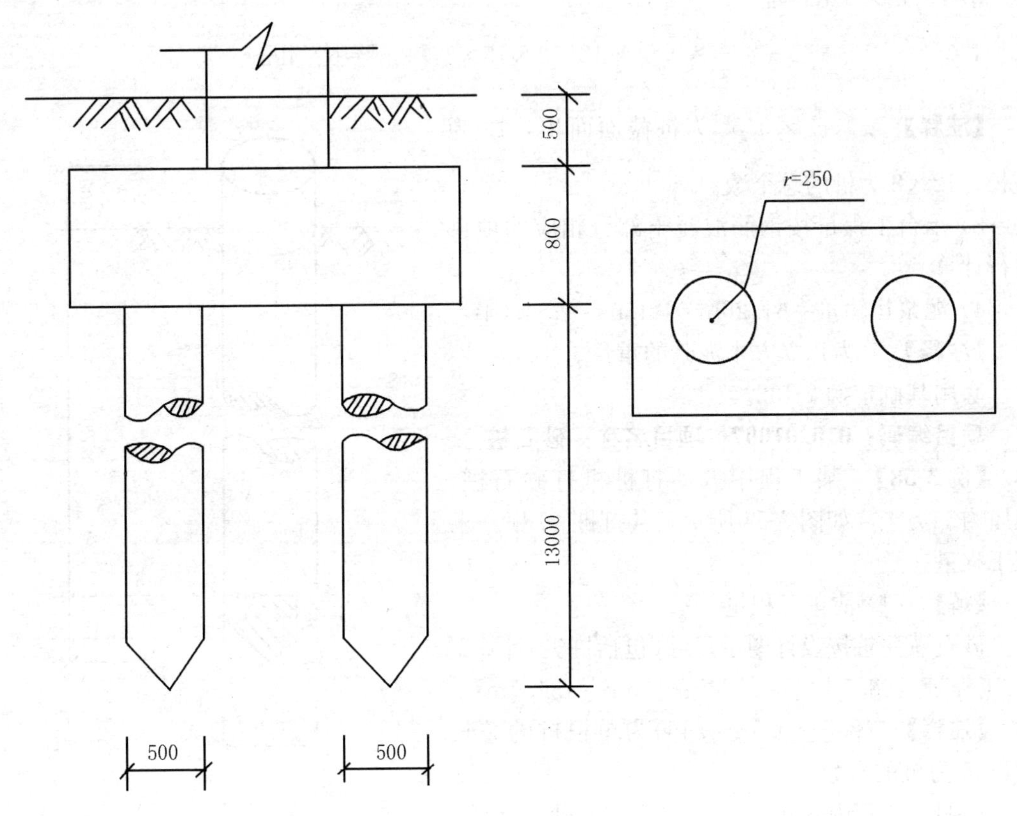

图3-52　砂桩及承台尺寸

【解】（1）清单工程量

砂石灌注桩按设计尺寸以桩长(包括桩尖)计算。

$$工程量＝13×2×12m＝312.00m$$

【注释】 13为桩长，12为承台个数，2为每个承台下的桩的个数。

说明：工程内容包括：①成孔；②砂石运输；③填充；④振实。

清单工程量计算见表3-58。

清单工程量计算表　**表3-58**

项目编码	项目名称	项目特征描述	计量单位	工程量
010201007001	砂石桩	砂石灌注桩，二级土，单桩长13m，桩截面直径D＝500mm，用轨道式柴油打桩机打桩	m	312.00

(2) 定额工程量

按设计规定的桩长(包括桩尖，不扣除桩尖虚体积)乘以钢管管箍外径截面面积计算。

1) 成孔工程量

$$\pi\times\frac{1}{4}\times0.5^2\times12\times2\times13\text{m}^3=61.26\text{m}^3$$

【注释】 $\pi\times\frac{1}{4}\times0.5^2$ 为桩截面面积，13 为桩长，12×2 为桩的总个数。

2) 灌注砂石工程量

$$\pi\times\frac{1}{4}\times0.5^2\times12\times2\times13\times1.02\text{m}^3=62.49\text{m}^3$$

【注释】 $\pi\times\frac{1}{4}\times0.5^2$ 为桩截面面积，13 为桩长，12×2 为桩的总个数。

3) 承台工程量按钢筋混凝土部分相应的项目进行计算。

4) 泥浆运输量＝61.26m³×4t/m³＝254.04t

【注释】 4 为每立方米泥浆的重量。

套用基础定额 2-102。

项目编码：010201007　项目名称：砂石桩

【例 3-58】 某工程用振动打桩机打砂石桩，土质为二类土，如图 3-53 所示，共打桩 46 根，求桩工程量。

【解】 (1) 清单工程量

砂石灌注桩按设计图示尺寸(包括桩尖)计算。

工程量＝(8.5＋0.5＋0.45)×46m＝434.7m

【注释】 (8.5＋0.5＋0.45)为单根桩的总长度，46 为桩的根数。

说明：工程内容包括：①成孔；②砂石运输；③填充；④夯实。

清单工程量计算见表 3-59。

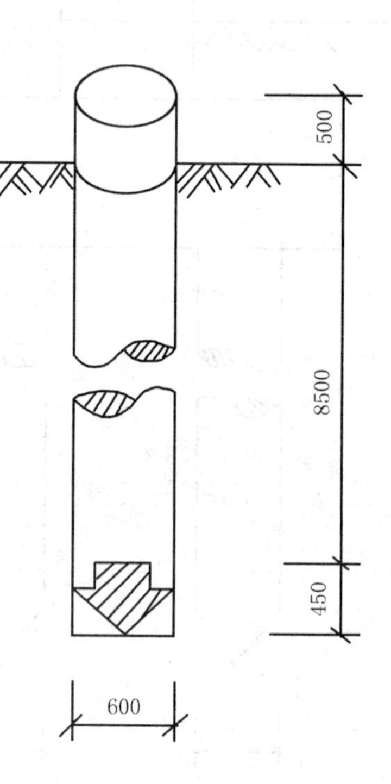

图 3-53　砂石桩尺寸

清单工程量计算表　　表 3-59

项目编码	项目名称	项目特征描述	计量单位	工程量
010201007001	砂土桩	砂土灌注桩，二类土，单桩长 9.45m，共 46 根，桩截面直径 D＝600mm，用振动打桩机打碎石桩	m	434.7

(2) 定额工程量

按设计规定的桩长(包括桩尖)乘以管箍外径截面面积计算。

1) 成孔工程量＝$\pi\times\frac{1}{4}\times0.6^2\times(8.5+0.5+0.45)\times46\text{m}^3=122.91\text{m}^3$

【注释】 $\pi\times\frac{1}{4}\times0.6^2$ 为管箍外径截面面积，(8.5＋0.5＋0.45)为单根桩的总长度，

46 为根数。

2）碎石工程量$=\pi\times\frac{1}{4}\times0.6^2\times(8.5+0.5)\times46\times1.02m^3=119.40m^3$

套用基础定额 2-108。

【注释】 $\pi\times\frac{1}{4}\times0.6^2$ 为管箍外径截面面积，(8.5＋0.5)为单根桩的桩身长度，46为根数。

3）桩尖工程量按混凝土部分相应的项目进行计算。

套用基础定额 5-436。

项目编码：010201007　项目名称：砂石桩

【例 3-59】 某工程采用冲击沉管式柴油打桩机打砂桩，土质为二类土，如图 3-54 所示，桩承台为六边形，桩外径 D＝500mm，共有承台 6 座，求其桩工程量。

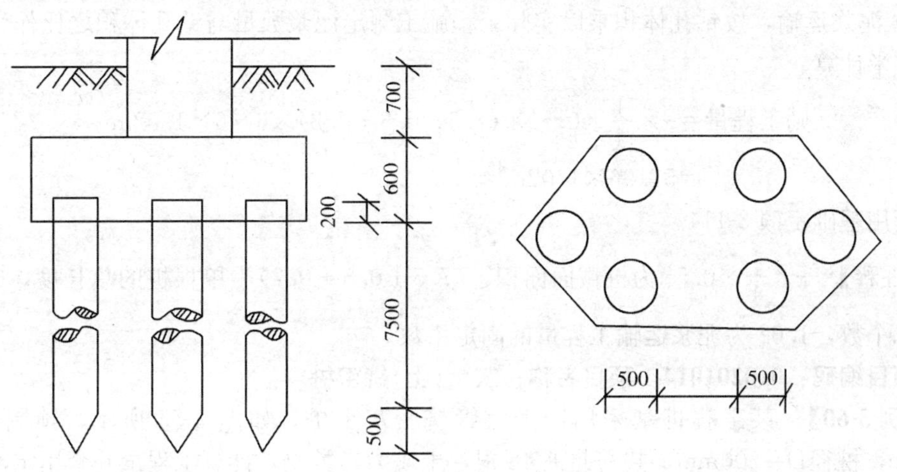

图 3-54　砂桩及承台尺寸

【解】 (1) 清单工程量

按设计图示尺寸桩长(包括桩尖)计算。

$$工程量=(0.5+7.5+0.2)\times6\times6m=295.2m$$

【注释】 (0.5＋7.5＋0.2)为单桩桩长，6 为承台个数，6 为承台下的桩的个数。

说明：工程内容包括：①成孔；②砂石运输；③填充；④振实。

清单工程量计算见表 3-60。

清单工程量计算表　　**表 3-60**

项目编码	项目名称	项目特征描述	计量单位	工程量
010201007001	砂石桩	砂石灌注桩，二类土，单桩长 8.2m，共 36 根，桩截面直径 D＝500mm，用冲击沉管式柴油打桩机打砂桩	m	295.20

(2) 定额工程量

冲击沉管式柴油打桩机打砂桩工程主要有以下五部分：

1）成孔，按公式以延长米计算，公式如下：

成孔长度=设计桩长+设计超灌长度-钢护筒长度，则得成孔工程量

$=(0.5+7.5)m\times6\times6=288m$

2）钢筋笼制作，按设计规定以吨计算，其中钢筋的损耗率包括在定额内，不另行计算。

3）砂石灌注

$$工程量=\pi\times\frac{1}{4}\times0.5^2\times(7.5+0.5+0.2)\times6\times6m^3=57.96m^3$$

【注释】 $\pi\times\frac{1}{4}\times0.5^2$ 为桩截面面积，(7.5+0.5+0.2)为单根桩的总长，6×6 为桩的总个数。

4）埋设钢护筒，按设计要求以延长米计算，则可得

$$工程量=(0.5+7.5+0.2)\times6\times6=295.20m$$

5）泥浆运输，按钻孔体积乘以实际工程施工测定泥浆数量与钻孔体积之比作为系数，以立方米计算。

$$则工程量=\pi\times\frac{1}{4}\times0.5^2\times(7.5+0.5+0.2)\times6\times6\times1.02m^3$$

$$=57.96\times1.02m^3=59.12m^3$$

套用基础定额 2-114。

【注释】 $\pi\times\frac{1}{4}\times0.5^2$ 为桩截面面积，(7.5+0.5+0.2)为单根桩的总长度，6×6 为桩的总个数，1.02 为泥浆运输工程量的固定系数。

项目编码：010201014　项目名称：灰土(土)挤密桩

【例 3-60】 某工程桩基采用冲击沉管挤密灰土桩，如图 3-55 所示，预制桩尖高 450mm，桩径D=500mm，共需此桩 48 根，土质为二类土，计算工程量并套用定额。

【解】（1）清单工程量

按设计图示尺寸以桩长(包括桩尖)计算。

$$工程量=(8.6+0.45)\times48m=434.40m$$

【注释】 (8.6+0.45)为单根桩的总长度，48 为根数。

说明：工程内容包括：①成孔；②灰土拌和、运输；③填充；④振实。

清单工程量计算见表 3-61。

清单工程量计算表　　**表 3-61**

项目编码	项目名称	项目特征描述	计量单位	工程量
010201014001	灰土(土)挤密桩	二类土，单桩长 9.05m，共 48 根，桩截面直径 D=500mm，用冲击沉管挤密灰土桩	m	434.40

（2）定额工程量

灰土挤密桩工程量按其体积计算（应扣除预制桩尖部分）故可求得：

$$工程量=\pi\times\frac{1}{4}\times0.5^2\times8.6\times48m^3=81.05m^3$$

【注释】 $\pi\times\frac{1}{4}\times0.5^2$ 为单根桩桩截面面积，8.6 为桩身长，48 为总个数。

套用基础定额 2-122。

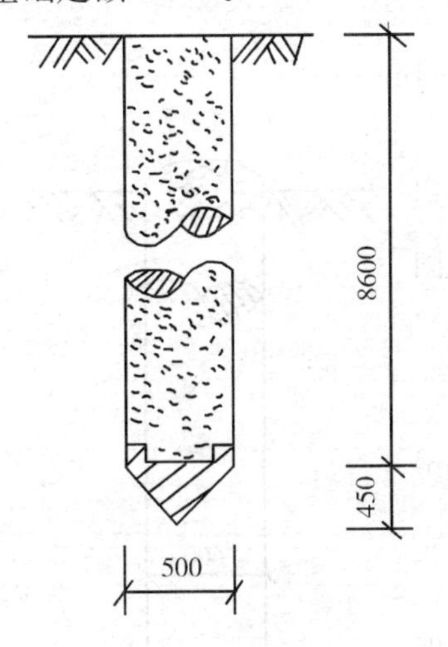

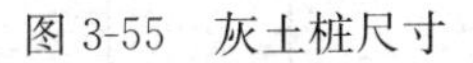

图 3-55 灰土桩尺寸

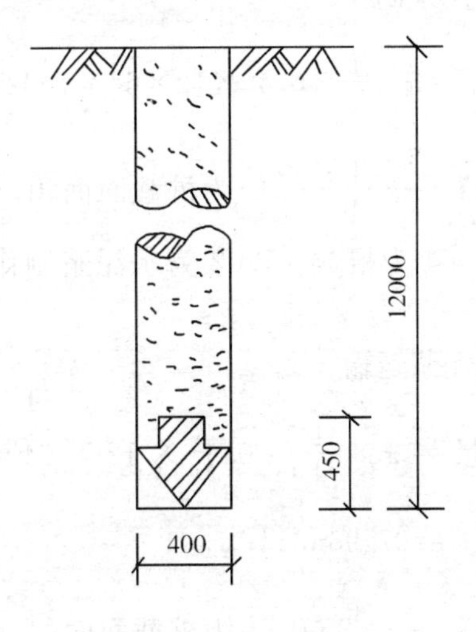

图 3-56 高压旋喷桩尺寸

项目编码：010201012 项目名称：高压喷射注浆桩

【例 3-61】 在高压旋喷桩的施工过程中，土质为一类土，桩成孔孔径 $D=400$mm，形状如图 3-56 所示，共需此桩 64 根，求其工程量，并套用定额。

【解】 （1）清单工程量

据计算规则可知，高压旋喷桩按设计图示尺寸以桩长（包括桩尖）计算。

则可计算得工程量＝12×64m＝768.00m

【注释】 12 为单根桩的总长度，64 为根数。

说明：工程内容包括：①成孔；②水泥浆制作、运输；③水泥浆旋喷。

清单工程量计算见表 3-62。

清单工程量计算表 **表 3-62**

项目编码	项目名称	项目特征描述	计量单位	工程量
010201012001	高压喷射注浆桩	单桩长 12m，桩截面直径 $D=400$mm	m	768.00

（2）定额工程量

1）成孔工程量$=\pi\times\frac{1}{4}\times0.4^2\times12\times64\text{m}^3=96.51\text{m}^3$

【注释】 $\pi\times\frac{1}{4}\times0.4^2$ 为单根桩截面面积，12 为单根桩总长度，64 为根数。

2）桩尖

工程量$=\frac{1}{3}\times\pi\times\frac{1}{4}\times0.4^2\times0.45\text{m}^3=0.02\text{m}^3$

套用基础定额 5－436。

【注释】 $\frac{1}{3}\times\pi\times\frac{1}{4}\times0.4^2$ 为桩尖截面面积，0.45 为桩尖长度。

3）水泥浆制作

工程量 $=\pi\times\frac{1}{4}\times0.4^2\times12\times64\times1.02m^3=98.44m^3$

【注释】 $\pi\times\frac{1}{4}\times0.4^2$ 为桩截面面积，12 为单根桩总长度，64 为根数。1.02 为水泥浆制作工程量固定系数。

4）水泥浆运输

工程量 $=\pi\times\frac{1}{4}\times0.4^2\times12\times64\times1.015m^3$

$=97.96m^3$

【注释】 $\pi\times\frac{1}{4}\times0.4^2$ 为桩截面面积，12 为单根桩总长度，64 为根数。1.015 为水泥浆运输工程量固定系数。

套用基础定额 2-63～2－64。

项目编码：010201010　项目名称：粉喷桩

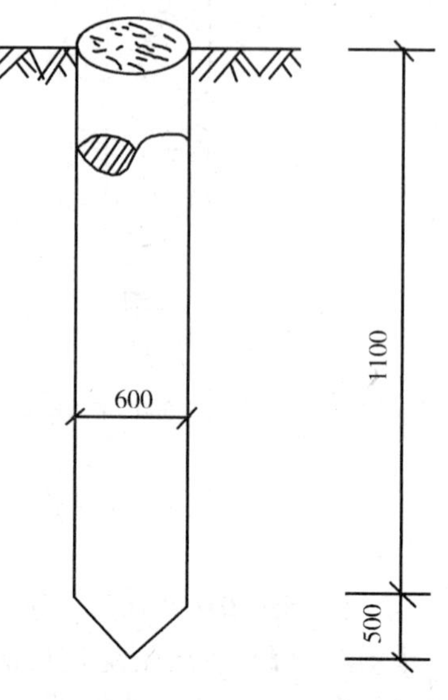

图 3-57　喷粉桩

【例 3-62】 某工程地基中采用喷粉桩，成孔孔径 D＝600mm，如图 3-57 所示，桩设计标高与自然地坪重合，灌注粉体至设计标高，共有喷粉桩 28 根，求其工程量（二类土）。

【解】 （1）清单工程量

喷粉桩计算规则为按设计图示尺寸以桩长（包括桩尖）计算，则得

工程量＝（11＋0.5）×28m＝322m

【注释】 （11＋0.5）为单根桩长，28 为根数。

说明：工程内容包括：①成孔；②粉体运输；③喷粉固化。

清单工程量计算见表 3-63。

清单工程量计算表　　**表 3-63**

项目编码	项目名称	项目特征描述	计量单位	工程量
010201010001	粉喷桩	桩长 11.5m，桩截面直径 D＝600mm，二类土	m	322.00

（2）定额工程量

喷粉桩属于深层搅拌加固地基中的一种，喷浆以设计桩长加 250mm 乘以设计截面面积，以立方米计算；喷粉以设计桩长乘截面面积以立方米计算，而设计深度包括预制桩尖长度。

故得，工程量 $=\pi\times\frac{1}{4}\times0.6^2\times(11+0.5)\times28m^3=91.04m^3$

套用基础定额 2-68～2-75。

【注释】 $\pi\times\frac{1}{4}\times0.6^2$ 为桩截面面积，（11＋0.5）为桩长，28 为根数。

项目编码：010202004　项目名称：预制钢筋混凝土板桩

【例 3-63】 某工程打预制混凝土桩，用多功能桩机打桩，桩截面为 400mm×400mm，桩长 8.5m，共有 16 根，桩间距为 2m，如图 3-58 所示，土质为二类土，求其桩工程量。

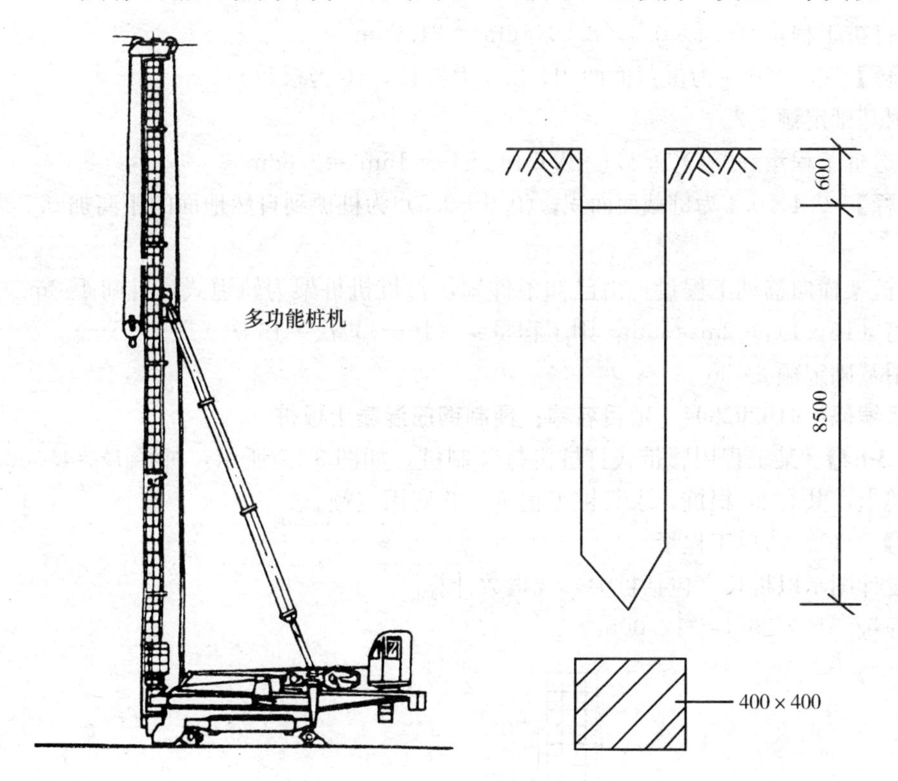

图 3-58　桩示意图

【解】　(1) 清单工程量

按设计图示尺寸以桩长（包括桩尖）或根数计算。

工程量＝8.5×16m＝136.00m

【注释】 8.5 为桩长，16 为根数。

说明：工程内容包括：①桩制作、运输；②打桩、试验桩、斜桩；③送桩；④清理、运输。

清单工程量计算见表 3-64。

清单工程量计算表　　**表 3-64**

项目编码	项目名称	项目特征描述	计量单位	工程量
010202004001	预制钢筋混凝土板桩	二类土，单桩长 8.5m，共 16 根，桩截面 400mm×400mm	m	136.00

(2) 定额工程量

1) 桩制作工程量＝0.4×0.4×8.5×16×1.02m^3＝22.20m^3

【注释】 0.4×0.4 为桩截面面积，8.5 为桩长，16 为根数，1.02 为桩制作工程量固定系数。

2）运输工程量＝0.4×0.4×8.5×16×1.015m³＝22.09m³

【注释】 0.4×0.4 为桩截面面积，8.5 为桩长，16 为根数，1.015 为桩运输工程量固定系数。

3）打桩工程量＝0.4×0.4×8.5×16m³＝21.76m³

【注释】 0.4×0.4 为桩截面面积，8.5 为桩长，16 为根数。

套用基础定额 2-2。

4）送桩工程量＝0.4×0.4×（0.6＋0.5）×16m³＝2.82m³

【注释】 0.4×0.4 为桩截面面积，(0.6＋0.5）为桩顶到自然地面的距离加 0.5，16 为根数。

5）桩架横向移动工程量，由已知条件知，打桩机桩架为轨道式，桩间距 2m，横向移动距离（16－1）×2m＝30m，则工程量＝（16－1）次＝15 次

套用基础定额 2-135。

项目编码：010202004 项目名称：预制钢筋混凝土板桩

【例 3-64】 某工程用履带式打桩机打预制桩，如图 3-59 所示，桩径 D＝450mm，土质为二类土，共有 26 根桩，求其桩工程量，并套用定额。

【解】 （1）清单工程量

按设计图示以桩长（包括桩尖）或根数计算。

工程量＝12×26m＝312.00m

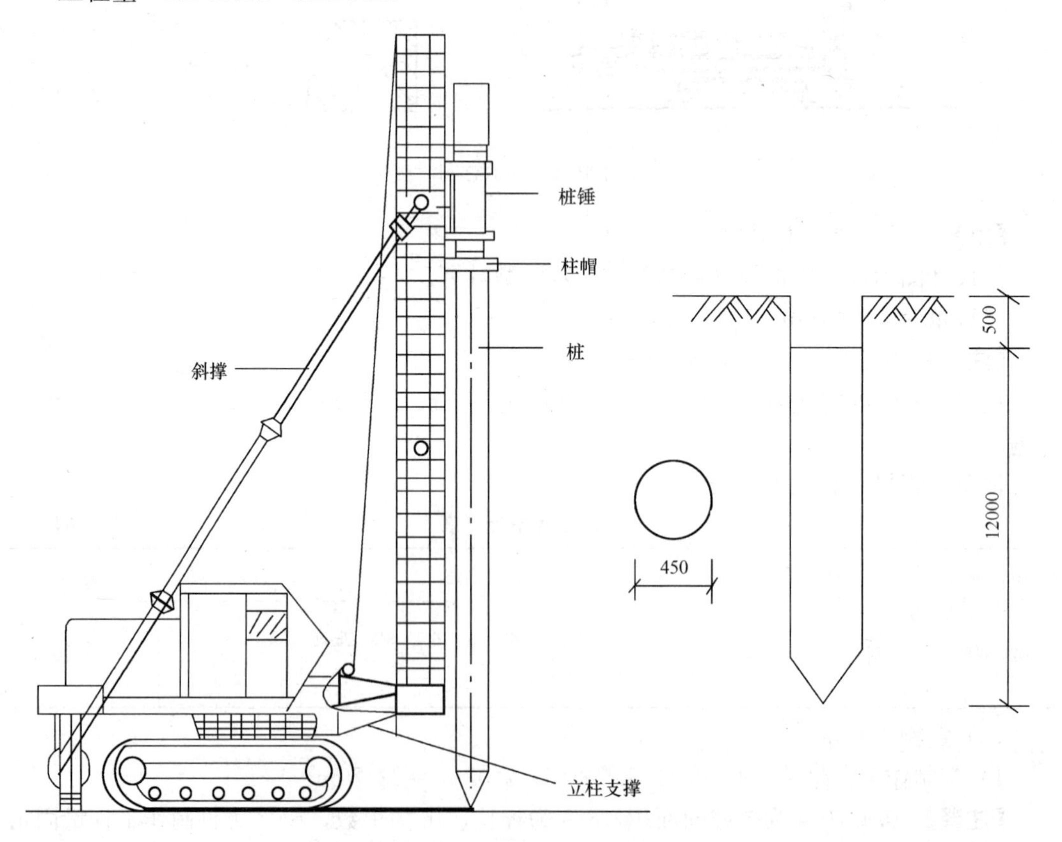

图 3-59 履带式打桩机及桩

【注释】 12 为桩长，26 为根数。

说明：工程内容包括：①桩制作、运输；②打桩；③送桩；④清理、运输。

清单工程量计算见表 3-65。

清单工程量计算表　　表 3-65

项目编码	项目名称	项目特征描述	计量单位	工程量
010202004001	预制钢筋混凝土板桩	二类土，单桩长 12m，共 26 根，桩截面直径 D=450mm	m	312.00

（2）定额工程量

按设计桩长（包括桩尖，不扣除桩尖虚体积）乘以桩截面面积计算，管桩的空心体积应扣除。

1）制桩工程量$=\pi\times\frac{1}{4}\times0.45^2\times12\times26\times1.02\text{m}^3=50.61\text{m}^3$

【注释】 $\pi\times\frac{1}{4}\times0.45^2$ 为桩截面面积，12 为单桩长，26 为根数，1.02 制桩工程量计算的固定系数。

2）打桩工程量$=\pi\times\frac{1}{4}\times0.45^2\times12\times26\text{m}^3=49.62\text{m}^3$

【注释】 $\pi\times\frac{1}{4}\times0.45^2$ 为桩截面面积，12 为单桩长，26 为根数。

3）送桩工程量$=\pi\times\frac{1}{4}\times0.45^2\times(0.5+0.5)\times26\text{m}^3=4.14\text{m}^3$

【注释】 $\pi\times\frac{1}{4}\times0.45^2$ 为桩截面面积，(0.5+0.5)为桩顶到自然地面的距离 0.5 再加 0.5，26 为根数。

4）运输桩工程量$=\pi\times\frac{1}{4}\times0.45^2\times12\times26\times1.015\text{m}^3$

$=50.37\text{m}^3$

【注释】 $\pi\times\frac{1}{4}\times0.45^2$ 为桩截面面积，12 为单桩长，26 为根数，1.015 运输桩工程量计算的固定系数。

5）桩架移动工程量=(26－1)次=25 次

由已知可得，桩架为履带式，桩间距为 2.0m，则桩架横移距离 $L=2.0\times(26-1)\text{m}=50\text{m}$。

套用基础定额 2-130

项目编码：010302005　项目名称：人工挖孔灌注桩

【例 3-65】 某工程桩基采用人工挖孔扩底桩，如图3-60所示，土质为二类土，进行混凝土的搅拌，灌注，振捣，养护，共有此桩 22 根，求其工程量。

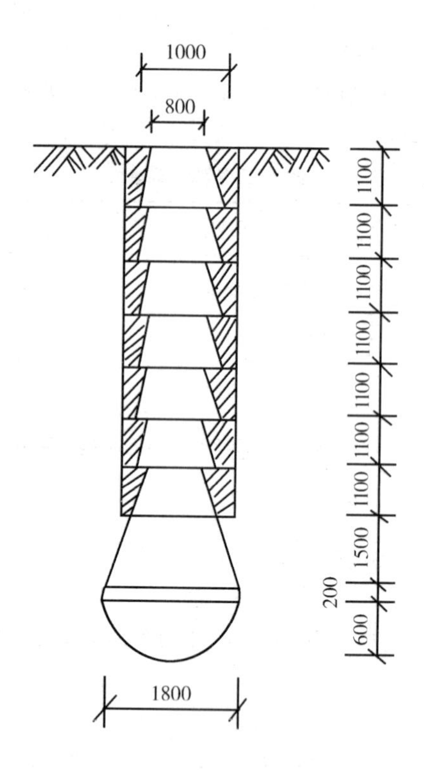

图 3-60 人工挖孔扩底桩尺寸

【解】 (1) 清单工程量

据计算规则按设计图示以根计算。

工程量＝22 根

【注释】 22 为根数。

说明：工程内容包括：①成孔、固壁；②混凝土制作、运输、灌注、振捣、养护；③泥浆池及沟槽砌筑、拆除；④泥浆制作、运输；⑤清理、运输。

清单工程量计算见表 3-66。

清单工程量计算表 表 3-66

项目编码	项目名称	项目特征描述	计量单位	工程量
010302005001	人工挖孔灌注桩	二类土，单桩长 10m，共 22 根，桩截面球形，人工挖孔桩，二类土	根	22

(2) 定额工程量

定额工程量计算中综合了混凝土扩壁和桩位垫层，执行中不得换算和重复计算。

1) 成孔工程量计算，分别求出各部分体积：

【注释】 圆台体积公式 $V=\pi\times h/3(R^2+r^2+Rr)$

圆台：$V_1=\frac{1}{3}\times3.1416\times1.1\times(0.4^2+0.5^2+0.4\times0.5)\times7\text{m}^3$

$=4.92\text{m}^3$

扩大圆台：$V_2=\frac{1}{3}\times3.1416\times1.5\times(0.5^2+0.9^2+0.5\times0.9)\text{m}^3$

$=2.37m^3$

圆柱：$V_3=3.1416\times0.9^2\times0.2m^3=0.51m^3$

【注释】 0.9 为圆柱截面半径，0.2 为高。

球缺：$V_4=\frac{1}{6}\times3.1416\times0.6\times(3\times0.9^2+0.6^2)m^3$

$=0.88m^3$

【注释】 套用球缺体积公式：$V=1/6\times\pi\times r\times(3\times R^2+r^2)$

则单桩的体积$=V_1+V_2+V_3+V_4$

$=(4.92+2.37+0.51+0.88)m^3$

$=8.68m^3$

故求得成孔工程量$=8.68\times22m^3=190.96m^3$

2）混凝土灌注工程量$=190.96\times1.02m^3=194.78m^3$

3）泥浆工程量$=190.96m^3$

说明：定额规则规定，工程量按图示护壁内径圆台体积及扩大桩头实体积以立方米计算。依照《广东省建筑工程计价办法》套用定额时对应的综合定额子目为：①钢管夯扩灌注桩成孔，灌注为2-34。②原位打扩大桩为定额第二章说明 2.0.11。③人工挖孔桩桩壁灌注为 2-49～2-60。④人工挖孔桩桩芯浇捣为 4-137。

项目编码：010302005 项目名称：人工挖孔灌注桩

【例 3-66】 某工程采用人工打挖孔桩，成孔，安装钢筋笼然后浇灌混凝土，如图 3-61 所示，$\frac{1}{4}$砖护壁，混凝土强度等级 C30，入岩 6m，共需挖孔桩 18 根，求其工程量。

【解】 （1）清单工程量

按设计图示尺寸以桩体积或根数计算。

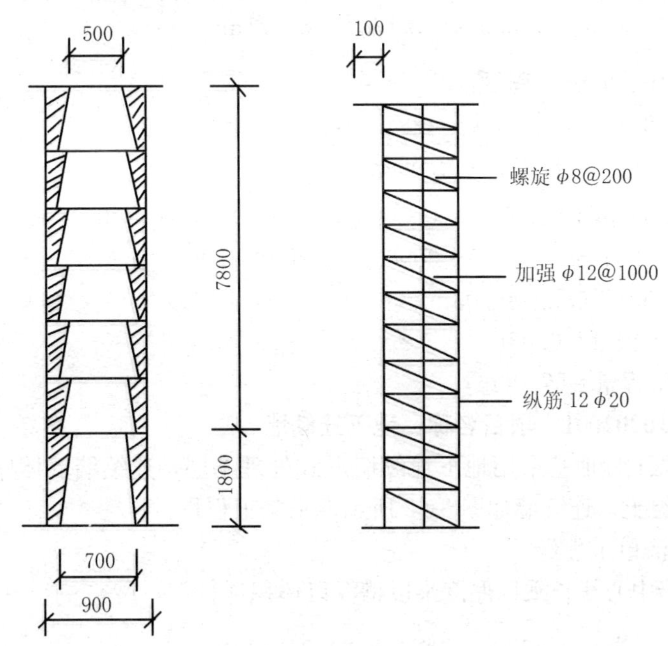

图 3-61 人工挖孔桩

工程量=18 根

【注释】 18 为根数。

说明：工程内容包括：①成孔、固壁；②混凝土制作、运输、灌注、振捣、养护；③钢筋笼的制作，安装、固定；④泥浆池的砌筑、拆除；⑤泥浆制作、运输、清理。

清单工程量计算见表 3-67。

清单工程量计算表 表 3-67

项目编码	项目名称	项目特征描述	计量单位	工程量
010302005001	人工挖孔灌注桩	单桩长 9.6m，共 18 根，桩截面为圆形，C30 混凝土	根	18

(2) 定额工程量

1) 成孔工程量计算，先求出两种圆台的体积：

【注释】 圆台体积公式 $V=\pi\times h/3(R^2+r^2+Rr)$

圆台：$V_1=\frac{1}{3}\times\pi\times1.3\times(0.25^2+0.35^2+0.25\times0.35)\times6\text{m}^3$

$=2.23\ \text{m}^3$

扩大圆台：$V_2=\frac{1}{3}\times\pi\times1.8\times(0.35^2+0.45^2+0.35\times0.45)\text{m}^3$

$=0.78\text{m}^3$

则成孔工程量$=(2.23+0.78)\text{m}^3\times18=54.18\text{m}^3$

2) 护壁工程量$=\pi\times\frac{1}{4}\times0.9^2\times(7.8+1.8)\times18\text{m}^3=109.93\text{m}^3$

【注释】 $\pi\times\frac{1}{4}\times0.9^2$ 为护壁截面面积，(7.8+1.8) 为高，18 为个数。

3) 入岩工程量$=\pi\times\frac{1}{4}\times0.9^2\times6\times18\text{m}^3=68.71\text{m}^3$

4) 钢筋笼制作、安装工程量：

$\phi20$：$12\times(7.8+1.8)\times2.47\text{kg}=284.54\text{kg}$

$\phi12$：$10\times\pi\times0.5\times0.888\text{kg}=13.95\text{kg}$

$\phi8$：$(1.8+7.8)/0.2\times0.395\times\sqrt{0.2\times0.2+(\pi\times0.5)^2}\text{kg}=30.02\text{kg}$

则钢筋用量$=(284.54+13.95+30.03)\text{kg}\times1.02\times18$

$=6031.63\text{kg}=6.03\text{t}$

5) 钢筋吊装工程量=6.03t

6) 泥浆外运工程量$=57.06\text{m}^3$

项目编码：010202001 项目名称：地下连续墙

【例 3-67】 某工程地基采用地下连续墙形式处理基层，连续墙墙体厚 300mm，墙高 3.6m，土质为二类土，连续墙如图 3-62 所示，求其工程量。

【解】 (1) 清单工程量

按设计图示墙中心线长乘以厚度乘以槽深以体积计算。

工程量$=[48+\frac{\alpha}{180}\times\pi\times15\times2]\times2\times0.3\times3.6\text{m}^3$

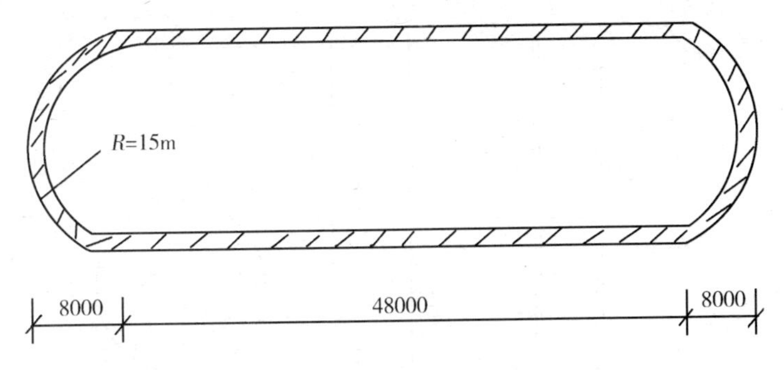

图 3-62 地下连续墙平面图

其中 $\alpha=\arctan\dfrac{\sqrt{15^2-8^2}}{8}$，求得 $\alpha=85.49°$

$$=(48+\frac{85.49}{180}\times3.1416\times30)\times2\times0.3\times3.6\text{m}^3$$

$$=200.37\text{m}^3$$

【注释】 $[48+\frac{\alpha}{180}\times\pi\times15\times2]\times2$ 为墙中心线总长度，0.3 为墙厚，3.6 为墙高。

说明：工程内容包括：①挖土成槽，余土外运；②导墙制作，安装；③锁口管吊拔；④浇注混凝土连续墙；⑤材料运输。

清单工程量计算见表 3-68。

清单工程量计算表 **表 3-68**

项目编码	项目名称	项目特征描述	计量单位	工程量
010202001001	地下连续墙	墙体厚 300mm，埋深 3.6m，二类土	m^3	200.37

（2）定额工程量

工程量 $=[48+\frac{\alpha}{180}\times\pi\times15\times2]\times2\times0.3\times3.6\text{m}^3$

其中 $\alpha=\arctan\dfrac{\sqrt{15^2-8^2}}{8}$，求得 $\alpha=85.49°$

$$=(48+\frac{85.49}{180}\times3.1416\times30)\times2\times0.3\times3.6\text{m}^3$$

$$=200.37\text{m}^3$$

工程内容对应定额编号见表 3-69，（参照广东省建筑工程计价办法）。

分部分项工程量 **表 3-69**

序号	1	2	3	4	5	6	7
工程内容	地下连续墙	入岩	泥浆外运	导墙	锁口管吊拔	现场搅拌混凝土	预拌混凝土
定额编号	2—97 2—102	2—103 2—108	2—47 2—48	说明 2.0.20	2—109 2—111	4—1 4—96	4—97 4—134

项目编码：010302003 项目名称：干作业成孔灌注桩

【例 3-68】 某工程地基采用螺旋钻孔混凝土桩，下部采用扩底形式，混凝土 C20，共 146 根桩，其中补桩 30 根，试桩 4 根，如图 3-63 所示，土质为二类土，求其桩工程量。

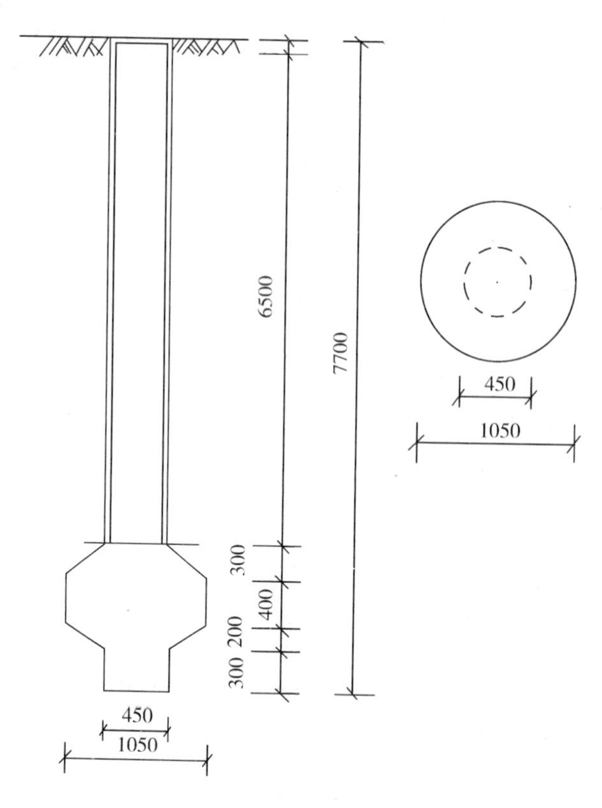

图 3-63 螺旋钻孔桩

【解】 (1) 清单工程量

按设计图示尺寸以桩长(包括桩尖)或根数计算。

工程量=7.7×146m=1124.20m

【注释】 7.7 为桩的总长度,146 为根数。

说明:工程内容包括:①成孔、固壁;②混凝土制作、运输、灌注、振捣、养护;③泥浆池及沟槽砌筑、拆除;④泥浆制作、运输;⑤清理、运输。

清单工程量计算见表 3-70。

清单工程量计算表 **表 3-70**

项目编码	项目名称	项目特征描述	计量单位	工程量
010302003001	干作业成孔灌注桩	二类土,单桩长 7.7m,共 146 根,桩截面直径 D=450mm,用螺旋钻孔混凝土桩,C20 混凝土	m	1124.20

(2) 定额工程量

1) 螺旋钻孔机成孔工程量,先求出各部分的体积。

圆柱体积:$V_1=\pi\times(\frac{0.45}{2})^2\times(6.5+0.3)\text{m}^3=1.08\text{m}^3$

【注释】 $\pi\times(\frac{0.45}{2})^2$ 为圆柱的横截面面积,$(6.5+0.3)$为圆柱部分的长。

圆台体积:$V_2=\frac{1}{3}\pi h(R^2+r^2+Rr)$

$$=\frac{1}{3}\times\pi\times(0.2+0.3)\times(0.525^2+0.225^2+0.525\times0.225)\text{m}^3$$

$$=0.23\text{m}^3$$

【注释】 套用圆台体积公式。

扩大圆柱体积：$V_3=\frac{1}{4}\times\pi\times1.05^2\times0.4\text{m}^3$

$$=0.35\text{m}^3$$

则成孔工程量$=(V_1+V_2+V_3)\times146=(1.08+0.23+0.35)\times146\text{m}^3=242.36\text{m}^3$

2）灌注混凝土工程量计算，混凝土用量按设计桩长加 0.25m 乘以设计断面（断面不同时分段计算）。

桩圆柱体积：$V_1=\pi\times(\frac{0.45}{2})^2\times(6.5+0.3+0.25)\text{m}^3$

$$=1.12\text{m}^3$$

圆台：$V_2=\frac{1}{3}\pi h(R^2+r^2+Rr)$

$$=\frac{1}{3}\times\pi\times(0.2+0.3)\times(0.525^2+0.225^2+0.525\times0.225)\text{m}^3$$

$$=0.24\text{m}^3$$

扩大圆柱体积：$V_3=\pi R^2h=3.1416\times0.525^2\times0.4=0.35\text{m}^3$

则灌注混凝土量$=(1.12+0.24+0.35)\times146\text{m}^3=249.66\text{m}^3$

3）补桩工程量$=(V_1+V_2+V_3)\times30=1.71\times30\text{m}^3=51.3\text{m}^3$

4）试桩工程量$=(V_1+V_2+V_3)\times4=1.71\times4\text{m}^3=6.84\text{m}^3$

5）钢筋笼制作安装，凿桩头按第五章定额中相应的综合子目进行计算。

6）泥浆运输量$=(V_1+V_2+V_3)\times146=249.66\text{m}^3$

套用基础定额 2-78。

项目编码：010201006　项目名称：振冲桩（填料）

【例 3-69】 某工程地基处理方法采用振冲灌注碎石的方法，如图 3-64 所示，成孔孔径 $D=500\text{mm}$，灌注深度 $H=6.5\text{m}$，土质为二类土，求其工程量。

【解】（1）清单工程量

按设计图示孔深乘以孔截面面积以体积计算。

工程量$=\pi\times\frac{1}{4}\times0.5^2\times6.5\times12\text{m}^3=15.32\text{m}^3$

【注释】 $\pi\times\frac{1}{4}\times0.5^2$ 为孔截面面积。6.5 为灌注深度。12 为桩的个数。

说明：工程内容包括：①成孔；②碎石运输；③灌注、振实。

清单工程量计算见表 3-71。

清单工程量计算表　　**表 3-71**

项目编码	项目名称	项目特征描述	计量单位	工程量
010201006001	振冲桩（填料）	振冲深 6.5m，成孔直径 $D=500\text{mm}$，二类土	m^3	15.32

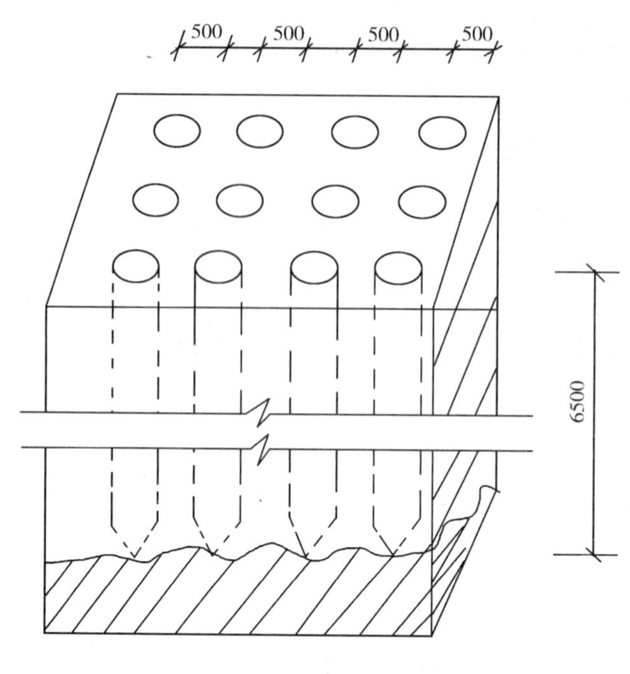

图 3-64 碎石桩

(2) 定额工程量

1) 成孔工程量$=\pi\times\frac{1}{4}\times0.5^2\times6.5\times12m^3=15.32m^3$

【注释】 $\pi\times\frac{1}{4}\times0.5^2$ 为孔截面面积，6.5 为灌注深度，12 为桩的个数。

2) 灌注工程量$=\pi\times\frac{1}{4}\times0.5^2\times6.5\times12\times1.02m^3=15.63m^3$

【注释】 $\pi\times\frac{1}{4}\times0.5^2$ 为孔截面面积，6.5 为灌注深度，12 为桩的个数，1.02 为灌注工程量计算的固定系数。

项目编码：010201004 项目名称：强夯地基

【例 3-70】 某工程基础强夯工程，夯点布置如图 3-65 所示，夯击能 400t・m，每坑击数 5 击，设计要求第一遍，第二遍为隔点夯击，第三遍为低锤满夯。土质为二类土，试计算其强夯工程量。

【解】 (1) 清单工程量

由《建设工程工程量清单计价规范》知，工程量按设计图示以面积计算。

$$工程量=[16\times(6+6)+\frac{1}{2}\times(6+6)\times4\times2]m^2$$

$$=(192+48)m^2=240.00m^2$$

【注释】 把整个平面看成中间矩形和两边两个三角形计算总面积。16×(6+6)为中间矩形的面积。$\frac{1}{2}\times(6+6)\times4\times2$ 为两侧三角形的面积。

说明：工程内容包括：①铺夯填材料；②强夯；③夯填材料运输。项目特征有：①夯

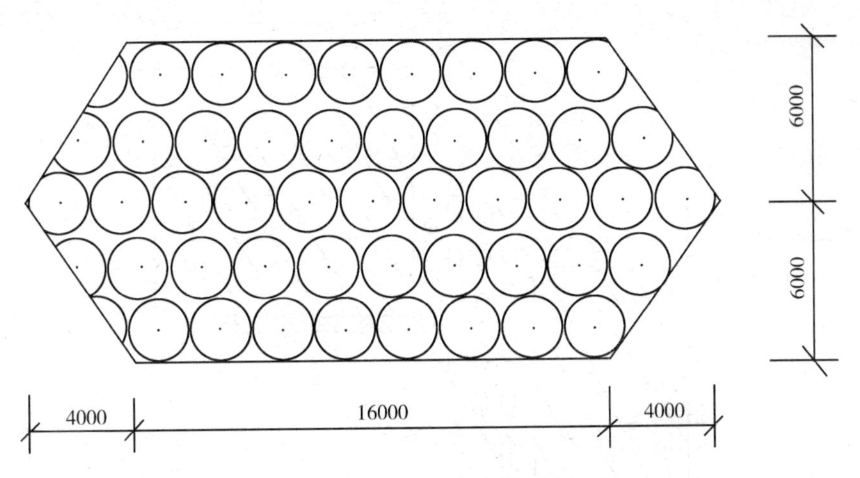

图 3-65　夯点布置

击能量；②夯击遍数；③地耐力要求；④夯填材料种类。

清单工程量计算见表 3-72。

清单工程量计算表　　**表 3-72**

项目编码	项目名称	项目特征描述	计量单位	工程量
010201004001	强夯地基	夯击能量 400t·m，夯击 3 遍，二类土	m^2	240.00

（2）定额工程量

强夯工程量按设计规定的强夯间距，区分夯击能量，夯点面积，夯击遍数以平方米计算，以边缘点外边缘计算，包括夯点面积和夯点间的面积，其中 100～600t·m 强夯，以 $100m^2$ 为定额计量单位，综合考虑各类土壤类别所占比例，不论何种类别土壤，均执行本定额，定额中考虑了各类布点形式，不论设计采用何种布点形式，均按定额执行。

$$工程量=[16\times(6+6)+\frac{1}{2}\times(6+6)\times4\times2]m^2$$

$$=(192+48)m^2=240m^2$$

$$=2.4\times100m^2$$

【注释】 同上。

套用基础定额 1—260。

项目编码：010202007　项目名称：锚杆（锚索）

【例 3-71】 某工程地基边坡处理中采用锚杆支护，如图 3-66 所示，锚杆直径 $D=$ 500mm，斜边×边坡（6m），土质为二类土，如图所示，求其工程量。

【解】 （1）清单工程量

按设计图示尺寸以钻孔深度计算。

工程量＝6m

【注释】 6 为锚孔深。

说明：工程内容包括：①钻孔；②浆液制作、运输、压浆；③张拉锚固；④混凝土制作、运输、喷射、养护；⑤砂浆制作、运输、喷射、养护。

清单工程量计算见表 3-73。

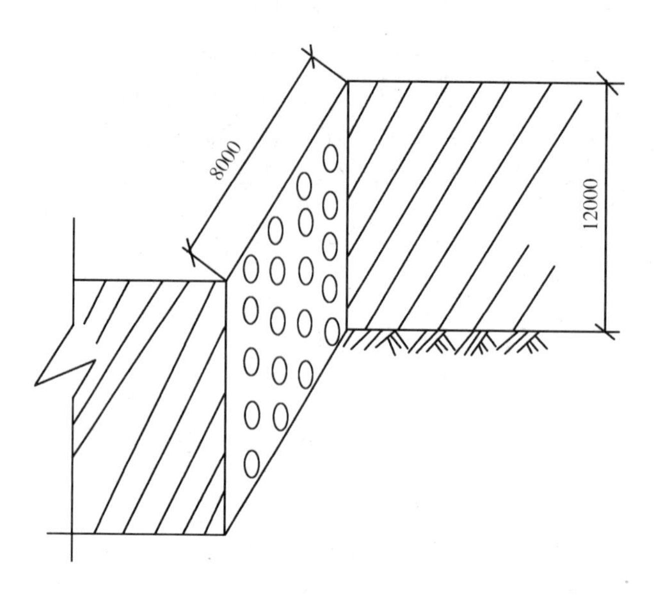

图 3-66 锚杆支护示意图

清单工程量计算表 **表 3-73**

项目编码	项目名称	项目特征描述	计量单位	工程量
010202007001	锚杆（锚索）	锚孔直径 D=500mm，锚孔深 6m，二类土	m	6.00

（2）定额工程量

1）成孔工程量$=\pi\times\frac{1}{4}\times0.5^2\times6\times20m^3=23.56m^3$

【注释】 $\pi\times\frac{1}{4}\times0.5^2$ 为孔的截面面积，6 为锚孔深，20 为孔的个数。

2）灌注砂工程量$=\pi\times\frac{1}{4}\times0.5^2\times6\times20\times1.02m^3=24.03m^3$

【注释】 $\pi\times\frac{1}{4}\times0.5^2$ 为孔的截面面积，6 为锚孔深，20 为孔的个数，1.02 为灌注砂的工程量计算固定系数。

第四章　砌 筑 工 程

项目编码：010401001　　项目名称：砖基础

【例 4-1】 华北某地区一砌体房屋外墙基础断面图如图 4-1 所示，其外墙中心线长 136m，试计算其砖基础工程量。

【解】　(1) 清单工程量

清单中关于砖基础的工程量计算规则，计算如下：

根据图 4-1 可知，该基础为 $1\frac{1}{2}$ 砖四层等高式基础，查折加高度和增加面积数据表，得折加高度为0.432，大放脚增加断面面积为 0.1575。按增加断面法计算：其中：0.1575＝0.126×0.0625×10×2

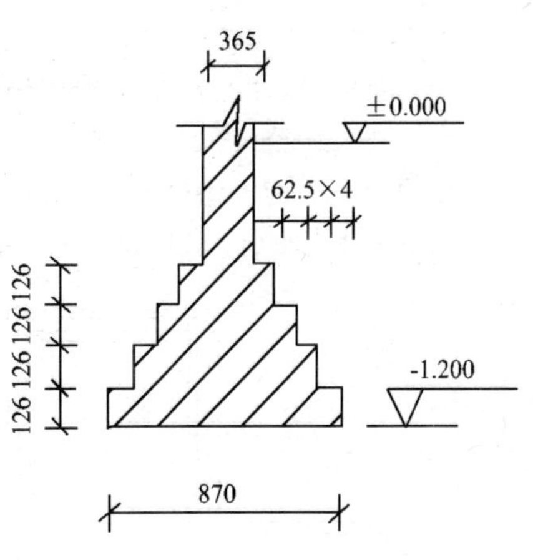

图 4-1　外墙基础断面图

$V_{砖基}=(0.365\times1.2+0.1575)\times136m^3=80.99m^3$

【注释】　0.365 为墙厚，1.2 为基础深，0.1575 为查表得大放脚增加的断面面积。136 为外墙中心线长。

按折加高度法计算：

$V_{砖基}=0.365\times(1.2+0.432)\times136m^3=81.01m^3$

【注释】 0.365 为墙厚，1.2 为基础深，0.432 为查表得大放脚折加高度。136 为外墙中心线长。

清单工程量计算见表 4-1。

清单工程量计算表　　　　**表 4-1**

项目编码	项目名称	项目特征描述	计量单位	工程量
010401001001	砖基础	条形基础，基础深 1.2m	m^3	81.01

(2) 定额工程量与清单工程量相同，$V_{砖基}=81.01m^3$。

套用基础定额 4-1。

项目编码：010403001　项目名称：石基础

【例 4-2】 如图 4-2 所示，该砌体基础为某建筑外墙基础，其外墙中心线长度为 96m，试计算该基础砌体工程量。

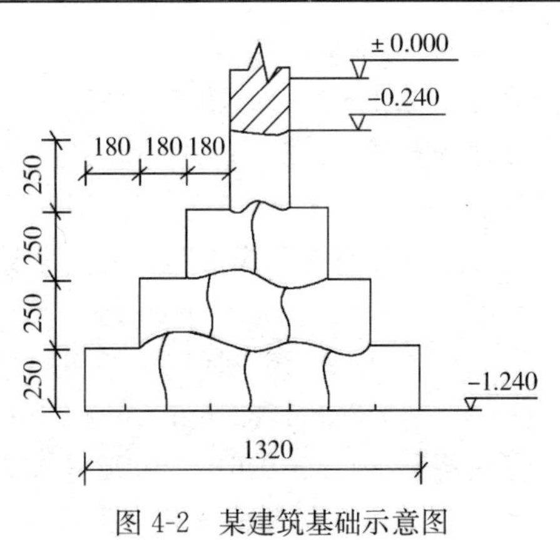

图 4-2　某建筑基础示意图

【解】　(1) 清单工程量

根据清单中基础与墙身的划分，当基础与墙身使用不同材料时，位于设计地面±300mm 以内时，以不同材料分界线，超过±300mm时，以设计室内地面为分界线。据此，该基础高度为1m。则有：

$V_{基础}$＝砌体基础断面面积×外墙中心线长度

＝（1.32×1－0.18×0.25×12）×96m³

＝0.78×96m³＝74.88m³

清单工程量计算见表4-2。

清单工程量计算表　　表4-2

项目编码	项目名称	项目特征描述	计量单位	工程量
010403001001	石基础	基础深1.0m，条形基础	m³	74.88

(2)定额工程量与清单工程量相同。

套用基础定额4-1。

项目编码：010401001　项目名称：砖基础

【例4-3】 如图4-3所示，某基础平面图与剖面图，试计算其砖基础工程量。

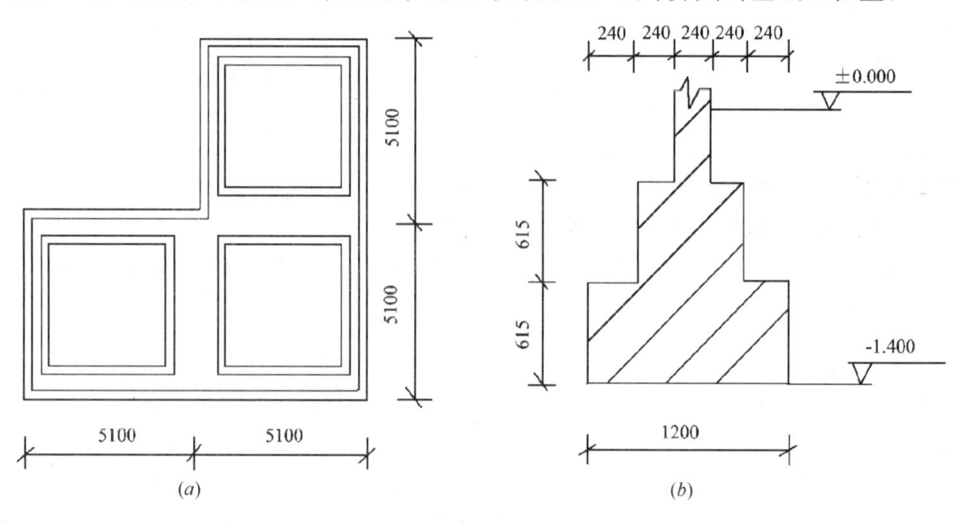

图4-3　砖基础工程量

(a) 基础平面示意图；(b) 基础剖面示意图

【解】 (1) 清单工程量

砖基础工程量计算如下：

$L_{外}$＝(5.1×2－0.24＋5.1×2－0.24)×2m＝39.84m

【注释】 5.1×2－0.24外墙中心线边长。

$L_{内}$＝(5.1－0.36＋5.1－0.36)m＝9.48m

$V_{砖基}$＝(外墙中心线长度＋内墙净长度)×砖基础断面面积

＝(5.1×2－0.24＋5.1×2－0.24＋5.1×2－0.24＋5.1×2－0.24＋5.1－0.36＋5.1－0.36)×(1.2×0.615＋0.72×0.615＋0.17×0.24)m³

＝49.32×1.2216m³＝60.25m³

【注释】 (1.2×0.615＋0.72×0.615＋0.17×0.24)为砖基础断面面积，其中1.2×0.615为基础第一层断面面积，0.72×0.615为第二层断面面积，0.17×0.24为上部断面面积。

清单工程量计算见表 4-3。

清单工程量计算表　　**表 4-3**

项目编码	项目名称	项目特征描述	计量单位	工程量
010401001001	砖基础	条形基础，基础深 1.4m	m^3	60.25

（2）定额工程量与清单工程量相同，$V_{砖基}=60.25m^3$

套用基础定额 4-1。

项目编码：010401003　项目名称：实心砖墙

【例 4-4】 如图 4-4 所示，为某单层建筑平面图，墙厚 240mm，外墙、内墙均为砖砌体，高 3.2m，门窗表见表 4-4，试计算其砖砌工程量。

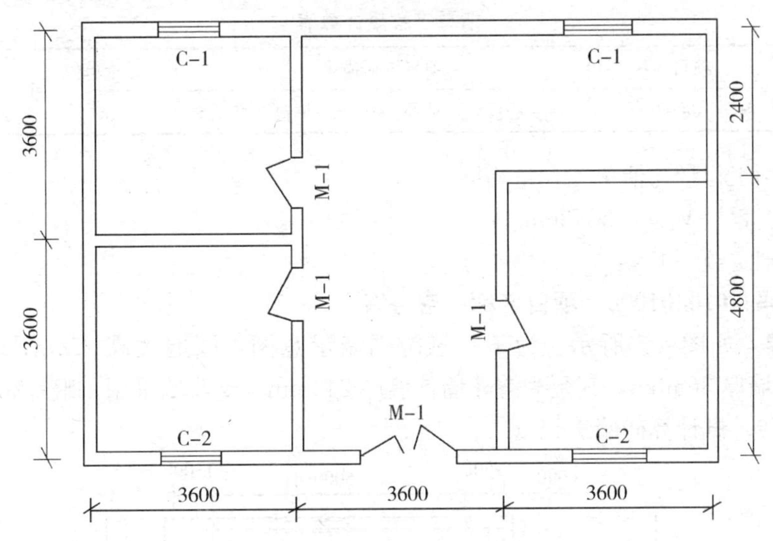

图 4-4　某单层建筑平面图

门窗表　　**表 4-4**

门窗编号	尺寸/mm	数　量
C−1	1200×1500	2
C−2	1500×1500	2
M−1	600×1800	3
M−2	1500×2100	1

【解】　(1) 清单工程量

$V_{砖墙}$=(外墙中心线长度+内墙净长线)×墙厚×墙高−门窗洞口所占体积

$L_{外}$：$(3.6\times3+3.6\times2)\times2m=36m$

【注释】 3.6×3 为外墙中心线长，3.6×2 为外墙中心线宽。

$L_{内}$：$(3.6-0.24+7.2-0.24+4.8-0.24+3.6)m=18.48m$

【注释】 3.6−0.24 为左边横向内墙净长，7.2−0.24 为左侧纵向内墙净长，4.8−0.24 为右侧纵向内墙净长，3.6 为右侧横向内墙净长。

$V_{砖墙}=[(3.6\times3+3.6\times2)\times2+(3.6-0.24+7.2-0.24+4.8-0.24+3.6)]\times0.24$

$\times3.2-1.2\times1.5\times2\times0.24-1.5\times1.5\times2\times0.24-0.6\times1.8\times3\times0.24-1.5\times2.1\times1\times0.24m^3$

$=38.36m^3$

【注释】 (3.6×3+3.6×2)×2 此部分为外墙中心线长，(3.6－0.24＋7.2－0.24＋4.8－0.24＋3.6)此部分为内墙净长线长，0.24 为墙厚，3.2 为墙高，1.2×1.5×2×0.24－1.5×1.5×2×0.24－0.6×1.8×3×0.24－1.5×2.1×1×0.24 此部分为门窗洞口所占体积，1.2×1.5×2×0.24 为 C—1 所占的体积，1.2 为 C—1 宽，1.5 为 C—1 高，2 为个数，0.24 为墙厚，0.6×1.8×3×0.24 为 M—1 的面积，0.6 为 M—1 的宽，1.8 为此门的高，3 为个数，1.5×2.1×1×0.24 为 M—2 的体积，1.5 为 M—2 宽，2.1 为此门高。

清单工程量计算见表 4-5。

清单工程量计算表 **表 4-5**

项目编码	项目名称	项目特征描述	计量单位	工程量
010401003001	实心砖墙	实心砖墙，墙厚 240mm，墙高 3.2m	m^3	38.36

(2) 定额工程量与清单工程量相同

即定额工程量 $V_{砖墙}=38.36m^3$。

套用基础定额 4-4。

项目编码：010401006 项目名称：空斗墙

【例 4-5】 如图 4-5 所示，为某一场院围墙示意图，围墙墙高 2.4m，其中勒脚高 0.6m，勒脚墙厚 365mm，其余为空斗墙，墙厚 240mm，空斗墙采用一眠一斗式，所用砌体均为普通砖，试计算砖墙工程量。

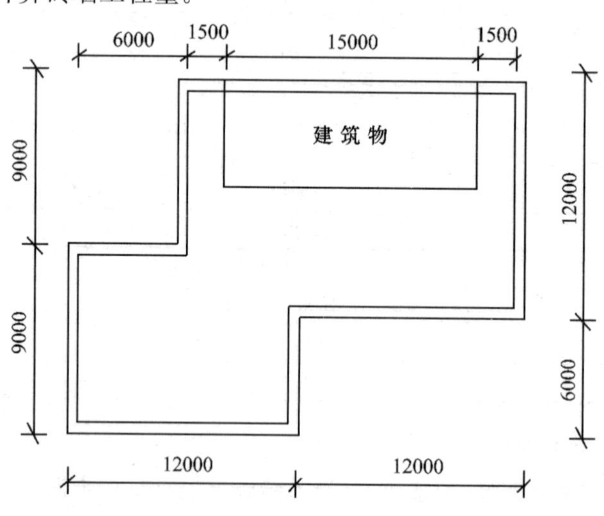

图 4-5 某场院围墙图

【解】 (1) 清单工程量

$V_{实}$＝围墙中心线长×墙厚×勒脚高度

$=[(12\times2+9\times2)\times2-15]\times0.365\times0.6m^3$

$=15.11m^3$

空斗墙工程量 $V_{空斗}$＝围墙中心线长×墙厚×空斗墙高度

$=[(12\times2+9\times2)\times2-15]\times0.24\times(2.4-0.6)m^3$

$=31.46m^3$

清单工程量计算见表 4-6。

清单工程量计算表 表 4-6

序号	项目编码	项目名称	项目特征描述	计量单位	工程量
1	010401003001	实心砖墙	实心砖墙，墙厚 365mm，墙高 0.6m	m^3	15.11
2	010401006001	空斗墙	空斗墙，墙厚 240mm，墙高 1.8m	m^3	31.46

(2) 定额工程量与清单工程量相同

即：$V_{实砌}=15.11m^3$ $V_{空斗}=31.46m^3$

套用基础定额 4-23。

项目编码：010401007 项目名称：空花墙

【例 4-6】 如图 4-6 所示，为一围墙的空花墙示意图，试计算其砖工程量。

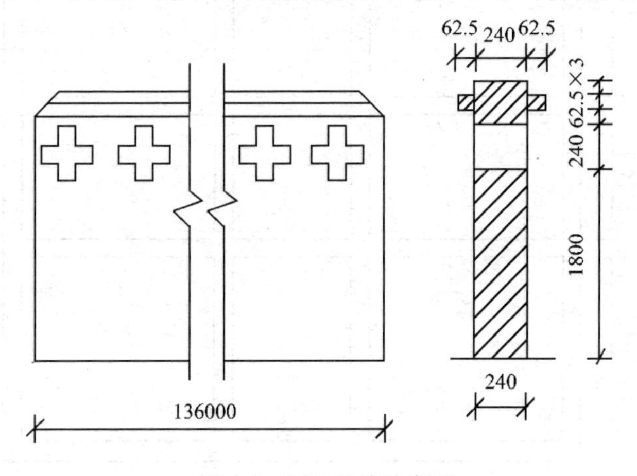

图 4-6 某空花墙示意图

【解】 (1) 清单工程量

1) 实砌砖墙工程量：

$V_{实}=(1.8\times0.24+0.0625\times2\times0.0625+0.0625\times3\times0.24)\times136m^3$

$=65.93m^3$

【注释】 1.8×0.24 为下部砖砌墙截面面积，0.0625×2×0.0625＋0.0625×3×0.24 此部分为空花墙上部砖砌墙的截面面积，136 为墙的长度。

2) 空花墙部分工程量：

$V_{空花}=0.24\times0.24\times136m^3=7.83m^3$

【注释】 0.24×0.24 为空花墙截面面积，136 为墙的长度。

清单工程量计算见表 4-7。

清单工程量计算表 表 4-7

序号	项目编码	项目名称	项目特征描述	计量单位	工程量
1	010401003001	实心砖墙	实心砖墙，外墙厚 365mm，内墙厚 240mm	m^3	65.93
2	010401007001	空花墙	空花墙，墙厚 240mm，墙高 240mm	m^3	7.83

(2) 定额工程量与清单工程量相同。

$$V_{实砌}=65.93\text{m}^3。$$

套用基础定额 4-4。

$$V_{空花墙}=7.83\text{m}^3。$$

套用基础定额 4-28。

项目编码：010401008 项目名称：填充墙

【例 4-7】 如图 4-7 所示，为某建筑一榀框架示意图，试根据图示标注尺寸计算填充墙工程量（设填充墙厚 240mm）。

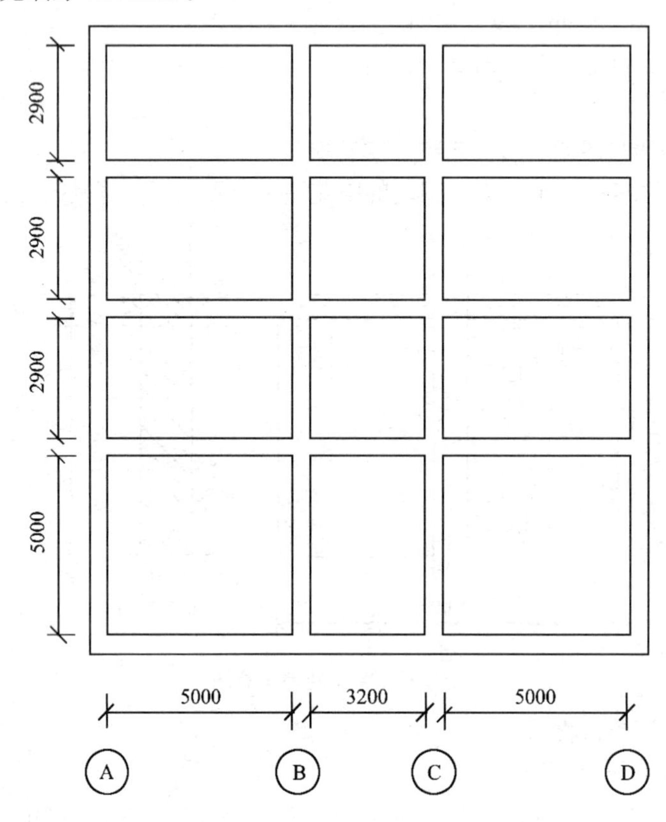

图 4-7 某建筑一榀框架示意图

【解】 (1) 清单工程量

$V_{填充}=[(2.9\times5\times2+2.9\times3.2)\times3+5\times5\times2+5\times3.2)]\times0.24\text{m}^3$

$=43.40\text{m}^3$

【注释】 $(2.9\times5\times2+2.9\times3.2)\times3$ 此部分为宽为 2.9，长为 5 和 3.2 的房间的总面积。$5\times5\times2$ 为边长为 5 的房间总面积。5×3.2 长为 5，宽为 3.2 的房间面积。

清单工程量计算见表 4-8。

清单工程量计算表 **表 4-8**

项目编码	项目名称	项目特征描述	计量单位	工程量
010401008001	填充墙	墙体厚 240mm	m^3	43.40

(2)定额工程量与清单工程量相同。

$$V_{填充}=43.40m^3$$

套用基础定额 4-4。

项目编码：010403006 项目名称：石栏杆

【例 4-8】 如图 4-8 所示，为南方某学校二层外廊式教室示意图，其栏杆采用砌石栏杆，试计算该图所示栏杆的工程量。

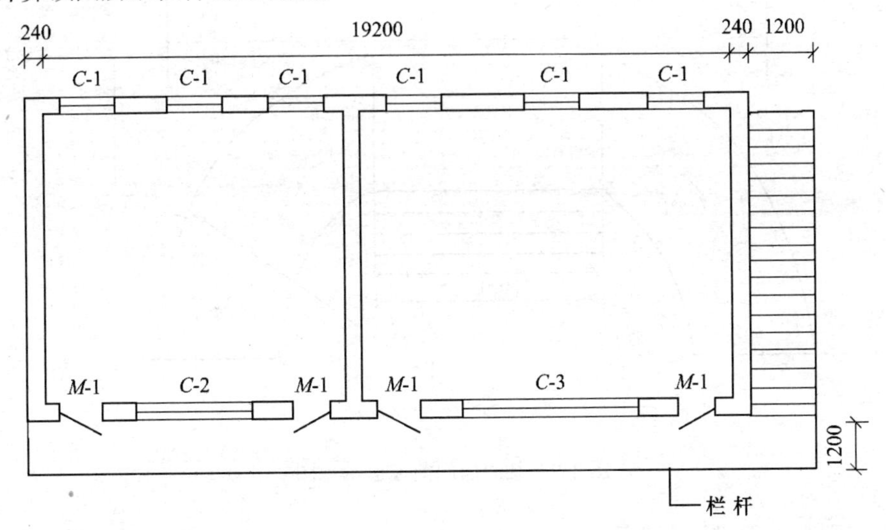

图 4-8 某外廊式教室示意图

【解】 (1) 清单工程量

套用项目编码为 010403006，则其工程量

$$L_{砌石栏杆}=[(0.24+19.2+0.24+1.2\times2)+1.2]m=23.28m$$

【注释】 0.24+19.2+0.24 为砌石栏杆到右边紧挨楼梯的教室的墙的外边线的长，1.2×2 为砌石栏杆的宽，1.2 为正对楼梯部分的栏杆长。

清单工程量计算见表 4-9。

清单工程量计算表 **表 4-9**

项目编码	项目名称	项目特征描述	计量单位	工程量
010403006001	石栏杆	柱截面 240mm×1200mm	m	23.28

(2) 定额工程量

定额中没有石栏杆的项目，根据《楼地面工程》中栏杆工程量的计算规则，该石栏杆工程量亦为 23.28m。

项目编码：010403009 项目名称：石坡道

【例 4-9】 如图 4-9 所示是酒店门前坡道示意图，该坡道采用石砌坡道，试计算其工程量。(用 M10 混合砂浆)

【解】 (1) 清单工程量

根据项目编码 010403009 石坡道项目的工程量计算规则：按设计图示尺寸以水平投影

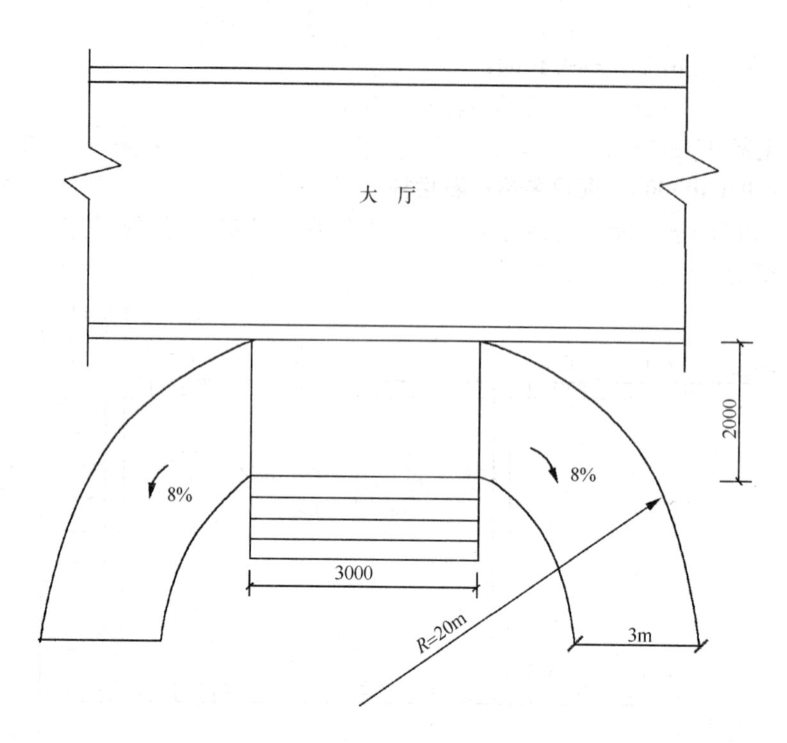

图 4-9 某酒店门前坡道示意图

面积计算。则其工程量计算如下：

$$S_{石坡道}=[\pi\times20^2-\pi\times(20-3)^2]\times\frac{1}{2}-3\times3\text{m}^2=165.36\text{m}^2$$

【注释】 $\pi\times20^2$ 为外圆面积，$\pi\times(20-3)^2$ 为内圆面积，3×3 为门前平台面积。

清单工程量计算见表 4-10。

清单工程量计算表 **表 4-10**

项目编码	项目名称	项目特征描述	计量单位	工程量
010403009001	石坡道	M10 混合砂浆	m^2	165.36

(2) 由于定额中没有石坡道项目，故暂不计算定额工程量。

项目编码：010403010 项目名称：石地沟、明沟

【例 4-10】 如图 4-10 所示，为某地沟示意图，试计算地沟工程量。(用 10mm 厚混凝土垫层)

【解】 (1) 清单工程量

根据项目编码 010403010 的工程量计算规则

$$L_{石地沟}=(38+27-0.6)\text{m}=64.40\text{m}$$

【注释】 38 为横向地沟的长度，27 为纵向地沟的长度，0.6 为地沟的宽度。

清单工程量计算见表 4-11。

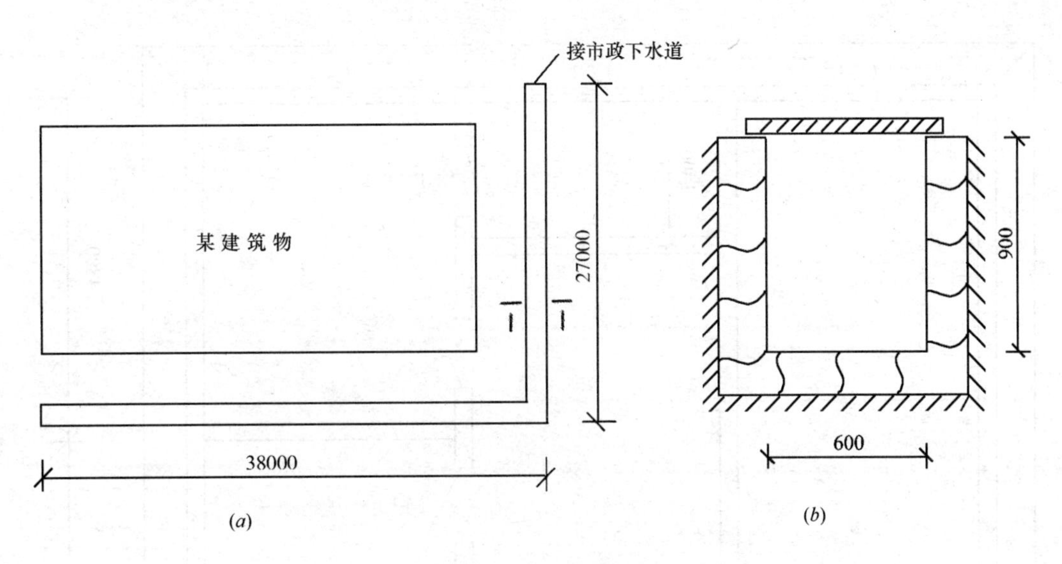

图 4-10　某地沟示意图
(a) 平面图；(b) 1-1 剖面图

清单工程量计算表　　表 4-11

项目编码	项目名称	项目特征描述	计量单位	工程量
010403010001	石地沟、石明沟	垫层采用 10mm 厚混凝土垫层	m	64.40

(2) 定额工程量

定额中计算规则与清单相同：

$$L_{石地沟}=64.4m。$$

套用基础定额 4-80。

项目编码：010401013　项目名称：砖散水、地坪

【例 4-11】 如图 4-11 所示，该建筑物的散水为砖散水，试计算其散水工程量（散水宽度 600mm，厚度 50mm）。

【解】 (1) 清单工程量

根据清单中项目编码 010404014 的工程量计算规则，其砖散水的工程量为：

$$S_{砖散水}=[(3.6\times3+0.24+0.6\times2)\times2+(5.4+4.8+0.24)\times2]\times0.6m^2$$
$$=(24.48+20.88)\times0.6m^2$$
$$=27.22m^2$$

【注释】 (3.6×3+0.24+0.6×2) 为建筑物的散水长，5.4+4.8+0.24 为建筑物的散水宽，0.6 为散水宽度。

清单工程量计算见表 4-12。

清单工程量计算表　　表 4-12

项目编码	项目名称	项目特征描述	计量单位	工程量
010401013001	砖散水、地坪	散水宽度 600mm，厚度 50mm	m^2	27.22

(2) 定额工程量

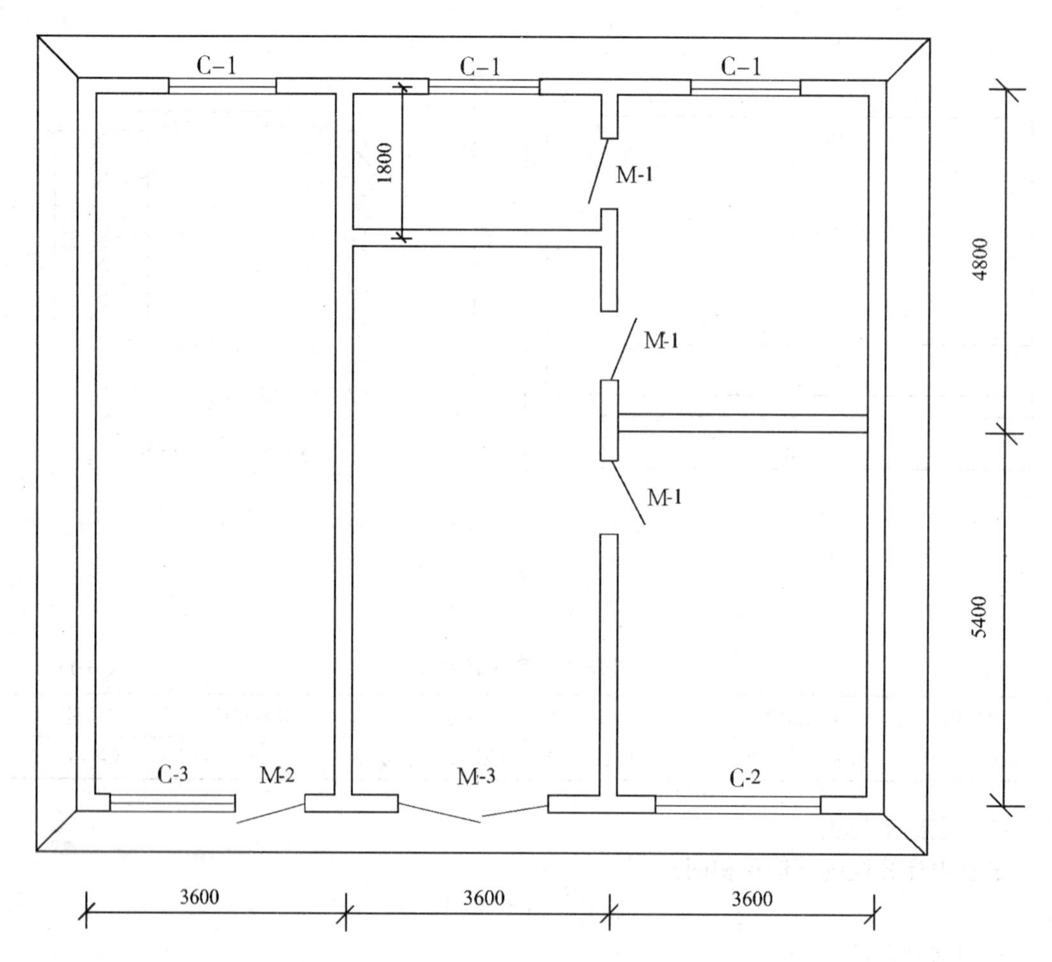

图 4-11　某单层建筑平面图

根据《楼地面工程》关于散水工程量计算规则与清单相同，即

$$S_{砖散水}=27.22\text{m}^2$$

项目编码：010401013001　项目名称：砖散水、地坪

【例 4-12】 如图 4-11 所示，该室内地坪用砖铺，试计算室内地坪工程量（地坪厚 50mm）。

【解】 (1) 清单工程量

根据清单中项目编码 010401013 的工程量计算规则，其室内地坪的工程量为：

$$\begin{aligned}S_{室内地坪}=&[(5.4+4.8-0.24)\times(3.6-0.24)+(5.4+4.8-1.8-0.24)\times(3.6-0.24)+\\&(5.4-0.24)\times(3.6-0.24)+(4.8-0.24)\times(3.6-0.24)+(1.8-0.24)\times\\&(3.6-0.24)]\text{m}^2\\=&(33.47+27.42+17.34+15.32+5.24)\text{m}^2\\=&98.79\text{m}^2\end{aligned}$$

【注释】 计算室内地坪均为房间净长线。(5.4+4.8−0.24)×(3.6−0.24)此部分为左侧房间的面积，(5.4+4.8−1.8−0.24)×(3.6−0.24)为中间下侧房间面积，(5.4−0.24)×(3.6−0.24)为右下侧房间面积，(4.8−0.24)×(3.6−0.24)为右上侧房间面积，

(1.8－0.24)×(3.6－0.24)为中上房间的面积。

清单工程量计算见表 4-13。

清单工程量计算表 **表 4-13**

项目编码	项目名称	项目特征描述	计量单位	工程量
010401013001	砖散水、地坪	地坪厚 50mm	m^2	98.79

(2)定额工程量

由于定额中无此项目，所以按清单计算工程量。

项目编码：010401014 项目名称：砖地沟、明沟

【例 4-13】 如图 4-12 所示，其地沟长度为 180m，计算地沟砌砖工程量。

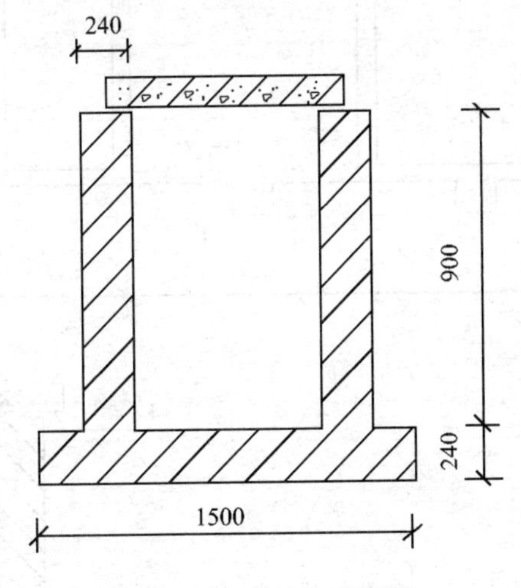

图 4-12 砖地沟示意图

【解】 (1) 清单工程量

根据清单中项目编码为 010401014 中工程量计算规则。

$$L_{地沟}=180.00m$$

清单工程量计算见表 4-14。

清单工程量计算表 **表 4-14**

项目编码	项目名称	项目特征描述	计量单位	工程量
010401014001	砖地沟、明沟	沟截面尺寸 1500mm×1140mm	m	180.00

(2) 定额工程量

根据定额，砖砌地沟不分墙基、墙身合并以立方米计算，即：

$V_{地沟}=(1.5\times0.24+0.9\times0.24\times2)\times180m^3=142.56m^3$

【注释】 1.5×0.24 为墙基的截面面积，1.5 为墙基的长，0.24 为墙基的宽；0.9×0.24×2 为两侧墙身的截面面积，0.9 为墙身的长，0.24 为墙身的宽；180 为地沟的长度。

套用基础定额 4-61。

项目编码：010401003 项目名称：实心砖墙

【例 4-14】 求附墙砖垛的工程量，如图 4-13 所示。

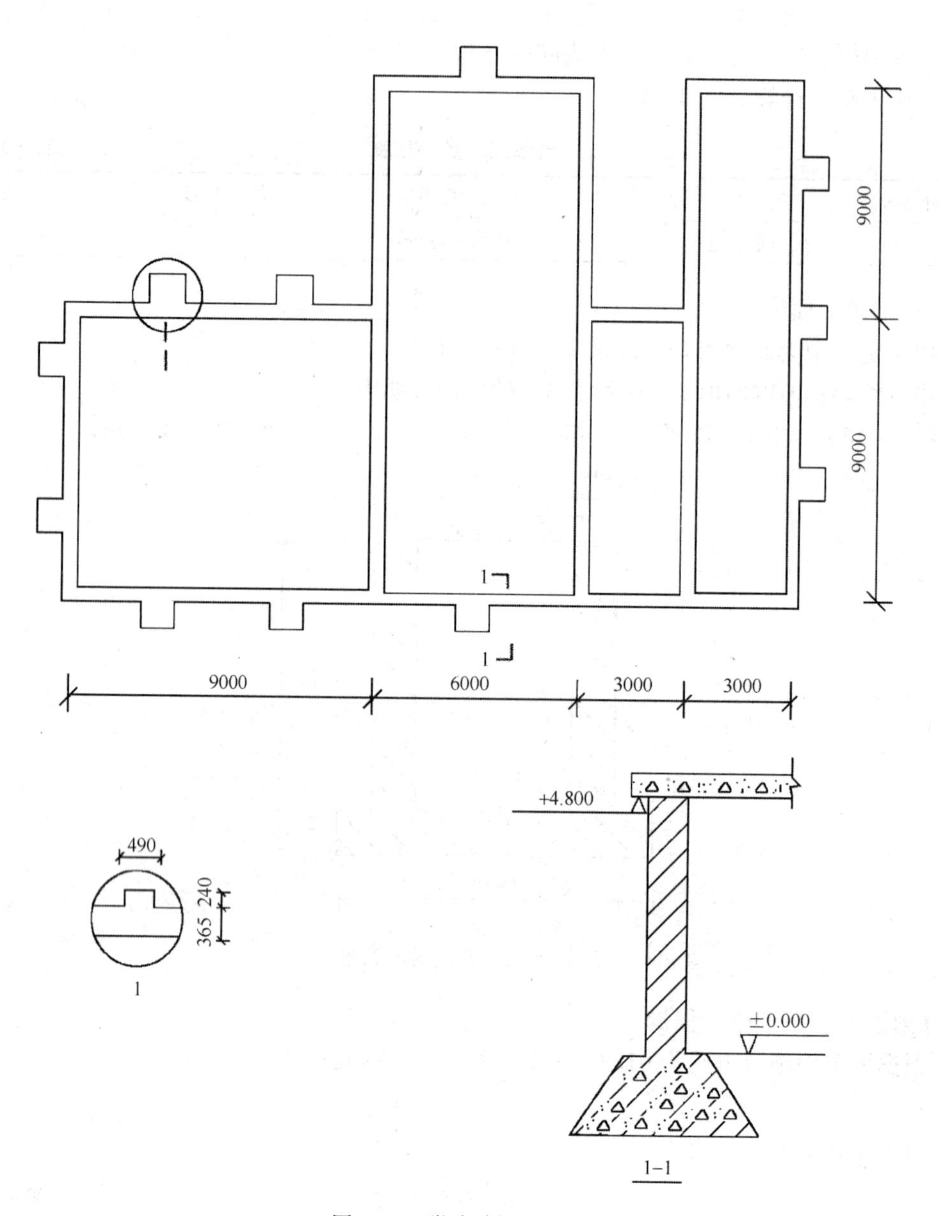

图 4-13 附墙砖垛示意图

【解】 (1) 清单工程量

1) 墙垛工程量:

$$V_{墙垛}=0.24\times0.49\times11\times4.8m^3=6.21m^3$$

【注释】 0.24 为墙垛的宽，0.49 为墙垛的长，4.8 为墙垛的高，11 为墙垛的个数。

2) 砖体工程:

$L_{外}=(9+6+3+3+9+9+9)\times2m=96m$

$L_{内}=(9-0.365)\times3m=25.91m$

$V_{砖墙}$=(外墙中心线长度+内墙净长度)×墙厚×墙高

$=[(9+6+3+3)\times2+9\times3\times2+(9-0.365)\times3]\times0.365\times4.8m^3$

$=213.59m^3$

砖垛和砖墙工程量合计：

$V=(6.21+213.59)\text{m}^3=219.80\text{m}^3$

清单工程量计算见表 4-15。

清单工程量计算表 **表 4-15**

项目编码	项目名称	项目特征描述	计量单位	工程量
010401003001	实心砖墙	实心砖墙，外墙厚 365mm，内墙厚 365mm，墙高 4.8m	m^3	219.80

（2）定额工程量

根据定额要求：附墙砖垛工程量按砖垛实体积立方米为单位计算，然后将其体积并入砖垛所依附的墙身工程量，所以工程量与清单工程量相同。

$$V=219.80\text{m}^3$$

套用基础定额 4-5。

项目编码：010401003　项目名称：实心砖墙

【例 4-15】 求如图 4-14 所示女儿墙的工程量

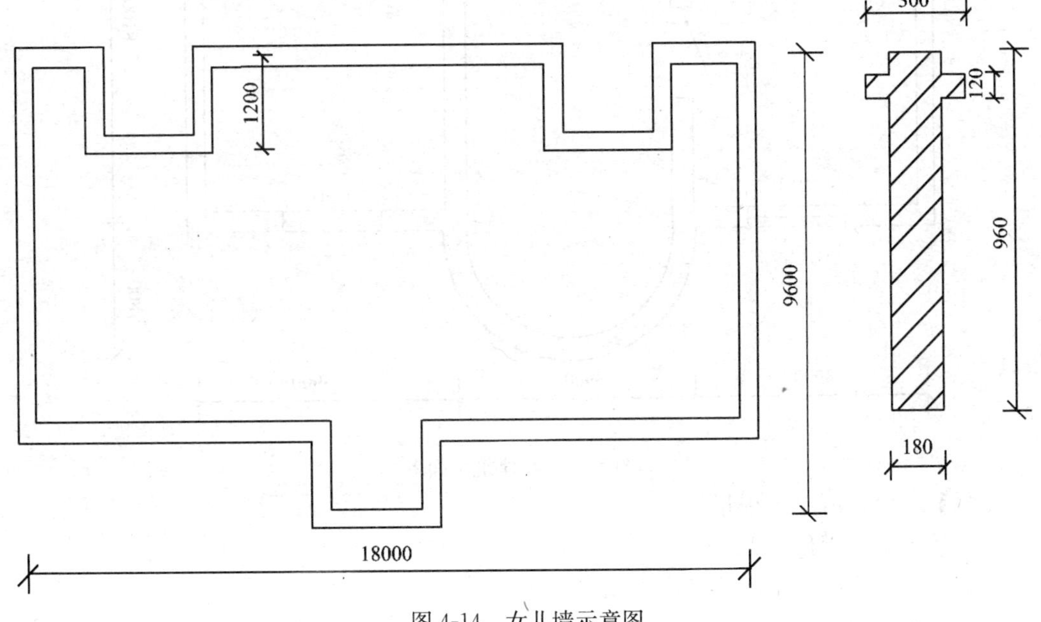

图 4-14　女儿墙示意图

【解】 （1）清单工程量

女儿墙工程量 V =女儿墙的断面面积×女儿墙中心线

$=[0.18\times0.96+0.12\times(0.3-0.18)]\times[(18+9.6)\times2+1.2\times6]\text{m}^3$

$=11.68\text{m}^3$

【注释】 0.18×0.96 为女儿墙墙身截面的面积，0.12×（0.3−0.18）为女儿墙墙沿的截面面积，（18+9.6）×2+1.2×6 为女儿墙外墙线的总长。

清单工程量计算见表 4-16。

清单工程量计算表 **表 4-16**

项目编码	项目名称	项目特征描述	计量单位	工程量
010401003001	实心砖墙	实心砖墙，墙厚 180mm，墙高 960mm	m^3	11.68

(2) 定额工程量与清单工程量相同

$V=11.68m^3$

套用基础定额 4-3。

项目编码：010401003　项目名称：实心砖墙

【例 4-16】 如图 4-15 所示，砖墙墙厚 240mm，墙高 4.8m，M—1：1.2m×1.8m，M—2：1.8m×2.4m，C—1：1.5m×1.8m，求该建筑的墙体工程量。

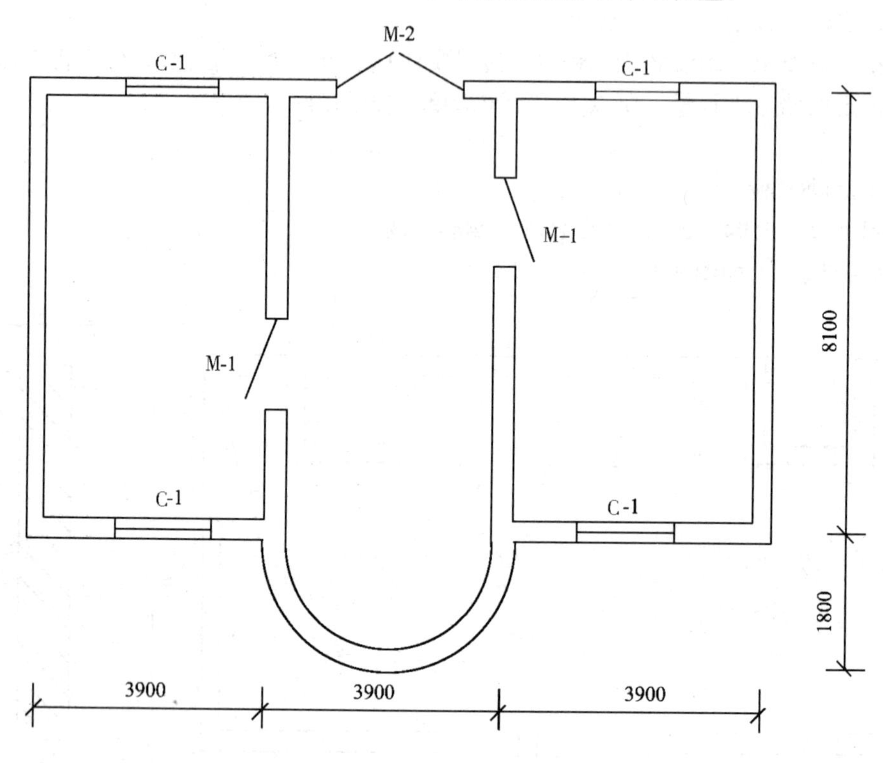

图 4-15　某建筑平面图

【解】 (1) 清单工程量

1) 弧形墙工程量：

$V_{弧形墙}$ = 弧形墙体中心线长度×墙厚×墙高

$=3.14\times1.8\times0.24\times4.8m^3$

$=6.51m^3$

2) 外墙工程量

$V_{外墙}$ = 外墙中心线长度×墙厚×墙高

$=[(3.9\times3+8.1)\times2-3.9]\times0.24\times4.8m^3$

$=41.13m^3$

3) 内墙工程量

$V_{内墙}$ = 内墙净长度×墙厚×墙高 $=(8.1-0.24)\times2\times0.24\times4.8m^3=18.11m^3$

4) 门窗洞口体积

$V_{洞口}=(1.2\times1.8\times0.24\times2+1.8\times2.4\times0.24+1.5\times1.8\times4\times0.24)m^3$

$=4.67m^3$

【注释】 1.2×1.8×0.24×2 为门 1 的体积，1.8×2.4×0.24 为门 2 的体积，1.5×1.8×4×0.24 为窗 1 的体积。

5）砖墙体积

$V = V_{弧形墙} + V_{外墙} + V_{内墙} - V_{洞口}$

$= (6.51 + 41.13 + 18.11 - 4.67)\ m^3$

$= 61.08m^3$

清单工程量计算见表 4-17。

清单工程量计算表 **表 4-17**

项目编码	项目名称	项目特征描述	计量单位	工程量
010401003001	实心砖墙	实心砖墙，墙厚 240mm，墙高 4.8m	m^3	61.08

（2）定额工程量与清单工程量相同

$V = 61.08m^3$

套用基础定额 4-4。

项目编码：010401003　项目名称：实心砖墙

【例 4-17】 如图 4-16 所示，求砖墙体工程量。

【解】 （1）清单工程量

1）外墙体工程量

$V_{外墙}$ = 外墙中心线×墙厚×墙高

$= (4.8 + 5.1 + 5.7 + 2.4) \times 2 \times 0.24 \times (3.9 + 0.9) m^3$

$= 41.47m^3$

2）内墙墙体工程量

$V_{内墙}$ = 内墙净长度×墙厚×墙高

$= (5.7 + 2.4 - 0.24 + 5.1 - 0.24) \times 0.24 \times 3.9m^2$

$= 11.91m^3$

3）门窗洞口所占体积

$V_{洞口} = (1.8 \times 2.4 \times 0.24 \times 3 + 2.1 \times 2.4 \times 0.24 + 0.9 \times 1.8 \times 0.24 \times 2) m^3$

$= (3.11 + 1.21 + 0.78) m^3$

$= 5.10m^3$

4）砖墙体工程量

$V = V_{外墙} + V_{内墙} - V_{洞口} = (41.47 + 11.91 - 5.10) m^3 = 48.28m^3$

清单工程量计算见表 4-18。

清单工程量计算表 **表 4-18**

项目编码	项目名称	项目特征描述	计量单位	工程量
010401003001	实心砖墙	实心砖墙墙厚 240mm，外墙高 4.9m，内墙高 3.9m	m^3	48.28

（2）定额工程量

根据定额中工程量计算规则与清单中相同，故定额计算工程量

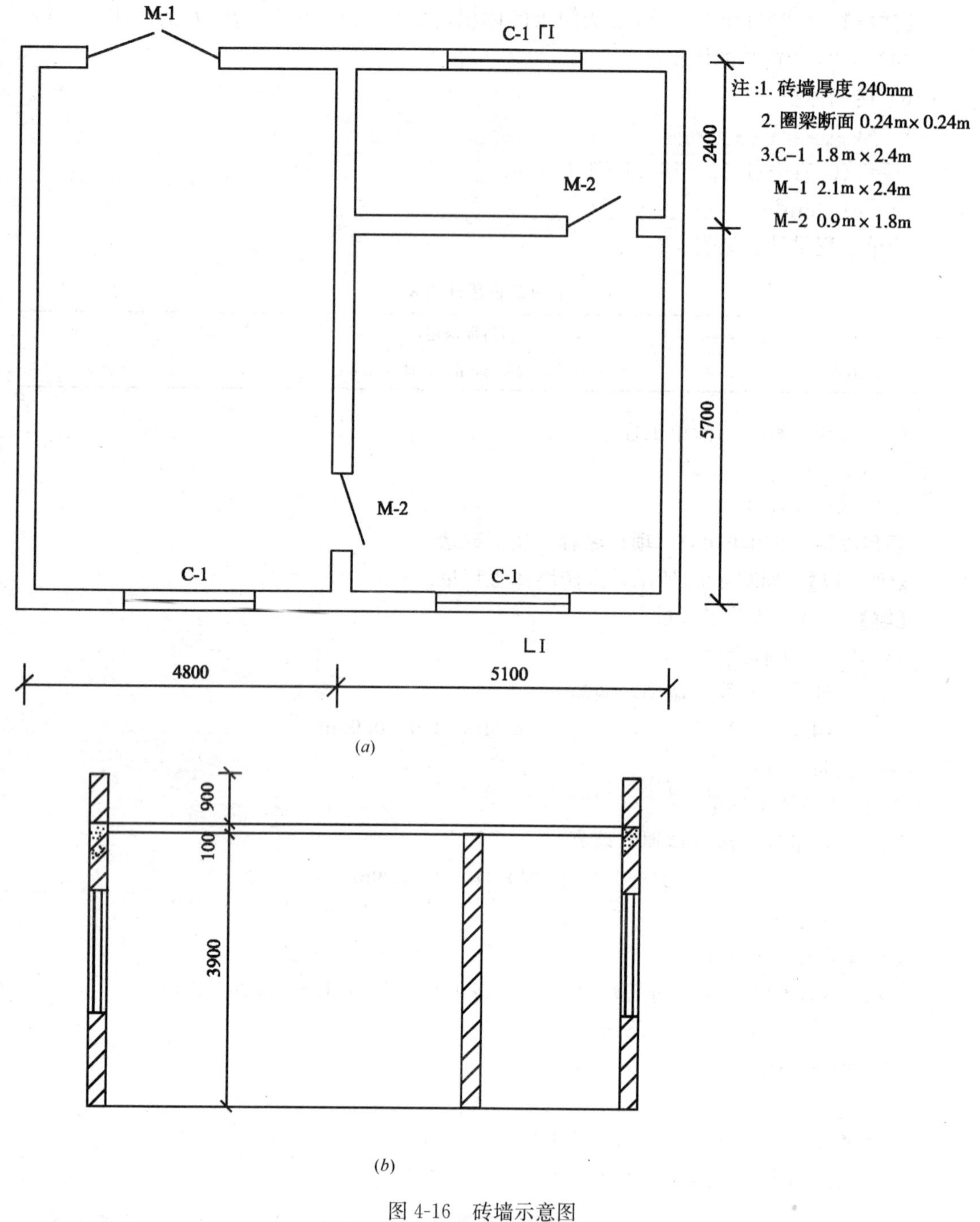

图 4-16 砖墙示意图

(a) 平面图；(b) I-I 剖面图

V=48.28m^3

套用基础定额 4-4。

项目编码：010401009 项目名称：实心砖柱

【例 4-18】 如图 4-17 所示，该图是某酒店雨篷下独立砖柱，试计算该砖柱工程量(该砖柱截面为正方形)。

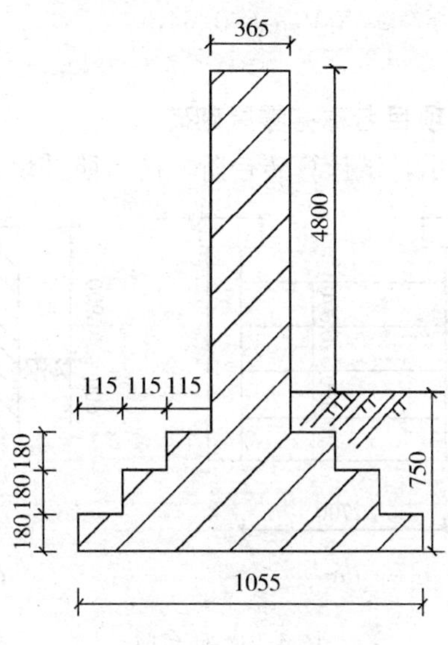

图 4-17 独立砖柱示意图

【解】 (1) 清单工程量

1) 独立砖基础工程量

$V_{基础}=[1.055\times1.055\times0.18+(1.055-0.115\times2)\times(1.055-0.115\times2)\times0.18+(1.055-0.115\times4)\times(1.055-0.115\times4)\times0.18+0.365\times0.365\times(0.75-0.18\times3)]m^3$

$=(0.200+0.123+0.064+0.028)m^3$

$=0.42m^3$

【注释】 1.055×1.055×0.18 为大放脚一层截面面积，1.055 为一层长度，0.18 为一层高度。(1.055－0.115×2)×(1.055－0.115×2)×0.18 此部分为大放脚二层截面面积，(1.055－0.115×2)此部分为二层截面长度，0.18 为二层高度。(1.055－0.115×4)×(1.055－0.115×4)×0.18 为大放脚三层截面面积。0.365×0.365×(0.75－0.18×3)为三层上部到地面的体积。

2) 砖柱工程量

$$V_{砖柱}=0.365\times0.365\times4.8m^3=0.64m^3$$

【注释】 0.365×0.365 为柱截面面积，4.8 为柱的高度。

清单工程量计算见表 4-19。

清单工程量计算表 表 4-19

序号	项目编码	项目名称	项目特征描述	计量单位	工程量
1	010401001001	砖基础	独立基础深 750mm	m^3	0.42
2	010401009001	实心砖柱	实心砖柱截面 365mm×365mm，柱高 4.8m	m^3	0.64

(2) 定额工程量

定额工程量与清单工程量相同。

$$V_{基础}=0.42m^3$$

$$V_{砖柱}=0.64m^3$$

套用基础定额 4-39。

项目编码：010401012　项目名称：零星砌砖

【例 4-19】 如图 4-18 所示，试计算砖台阶，砖台阶挡墙工程量。

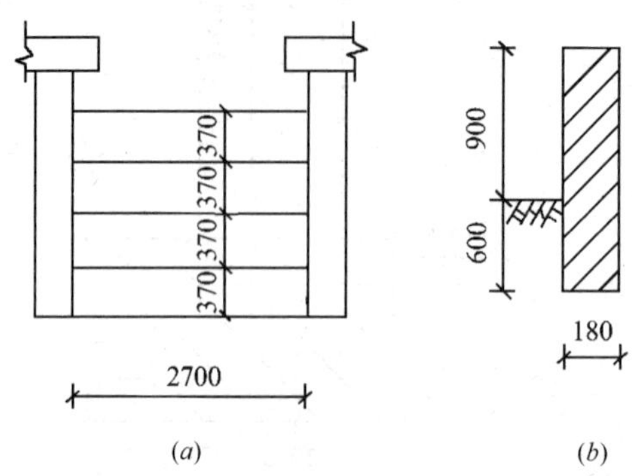

图 4-18　砖台阶

(a) 砖台阶示意图；(b) 台阶挡墙剖面图

【解】 (1) 清单工程量

1) 砖台阶工程量

$S_{台阶}=2.7\times0.37\times4m^2=4.00m^2$

【注释】 2.7 为台阶的长，0.37 为台阶的宽，4 为台阶的个数。

2) 台阶挡墙工程量

$S_{挡墙}=0.18\times(0.6+0.9)\times2m^2=0.54m^2$

【注释】 0.18 为挡墙的宽，(0.6+0.9)为挡墙的高。

清单工程量计算见表 4-20。

清单工程量计算表　　表 4-20

项目编码	项目名称	项目特征描述	计量单位	工程量
010401012001	零星砌砖	砖台阶	m^2	4.00
010401012002	零星砌砖	台阶挡墙	m^2	0.54

(2) 定额工程量

定额工程量计算规则与清单相同。

$S_{台阶}=4.00m^2$

台阶套用基础定额 4-54。

$S_{挡墙}=0.54m^3$

挡墙套用基础定额 4-60。

项目编码：010401012　项目名称：零星砌砖

【例 4-20】 如图 4-19 所示，求厕所蹲台工程量（中间蹲孔不作考虑）。

【解】 (1) 清单工程量

厕所蹲台工程量 $V=[0.36\times0.12+1.5\times0.36]\times1.2\times4m^3=2.80m^3$

【注释】 0.36×0.12 为蹲台左侧部分的截面积，1.5×0.36 为中间部分的截面积，

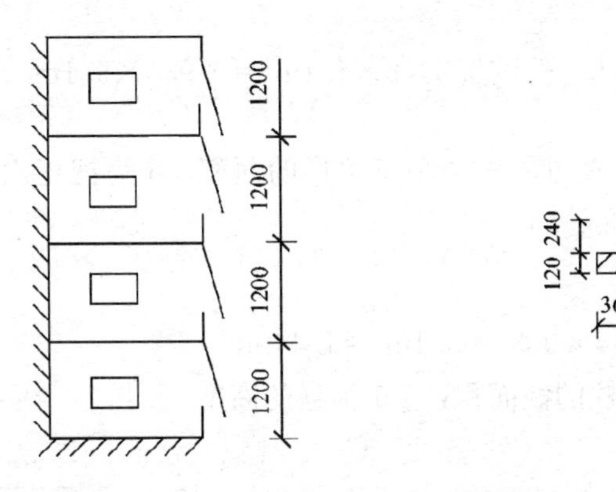

图 4-19 厕所蹲台示意图

1.2 为长度，4 为个数。

清单工程量计算见表 4-21。

清单工程量计算表 **表 4-21**

项目编码	项目名称	项目特征描述	计量单位	工程量
010401012001	零星砌砖	厕所蹲位	m^3	2.80

(2)定额工程量

定额工程量与清单工程量相同。

$$V=2.80\text{m}^3$$

套用基础定额 4-60。

项目编码：010401009 项目名称：实心砖柱

【例 4-21】 如图 4-20、图 4-21 所示，试计算实心砖柱工程量。

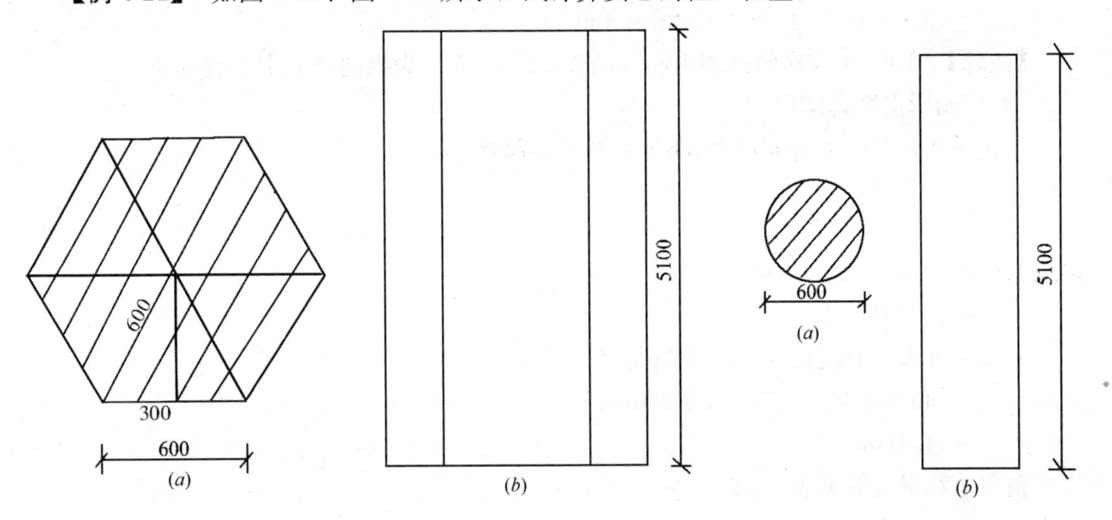

图 4-20 正六边形砖柱示意图
(a) 剖面图；(b) 立面图

图 4-21 圆形砖柱示意图
(a) 剖面图；(b) 立面图

【解】 (1) 清单工程量

1) 正六边形砖柱工程量

$V_{六边形}$＝截面积×高度＝$0.6\times\frac{\sqrt{3}}{2}\times0.3\times6\times5.1m^3=0.935\times5.1m^3=4.77m^3$

【注释】 $0.6\times\frac{\sqrt{3}}{2}\times0.3$ 为六边形一个小三角形的面积，6 为把正六边形分成 6 个小三角形，5.1 为砖柱的高。

2）圆形砖柱工程量

$V_{圆形}$＝截面积×高度＝$3.14\times0.3^2\times5.1m^3=1.44m^3$

【注释】 3.14×0.3^2 为砖柱的截面积，5.1 为柱的高度。

清单工程量计算见表 4-22。

清单工程量计算表 **表 4-22**

序号	项目编码	项目名称	项目特征描述	计量单位	工程量
1	010401009001	实心砖柱	独立柱，正六边形截面，柱高 5.1m	m^3	4.77
2	010401009002	实心砖柱	独立柱，圆形截面 R＝300mm，柱高 5.1m	m^3	1.44

（2）定额工程量

定额工程量与清单工程量相同。

$$V_{六边形}=4.77m^3 \qquad V_{圆形}=1.44m^3$$

套用基础定额 4-44。

项目编码：010403002　项目名称：石勒脚

【例 4-22】 如图 4-22 所示，求图示勒脚工程量（用 M10 混合砂浆）。

【解】 （1）清单工程量

1）外墙中心线长度

$L_{外墙}=(3.6\times4+2.4+5.7)\times2m=45m$

【注释】 3.6×4 为横向外墙中心线的长，2.4＋5.7 为纵向外墙中心线的长。

2）门洞所占勒脚体积

$V_{门洞}=(0.9\times0.36\times0.75+1.8\times0.36\times0.75)m^3$

$=0.729m^3$

【注释】 0.9 为 M-2 的宽，0.36 为勒脚的宽，0.75 为勒脚高。1.8 为 M-3 的宽，0.36 为勒脚的宽，0.75 为勒脚高。

3）勒脚工程量

$V_{勒脚}$＝外墙中心线长度×勒脚截面积－门洞所占体积

$=(45\times0.36\times0.75-0.729)m^3$

$=11.42m^3$

清单工程量计算见表 4-23。

清单工程量计算表 **表 4-23**

项目编码	项目名称	项目特征描述	计量单位	工程量
010403002001	石勒脚	M10 混合砂浆	m^3	11.42

（2）定额工程量

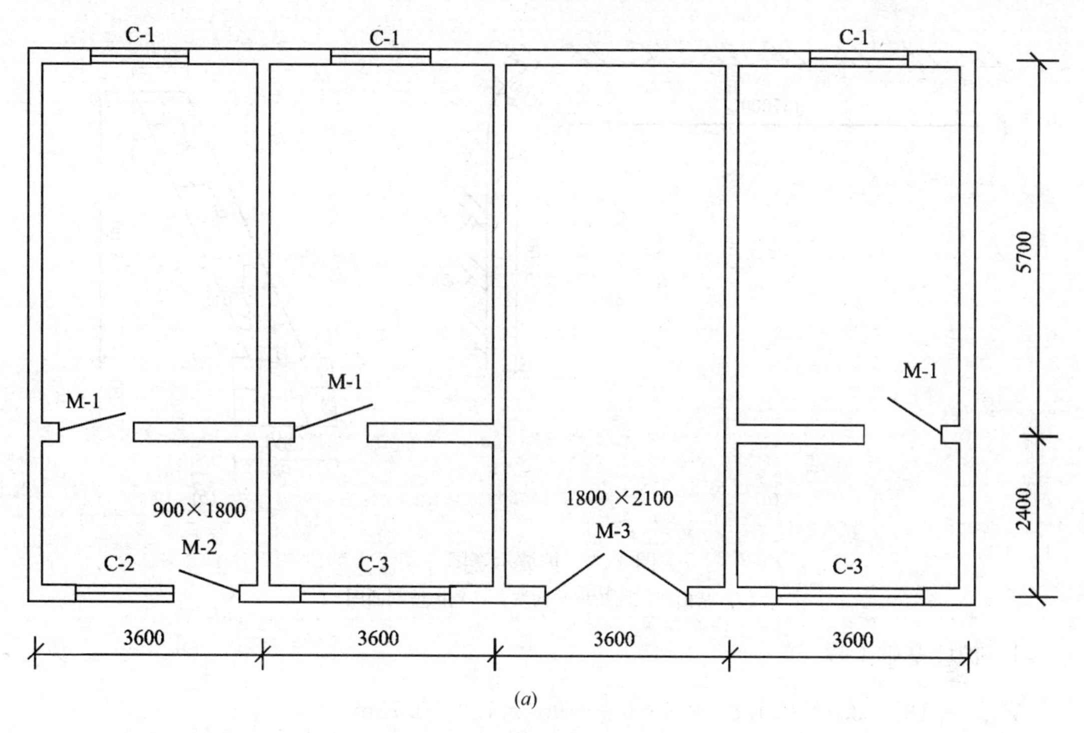

(a)

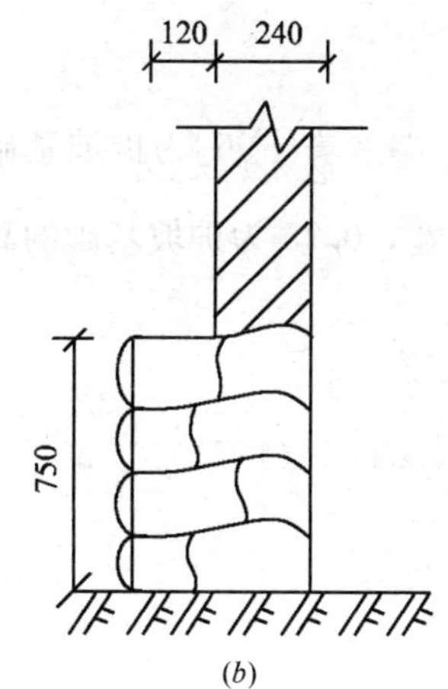

(b)

图 4-22 某建筑图

(a) 某建筑物一层平面示意图；(b) 勒脚示意图

定额工程量计算规则与清单相同。

$$V_{勒脚}=11.42\text{m}^3$$

套用基础定额 4-68。

项目编码：010403007 项目名称：石护坡

【例 4-23】 如图 4-23 所示，(a) 图是某山庄二面护坡平面图；(b) 图是该护坡剖面图，该山庄采用毛石护坡，试计算毛石护坡工程量。

【解】 (1) 清单工程量

根据图 4-23 可知，该护坡由锥形护坡和非锥形护坡组成。

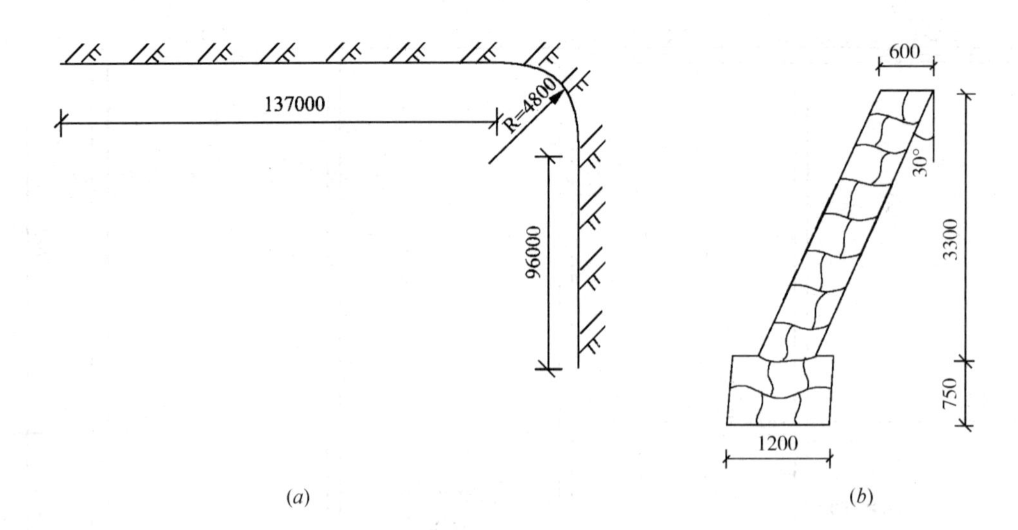

图 4-23　护坡示意图

(a) 某山庄二面护坡平面图；(b) 护坡剖面图

1) 护坡基础工程

$V_{基础}=[137+3.14\times(4.8+0.6)\times\frac{1}{2}+96]\times1.2\times0.75\text{m}^3$

$=217.33\text{m}^3$

【注释】 $[137+3.14\times(4.8+0.6)\times\frac{1}{2}+96]$为护坡基础的长，$3.14\times(4.8+0.6)\times 1/2$为拐角弧长，1.2为护坡基础的宽，0.75为护坡基础的高。

2) 非锥形护坡工程量

$V_{非锥形护坡}$=护坡截面积×护坡长度

$=3.3\times\frac{1}{\cos30°}\times0.6\times\cos30°\times(137+96)\text{m}^3$

$=461.34\text{m}^3$

3) 锥形护坡工程量

$V_{锥形护坡}$=外锥体积－内锥体积

$=\frac{1}{4}\times[\frac{1}{3}\times3.14\times(4.8+1.2)^2\times3.3-\frac{1}{3}\times3.14\times4.8^2\times3.3]\text{m}^3$

$=11.19\text{m}^3$

4) 护坡工程量

$$V=(461.34+11.19)\text{m}^3=472.53\text{m}^3$$

清单工程量计算见表 4-24。

清单工程量计算表　　**表 4-24**

项目编码	项目名称	项目特征描述	计量单位	工程量
010403007001	石护坡	毛石护坡	m^3	472.53

(2) 定额工程量

定额工程量计算规则与清单相同。

1）护坡基础工程量

$$V_{基础}=217.33\text{m}^3$$

套用基础定额 4-66。

2）护坡工程量

$$V=472.53\text{m}^3$$

套用基础定额 4-81。

项目编码：010401003　项目名称：实心砖墙

【例 4-24】 如图 4-24 所示，已知某建筑门窗洞口采用钢筋砖过梁，其中 C-1：1200mm×1500mm，18 个；C-2：1500mm×1800mm，26 个；M-1：900mm×1800mm，20 个；M-2：1200mm×2400mm，4 个。试计算钢筋砖过梁工程量（墙厚 240mm）。

【解】 （1）清单工程量

清单没有钢筋砖过梁项目，应按实心砖墙并入砖墙中计算墙体工程量。

（2）定额工程量

根据定额中关于钢筋砖过梁的规定，平砌砖过梁按门窗洞口宽度两端共加 500mm，高度按 440mm 计算：

C-1 过梁：$(1.2+0.5)\times0.44\times18\times0.24\text{m}^3=3.231\text{m}^3$

【注释】 (1.2+0.5)为窗 1 过梁的宽加 0.5，0.44 为高度，18 为个数，0.24 为墙厚。

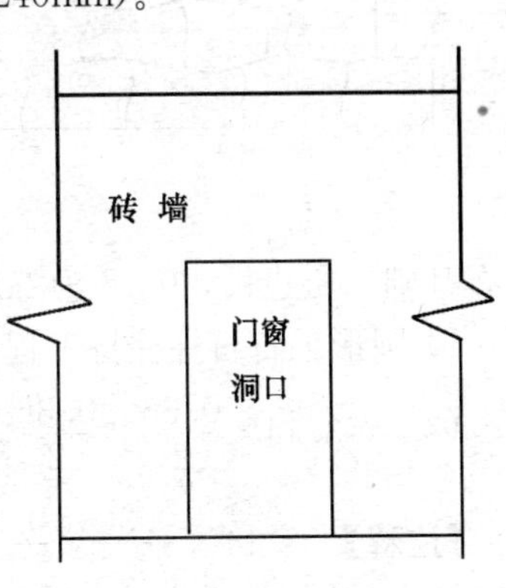

图 4-24　洞口示意图

C－2 过梁：$(1.5+0.5)\times0.44\times26\times0.24\text{m}^3=5.491\text{m}^3$

【注释】 (1.5+0.5)为窗 2 过梁的宽加 0.5，0.44 为高度，26 为个数，0.24 为墙厚。

M－1 过梁：$(0.9+0.5)\times0.44\times0.24\times20\text{m}^3=2.957\text{m}^3$

【注释】 (0.9+0.5)为门 1 过梁的宽加 0.5，0.44 为高度，20 为个数，0.24 为墙厚。

M－2 过梁：$(1.2+0.5)\times0.44\times0.24\times4\text{m}^3=0.718\text{m}^3$

【注释】 (1.2+0.5)为门 2 过梁的宽加 0.5，0.44 为高度，4 为个数，0.24 为墙厚。

钢筋砖过梁工程量 $V=(3.231+5.491+2.957+0.718)\text{m}^3=12.397\text{m}^3$

套用基础定额 4-63。

项目编码：010403005　项目名称：石柱

【例 4-25】 如图 4-25 所示，试计算其毛石石柱工程量。

【解】 （1）清单工程量

1）圆形毛石石柱基础工程量

$$\begin{aligned}V_{基础}&=[(0.7+0.12\times4)\times(0.7+0.12\times4)\times0.18+(0.7+0.12\times2)\times(0.7+0.12\times2)\times0.18+0.7\times0.7\times0.18]\text{m}^3\\&=(0.25+0.16+0.09)\text{m}^3\\&=0.50\text{m}^3\end{aligned}$$

【注释】 (0.7+0.012×4)为毛石基础一层边长，0.18 为一层厚；(0.7+0.12×2)为

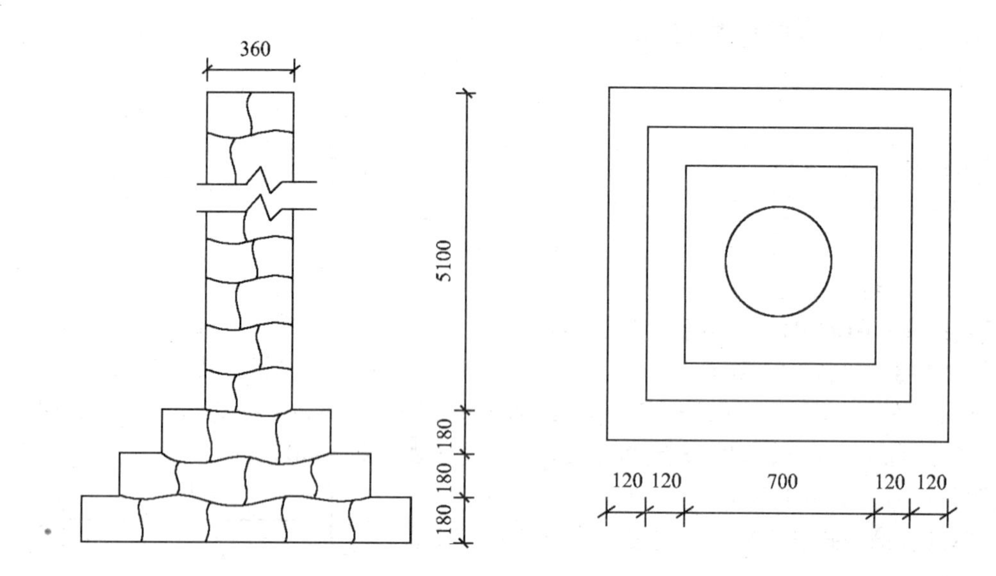

图 4-25 石柱示意图

毛石基础二层边长，0.18 为二层厚；0.7 为基础三层边长，0.18 为三层厚。

2）圆形毛石石柱柱身工程量

$V_{石柱}=3.14\times\frac{0.36}{2}\times\frac{0.36}{2}\times5.1\text{m}^3=0.52\text{m}^3$

【注释】 $3.14\times\frac{0.36}{2}\times\frac{0.36}{2}$为石柱柱身的截面面积，0.36/2 为柱身截面半径，5.1 为柱身高。

清单工程量计算见表 4-25。

清单工程量计算表 **表 4-25**

序号	项目编码	项目名称	项目特征描述	计量单位	工程量
1	010403001001	石基础	毛石基础，基础深 0.54m，独立基础	m^3	0.50
2	010403005001	石柱	毛石柱，柱截面 $R=180$m	m^3	0.52

(2)定额工程量

定额工程量计算规则与清单相同。

1)圆形毛石石柱基础工程量

$$V_{基础}=0.50\text{m}^3$$

套用基础定额 4-66。

2)圆形毛石石柱柱身工程量

$$V_{石柱}=0.52\text{m}^3$$

套用基础定额 4-78。

项目编码：010402001 项目名称：砌块墙

【例 4-26】 如图 4-26 所示，外墙墙厚 240mm，内墙墙厚 180mm，门窗洞口如下：M-1：900mm×1800mm；C-1：1200mm×1500mm；C-2：1500mm×1500mm；C-3：1800mm×1500mm，墙体为空心砖墙，试计算空心砖墙工程量。

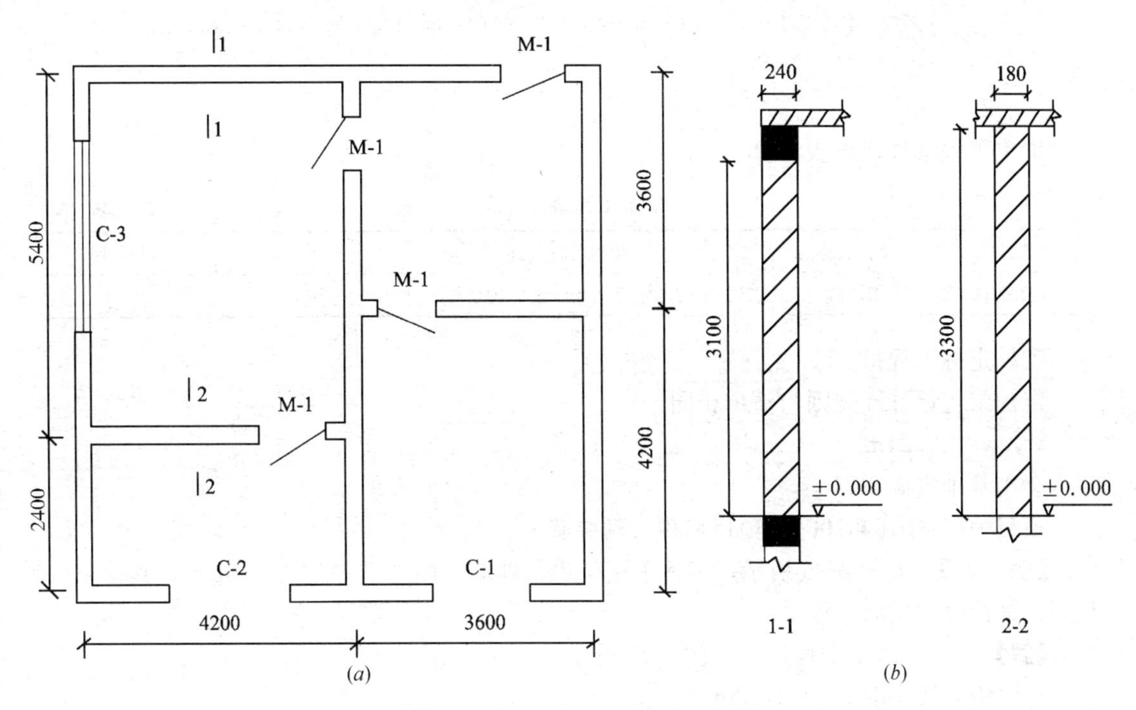

图 4-26 墙体示意图

(*a*)建筑平面图;(*b*)墙体剖面图

【解】 (1)清单工程量

1)外墙中心线长度

$L_{外}$=(4.2+3.6+4.2+3.6)×2m=31.2m

2)内墙净长度

$L_{内墙}$=(4.2+3.6-0.24+4.2-0.12-0.09+3.6-0.12-0.09)m

=14.94m

【注释】 4.2+3.6-0.24 为中间纵向内墙中心线的长度,4.2-0.12-0.09 为左侧横向内墙中心线的长度,3.6-0.12-0.09 为右侧横向内墙中心线的长度,0.18 为内墙厚,0.09 为半墙厚。

3)门窗洞口所占体积

M-1 洞口工程量=(0.9×1.8×0.24+0.9×1.8×0.18×3)m^3

=(0.389+0.874)m^3=1.26m^3

C-1 洞口工程量:1.2×1.5×0.24m^3=0.43m^3

【注释】 1.2×1.5 为窗一的截面积,0.24 为墙厚。

C-2 洞口工程量:1.5×1.5×0.24m^3=0.54m^3

【注释】 1.5×1.5 为窗二的截面积,0.24 为墙厚。

C-3 洞口工程量:1.8×1.5×0.24m^3=0.65m^3

【注释】 1.8×1.5 为窗三的截面积,0.24 为墙厚。

4)空心墙工程量

V=外墙中心线长度×墙厚×墙高+内墙净长度×墙厚×墙高-门窗洞口所占体积

$=[31.2\times0.24\times3.1+15.00\times0.18\times3.3-(1.26+0.43+0.54+0.65)]m^3$

$=(23.21+8.91-2.88)m^3$

$=29.24m^3$

清单工程量计算见表 4-26。

清单工程量计算表 **表 4-26**

项目编码	项目名称	项目特征描述	计量单位	工程量
010402001001	砌块墙	空心砖墙，外墙厚 240mm，内墙厚 180mm	m^3	29.24

（2）定额工程量

定额工程量计算规则与清单相同。

$V_{空心墙}=29.24m^3$

套用基础定额 4-21。

项目编码：010402001 项目名称：砌块墙

【例 4-27】 如图 4-26 所示，墙体采用砌块，外墙、内墙墙厚均为 270mm，其他条件相同，试计算砌块墙工程量。

【解】 （1）清单工程量：由例 4-27 得

外墙中心线长度 $L_{外}=31.2m$

内墙净长度 $L_{内}=(4.2+3.6-0.27+4.2-0.27+3.6-0.27)m$

$=14.79m$

【注释】 4.2+3.6−0.27 为纵向内墙净长，4.2−0.27 为左侧横向内墙净长，3.6−0.27 为右侧横向内墙净长。

门窗洞口所占体积 $V_{洞口}=(0.9\times1.8\times0.27\times4+1.2\times1.5\times0.27+1.5\times1.5\times0.27+1.8\times1.5\times0.27)m^3$

$=3.57m^3$

【注释】 0.9×1.8×0.27×4 为 M−1 的工程量，1.2×1.5×0.27 为 C−1 的工程量，1.5×1.5×0.2 为 C−2 的工程量，1.8×1.5×0.27 为 C−3 的工程量。

则砌块墙工程量：

$V_{砌块墙}$＝外墙中心线长度×墙厚×墙高＋内墙净长度×墙厚×墙高－门窗洞口所占体积

$=(31.2\times0.27\times3.1+14.79\times0.27\times3.3-3.57)m^3$

$=(26.11+13.18-3.57)m^3$

$=35.72m^3$

清单工程量计算见表 4-27。

清单工程量计算表 **表 4-27**

项目编码	项目名称	项目特征描述	计量单位	工程量
010402001001	砌块墙	砌块墙，墙厚 270mm	m^3	35.72

(2)定额工程量

定额工程量计算规则与清单相同。

$$V_{砌块墙}=35.72m^3$$

套用基础定额 4-33。

项目编号：010402002 项目名称：砌块柱

【例 4-28】 如图 4-27 所示，试求该砌块柱工程量。

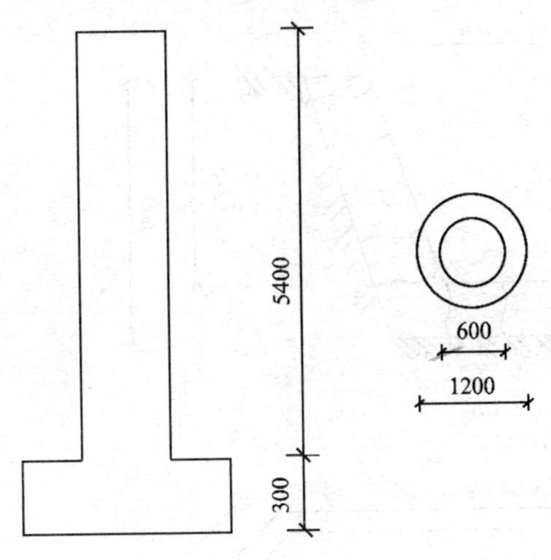

图 4-27 砌块柱尺寸

【解】 (1) 清单工程量

1) 柱大放脚工程量

由图知大放脚的横截面为圆形 $V_1=\frac{1}{4}\times3.14\times1.2^2\times0.3m^3=0.34m^3$

【注释】 $\frac{1}{4}\times3.14\times1.2^2$ 为大放脚横截面面积，0.3 为大放脚的高。

2) 柱身工程量

$$V_2=\frac{1}{4}\times3.14\times0.6^2\times5.4m^3=1.53m^3$$

【注释】 $\frac{1}{4}\times3.14\times0.6^2$ 为柱身横截面面积，5.4 为柱身的长度。

3) 该砌块柱工程量

$$V=V_1+V_2=(0.34+1.53)m^3=1.87m^3$$

清单工程量计算见表 4-28。

清单工程量计算表 **表 4-28**

项目编码	项目名称	项目特征描述	计量单位	工程量
010402002001	砌块柱	柱高 5.4m 柱截面 $R=0.6m$ 的圆形截面	m^3	1.87

(2)定额工程量

定额工程量计算规则与清单相同，该砌块柱工程量。

$$V=1.87m^3$$

套用基础定额 4-33。

项目编号：010403010　项目名称：石地沟、明沟

【例 4-29】 如图 4-28 所示，试计算其毛石明沟工程量。

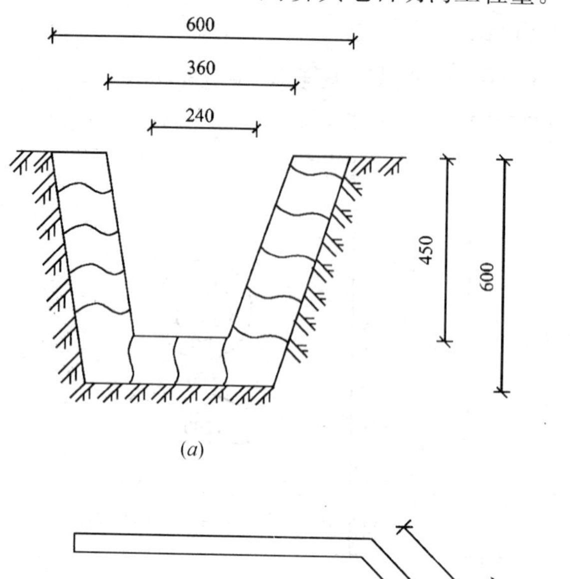

(a)

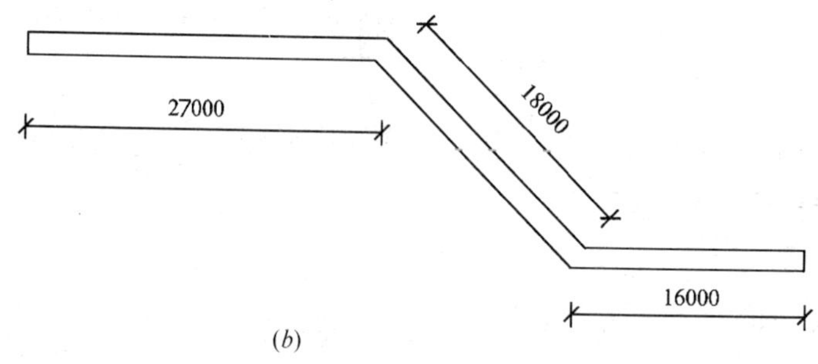

(b)

图 4-28　明沟示意图

(a) 石砌明沟剖面图；(b) 石砌明沟走向图

【解】　(1) 清单工程量

根据清单工程量计算规则，按设计图示以中心线长度计算，即

$$L=(27+18+16)\ \text{m}=61.00\text{m}$$

【注释】 毛石基础的长度。

清单工程量计算见表 4-29。

清单工程量计算表　　**表 4-29**

项目编码	项目名称	项目特征描述	计量单位	工程量
010403010001	石地沟、明沟	沟截面为梯形，上口宽 360mm，下口宽 240mm，高 450mm	m	61.00

(2) 定额工程量

1) 毛石截面积

$$S=[\frac{1}{2}\times(0.6+0.36)\times0.6-\frac{1}{2}\times(0.36+0.24)\times0.45]\text{m}^2$$
$$=(0.29-0.14)\text{m}^2=0.15\text{m}^2$$

【注释】 $\frac{1}{2}\times(0.6+0.36)\times0.6$ 此部分为外侧梯形截面面积，$\frac{1}{2}\times(0.36+0.24)\times$

0.45 此部分为内侧梯形截面面积。两部分相减即为毛石明沟的截面面积。

2）毛石明沟工程 V=毛石截面积×明沟中心线长度=$0.15\times61\text{m}^3=9.15\text{m}^3$

套用基础定额 4-79。

项目编码：010401003　项目名称：实心砖墙

【例 4-30】 如图 4-29 所示，为一山墙立面图，墙厚 365mm，试计算该山墙砌砖工程量。

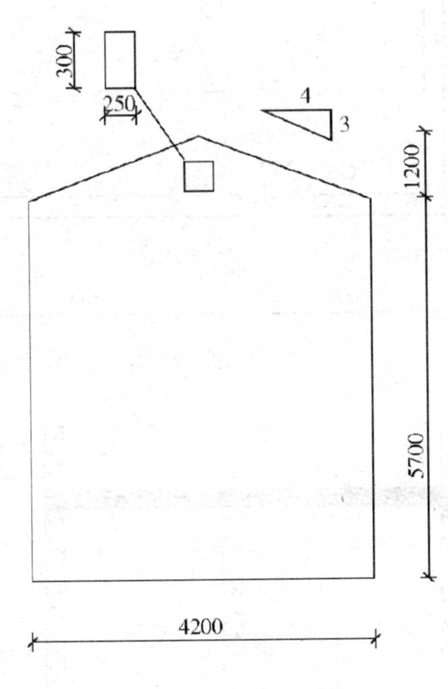

图 4-29　山墙立面图

【解】（1）清单工程量

1）山墙平均高度

$$h=(5.7+\frac{1}{2}\times1.2)\text{m}=6.3\text{m}$$

2）山墙工程量

V=山墙平均高度×山墙宽度×墙厚－洞口体积

$=(6.3\times4.2\times0.365-0.25\times0.3\times0.365)\text{m}^3$

$=9.63\text{m}^3$

【注释】 0.25×0.3 为洞口截面面积，0.365 为墙厚。

清单工程量计算见表 4-30。

清单工程量计算表　　**表 4-30**

项目编码	项目名称	项目特征描述	计量单位	工程量
010401003001	实心砖墙	实心山墙，墙厚 365mm，墙高 6.3m	m^3	9.63

（2）定额工程量

定额工程量计算规则与清单相同。$V_{山墙}=9.63\text{m}^3$

套用基础定额 4-5。

项目编码：010401003　项目名称：实心砖墙

【例 4-31】 如图 4-30 所示，试计算砌砖工程量（门窗表见表 4-31）。

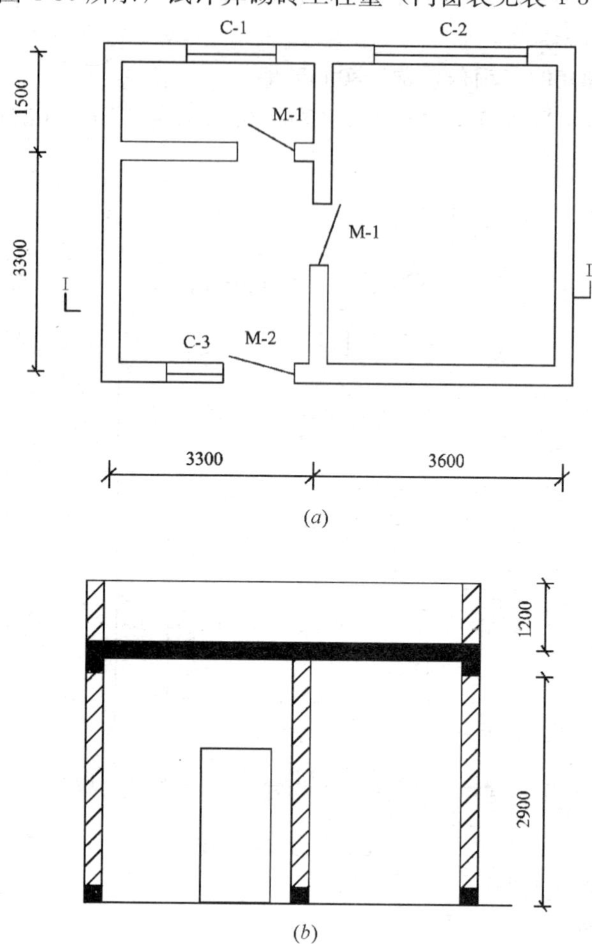

图 4-30　墙体示意图

注：墙厚均为 240mm

(a) 平面图；(b) Ⅰ-Ⅰ剖面图

门窗表　　表 4-31

门窗编号	尺寸（mm）	数　量
C-1	1500×1500	1
C-2	2100×1500	1
C-3	1200×1500	1
M-1	900×1800	2
M-2	900×2100	1

【解】（1）清单工程量

1）外墙中心线长度

$$L_{外}=(3.3+3.6+3.3+1.5)\times 2\text{m}=23.4\text{m}$$

【注释】 3.3+3.6 为外墙线的长，3.3+1.5 为外墙线的宽。

2）内墙净长度

$$L_{内}=(3.3-0.24+3.3+1.5-0.24)\text{m}=7.62\text{m}$$

【注释】 3.3－0.24 为横向内墙净长线长度，3.3＋1.5－0.24 为纵向内墙净长线长度。

3）门窗洞口所占体积

C-1 工程量：$1.5\times1.5\times0.24\text{m}^3=0.54\text{m}^3$

C-2 工程量：$2.1\times1.5\times0.24\text{m}^3=0.76\text{m}^3$

C-3 工程量：$1.2\times1.5\times0.24\text{m}^3=0.43\text{m}^3$

M-1 工程量：$0.9\times1.8\times0.24\times2\text{m}^3=0.78\text{m}^3$

M-2 工程量：$0.9\times2.1\times0.24\text{m}^3=0.45\text{m}^3$

则门窗洞口所占体积 $V_{洞口}=(0.54+0.76+0.43+0.78+0.45)\text{m}^3$

$=2.96\text{m}^3$

4）墙体工程量

V =(外墙中心线长度＋内墙净长度)×墙厚×墙高－门窗洞口所占体积

$=[23.4\times0.24\times(2.9+1.2)+7.62\times0.24\times2.9-2.96]\text{m}^3$

$=(23.03+5.30-2.96)\text{m}^3$

$=25.37\text{m}^3$

清单工程量计算见表 4-32。

清单工程量计算表 表 4-32

项目编码	项目名称	项目特征描述	计量单位	工程量
010401003001	实心砖墙	实心砖墙，墙厚 240mm，外墙高 4.1m，内墙高 2.9m	m^3	25.37

(2) 定额工程量

墙体工程量 $V_{墙}$=(外墙中心线长度＋内墙净长度)×墙厚×墙高－门窗洞口所占体积

$=\{[23.4\times(2.9+1.2)+7.62\times2.9]\times0.24-2.96\}\text{m}^3$

$=25.37\text{m}^3$

女儿墙工程量 $V_{女儿墙}$=外墙中心线长度×墙厚×女儿墙高

$=23.4\times0.24\times1.2\text{m}^3$

$=6.74\text{m}^3$

套用基础定额 4-4。

项目编码：010401003　项目名称：实心砖墙

【例 4-32】 围墙如图 4-31 所示，试求其工程量。

【解】 (1) 清单工程量

1）围墙砖柱工程量

$V_{砖柱}=0.365\times0.365\times2.7\times10\text{m}^3=3.60\text{m}^3$

【注释】 0.365×0.365 为围墙砖柱截面面积，2.7 为围墙的高，10 为个数。

2）除了砖柱的围墙工程量

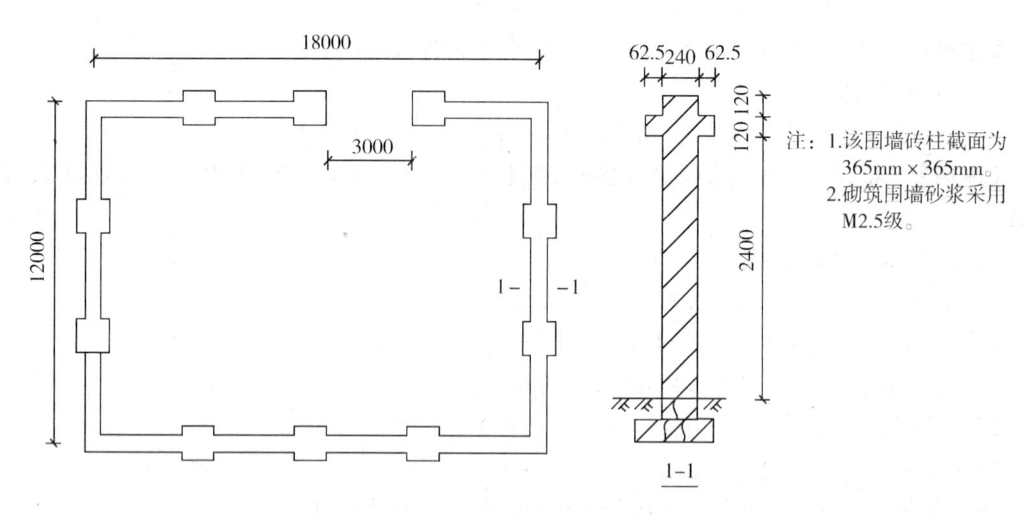

图 4-31　某围墙示意图

V_1 =(围墙中心线长－砖柱长度)×砖墙截面积

=[(18+12)×2－3－0.365×10]×[0.24×(2.4+0.12×2)+0.12×0.0625×2]m^3

=53.35×(0.63+0.02)m^3

=34.68m^3

3）围墙工程量

根据清单中关于围墙的工程量计算规则，围墙柱并入围墙体积内，所以，围墙工程量：

$$V=(3.60+34.68)m^3=38.28m^3$$

清单工程量计算见表 4-33。

清单工程量计算表　　**表 4-33**

项目编码	项目名称	项目特征描述	计量单位	工程量
010401003001	实心砖墙	实心砖墙，墙厚 240mm，墙高 2.7m，砌筑砂浆采用 M2.5 级	m^3	38.28

(2) 定额工程量

1）围墙工程量

$V_{围墙}$ =(围墙中心线长－砖柱长度)×砖墙截面面积

=[(18+12)×2－3－0.365×10]×[0.24×(2.4+0.12×2)+0.12×0.625×2]m^3

=53.35×(0.63+0.02)m^3

=34.68m^3

套用基础定额 4-37。

2）砖柱工程量

$V_{砖柱}$ =砖柱截面积×砖柱高度×砖柱数量

=0.365×0.365×2.7×10m^3

$=3.60m^3$

套用基础定额 4-39。

按照定额规定，二者不得合并。

项目编码：010401006　项目名称：空斗墙

【例 4-33】 如图 4-32 所示，为一砖无眠空斗围墙示意图，墙高 2.4m，墙厚 240mm，两边由 365mm×365mm 实心砖柱。试计算图示砖砌体工程量。

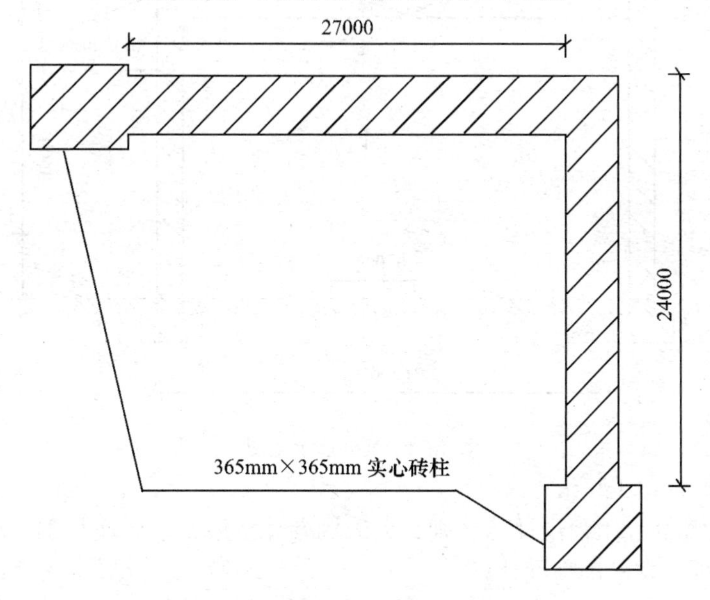

图 4-32　某围墙示意图

【解】　(1) 清单工程量

此围墙为一砖无眠空斗墙，带有 2 个 365×365mm 的砖柱，应分别计算工程量。

1) 一砖无眠空斗墙工程量$=(27+24)\times0.24\times2.4m^3=29.38m^3$

【注释】 (27+24)为墙的长度，0.24 为墙的厚度，2.4 为墙高。

2) 实心砖柱工程量$=0.365\times0.365\times2.4\times2m^3=0.64m^3$

清单工程量计算见表 4-34。

清单工程量计算表　　**表 4-34**

序号	项目编码	项目名称	项目特征描述	计量单位	工程量
1	010401009001	实心砖柱	柱截面 365mm×365mm，柱高 2.4m	m^3	0.64
2	010401006001	空斗墙	空斗墙，墙厚 240mm，墙高 2.4m	m^3	29.38

(2)定额工程量

定额工程量计算规则与清单相同。

一砖无眠空斗墙工程量　　$V_{墙}=29.38m^3$

套用基础定额 4-26。

实心砖柱工程量　　$V_{砖柱}=0.64m^3$

套用基础定额 4-39。

项目编码：010401003 项目名称：实心砖墙

【例 4-34】 如图 4-33 所示为某外墙剖面图，此室内为无天棚屋架，砖墙厚 365mm，单面墙长 16.8m，试计算图示砖砌体工程量。

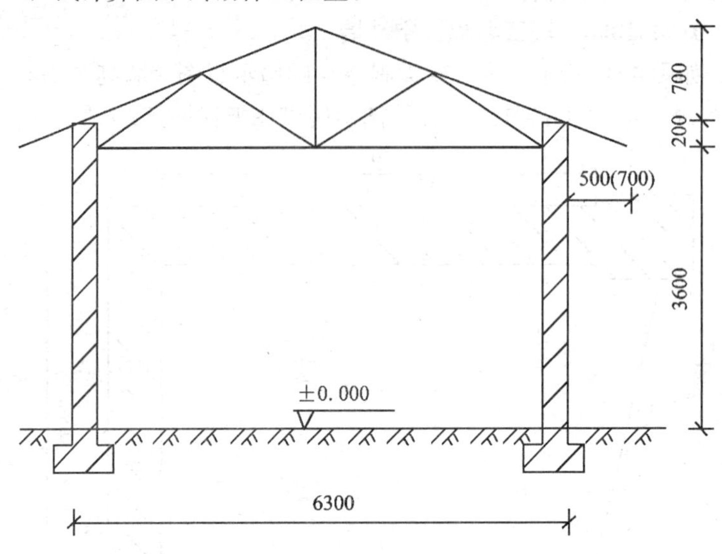

图 4-33 某外墙示意图

【解】 (1) 清单工程量

根据清单中墙高度工程量计算规则：无天棚者算至屋架下弦底另加 300mm；出檐宽度超过 600mm 时，按实砌高度计算。

则砖砌体工程量：V = 墙长×(墙高+0.3)×墙厚=(16.8×2)×(3.6+0.3)×0.365m^3=47.83m^3

若出檐宽度为 700mm>600mm，则砖砌体工程量。

V =墙长×墙高×墙厚

=(16.8×2)×(3.6+0.2)×0.365m^3

=46.60m^3

清单工程量计算见表 4-35。

清单工程量计算表 **表 4-35**

序号	项目编码	项目名称	项目特征描述	计量单位	工程量
1	010401003001	实心砖墙	实心砖墙，墙厚 365mm，墙高 3.6m	m^3	47.83
2	010401003002	实心砖墙	实心砖墙，墙厚 365mm，墙高 3.6m	m^3	46.60

(2) 定额工程量

定额工程量计算规则与清单相同。

若出檐宽度为 500mm，则墙体工程量 V_1=47.83m^3

若出檐宽度为 700mm，则墙体工程量 V_2=46.60m^3

套用基础定额 4-5。

项目编码：010401003 项目名称：实心砖墙

【例 4-35】 如图 4-34 所示，为某建筑外墙剖面图，外墙中心线长度为 46.8m，墙高

3.6m，试求图示砖砌体工程量。

【解】　(1) 清单工程量

由图 4-34 可知，该建筑物外墙由墙体、挑檐和腰线组成，由清单中工程量计算规则知，凸出墙面的腰线、挑檐不增加体积 。

所以外墙砖砌体工程量 $V_{外墙}$ ＝外墙中心线长度×墙高×墙厚

$=46.8\times3.6\times0.24\text{m}^3=40.44\text{m}^3$

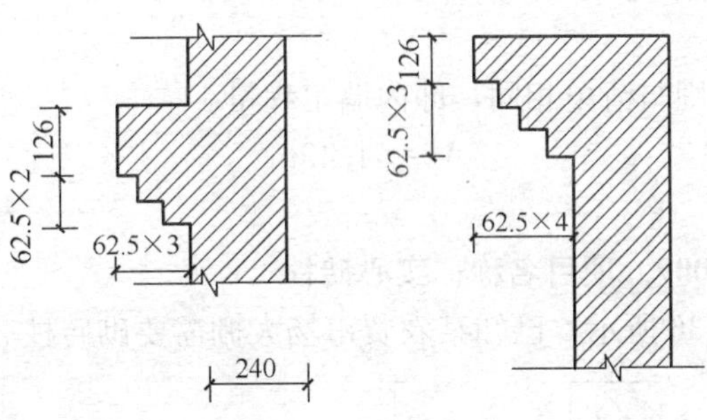

图 4-34　外墙剖面图

清单工程量计算见表 4-36。

清单工程量计算表　表 4-36

项目编码	项目名称	项目特征描述	计量单位	工程量
010401003001	实心砖墙	实心砖墙，墙高 3.6m，墙厚 240mm	m^3	40.44

(2) 定额工程量

根据定额工程量计算规则，三皮砖以上的腰线和挑檐等体积，并入墙身体积内计算。

1) 挑檐工程量

V_1 ＝挑檐截面积×外墙中心线长度

$=[0.0625\times4\times(0.0625\times3+0.126)-0.0625\times0.0625\times6]\times46.8\text{m}^3$

$=2.571\text{m}^3$

2) 腰线工程量

V_2 ＝腰线截面积×外墙中心线长度

$=[0.0625\times3\times(0.0625\times2+0.126)-0.0625\times0.0625\times3]\times46.8\text{m}^3$

$=1.654\text{m}^3$

3) 砖砌体工程量

$V=(2.571+1.654+40.44)\text{m}^3=44.67\text{m}^3$

套用基础定额 4-4。

项目编码：010401003　项目名称：实心砖墙

【例 4-36】 试计算如图 4-35 所示内墙砖砌体工程量，其中内墙净长 52.8m，墙厚 240mm。

【解】　(1) 清单工程量

根据清单中关于内墙高度的计算规则，无屋架者算至天棚底另加 100mm，所以该内墙工程量。

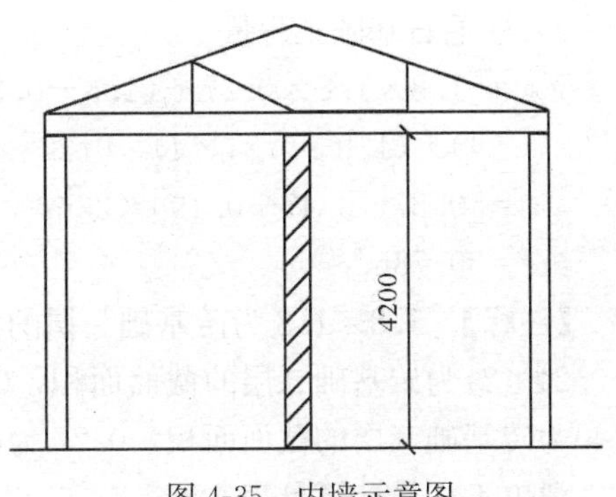

图 4-35　内墙示意图

V =内墙净长×墙厚×(墙高+0.1)=52.8×0.24×(4.2+0.1)m^3=54.49m^3

清单工程量计算见表4-37。

清单工程量计算表　　表4-37

项目编码	项目名称	项目特征描述	计量单位	工程量
010401003001	实心砖墙	实心砖墙，墙厚240mm，墙高4.2m	m^3	54.49

(2) 定额工程量

定额工程量计算规则与清单相同，即内墙工程量。

$$V=54.49m^3$$

套用基础定额4-4。

项目编码：010401009　项目名称：实心砖柱

【例4-37】 如图4-36所示，已知某农贸市场大棚需要砌砖柱26个，求砖柱工程量。

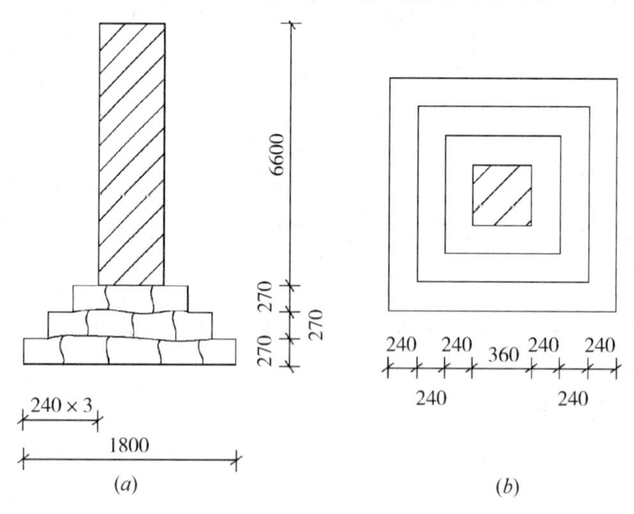

图4-36　砖柱示意图
(a) 剖面图；(b) 平面图

【解】 (1) 清单工程量

1) 砖柱体积：

V_1 =0.36×0.36×6.6×26m^3=22.24m^3

【注释】 0.36×0.36为砖柱的截面面积，6.6为砖柱的高，26为砖砌柱的个数。

2) 柱毛石基础工程量

V_2 =[1.8×1.8×0.27+(1.8−0.24×2)×(1.8−0.24×2)×0.27+(1.8−0.24×4)×(1.8−0.24×4)×0.27]×26m^3

=[0.87+0.47+0.19]×26m^3

=39.78m^3

【注释】 1.8×1.8为砖基础一层的截面面积，0.27为高度。(1.8−0.24×2)×(1.8−0.24×2)为砖基础二层的截面面积，0.27为二层高度。(1.8−0.24×4)×(1.8−0.24×4)为砖基础三层的截面面积，0.27为高度。26为毛石基础的个数。

清单工程量计算见表4-38。

清单工程量计算表 表 4-38

序号	项目编码	项目名称	项目特征描述	计量单位	工程量
1	010401009001	实心砖柱	实心砖柱，独立柱，柱截面 360mm×360mm，柱高 6.6m	m^3	22.24
2	010403001001	石基础	基础深(270×3)mm＝810mm，毛石基础	m^3	39.78

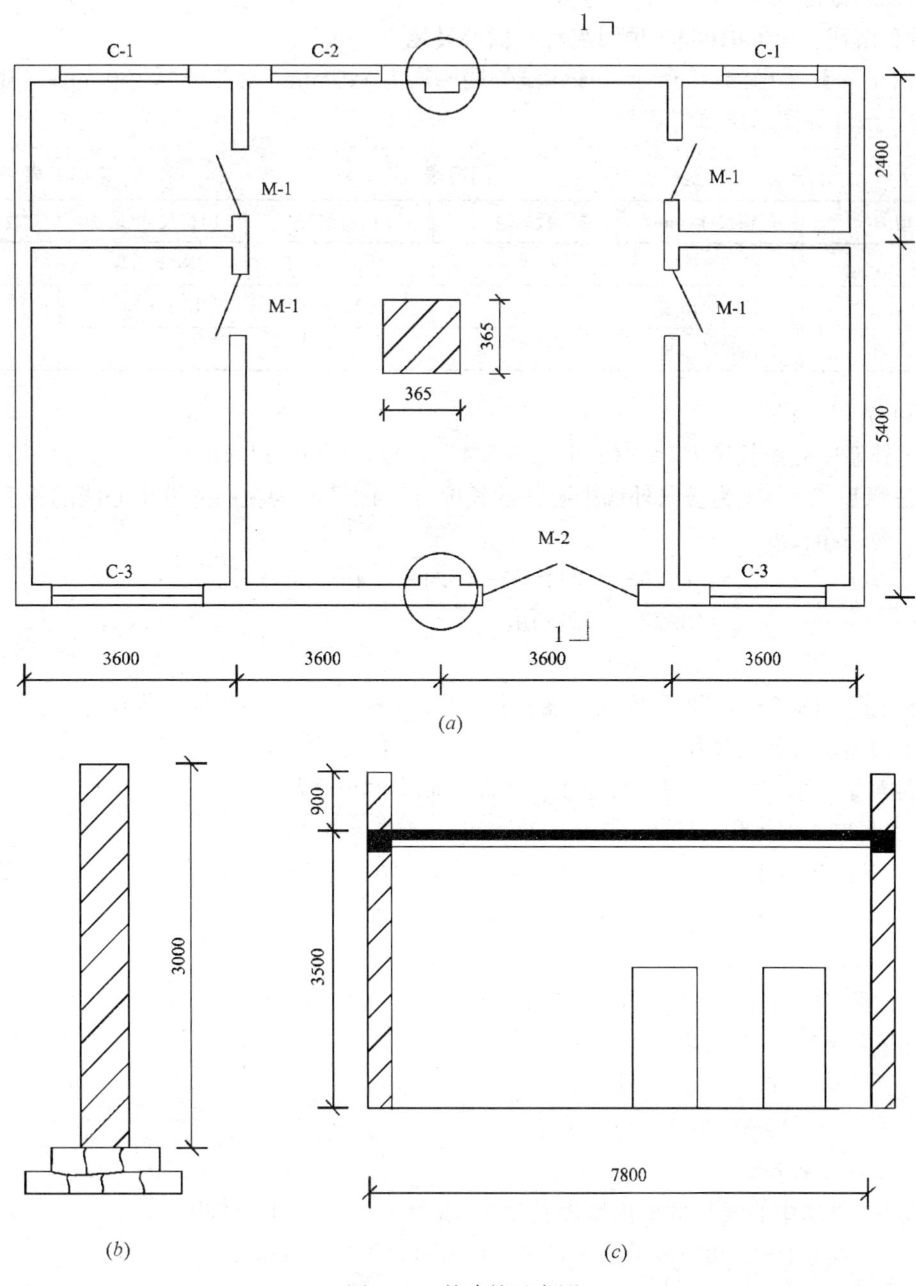

图 4-37 某建筑示意图

(*a*)某建筑平面图；(*b*)砖柱示意图；(*c*)1-1 剖面图

注：1. 板厚 100mm；2. 圈梁 240mm×200mm

(2) 定额工程量

定额中工程量计算规则与清单相同。

砖柱工程量 $V_{砖柱}=22.24m^3$

套用基础定额 4-39

毛石基础工程量 $V_{基础}=39.78m^3$

套用基础定额 4-66。

项目编码：010401003 项目名称：实心砖墙

【例 4-38】 如图 4-37 所示，该建筑物墙厚均为 240mm，女儿墙厚 180mm，门窗表见表4-39，试计算图示砌体工程量。

门窗表 **表 4-39**

门窗编号	门窗尺寸(mm)	数 量	门窗编号	门窗尺寸(mm)	数 量
C—1	1500×1500	2	M—1	900×1800	4
C—2	1200×1500	1	M—2	1500×2100	1
C—3	1800×1500	2			

(1) 清单工程量

1) 外墙中心线长度 $L_外=[(3.6\times4+5.4+2.4)\times2]m=44.4m$

【注释】 3.6×4 为横向外墙中心线的长度，5.4+2.4 为纵向外墙中心线的长度。

2) 内墙净长度

$$\begin{aligned}L_内&=[(3.6-0.24)\times2+(5.4+2.4-0.24)\times2]m\\&=(6.72+15.12)m\\&=21.84m\end{aligned}$$

【注释】 (3.6—0.24)为横向内墙净长，(5.4+2.4—0.24)为纵向内墙净长。

3) 门窗洞口所占体积

【注释】 洞口体积为洞口截面积×墙厚×此类洞口个数。

C-1 洞口所占体积 $V_1=1.5\times1.5\times0.24\times2m^3=1.08m^3$

C-2 洞口所占体积 $V_2=1.2\times1.5\times0.24m^3=0.43m^3$

C-3 洞口所占体积 $V_3=1.8\times1.5\times0.24\times2m^3=1.30m^3$

M-1 洞口所占体积 $V_4=0.9\times1.8\times0.24\times4m^3=1.56m^3$

M-2 洞口所占体积 $V_5=1.5\times2.1\times0.24m^3=0.76m^3$

$$\begin{aligned}则\ V_{洞口}&=V_1+V_2+V_3+V_4+V_5\\&=(1.08+0.43+1.30+1.56+0.76)m^3\\&=5.13m^3\end{aligned}$$

4) 墙体工程量

$$\begin{aligned}V_墙&=(外墙中心线长度+内墙净长度)\times墙厚\times墙高-洞口体积\\&=[(44.4+21.84)\times0.24\times(3.5-0.1-0.2)-5.13]m^3\\&=(50.87-5.13)m^3\\&=45.74m^3\end{aligned}$$

【注释】 (3.5—0.1—0.2)为墙高，3.5 为层高，0.1 为板厚，0.2 为圈梁高。

5）女儿墙工程量

$V_{女儿墙}$＝外墙中心线长度×墙厚×墙高

＝(3.6×4＋5.4＋2.4)×2×0.18×0.9m^3

＝7.19m^3

【注释】 (3.6×4＋5.4＋2.4)×2 为女儿墙的长度，0.18 为女儿墙的厚度，0.9 为女儿墙的高度。

6）实砌砖墙工程量

根据清单中关于实砌砖墙工程量计算规则，女儿墙应并入砖墙内，所以实砌砖墙工程量。

$$V=V_{墙}+V_{女儿墙}=(45.74+7.19)m^3=52.93m^3$$

7）砖柱工程量

$$V_{砖柱}=0.365\times0.365\times3\times2m^3=0.80m^3$$

【注释】 0.365×0.365 为砖柱的横截面积，3 为砖柱的高度，2 为砖柱的数量。

清单工程量计算见表 4-40。

清单工程量计算表 **表 4-40**

序号	项目编码	项目名称	项目特征描述	计量单位	工程量
1	010401003001	实心砖墙	实心砖墙，墙厚 240mm，墙高 3.5m	m^3	52.93
2	010401009001	实心砖柱	实心砖柱，柱截面 365mm×365mm，柱高 3.0m	m^3	0.80

(2) 定额工程量

1)实砌砖墙工程量　$V=52.93m^3$

套用基础定额 4-4。

2)砖柱工程量　$V_{砖柱}=0.80m^3$

套用基础定额 4-39。

项目编号：010403004　项目名称：石挡土墙

【例 4-39】 如图 4-38 所示，为某挡土墙平面和剖面示意图，试计算图示石挡土墙工程量。

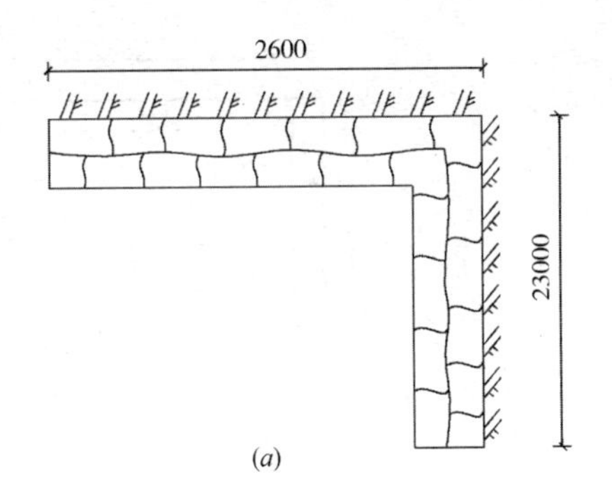

(a)

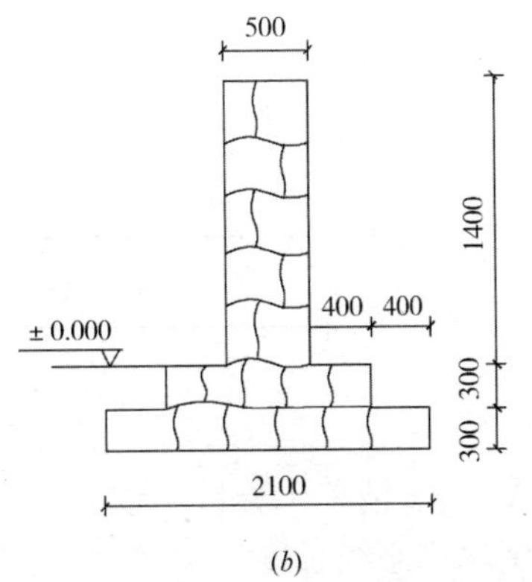

(b)

图 4-38　挡土墙示意图

(a)平面图；(b)剖面图

【解】 (1)清单工程量

1）挡土墙中心线长度

$$L=(26+23-0.5)m=48.5m$$

【注释】 26＋23 为挡土墙多算一个墙厚的长度，0.5 为墙厚。

2）挡土墙工程量

$V_{石挡土墙}$＝挡土墙中心线长度×墙厚×墙高

＝48.5×0.5×1.4m^3

＝33.95m^3

3）挡土墙基础工程

$V_{石基础}$＝基础截面积×挡土墙中心线长度

＝[2.1×0.3＋(2.1－0.4×2)×0.3]

$\times 48.5\text{m}^3$

$= 49.47\text{m}^3$

【注释】 2.1为基础一层的宽度，0.3为高；(2.1−0.4×2)为基础二层的宽度，0.3为高；48.5为挡土墙中心线的长度。

清单工程量计算见表4-41。

清单工程量计算表 **表4-41**

序号	项目编码	项目名称	项目特征描述	计量单位	工程量
1	010403001001	石基础	基础深0.6m，条形基础	m^3	49.47
2	010403004001	石挡土墙	墙厚500mm	m^3	33.95

(2) 定额工程量

定额工程量计算规则与清单相同。

1) 石挡土墙工程量 $V_{石挡土墙} = 33.95\text{m}^3$

套用基础定额4-75

2) 石基础工程量 $V_{石基础} = 49.47\text{m}^3$

套用基础定额4-66。

项目编码：010401006 项目名称：空斗墙

【例4-40】 如图4-39所示，该图为某场院围墙示意图，该围墙采用砖砌空斗墙，该墙墙厚240mm，墙高2.8m，试计算该场院围墙空斗墙工程量。

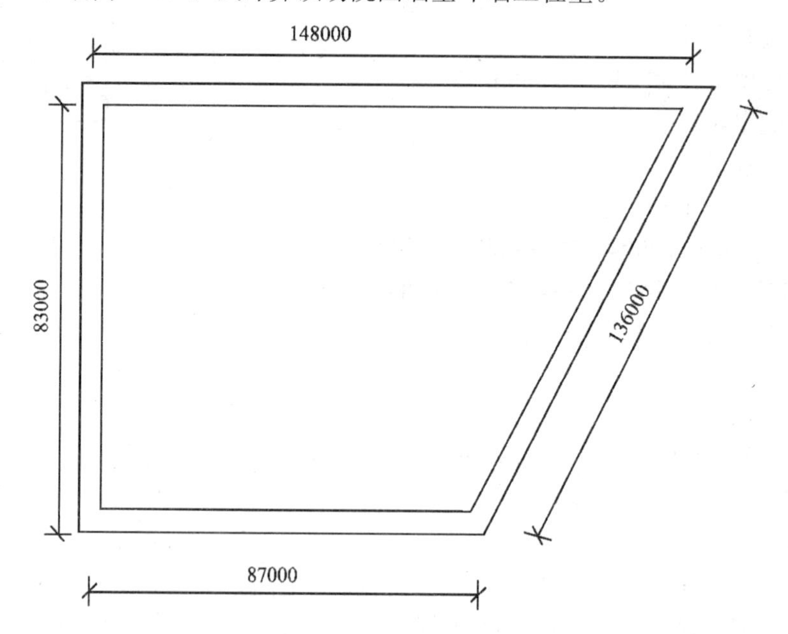

图4-39 某场院围墙示意图

【解】 (1) 清单工程量

1) 围墙中心线长度

$$L = (87 + 136 + 148 + 83)\text{m} = 454\text{m}$$

2) 空斗墙工程量

$V_{空斗墙}$＝围墙中心线长度×墙厚×墙高

$=454\times0.24\times2.8\text{m}^3=305.09\text{m}^3$

清单工程量计算见表 4-42。

清单工程量计算表 **表 4-42**

项目编码	项目名称	项目特征描述	计量单位	工程量
010401006001	空斗墙	空斗围墙，墙厚 240mm，墙高 2.8m	m^3	305.09

（2）定额工程量

定额工程量计算规则与清单相同，即空斗围墙工程量为

$$V_{空斗围墙}=305.09\text{m}^3$$

套用基础定额 4-37。

项目编码：010401008　项目名称：填充墙

【例 4-41】 如图 4-40 所示，试求 13 轴线内墙工程量。该墙体为框架填充墙，墙采用实心砖砌体，墙厚 180mm，墙高 2.9m。

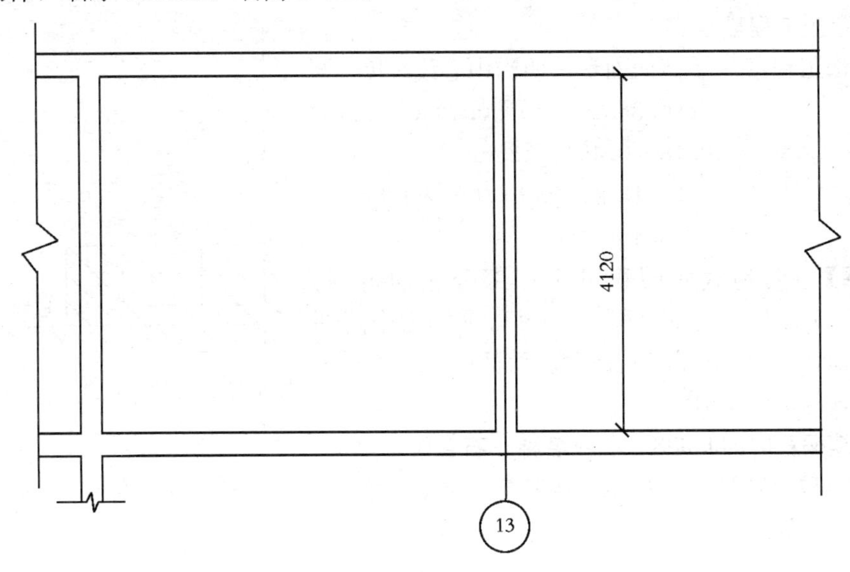

图 4-40　某内墙示意图

【解】（1）清单工程量

13 轴线填充墙工程量 $V=4.12\times0.18\times2.9\text{m}^3=2.15\text{m}^3$

【注释】 4.12 为填充墙的长，0.18 为墙厚，2.9 为墙高。

清单工程量计算见表 4-43。

清单工程量计算表 **表 4-43**

项目编码	项目名称	项目特征描述	计量单位	工程量
010401008001	填充墙	实心砖砌体，墙厚 180mm，墙高 2.9m	m^3	2.15

（2）定额工程量

定额工程量计算规则与清单相同，13 号轴线填充墙的工程量为：

$$V=2.15m^3$$

套用基础定额 4-3。

项目编码：010401014　项目名称：砖地沟、明沟

【例 4-42】 如图 4-41 所示，为一砖砌明沟示意图，该明沟中心线长度为 128m，试求图示砖明沟工程量。

【解】 (1) 清单工程量

根据清单中关于砖明沟工程量计算规则：砖明沟应按设计图示以中心线长度计算，单位 m。

即以清单计算工程量 $L=128.00m$

清单工程量计算见表 4-44。

清单工程量计算表　　　　**表 4-44**

项目编码	项目名称	项目特征描述	计量单位	工程量
010401014001	砖地沟、明沟	沟截面 400mm×427.5mm	m	128.00

(2) 定额工程量

砖明沟工程量 V =截面面积×明沟中心线长度

$=(0.365\times0.49+0.4\times0.0625+0.18\times0.49)\times128m^3$

$=(0.18+0.03+0.09)\times128m^3$

$=38.4m^3$

【注释】 明沟截面面积可由三部分相加得到。0.365×0.49 为左侧截面面积，0.4×0.0625为中间部分截面面积，0.18×0.49 为右侧截面面积。

套用基础定额 4-61。

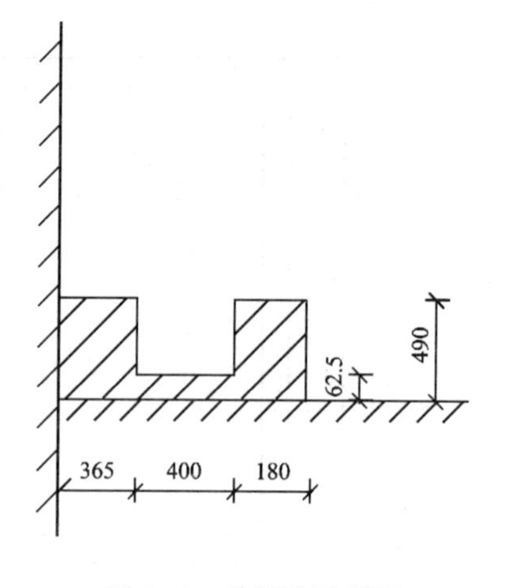

图 4-41　砖明沟示意图

项目编码：010403008　项目名称：石台阶

【例 4-43】 如图 4-42 所示，为某毛石台阶示意图，试计算其石台阶工程量。

【解】 (1) 清单工程量

根据清单中关于石台阶的工程量计算规则，按设计图示尺寸以体积计算。

$V=[0.25\times5\times0.2\times4.1+0.25\times4\times0.2\times(4.1-0.25\times2)+0.25\times3\times0.2\times(4.1-0.25\times4)+0.25\times2\times0.2\times(4.1-0.25\times6)+0.25\times0.2\times(4.1-0.25\times8)]$

$=(1.025+0.72+0.465+0.26+0.105)m^3$

$=2.58m^3$

【注释】 0.25×5×0.2×4.1 为毛石台阶一层的工程量，0.25×5 为一层的宽，0.2 为高，4.1 为长；0.25×4×0.2×(4.1−0.25×2)为毛石台阶二层的工程量，0.25×4 为二层的宽，0.2为高，(4.1−0.25×2)为二层的长度；0.25×2×0.2×(4.1−0.25×6)为毛石台阶三层的工程量，0.25×2 为三层的宽，0.2 为高，(4.1−0.25×6)为长；0.25×0.2×(4.1−0.25×8)为毛石台阶四层的工程量，0.25 为四层的宽，0.2 为高，(4.1−0.25×8)为四层的长。

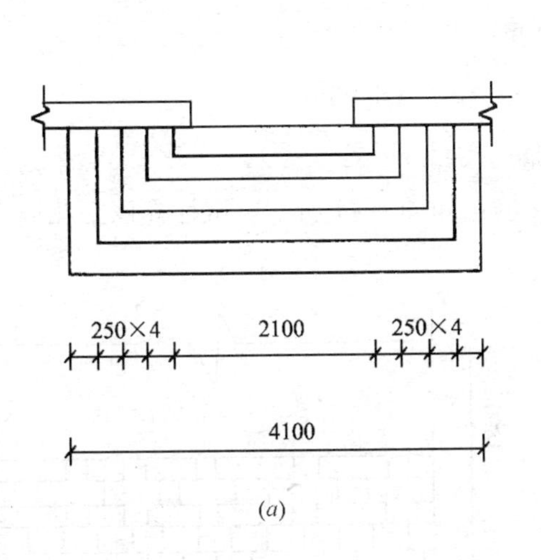

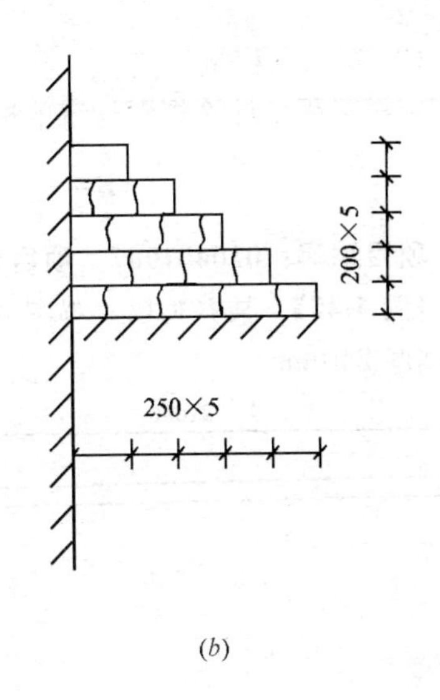

图 4-42 毛石台阶示意图
(a)平面图；(b)立面图

清单工程量计算见表 4-45。

清单工程量计算表 **表 4-45**

项目编码	项目名称	项目特征描述	计量单位	工程量
010403008001	石台阶	毛石台阶	m^3	2.58

(2) 定额工程量

按照定额中石台阶工程量计算规则，按投影面积计算，则石台阶工程量：

$$S=4.1\times0.25\times5m^2=5.125m^2$$

【注释】 4.1 为投影的长，0.25×5 为投影的宽。

套用基础定额 4-85。

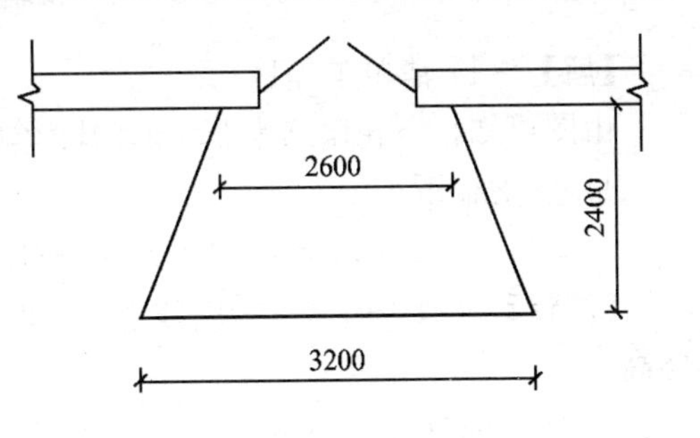

图 4-43 石坡道示意图

项目编码：010403009 项目名称：石坡道

【例 4-44】 如图 4-43 所示，为某石坡道示意图，试计算图示石坡道工程量(毛石坡道)。

【解】 (1) 清单工程量

按照清单中石坡道工程量计算规则，按设计图示尺寸以水平投影面积计算。

$$S=\frac{1}{2}\times(2.6+3.2)\times2.4m^2=6.96m^2$$

【注释】 2.6 为石坡道上开口宽，3.2 为石坡道下底的宽，2.4 为坡道的高。

清单工程量计算见表 4-46。

清单工程量计算表 **表 4-46**

项目编码	项目名称	项目特征描述	计量单位	工程量
010403009001	石坡道	毛石坡道	m^2	6.96

（2）定额工程量

定额工程量计算规则与清单相同，其工程量。

$$S=\frac{1}{2}\times(2.6+3.2)\times2.4m^2=6.96m^2$$

项目编码：010401007　项目名称：空花墙

【例 4-45】 某养鸡场，鸡围墙用砖砌空花墙，如图 4-44 所示，试计算该空花墙工程量(墙厚 240mm)。

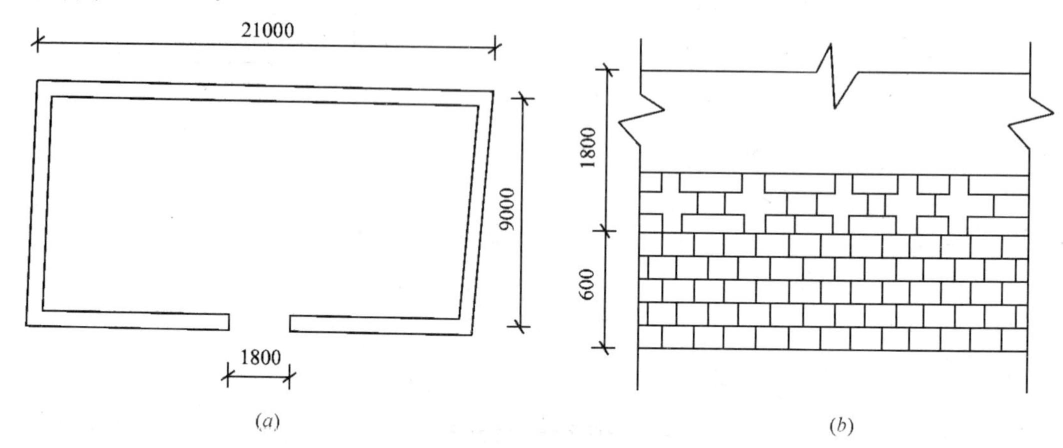

图 4-44　空花墙示意图

(a)平面图；(b)立面图

【解】 （1）清单工程量

由图可知，空花墙高为 2.4m，其中空花部分高 1.8m，实砌部分高 0.6m。

1）空花部分

$$V_{空花}=[(21+9)\times2-1.8]\times0.24\times1.8m^3=25.14m^3$$

【注释】 (21+9)×2 为墙线总长，1.8 为空缺的长，0.24 为墙厚，1.8 为空花部分墙高。

2）实砌部分

$$V_{实砌}=[(21+9)\times2-1.8]\times0.24\times0.6m^3=8.38m^3$$

【注释】 (21+9)×2 为墙线总长，1.8 为空缺的长，0.24 为墙厚，0.6 为实砌部分墙高。

清单工程量计算见表 4-47。

清单工程量计算表　**表 4-47**

序号	项目编码	项目名称	项目特征描述	计量单位	工程量
1	010401003001	实心砖墙	实心砖墙，墙厚 240mm，墙高 0.6m	m^3	8.38
2	010401007001	空花墙	空花墙，墙厚 240mm	m^3	25.14

（2）定额工程量

定额工程量计算规则与清单相同。

$$V_{空花}=[(21+9)\times2-1.8]\times0.24\times1.8m^3=25.14m^3$$

$$V_{实砌}=[(21+9)\times 2-1.8]\times 0.24\times 0.6\text{m}^3=8.38\text{m}^3$$

套用基础定额 4-28

项目编号：010401012　项目名称：零星砌砖

【例 4-46】 如图 4-45 所示，求图示花池工程量。

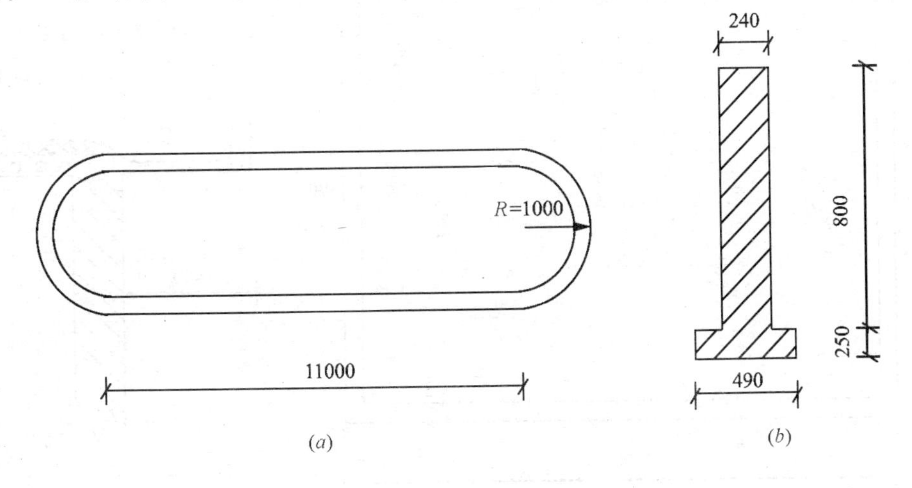

图 4-45　某花池示意图

(a)平面图；(b)剖面图

【解】 (1) 清单工程量

花池工程量＝花池中心线长度×截面积

$$=(11+3.14\times 2\times 0.5)\times 2\times(0.49\times 0.25+0.24\times 0.8)\text{m}^3$$

$$=28.28\times 0.3145\text{m}^3$$

$$=8.89\text{m}^3$$

【注释】 11 为中间部分长度，3.14×1 为半圆的长度，0.49×0.25 为花池底的截面面积，0.24×0.8 为花池身的截面面积。

清单工程量计算见表 4-48。

清单工程量计算表　　**表 4-48**

项目编码	项目名称	项目特征描述	计量单位	工程量
010401012001	零星砌砖	花池	m^3	8.89

(2) 定额工程量

定额工程量计算规则与清单相同。

即花池工程量：$V=(11+3.14\times 2\times 0.5)\times 2\times(0.49\times 0.25+0.24\times 0.8)\text{m}^3$

$$=8.89\text{m}^3$$

套用基础定额 4-60。

项目编码 010401012　项目名称：零星砌砖

【例 4-47】 如图 4-46 所示，试求图示挑檐砖的工程量。

【解】 (1) 清单工程量

挑檐砖工程量：$V=0.24\times 0.126\times[(22+0.2\times 2+17+0.2\times 2)\times 2-0.37\times 8+0.24\times$

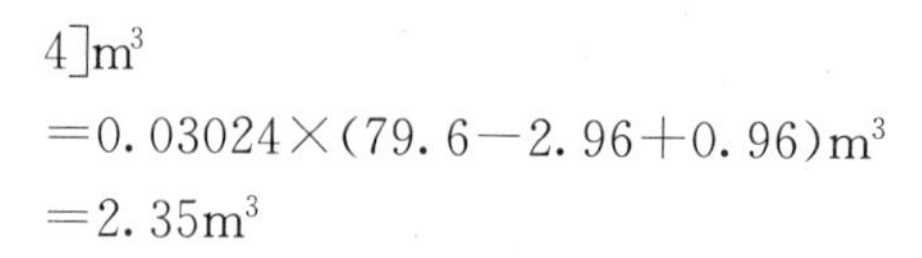

$4]m^3$

$=0.03024\times(79.6-2.96+0.96)m^3$

$=2.35m^3$

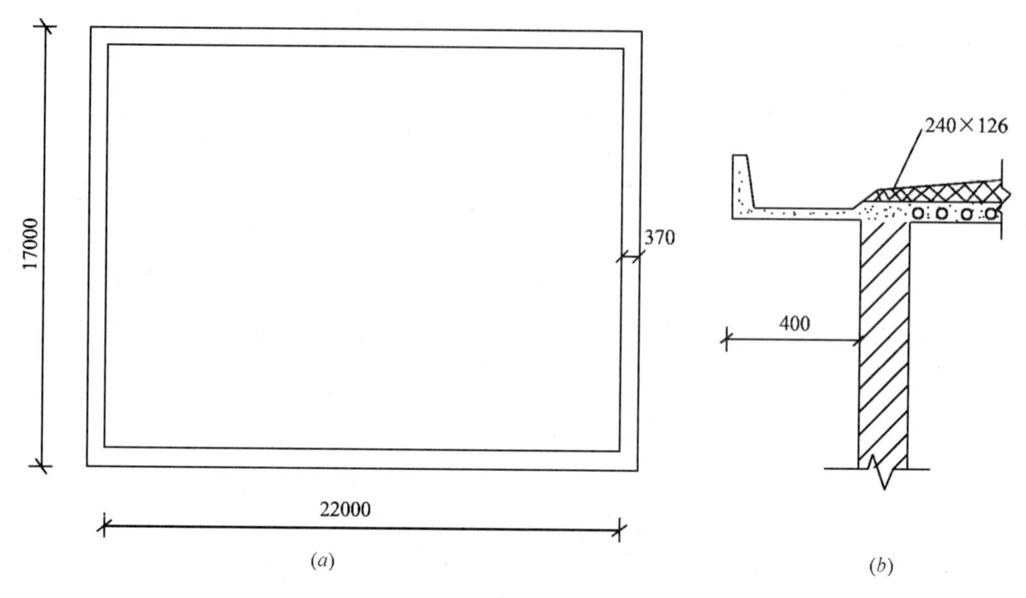

图 4-46 挑檐示意图

(a)平面图；(b)剖面图

【注释】 0.24×0.126 为挑檐的截面面积；(22+0.2×2+17+0.2×2)×2 为外墙边缘线总长，0.37×8 为外墙四边边缘线到内墙的距离；0.24×4 为四边挑檐的总长；[(22+0.2×2+17+0.2×2)×2−0.37×8+0.24×4]为挑檐中心线的总长。

清单工程量计算见表 4-49。

清单工程量计算表 **表 4-49**

项目编码	项目名称	项目特征描述	计量单位	工程量
010401012001	零星砌砖	挑檐砖	m^3	2.35

(2) 定额工程量

定额中工程量计算规则与清单相同，即挑檐砖工程量 $V=2.35m^3$

套用基础定额 4-60。

项目编码：010401013 项目名称：砖散水、地坪

【例 4-48】 如图 4-47 所示，为一砖铺散水，该建筑外墙中心线长度为 76.8m，外墙墙厚 240mm，试求砖散水工程量。

【解】 (1) 清单工程量

根据清单中关于砖散水的工程量计算规则，按设计图示尺寸以面积计算：

S =砖散水中心线长度×砖散水宽度

$=[76.8+(0.12+\frac{0.75}{2})\times8]\times0.75m^2$

$=60.57m^2$

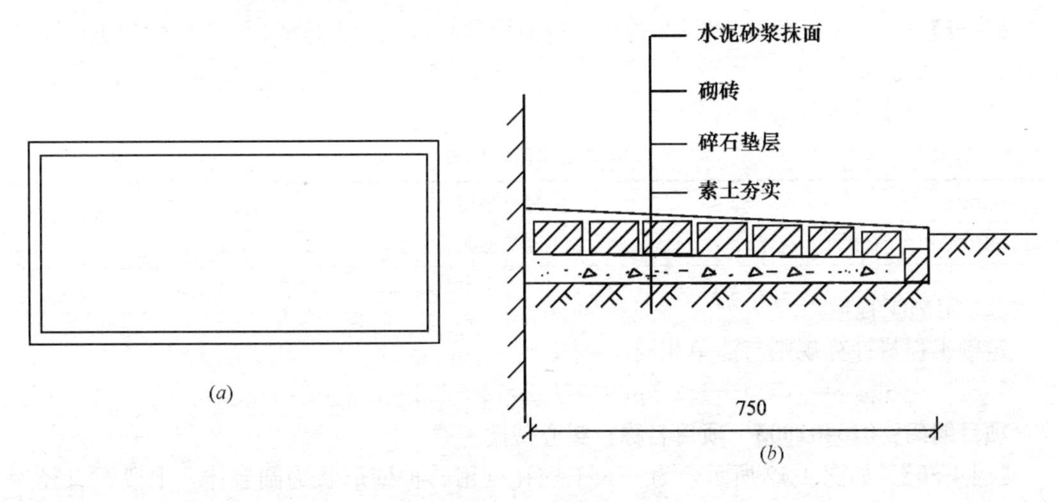

图 4-47 砖铺散水

(a)外墙示意图；(b)一砖铺散水

【注释】 0.12×8 为外墙中心线到边缘线的总长，$\frac{0.75}{2}\times8$ 为散水边缘线到散水中心线总长，$[76.8+(0.12+\frac{0.75}{2})\times8]$为砖散水中心线总长，0.75 为砖散水宽度。

清单工程量计算见表 4-50。

清单工程量计算表 **表 4-50**

项目编码	项目名称	项目特征描述	计量单位	工程量
010401013001	砖散水、地坪	水泥砂浆抹面，砖散水厚 240mm，碎石垫层	m^2	60.57

(2) 定额工程量

根据《楼地面工程》关于散水工程量计算规则与清单相同，即散水工程量 $S_{砖散水}=60.57m^2$

项目编码：010401013 项目名称：砖散水、地坪

【例 4-49】 试计算图 4-48 所示室外砖地坪工程量(阴影部分为铺砖地坪)。(用 M 10混合砂浆)

【解】 (1) 清单工程量

按照清单中关于地坪的工程量计算规则，按图示尺寸以面积计算：

$S_{砖地坪}=[(5.4+1.2+3.9)\times1.2\times2+7.2\times1.2]m^2=33.84m^2$

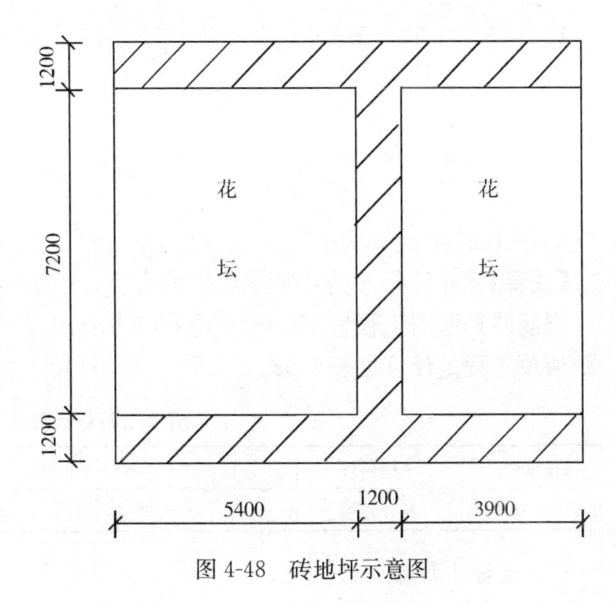

图 4-48 砖地坪示意图

【注释】 (5.4+1.2+3.9)×2 为横向砖地坪的长度，1.2 为宽。7.2 为中间纵向砖地坪的长，1.2 为宽。

清单工程量计算见表 4-51。

清单工程量计算表 表 4-51

项目编码	项目名称	项目特征描述	计量单位	工程量
010401013001	砖散水、地坪	M10混合砂浆	m^2	33.84

(2) 定额工程量

定额工程量计算规则与清单相同。

$$S_{砖地坪}=[(5.4+1.2+3.9)\times1.2\times2+7.2\times1.2]m^2=33.84m^2$$

项目编码：010401003 项目名称：实心砖墙

【例 4-50】 如图 4-49 所示，为一人工挖孔桩用砖护壁形状为圆台体，上段圆直径为 0.96m，下段圆直径为 1.26m，圆台高 1.26m，试计算分段圆台体砖护壁体积 。

【解】 (1) 清单工程量

由圆台体积计算公式 $V=\frac{\pi\cdot h}{3}(R^2+r^2+Rr)$ 得，该砖护壁工程量。

$$V_1=\frac{1}{3}\times3.14\times1.26\times[(\frac{1.26}{2})^2+(\frac{0.96}{2})^2+\frac{1.26}{2}\times\frac{0.96}{2}]m^3$$
$$=1.3188\times(0.3969+0.2304+0.3024)m^3$$
$$=1.23m^3$$

【注释】 此部分 R 为外侧圆台底的半径，r 为外侧圆台开口的半径。

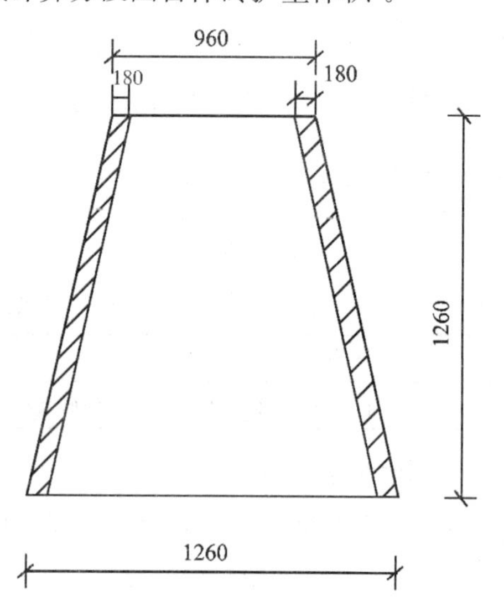

图 4-49 人工挖孔桩砖护壁示意图

$$V_2=\frac{1}{3}\times3.14\times1.26\times[(\frac{1.26-0.18\times2}{2})^2+(\frac{0.96-0.18\times2}{2})^2+\frac{1.26-0.18\times2}{2}\times\frac{0.96-0.18\times2}{2}]m^3$$
$$=1.3188\times(0.2025+0.09+0.135)m^3=0.56m^3$$

【注释】 此部分 R 为内侧圆台底的半径，r 为内侧圆台开口的半径。

则该砖护壁的工程量 $V=V_1-V_2=(1.23-0.56)m^3=0.67m^3$

清单工程量计算见表 4-52。

清单工程量计算表 表 4-52

项目编码	项目名称	项目特征描述	计量单位	工程量
010401003001	实心砖墙	砖护壁，墙厚 180mm	m^3	0.67

(2) 定额工程量

定额工程量计算规则与清单相同，所以该砖护壁定额工程量。

$$V_{砖护壁}=0.67m^3$$

套用基础定额 4-65。

项目编码：010401003　项目名称：实心砖墙

【例 4-51】 如图 4-50 所示，试计算其砖砌体工程量。

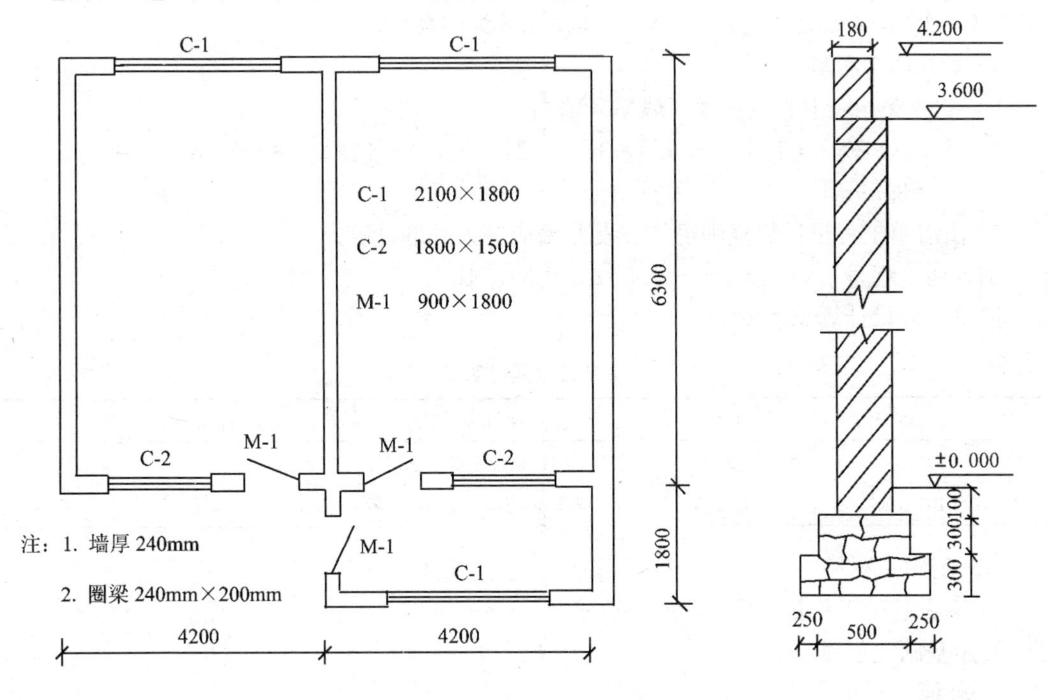

图 4-50　砖砌体示意图

【解】 (1) 清单工程量

1) 基础工程量计算

根据基础与墙身划分规则：基础与墙身使用不同材料时，位于设计室内地坪±300mm以内时以不同材料为界，超过±300mm，应以设计室内地坪为界。据此，则知该基础与墙身应以不同材料为界。

$V_{基础}$=(外墙中心线长度+内墙净长度)×基础截面积

$=(4.2\times4+1.8\times2+6.3\times2+6.3-0.24+4.2-0.24)\times(1.0\times0.3+0.5\times0.3)m^3$

$=43.02\times0.45m^3$

$=19.36m^3$

【注释】 1.0×0.3 为基础一层的截面面积，0.5×0.3 为基础二层的截面面积。

2) 墙高

$$h=(3.6+0.1-0.2)m=3.5m$$

【注释】 0.1 为室外地坪到基础的距离，0.2 为圈梁的高。

3) 240 墙工程量

$V_{240墙}$=(外墙中心线长度+内墙净长度)×墙厚×墙高－门窗洞口体积

$=[(4.2\times4+1.8\times2+6.3\times2+6.3-0.24+4.2-0.24)\times0.24\times3.5-(2.1\times$

$1.8\times0.24\times3+1.8\times1.5\times2\times0.24+0.9\times1.8\times0.24\times3)]m^3$

$=(36.137-5.184)m^3$

$=30.95m^3$

【注释】 4.2×4为横向外墙长，1.8×2+6.3×2为纵向外墙长，6.3−0.24为纵向内墙长，4.2−0.24为横向内墙净长，0.24为墙厚，3.5为墙高，2.1为C−1宽，1.8为高，1.8为C−2宽，1.5为高，0.9为M−1宽，1.8为门高。

4）女儿墙工程量

$V_{女儿墙}$＝女儿墙中心线长度×墙厚×墙高

$=[4.2\times4+1.8\times2+6.3\times2+(0.24-0.18)\times4]\times0.18\times0.6m^3$

$=3.59m^3$

5）由清单工程量计算规则可知，女儿墙应并入外墙计算。

则外墙工程量：$V=(30.95+3.59)m^3=34.54m^3$

清单工程量计算见表4-53。

清单工程量计算表 **表4-53**

序号	项目编码	项目名称	项目特征描述	计量单位	工程量
1	010403001001	石基础	毛石基础，条形基础，基础深700mm	m^3	19.36
2	010401003001	实心砖墙	实心砖墙，墙厚240mm，墙高3.5m	m^3	34.54

(2) 定额工程量

1）毛石基础工程量 $V_{基础}=19.36m^3$

套用基础定额4-66。

2）外墙工程量 $V_{砖墙}=34.54m^3$

套用基础定额4-4。

项目编码：010401008 项目名称：填充墙

【例4-52】 如图4-51所示，为某框架结构间砌墙示意图，试计算该墙工程量。

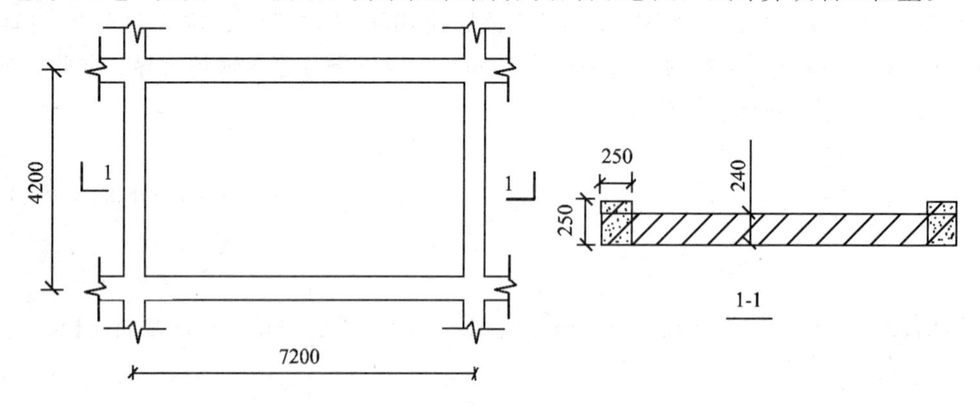

图4-51 框架结构间砌墙示意图

【解】 (1) 清单工程量

框架结构间砌墙工程量为

V＝净空面积×墙厚＝$(7.2-0.25)\times(4.2-0.25)\times0.24m^3=6.59m^3$

【注释】 (7.2－0.25)为墙的净长，(4.2－0.25)为墙的净宽，0.24 为墙厚。

清单工程量计算见表表 4-54。

清单工程量计算表 **表 4-54**

项目编码	项目名称	项目特征描述	计量单位	工程量
010401008001	填充墙	框架墙，墙厚 240mm	m^3	6.59

(2) 定额工程量

定额中工程量计算规则与清单相同，框架结构间砌墙工程量为：

$$V=(7.2-0.25)\times(4.2-0.25)\times0.24m^3=6.59m^3$$

套用基础定额 4-4。

项目编码：010403006 项目名称：石栏杆

【例 4-53】 某公园有一深水池，如图 4-52 所示，为防止有人落水事故发生，需在该深水池周围设置石栏杆，试根据图示计算该深水池的石栏杆工程量(用 M10 混合砂浆)。

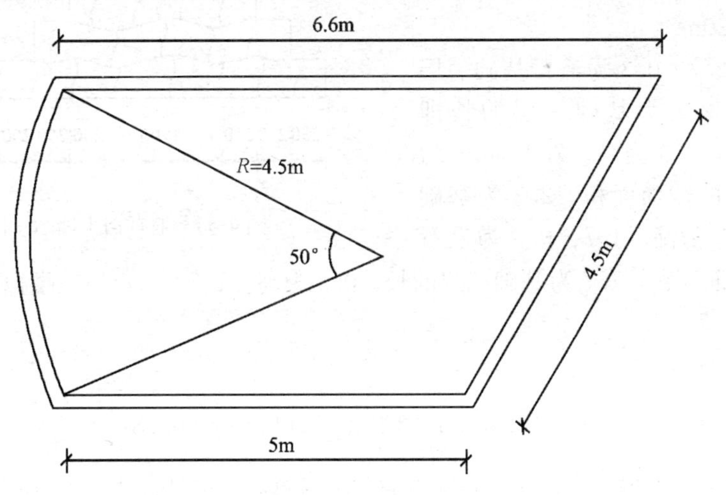

图 4-52 深水池示意图

【解】 (1) 清单工程量

根据清单中关于石栏杆工程量计算规则，按设计图示以长度计算。

$$L=(\frac{50}{180}\times3.14\times4.5+6.6+4.5+5)m=20.03m$$

【注释】 $\frac{50}{180}\times3.14\times4.5$ 为左边弧线段的长。

清单工程量计算见表 4-55。

清单工程量计算表 **表 4-55**

项目编码	项目名称	项目特征描述	计量单位	工程量
010403006001	石栏杆	M10 混合砂浆	m	20.03

(2) 定额工程量

定额中关于石栏杆工程量计算规则与清单相同，即石栏杆工程量：

$L=20.03m$

项目编码：010403001　项目名称：石基础

项目编码：010403003　项目名称：石墙

【例 4-54】 如图 4-53 所示，为全长 146m 的毛石挡土墙，试计算该挡土墙基础、墙身工程量。

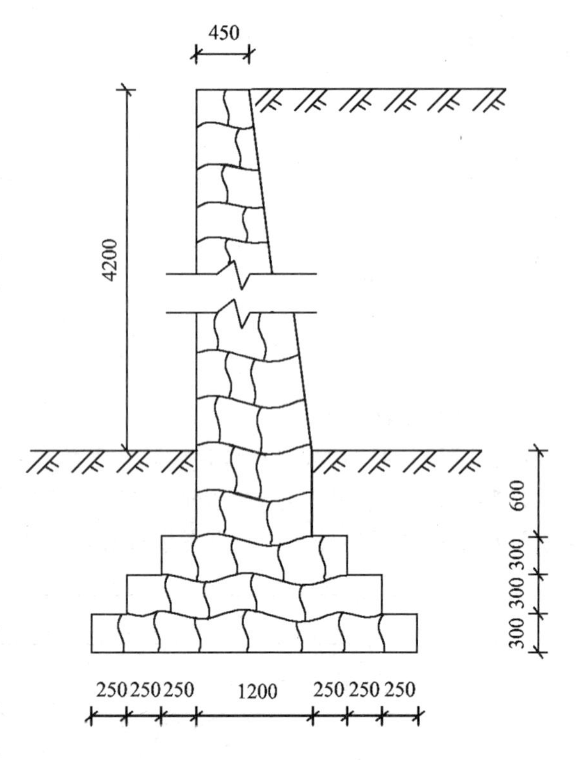

图 4-53　毛石挡土墙示意图

【解】（1）清单工程量

1）毛石基础工程量

V =基础截面积×毛石挡土墙全长

$=(2.7\times0.3+2.2\times0.3+1.7\times0.3+1.2\times0.6)\times146m^3$

$=394.20m^3$

【注释】 2.7×0.3 为毛石基础一层的截面面积，2.7 为基础一层的长即 0.25×6+1.2，0.3 为高。2.2×0.3 为毛石基础二层的截面面积，2.2 为基础二层的长，0.3 为高。1.7×0.3 为毛石基础三层的截面面积，1.7 为基础三层的长，0.3 为高。1.2×0.6 为三层以上到自然地面的毛石体积。

2）墙身工程量

$$V=\frac{1}{2}\times(0.45+1.2)\times4.2\times146m^3=505.89m^3$$

【注释】 0.45 为墙身上边宽，1.2 为墙身下底宽。4.2 为墙身高，146 为墙的长。

清单工程量计算见表 4-56。

清单工程量计算表　　　　**表 4-56**

序号	项目编码	项目名称	项目特征描述	计量单位	工程量
1	010403001001	石基础	毛石基础，基础深 1.5m	m^3	394.20
2	010403003001	石墙	毛石墙，墙厚 450mm	m^3	505.89

（2）定额工程量

定额工程量计算规则与清单相同。

$$V_{基础}=394.2m^3$$

套用基础定额 4-66。

$$V_{墙}=505.89m^3$$

套用基础定额 4-75。

项目编码：010401009　项目名称：实心砖柱

【例 4-55】 如图 4-54 所示，已知某车间需用 1∶3 水泥砂浆砌砖柱 18 个，求其砖柱工程量。

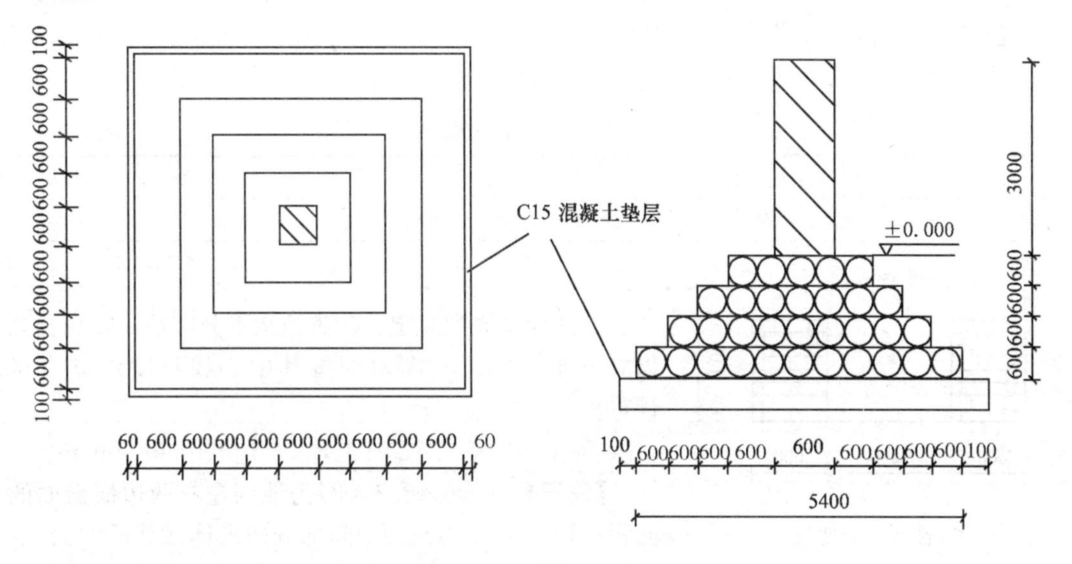

图 4-54　砖柱示意图

【解】（1）清单工程量

1）砖柱体积 $V=0.6\times0.6\times3.0\times18m^2=19.44m^3$

【注释】 0.6×0.6 为砖柱的横截面面积，3.0 为砖柱的高，18 为个数。

2）毛石基础体积

$V=(5.4\times5.4\times0.6+4.2\times4.2\times0.6+3.0\times3.0\times0.6+1.8\times1.8\times0.6)\times18m^3$

$=(17.50+10.58+5.4+1.94)\times18m^3$

$=637.56m^3$

【注释】 5.4×5.4×0.6 为毛石基础一层的体积，5.4 为一层基础边长，0.6 为高。4.2×4.2×0.6 为毛石基础二层的体积，4.2 为二层基础边长，0.6 为高。3.0×3.0×0.6 为毛石基础三层的体积，3.0 为三层基础边长，0.6 为高。1.8×1.8×0.6 为毛石基础四层的体积，5.4 为四层基础边长，0.6 为高。

清单工程量计算见表 4-57。

清单工程量计算表　　表 4-57

序号	项目编码	项目名称	项目特征描述	计量单位	工程量
1	010401009001	实心砖柱	独立柱，柱截面 600mm×600mm，1∶3 水泥砂浆砌筑	m^3	19.44
2	010403001001	石基础	毛石基础，基础深 2.4m，独立基础，C15 混凝土垫层	m^3	637.56

（2）定额工程量同清单工程量

套用基础定额 4-40。

项目编码：010401014　项目名称：砖地沟、明沟

【例 4-56】 某明沟中心线长 100m，散水宽 0.7m，断面尺寸如图 4-55 所示，试求其工程量。

【解】 (1) 清单工程量：100.00m

清单工程量计算见表 4-58。

清单工程量计算表 **表 4-58**

项目编码	项目名称	项目特征描述	计量单位	工程量
010401014001	砖地沟、明沟	沟截面 1200mm×600mm	m	100.00

(2) 定额工程量

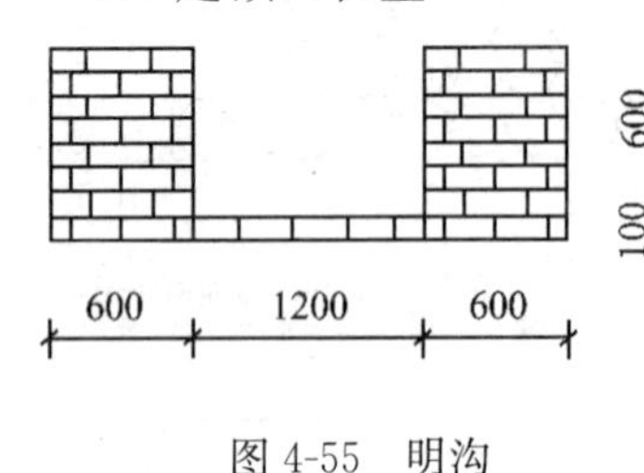

图 4-55 明沟

定额计算规则规定：砖砌地沟不分墙基、墙身合并以立方米计算；石砌地沟按其中心线长度以立方米计算。

$$V=[(0.6\times0.7\times2)+1.2\times0.1]\times100m^3=96m^3$$

【注释】 (0.6×0.7×2)为地沟左右两边横截面的面积；1.2×0.1 为地沟中间部分砖砌体横截面的面积；100 为地沟的长。

套用基础定额 4-60。

项目编码：010403001　项目名称：石基础

【例 4-57】 某工程设计采用毛石基础，如图 4-56 所示，求其工程量。

【解】 (1) 清单工程量

$L_{外}=(2.1+3.0+4.5+3.6\times2+3.0+4.5+3.0+2.1+3.0)m$

$=32.4m$

【注释】 2.1+3.0+4.5 上部横向外墙中心线长。3.6×2 为上部纵向外墙中心线长。4.5 为下部横向外墙中心线长。3.0+2.1 为左侧下部横向外墙中心线长。3.0 为下部左侧纵向外墙中心线长。

$$L_{内}=[(3.6-0.37)\times2+(4.5-0.37)]m=10.59m$$

【注释】 (3.6−0.37)×2 为两个纵向内墙净长，(4.5−0.37)为横向内墙净长。

$$V_{1-1}=(0.54+0.74+0.94)\times0.6\times10.59m^3=14.11m^3$$

【注释】 (0.54+0.74+0.94)为内墙基础三层总宽，0.6 为高，10.59 为内墙的净长。

$$V_{2-2}=(0.77+1.07+1.37)\times0.6\times32.4m^3=62.40m^3$$

内外墙毛石基础工程量合计：

$$V=V_{1-1}+V_{2-2}=(14.11+62.40)m^3=76.51m^3$$

【注释】 (0.77+1.07+1.37)外墙基础三层总宽，0.6 为高，32.4 为外墙中心线的总长。

清单工程量计算见表 4-59。

清单工程量计算表 **表 4-59**

项目编码	项目名称	项目特征描述	计量单位	工程量
010403001001	石基础	毛石基础，基础深 1.8m，独立基础	m^3	76.51

(2) 定额工程量同清单工程量

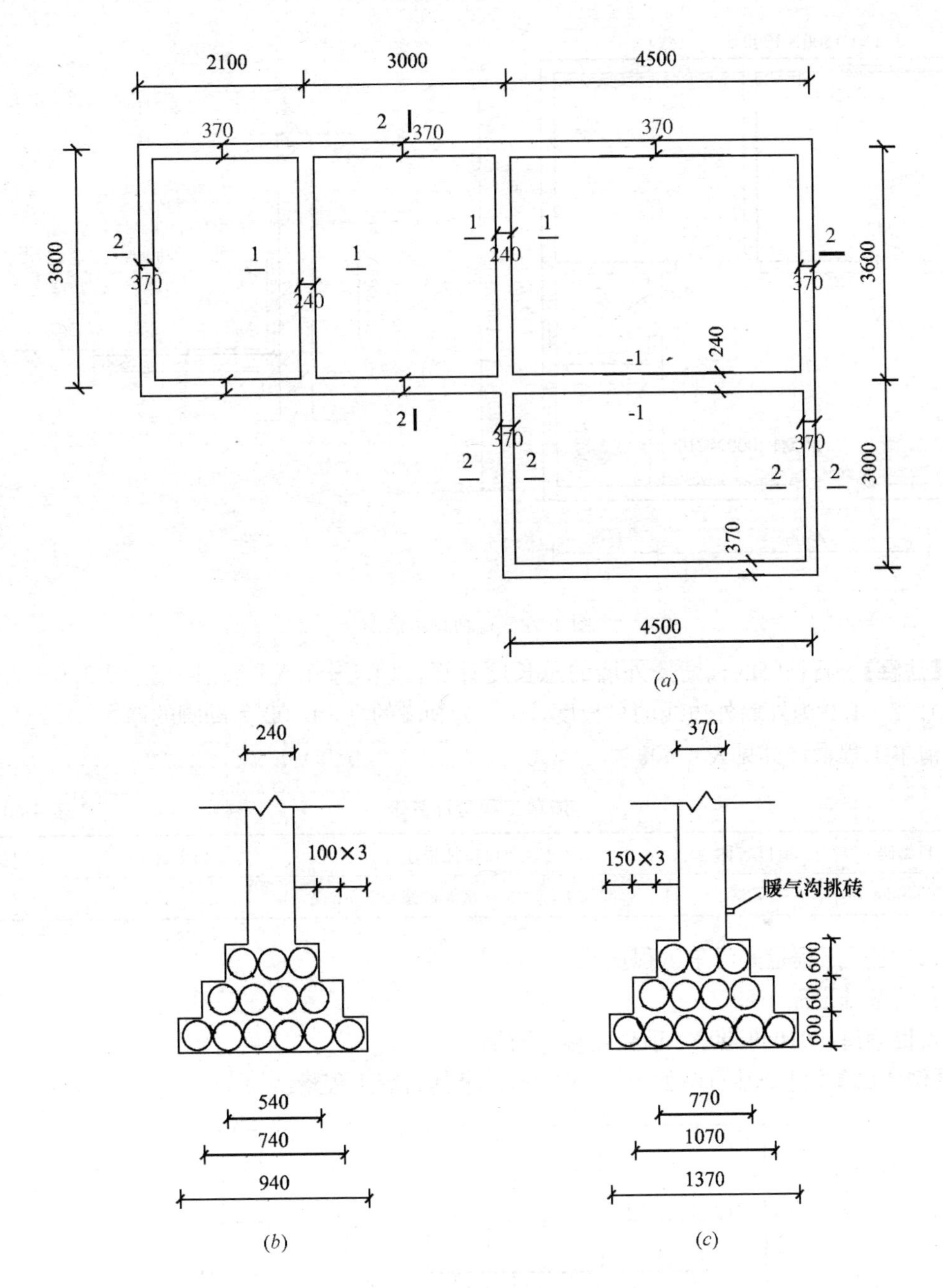

图 4-56 毛石基础示意图

(a)平面图；(b)1－1 剖面图；(c)2－2 剖面图

套用基础定额 4-66。

项目编码：010403002 项目名称：石勒脚

【例 4-58】 某房屋建筑如图 4-57 所示，求其石勒脚工程量。

【解】 (1) 清单工程量

$[(4.5+1.5+0.24+2.0+1.0+3.0+0.24)\times2-1.0]\times0.5\times0.02m^3$

$=0.24m^3$

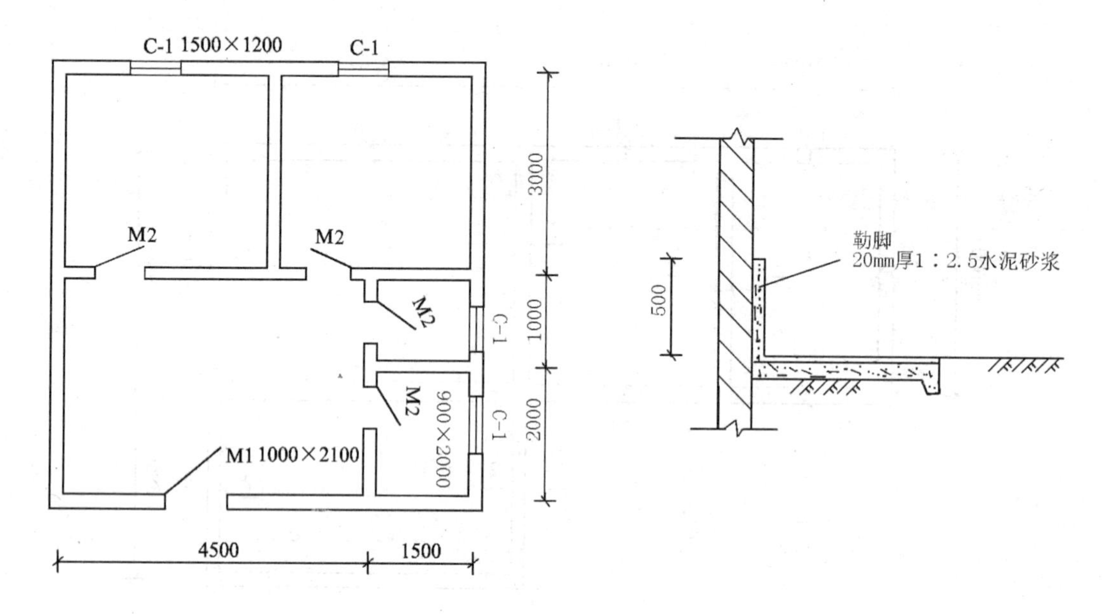

图 4-57 石勒脚示意图

【注释】 石勒脚的长度按外墙的总长度计算，(4.5＋1.5＋0.24＋2.0＋1.0＋3.0＋0.24)×2－1.0 为外墙外边线的总长度，0.5 为勒脚的高，0.02 为勒脚的厚。

清单工程量计算见表 4-60。

清单工程量计算表 **表 4-60**

项目编码	项目名称	项目特征描述	计量单位	工程量
010403002001	石勒脚	0.02 厚 1∶2.5 水泥砂浆，0.5m 高	m^3	0.24

(2) 定额工程量同清单工程量

套用基础定额 4-69。

项目编码：010403003 项目名称：石墙

【例 4-59】 已知某石墙如图 4-58 所示，求其石墙工程量。

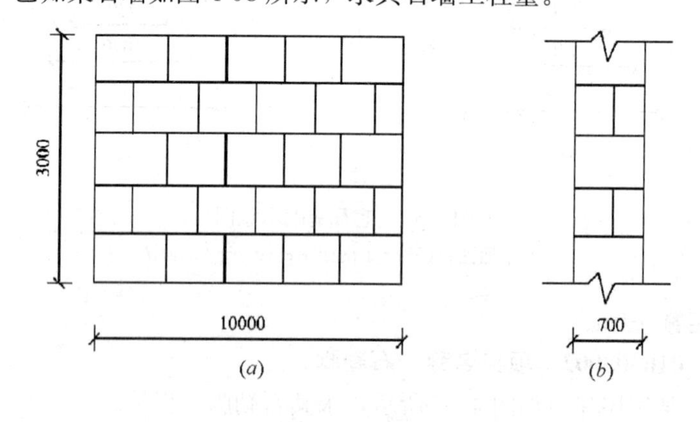

图 4-58 石墙

(a)立面图；(b)剖面图

【解】 (1) 清单工程量

$$10\times3.0\times0.7\text{m}^3=21.00\text{m}^3$$

【注释】 10为石墙的长，3.0为石墙的高，0.7为石墙的厚。

清单工程量计算见表4-61。

清单工程量计算表 **表4-61**

项目编码	项目名称	项目特征描述	计量单位	工程量
010403003001	石墙	墙厚700mm	m^3	21.00

(2) 定额工程量

$$10\times3.0\times0.7\text{m}^3=21.00\text{m}^3$$

【注释】 10为石墙的长，3.0为石墙的高，0.7为石墙的厚。

套用基础定额4-74。

项目编码：010403004　项目名称：石挡土墙

【例4-60】 如图4-59所示，用1∶1.5水泥砂浆砌筑毛石挡土墙120m，求其毛石挡土墙的工程量。

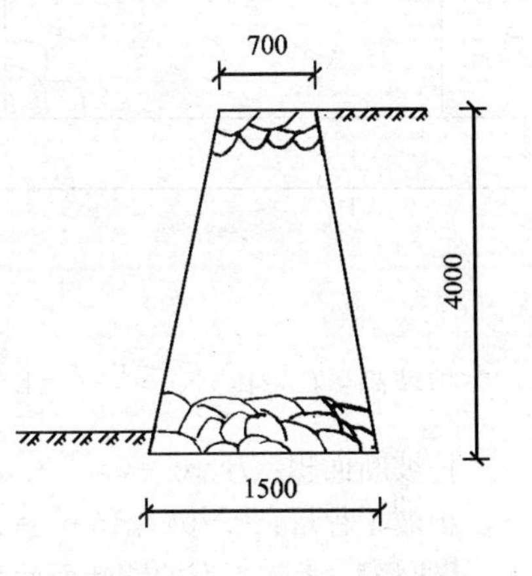

图4-59　挡土墙示意图

【解】 (1) 清单工程量

毛石挡土墙工程量以立方米计算。

$$\frac{(0.7+1.5)\times4.0}{2}\times120\text{m}^3=528.00\text{m}^3$$

【注释】 0.7为挡土墙的上部宽，1.5为挡土墙的下底宽，4为挡土墙的高。$\frac{(0.7+1.5)\times4.0}{2}$为挡土墙的截面面积，120为挡土墙的长。

清单工程量计算见表4-62。

清单工程量计算表 **表4-62**

项目编码	项目名称	项目特征描述	计量单位	工程量
010403004001	石挡土墙	1∶1.5水泥砂浆砌筑毛石挡土墙，墙高4m	m^3	528.00

(2) 定额工程量同清单工程量

套用基础定额4-77。

项目编码：010403007　项目名称：石护坡

【例4-61】 毛石护坡工程量以立方米计算，如图4-60所示，用1∶3水泥混合砂浆砌筑，求其毛石砌护坡工程量。

【解】 (1) 清单工程量

护坡基础工程量：$(1.5+2.0)\times0.7\times\frac{1}{2}\times15\text{m}^3=18.45\text{m}^3$

【注释】 1.5为护坡基础的上部宽，2.0为护坡基础的下底宽。0.7为护坡基础的厚。$\frac{(0.7+1.5)\times4.0}{2}$为毛石护坡基础的截面面积。15为护坡基础的长。

护坡厚：$B=0.6\times\cos30^\circ=0.6\times\frac{\sqrt{3}}{2}\text{m}=0.52\text{m}$

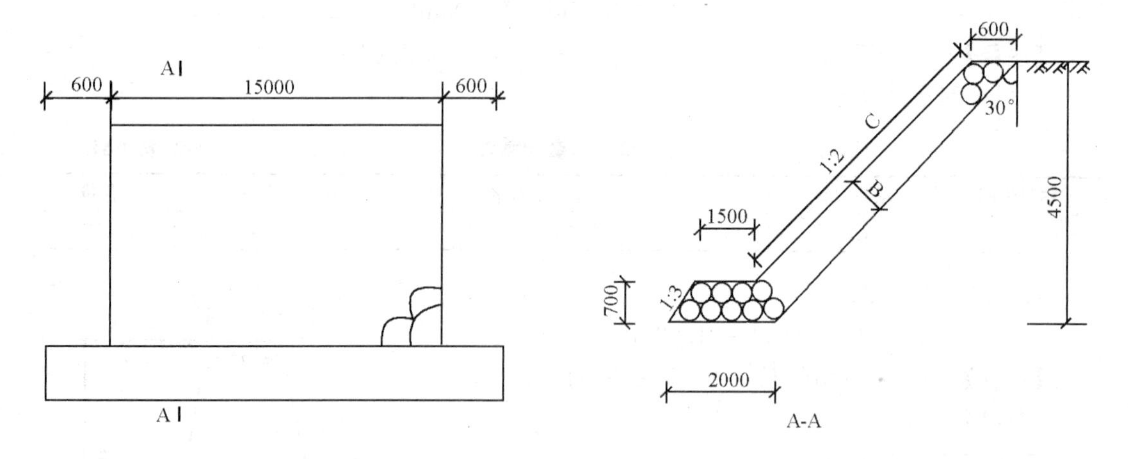

图 4-60 毛石砌护坡

护坡高：$C=4.5\times\frac{1}{\cos30^{\circ}}=4.5\times\frac{2}{\sqrt{3}}\text{m}=5.2\text{m}$

护坡断面积：$B\times C=0.52\times5.2\text{m}^2=2.704\text{m}^2$

护坡工程量：$2.704\times15\text{m}^3=40.56\text{m}^3$

【注释】 2.704 为护坡断面面积，15 为护坡的长。

清单工程量计算见表 4-63。

清单工程量计算表 **表 4-63**

项目编码	项目名称	项目特征描述	计量单位	工程量
010403007001	石护坡	毛石护坡，护坡厚 520mm，高 5.2m	m^3	40.56

(2) 定额工程量同清单工程量

套用基础定额 4-81。

项目编码：010403005 项目名称：石柱

【例 4-62】 某车棚 1∶3 水泥砂浆砌石柱 18 个，如图 4-61 所示，求其工程量。

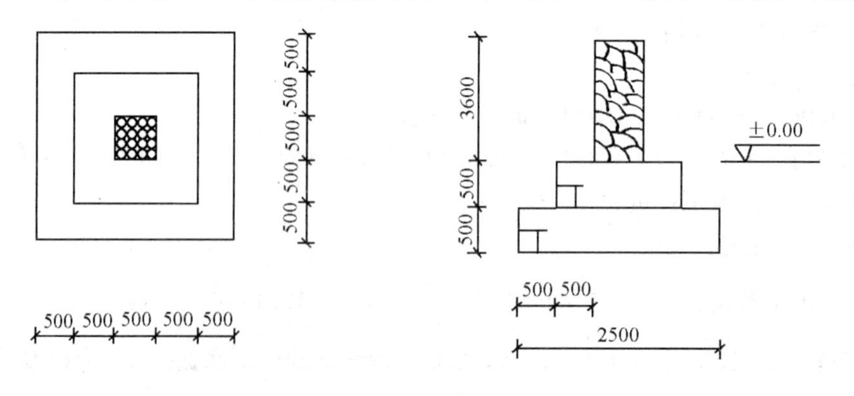

图 4-61 石柱示意图

【解】 (1) 清单工程量

石柱体积：$V=0.5\times0.5\times3.6\times18\text{m}^3=16.20\text{m}^3$

【注释】 0.5×0.5 为石柱的截面面积。3.6 为石柱的高，18 为石柱的个数。

清单工程量计算见表 4-64。

清单工程量计算表 表 4-64

项目编码	项目名称	项目特征描述	计量单位	工程量
010403005001	石柱	柱截面 500mm×500mm，1∶3 水泥砂浆	m^3	16.20

（2）定额工程量：

$$V=0.5\times0.5\times3.6\times18m^3=16.20m^3$$

【注释】 0.5×0.5 为石柱的横×截面面积，3.6 为石柱的高，18 为石柱的个数。

套用基础定额 4-78。

项目编码：010403008 项目名称：石台阶

【例 4-63】 某石砌台阶，如图 4-62 所示，用 1∶1.5 水泥混合砂浆砌筑，求其台阶的工程量。

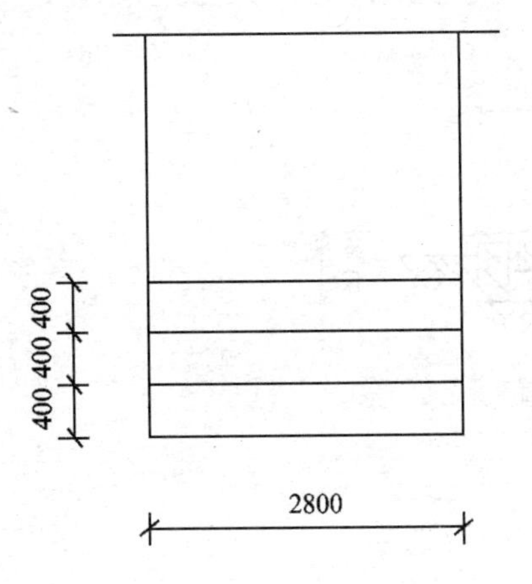

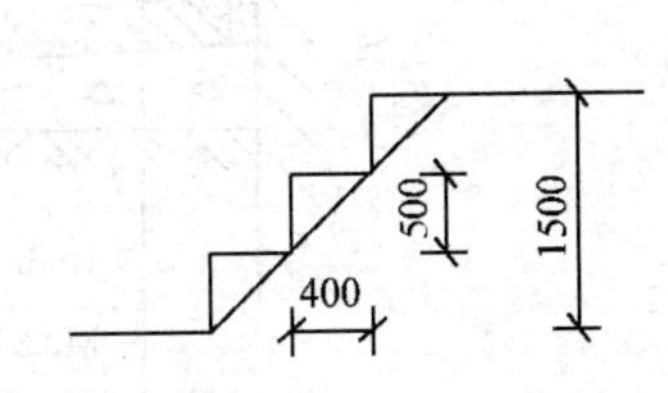

图 4-62 台阶示意图

【解】（1）清单工程量

$$V=2.8\times(0.4\times0.5\times0.5)\times3m^3=0.84m^3$$

【注释】 2.8 为台阶的宽，(0.4×0.5×0.5)为台阶横截面小三角形的面积，3 为台阶的个数。

清单工程量计算见表 4-65。

清单工程量计算表 表 4-65

项目编码	项目名称	项目特征描述	计量单位	工程量
010403008001	石台阶	1：1.5 水泥混合砂浆	m^3	0.84

（2）定额工程量：

$$S=2.8\times0.4\times3m^2=3.36m^2$$

【注释】 定额工程量以台阶的水平投影面积计算。2.8 为台阶的长，0.4 为台阶的宽，3 为台阶的个数。

套用基础定额 4-85。

项目编码：010401013　项目名称：砖散水、地坪

【例 4-64】 如图 4-63 所示，砖散水宽度 L＝0.8m，求砖散水工程量。

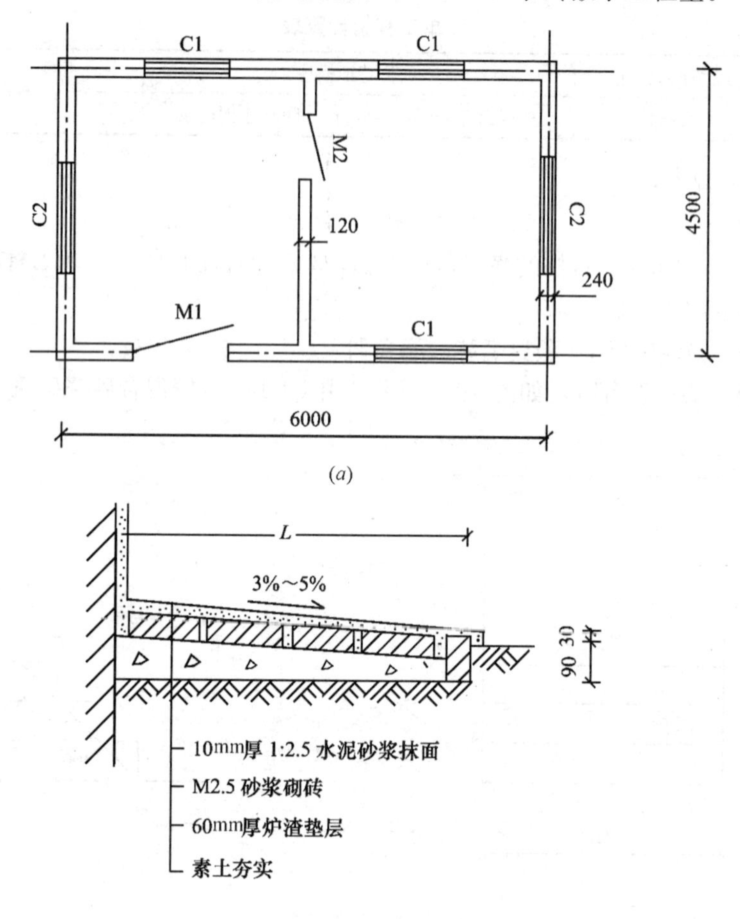

图 4-63
(a)某住宅平面图；(b)砖散水断面图

【解】 (1) 清单工程量

工程量＝散水长度×散水宽度

＝[(6＋0.24＋4.5＋0.24)×2＋4×0.8]×0.8m²

＝20.13m²

【注释】 (6＋0.24＋4.5＋0.24)×2 为外墙外边线总长，4×0.8 为外墙至散水之间的总距离，0.8 为散水宽度。

清单工程量计算见表 4-66。

清单工程量计算表　　　　**表 4-66**

项目编码	项目名称	项目特征描述	计量单位	工程量
010401013001	砖散水、地坪	炉渣垫层厚 60mm，散水厚 120mm，1：2.5 水泥砂浆抹面	m²	20.13

（2）定额工程量

与清单工程量相同，其工程量=20.13m²

套用基础定额 4-54。

项目编码：010401014 项目名称：砖地沟、明沟

【例 4-65】 如图 4-64 所示，散水宽度为 0.7m，试计算砖地沟工程量。

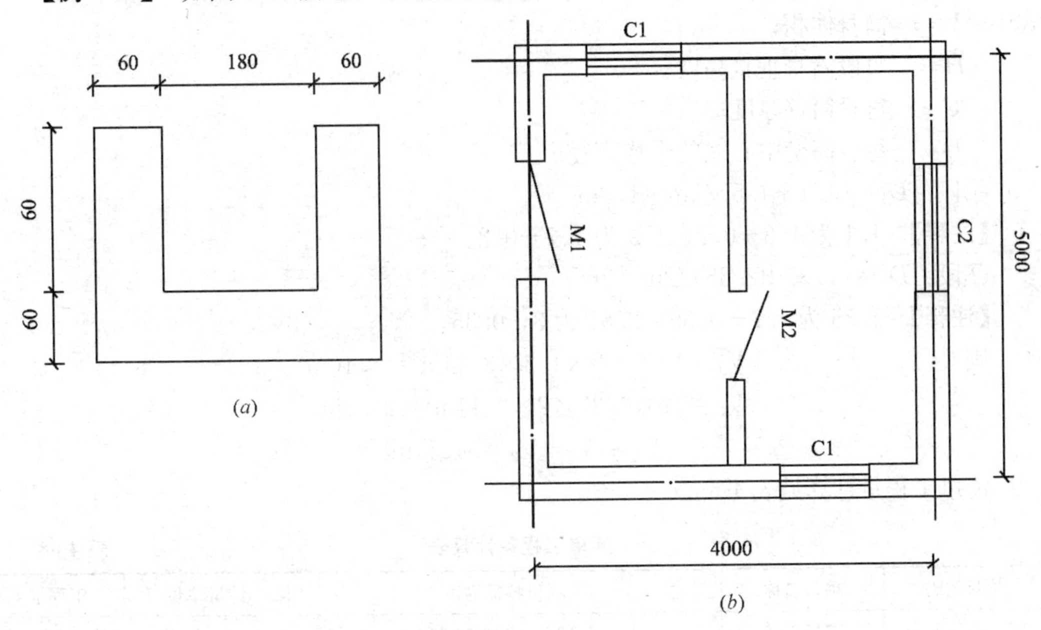

图 4-64 砖地沟

(a)砖地沟截面示意图；(b)建筑物平面图

【解】 （1）清单工程量

$$(4+5)\times 2\text{m}=18.00\text{m}$$

【注释】 4 为外墙中心线的宽，5 为外墙中心线的长。

清单工程量计算见表 4-67。

清单工程量计算表 **表 4-67**

项目编码	项目名称	项目特征描述	计量单位	工程量
010401014001	砖地沟、明沟	沟截面 60mm×180mm	m	18.00

（2）定额工程量：

$(0.18\times0.06+0.12\times0.06\times2)\times[(4+0.24+5+0.24)\times2+0.7\times8+(0.06+0.09)\times4]\text{m}^3$

$=0.0252\times(18.96+5.6+0.6)\text{m}^3$

$=0.63\text{m}^3$

【注释】 (0.18×0.06+0.12×0.06×2)为砖地沟截面面积，即为两侧矩形面积加中间矩形面积。4+0.24 为外墙的边缘长，0.7×8 为外墙需增加的散水宽，(0.06+0.09)×4 为地沟中心线宽，5+0.24 为外墙边缘的宽，[(4+0.24+5+0.24)×2+0.7×8+(0.06+0.09)×4]为砖地沟中心线的总长。

套用基础定额 4-61。

项目编码：010401012　项目名称：零星砌砖

【例 4-66】 如图 4-65 所示砖烟囱，试求其工程量，烟囱高 22m，烟囱下口直径为 3m。

【解】（1）清单工程量

$$V=\sum HC\pi D$$

式中 V——筒身体积；

H——每段筒身垂直高度；

C——每段筒壁厚度；

D——每段筒壁中心线的平均直径。

①段：$D_1=(1.1+1.5)/2\text{m}=1.3\text{m}$

【注释】 1.1 为 1.3－0.2，1.5 为 1.7－0.2。

②段：$D_2=(1.35+2.65)/2\text{m}=2\text{m}$

【注释】 1.35 为 1.7－0.35，2.65 为 3－0.35。

则

$$V_1=10\times0.2\times1.3\times3.14\text{m}^3=8.16\text{m}^3$$

$$V_2=12\times0.35\times2\times3.14\text{m}^3=26.38\text{m}^3$$

$$V_{总}=V_1+V_2=34.54\text{m}^3$$

清单工程量计算见表 4-68。

清单工程量计算表　　表 4-68

项目编码	项目名称	项目特征描述	计量单位	工程量
010401012001	零星砌砖	砖烟囱，筒身高 22m	m^3	34.54

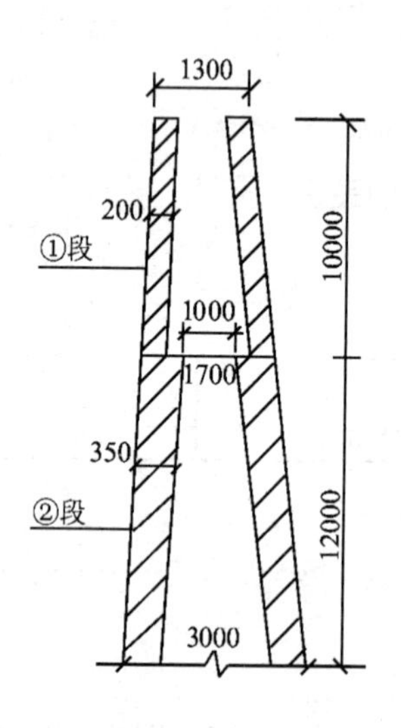

图 4-65　砖烟囱剖面示意图

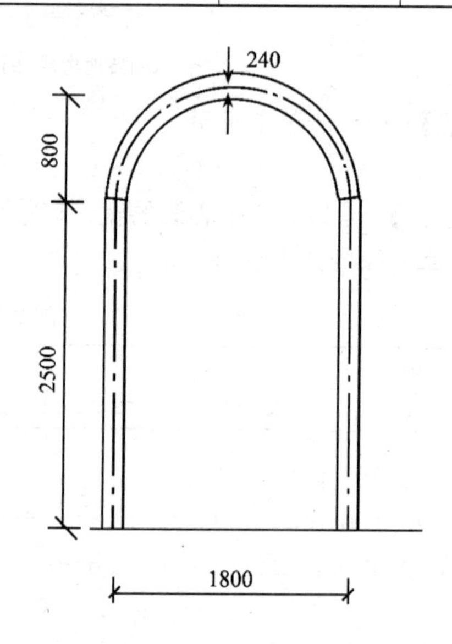

图 4-66　砖烟道示意图

（2）定额工程量同清单工程量

套用基础定额 4-46。

项目编码：010401012 项目名称：零星砌砖

【例 4-67】 如图 4-66 所示，砖砌烟道，烟道长 30m，试求其烟道的工程量。

【解】（1）清单工程量

按图示尺寸以体积计算

$$V=V_{立墙}+V_{拱顶}$$

$$V_{立墙}=1.8\times2.5\times30\text{m}^3=135\text{m}^3$$

【注释】 1.8 为立墙的宽，2.5 为立墙的高，30 为长。

$$V_{拱顶}=abLk$$

式中 a——弧顶厚度；

b——中心线跨度；

L——拱顶长度；

k——弧长系数。

$$\frac{f}{b}=\frac{800}{1800}=\frac{1}{2.25}$$

$$V_{拱顶}=0.24\times1.8\times30\times1.399\text{m}^3=18.13\text{m}^3$$

$$V=135+18.13=153.13\text{m}^3$$

清单工程量计算见表 4-69。

清单工程量计算表 **表 4-69**

项目编码	项目名称	项目特征描述	计量单位	工程量
010401012001	零星砌砖	砖烟道，烟道截面形状为拱形，长 30m	m^3	153.13

（2）定额工程量同清单工程量

套用基础定额 4-52。

项目编码：010401012 项目名称：零星砌砖

【例 4-68】 如图 4-67 所示砖水池，水池长 15m。

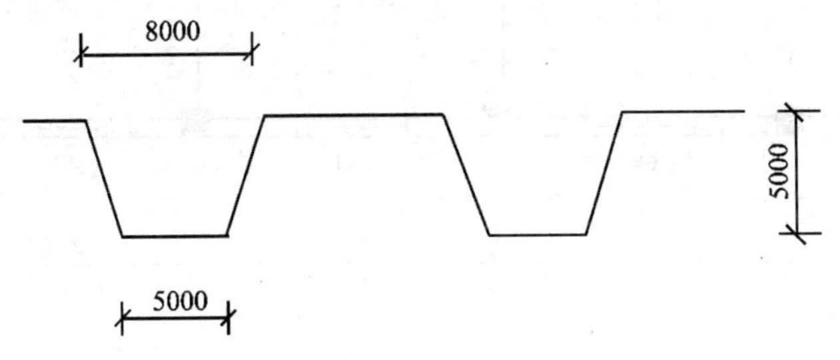

图 4-67 砖砌水池剖面图

【解】（1）清单工程量

砖砌水池工程量：2 个

清单工程量计算见表表 4-70。

清单工程量计算表 **表 4-70**

项目编码	项目名称	项目特征描述	计量单位	工程量
010401012001	零星砌砖	砖水池、化粪池，池截面上口宽 8000mm，下底宽 5000mm，高 5000mm，长 15000mm	个	2

(2) 定额工程量

砖砌水池工程量 $V=(5.0+8.0)\times5.0\times\frac{1}{2}\times15\times2\text{m}^3$

$=487.5\times2\text{m}^3$

$=975.00\text{m}^3$

【注释】 5.0 为水池下底宽，8.0 为水池上开口宽，5.0 为水池高，$(5.0+8.0)\times5.0\times\frac{1}{2}$此部分为水池截面面积，15 为水池长度，2 为个数。

项目编码：010402001　项目名称：砌块墙

【例 4-69】 求图 4-68 所示的墙体工程量，已知框架间净高 3000mm，非承重黏土空心砖 1 砖厚。

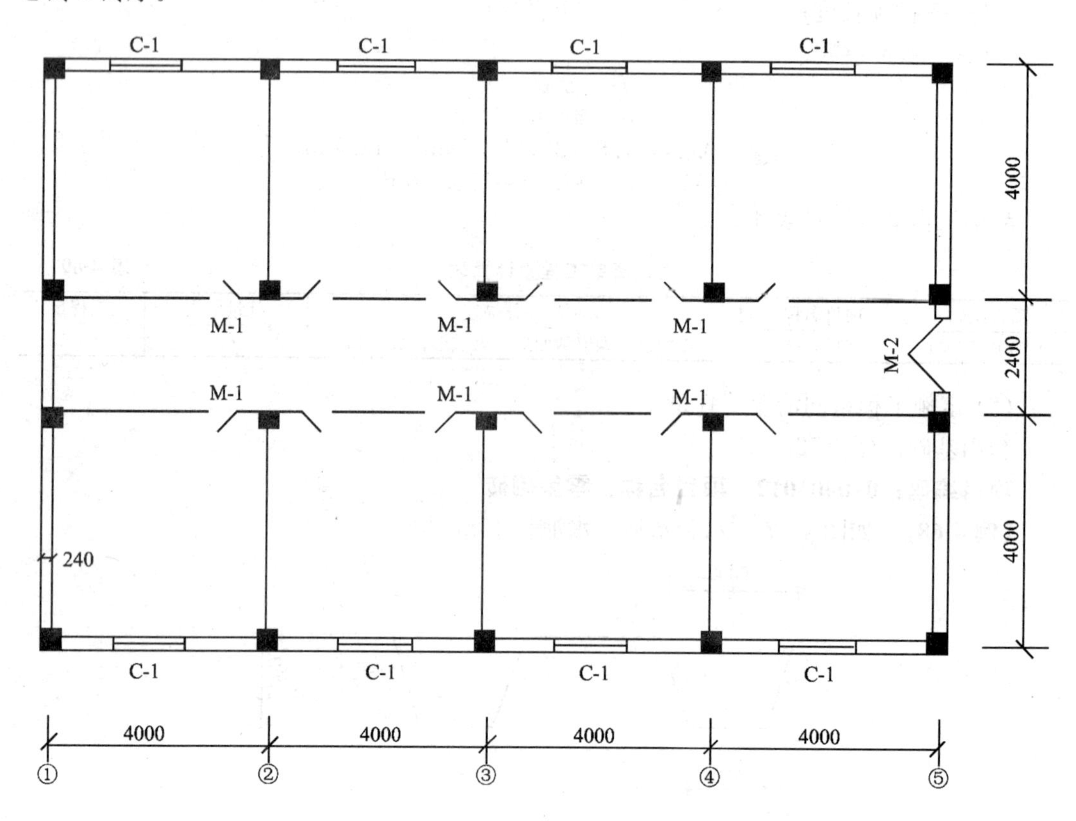

图 4-68　某办公楼平面图

注：C—1　1800mm×1500mm　M—2　1500mm×2100mm　梁：　500mm×500mm

M—1　900mm×2100mm　外柱：500mm×500mm　内柱：400mm×400mm

【解】 (1) 清单工程量

1) 外墙中心线长度：

$$L_{外}=[(4.0-0.5)\times4+(4-0.5)\times2+(2.4-0.5)]\times2\text{m}=45.8\text{m}$$

【注释】 0.5 为外墙柱子的边长，$(4.0-0.5)\times4$ 为外墙的长，$(4-0.5)\times2+(2.4-0.5)$为外墙的宽。

外墙面积：$S_1=(45.8\times3.0-1.8\times1.5\times8-1.5\times2.1)\text{m}^2$

$=112.65\text{m}^2$

【注释】 45.8×3.0 为外墙的总面积，5.8 为外墙的总长，3 为外墙的高，1.8×1.5×8 为窗 1 的总面积，1.8 为窗 1 的高，1.5 为窗 1 的宽，8 为窗 1 的个数，1.5×2.1 为门 2 的面积，1.5为门 2 的宽，2.1 为门 2 的高。

2）内墙净长度：

$$L_{内}=(4.0-0.4)\times14\text{m}=50.4\text{m}$$

【注释】 0.4 为内柱的边长，(4.0－0.4)为一面内墙的净长度，14 为此类型内墙的个数。

内墙面积：$S_2=(50.4\times3.0-0.9\times2.1\times12)\text{m}^2=(151.20-22.68)\text{m}^2=128.52\text{m}^2$

【注释】 50.4 为内墙的净长度，3 为墙高，0.9×2.1×12 为门 1 的面积，0.9 为门 1 的宽，2.1 为门 1 的高，12 为门 1 的个数。

3）墙体体积：

$$V=(S_1+S_2)\times0.24\text{m}^3=(112.65+128.52)\times0.24\text{m}^3=57.88\text{m}^3$$

【注释】 墙体体积为内墙与外墙的面积总和乘以墙厚。0.24 为墙厚。

清单工程量计算见表 4-71。

清单工程量计算表 **表 4-71**

项目编码	项目名称	项目特征描述	计量单位	工程量
010402001001	砌块墙	黏土空心砖墙，厚 240mm，非承重黏土空心砖	m^3	57.88

(2) 定额工程量计算同清单工程量

套用基础定额 4-22。

说明：砖墙定额中已包括先立门窗框的调直用工以及腰线窗台线，挑檐等一般出线用工；砖砌体均包括了原浆勾缝用工，加浆勾缝时，另按相应定额计算。

项目编码：010401009 项目名称：实心砖柱

【例 4-70】 试计算图 4-69 所示独立砖柱的工程量，独立砖柱 20 根。

【解】 (1) 清单工程量

方形砖柱体积：$V_{柱}=0.6\times0.6\times20\times5\text{m}^3=36.00\text{m}^3$

【注释】 0.6×0.6 为柱截面面积，5 为柱高，20 为个数。

方形砖柱基础体积：

最上层大放脚体积：$V_1=1.2\times1.2\times0.6\text{m}^3=0.86\text{m}^3$

【注释】 1.2×1.2 为第一层大放脚的截面面积。0.6 为一层大放脚的高。

中间大放脚体积：$V_2=2.4\times2.4\times0.6\text{m}^3=3.46\text{m}^3$

【注释】 2.4×2.4 为第二层大放脚的截面面积。0.6 为二层大放脚的高。

最下层大放脚体积：$V_3=3.6\times3.6\times0.6\text{m}^3=7.78\text{m}^3$

【注释】 3.6×3.6 为第三层大放脚的截面面积。0.6 为三层大放脚的高。

$$V_{柱基}=V_1+V_2+V_3\times20=(0.86+3.46+7.78)\times20\text{m}^3=242.00\text{m}^3$$

【注释】 柱基的体积为三层大放脚的体积之和。

$$V_{总}=V_{柱}+V_{柱基}=(36+242)\text{m}^3=278.00\text{m}^3$$

清单工程量计算见表 4-72。

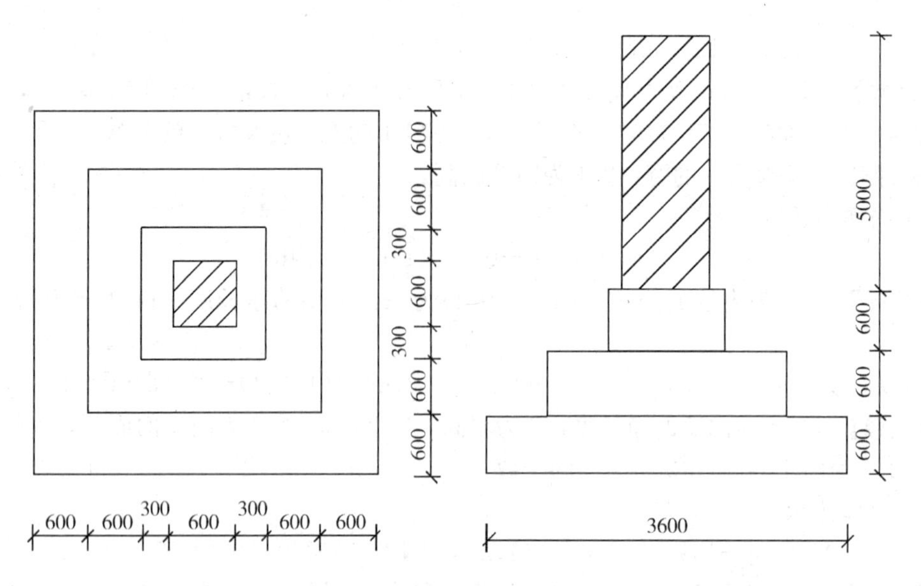

图 4-69 砖柱平面图

清单工程量计算表 **表 4-72**

序号	项目编码	项目名称	项目特征描述	计量单位	工程量
1	010401009001	实心砖柱	独立砖柱，柱截面 600mm×600mm，柱高 5m	m^3	36.00
2	010401001001	砖基础	独立基础，基础深 1.8m	m^3	242.00

(2) 定额工程量同清单工程量

套用基础定额 4-40。

项目编码：010401012 项目名称：零星砌砖

【例 4-71】 如图 4-70 所示，试求如图球形塔顶的工程量。

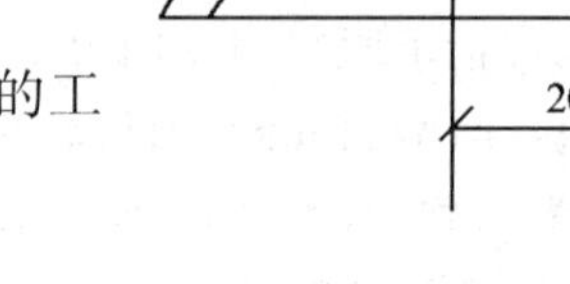

图 4-70 塔顶尺寸

【解】 (1) 清单工程量

球形塔顶工程量 $V=\pi(r^2+H^2)t$

式中 r——球形底面半径；

H——高；

t——厚度。

$V=3.14\times(2.0^2+1.5^2)\times0.25\text{m}^3=3.14\times6.25\times0.25\text{m}^3=4.91\text{m}^3$

清单工程量计算见表 4-73。

清单工程量计算表 **表 4-73**

项目编码	项目名称	项目特征描述	计量单位	工程量
010401012001	零星砌砖	球形塔顶	m^3	4.91

(2) 定额工程量计算同上。

项目编码：010401012 项目名称：零星砌砖

【例 4-72】 如图 4-71 所示，试求其砖砌化粪池的工程量。

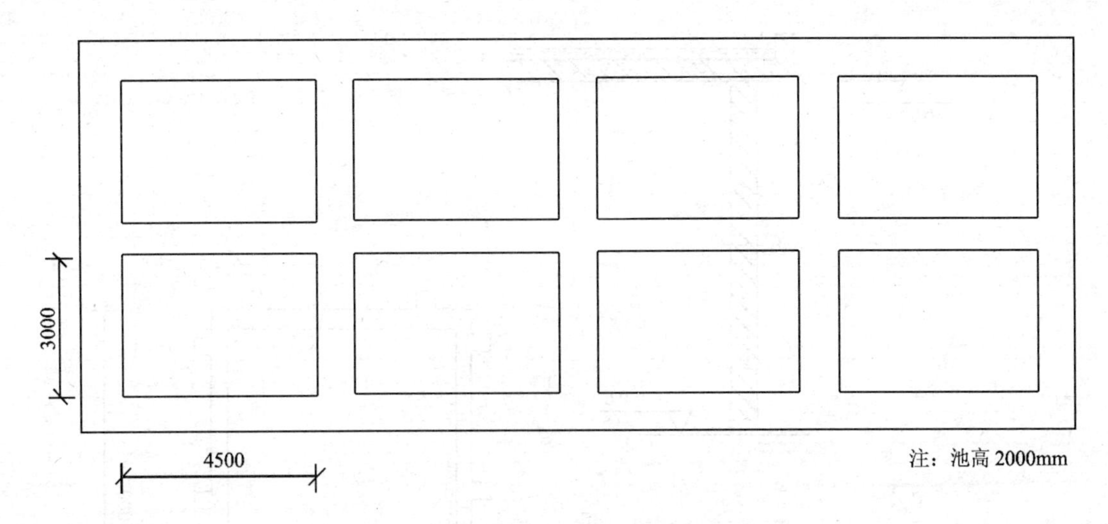

图 4-71 砖砌化粪池平面图

【解】 (1) 清单工程量

化粪池的工程量：8 个

清单工程量计算见表 4-74。

清单工程量计算表 **表 4-74**

项目编码	项目名称	项目特征描述	计量单位	工程量
010401012001	零星砌砖	化粪池，池截面 3000mm×4500mm	个	8

(2) 定额工程量

化粪池工程量：$V=4.5\times3\times2.0\times8m^3=216.00m^3$

【注释】 4.5 为单个化粪池的长，3 为宽，2 为池高，8 为个数。

套用基础定额 4-57。

项目编码：010401003 项目名称：实心砖墙

【例 4-73】 如图 4-72 所示，试求其附墙砖垛的工程量。

说明：附墙砖垛工程量按砖垛实体积以 m^3 为单位进行计算，然后将其体积并入砖垛所依附的墙身工程量中。

【解】 (1) 清单工程量

墙垛工程量 $V_1=0.365\times0.25\times(6.0+0.6)\times22m^3=13.25m^3$

【注释】 0.365 为墙垛的长，0.25 为墙垛的宽，(6.0+0.6)墙垛的高，22 为附墙垛的个数。

砖体工程量 $V_2=0.37\times(6.0+0.6)\times(10.5+8.5-0.37\times2)\times2m^3$

$=0.37\times6.6\times18.26\times2m^3$

$=89.18m^3$

【注释】 0.37 为墙厚，(6.0+0.6)为墙的高，(10.5+8.5)×2 为外墙边缘长，外墙中心线长=外墙边缘长－墙厚(4 个墙厚)

砖垛和砖墙工程量合计：$V=V_1+V_2=(13.25+89.18)m^3=102.43m^3$

清单工程量计算见表 4-75。

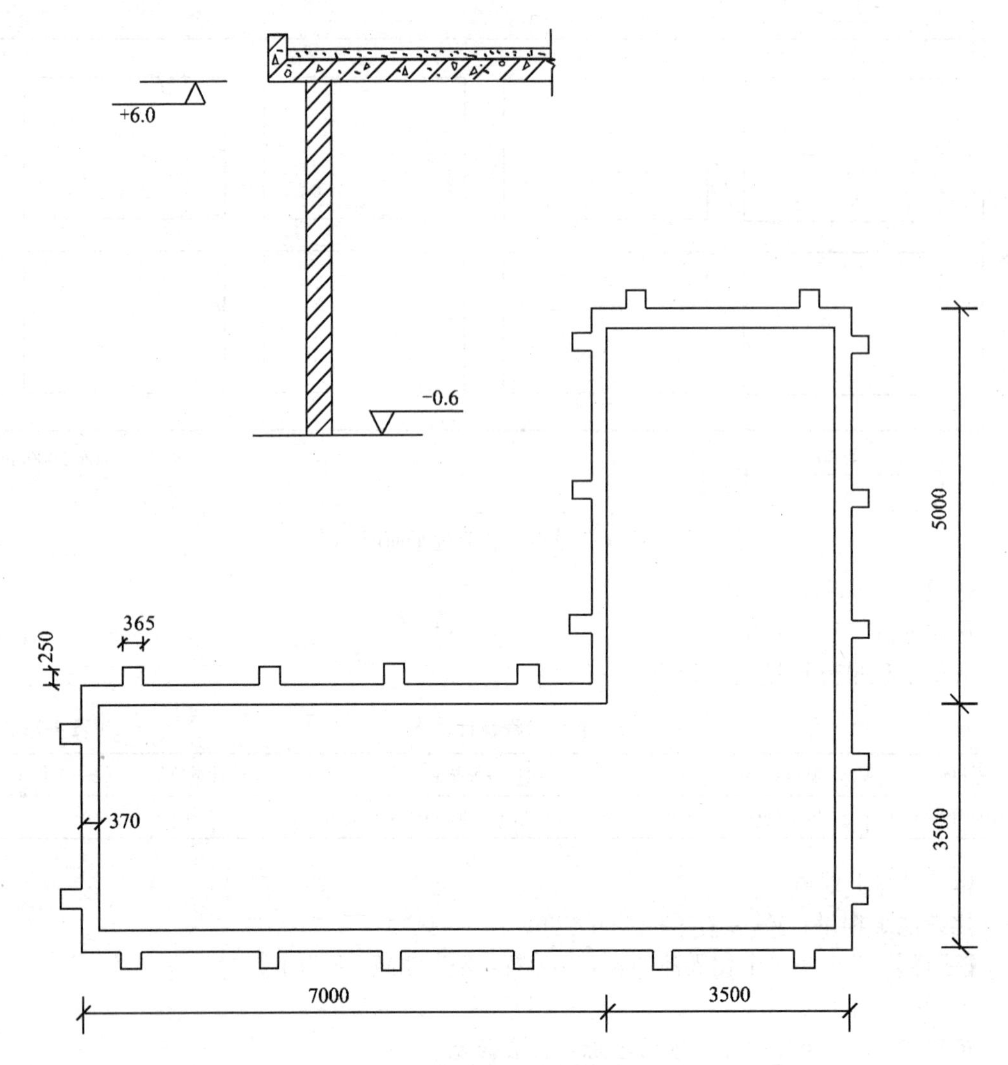

图 4-72　附墙砖垛示意图

清单工程量计算表　　　　**表 4-75**

项目编码	项目名称	项目特征描述	计量单位	工程量
010401003001	实心砖墙	实心砖墙，墙厚 370mm，墙高 6.6m	m^3	102.43

(2) 定额工程量计算同清单工程量

套用基础定额 4-5。

项目编码：010401003　项目名称：实心砖墙

【例 4-74】 如图 4-73 所示女儿墙，试求其砖砌女儿墙的工程量。

【解】 (1)女儿墙工程量应按女儿墙的断面积乘以女儿墙中心线长度计算，女儿墙高度从屋面板上表面算至女儿墙顶面。

$$V=0.25\times1.2\times[(11+7.5)-0.37\times2]\times2m^3=0.3\times35.52m^3=10.66m^3$$

【注释】 0.25 为女儿墙厚，1.2 为墙高，(11+7.5)×2 为外墙边缘长，0.37 为墙厚。

清单工程量计算见表 4-76。

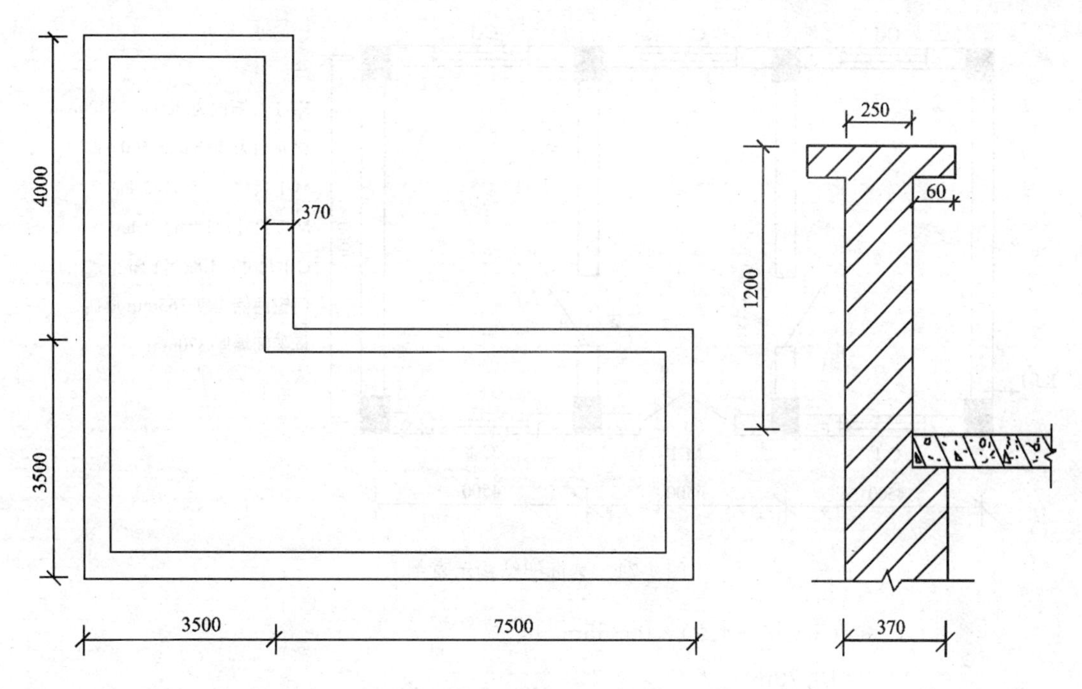

图 4-73　女儿墙示意图

清单工程量计算表　　　　**表 4-76**

项目编码	项目名称	项目特征描述	计量单位	工程量
010401003001	实心砖墙	实心砖墙，女儿墙，墙厚 250mm，墙高 1.2m	m^3	10.66

(2) 定额工程量计算同清单工程量

套用基础定额 4-4。

说明：女儿墙的砖压顶突出墙面部分不计算体积 。

项目编码：010401003　项目名称：实心砖墙

【例 4-75】 试求图 4-74 所示框架间墙体工程量，该墙体为加气混凝土砌块，框架间净高4.2m。

【解】 (1) 清单工程量

框架结构间砌墙分内外墙及不同墙厚，以框架间的净空面积乘以墙厚以体积立方米为单位计算，框架外表面镶包砖部分应并入框架间墙的工程量内一并计算。

外墙体积 $V_{外}$ =(框架间净长×框架间净高－门窗面积)×墙厚

$=\{[(4.5-0.4)\times3+(7.0-0.4)]\times2\times4.2-1.8\times1.5\times5-1.5\times2.4\}\times0.365m^3$

$=(158.76-13.5-3.6)\times0.365m^3$

$=51.71m^3$

【注释】 (4.5－0.4)为墙体的净长，(7.0－0.4)为墙体的净宽，0.4 为柱子的截面边长；4.2 为外墙的高；1.8×1.5 为窗 1 的面积，5 为窗 1 的个数；1.5×2.4 为门 1 的面积。0.365为墙厚。

内墙体积 $V_{内}=[(7.0-0.4)\times2\times4.2-1.0\times2.1\times2]\times0.365m^3$

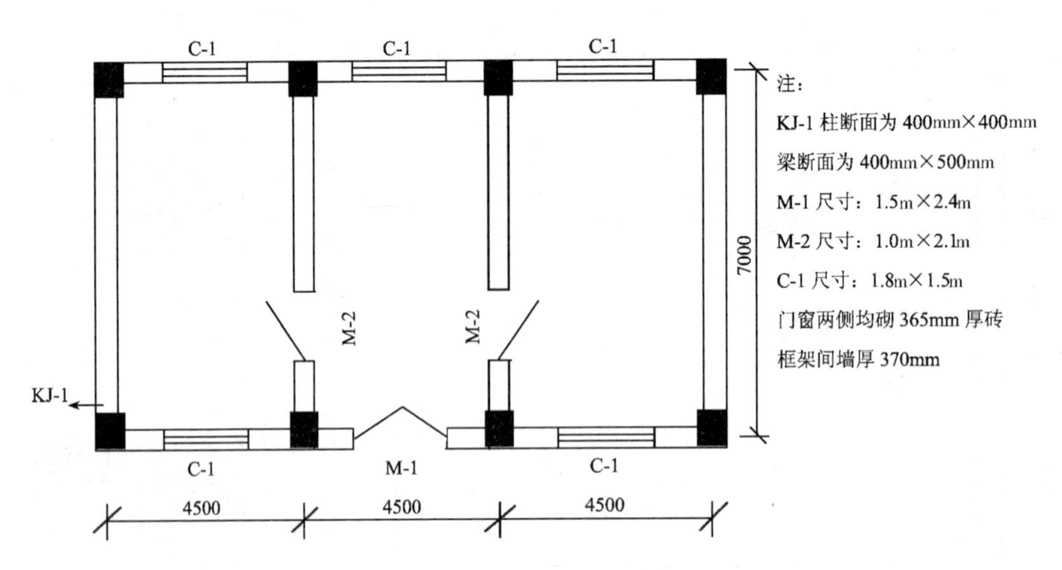

图 4-74 某框架结构示意图

$=(55.44-4.2)\times0.365\text{m}^3$

$=18.70\text{m}^3$

【注释】 (7.0－0.4)为内墙的净长，0.4 为柱子的截面边长，4.2 为内墙的墙高，1.0×2.1为门 2 的面积，2 为门 2 的个数，0.365 为墙厚。

$V_{总}=V_{外}+V_{内}=(51.71+18.70)\text{m}^3=70.41\text{m}^3$

清单工程量计算见表 4-77。

清单工程量计算表 **表 4-77**

项目编码	项目名称	项目特征描述	计量单位	工程量
010401003001	实心砖墙	实心砖墙，墙厚 365mm，墙高 4.2m	m³	70.41

(2) 定额工程量计算同清单工程量

套用基础定额 4-35。

说明：填充墙按外形尺寸以立方米计算，其中实砌部分已包括在定额内，不另计算。

项目编码 010401012 项目名称：零星砌砖

【例 4-76】 如图 4-75 所示，试计算 20m 高圆形砖砌烟囱筒身工程量。

【解】 (1) 清单工程量

按设计图示筒壁平均中心线周长乘以厚度乘以高度以体积计算，扣除各种孔洞、钢筋混凝土圈梁、过梁等的体积。

$$(1.4-0.15)\text{m}=1.25\text{m}$$

【注释】 为 1 段上部中心线边长。

$$(1.7-0.15)\text{m}=1.55\text{m}$$

【注释】 为 1 段下部中心线边长。

$$(1.7-0.2)\text{m}=1.50\text{m}$$

【注释】 为 2 段上部中心线边长。

(2.0−0.2)m＝1.80m

【注释】 为2段下部中心线边长。

1段：D_1＝(1.25＋1.55)/2m＝1.40m

【注释】 此为1段中心线平均边长。

2段：D_2＝(1.5＋1.8)/2m＝1.65m

【注释】 此为2段中心线平均边长。

烟囱各段体积：

1段：$V_1=2\pi\dfrac{D_1}{2}\times0.15\times10\text{m}^3$

$=3.14\times1.4\times0.15\times10\text{m}^3$

$=6.59\text{m}^3$

【注释】 $2\pi\dfrac{D_1}{2}$此为1段平均周长，0.15为厚度，10为高度。

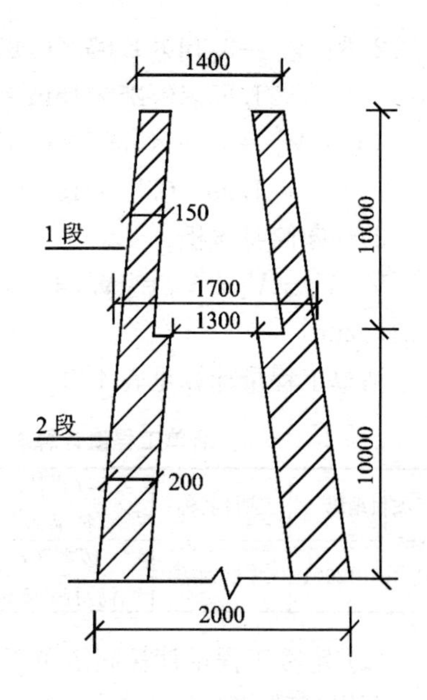

图4-75　烟囱剖面图

2段：$V_2=2\pi\dfrac{D_2}{2}\times0.2\times10\text{m}^3$

$=3.14\times1.65\times0.2\times10\text{m}^3$

$=10.36\text{m}^3$

【注释】 $2\pi\dfrac{D_2}{2}$此为2段平均周长，0.2为厚度，10为高度。

烟囱筒身体积：$V=V_1+V_2$＝(6.59＋10.36)m^3＝16.95m^3

清单工程量计算见表4-78。

清单工程量计算表　　**表4-78**

项目编码	项目名称	项目特征描述	计量单位	工程量
010401012001	零星砌砖	砖烟囱，筒身高20m	m^3	16.95

(2) 定额工程量计算同清单工程量

套用基础定额4-45。

项目编码：010401012　项目名称：零星砌砖

【例4-77】 如图4-76所示，试计算45m高方形砖砌烟囱筒身工程量。

【解】 (1) 清单工程量

1)烟囱各段中心线平均边长

1段：a_1＝(1.15＋1.55)/2m＝1.35m

【注释】 1.15为1.3−0.15，1.55为1.7−0.15。

2段：a_2＝(1.45＋1.85)/2m＝1.65m

【注释】 1.45为1.7−0.25，1.85为2.1−0.25。

3段：a_3＝(1.75＋2.15)/2m＝1.95m

【注释】 1.75为2.1−0.35，2.15为2.5−0.35。

2)烟囱各段体积

1段：$V_1=3.14\times1.35\times0.15\times15\text{m}^3=3.14\times1.35\times0.15\times15\text{m}^3=9.54\text{m}^3$

2 段：$V_2 = 3.14 \times 1.65 \times 0.25 \times 15\text{m}^3 = 3.14 \times 1.65 \times 0.25 \times 15\text{m}^3 = 19.43\text{m}^3$

3 段：$V_3 = 3.14 \times 1.95 \times 0.35 \times 15\text{m}^3 = 3.14 \times 1.95 \times 0.35 \times 15\text{m}^3 = 32.15\text{m}^3$

3)烟囱筒身体积

$V = V_1 + V_2 + V_3 = (9.54 + 19.43 + 32.15)\text{m}^3 = 61.12\text{m}^3$

清单工程量计算见表 4-79。

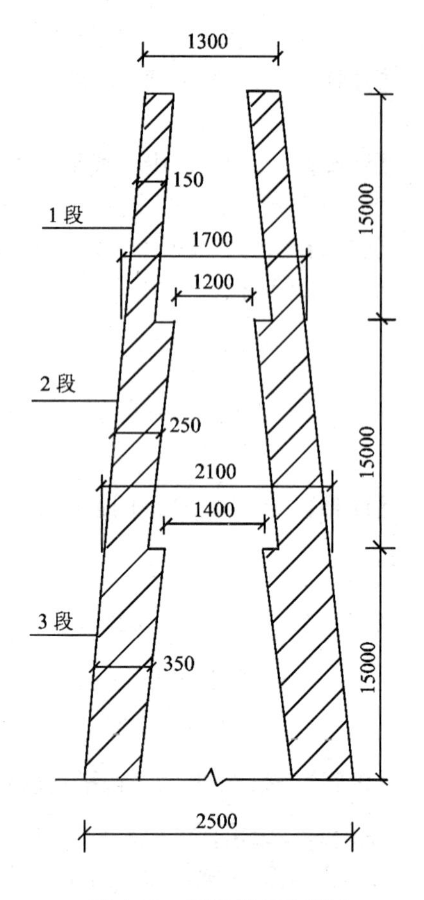

图 4-76 烟囱剖面示意图

清单工程量计算表　　　表 4-79

项目编码	项目名称	项目特征描述	计量单位	工程量
010401012001	零星砌砖	砖烟囱，筒身高 45m	m^3	61.12

(2) 定额工程量计算同清单工程量

套用基础定额 4-47。

项目编码：010401012　项目名称：零星砌砖

【例 4-78】 如图 4-77 所示，试求其圆锥、球形塔顶的工程量。

【解】 (1) 清单工程量

1) $V = \pi rkt$

式中　r——圆锥底面半径；

k——圆锥斜高；

t——厚度。

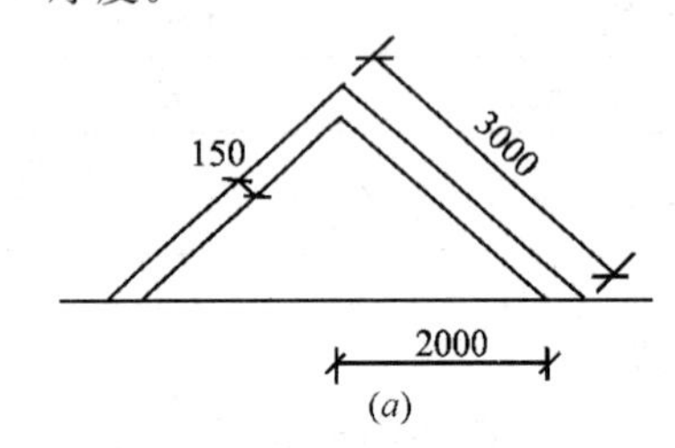

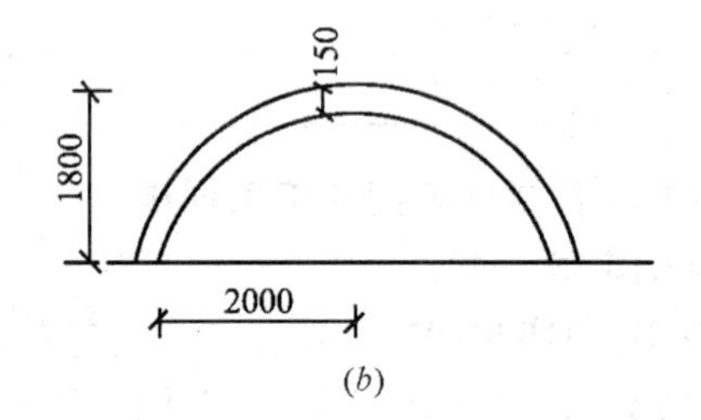

图 4-77 塔顶示意图

(a)圆锥形；(b)球形

$V = \pi rkt = 3.14 \times 2.0 \times 3.0 \times 0.15\text{m}^3 = 2.83\text{m}^3$

2) $V = \pi(a^2 + H^2)t$

式中　a——球形底面半径；

H——高；

t——厚度。

$V = \pi(a^2 + H^2)t = 3.14 \times (2.0^2 + 1.8^2) \times 0.15\text{m}^3 = 3.41\text{m}^3$

清单工程量计算见表 4-80。

清单工程量计算表　　表 4-80

序号	项目编码	项目名称	项目特征描述	计量单位	工程量
1	010401012001	零星砌砖	圆锥塔顶	m^3	2.83
2	010401012002	零星砌砖	球形塔顶	m^3	3.41

(2) 定额工程量计算同清单工程量

项目编码：010401012　项目名称：零星砌砖

【例 4-79】 如图 4-78 所示，试求一附墙烟道高 4.2m 的工程量。

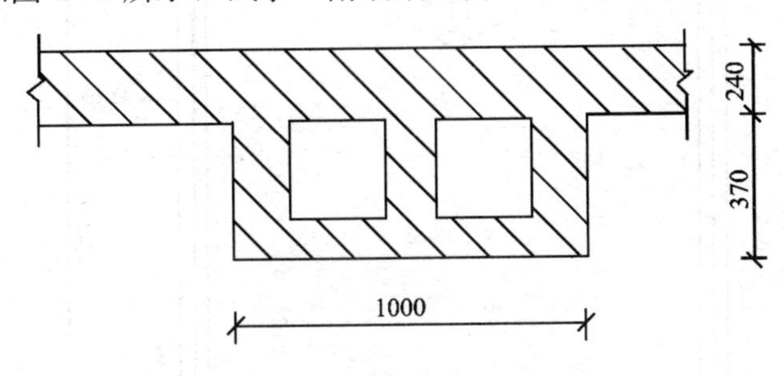

图 4-78　附墙烟道示意图

【解】 (1) 清单工程量

按图示尺寸以体积计算

$V=0.37\times1.0\times4.2m^3=1.55m^3$

【注释】 1.0 为砖砌烟道的长，0.37 为砖砌烟道的宽，4.2 为附墙烟道的高。

清单工程量计算见表 4-81。

清单工程量计算表　　表 4-81

项目编码	项目名称	项目特征描述	计量单位	工程量
010401012001	零星砌砖	砖烟道，烟道截面为方形，长 4.2m	m^3	1.55

(2) 定额工程量

附墙烟道按其外形体积计算，并入所依附的墙体积内，不扣除每一个孔洞横截面在 $0.1m^2$ 以下的体积，但孔洞内的抹灰工程量亦不增加。

外形体积　$0.37\times1.0\times4.2m^3=1.554m^3$

【注释】 1.0 为砖砌烟道的长，0.37 为砖砌烟道的宽，4.2 为附墙烟道的高。

折算面积为外形体积除以附墙的墙厚

$$S_{折}=V_{外}/0.24=1.554/0.24m^2=6.48m^2$$

套用基础定额 4-51。

项目编码：010401012　项目名称：零星砌砖

【例 4-80】 如图 4-79 所示，试求其砖砌烟道工程量(设烟道长 25m)。

【解】 (1) 清单工程量

图示尺寸以体积计算 $V=V_{立墙}+V_{拱顶}V_{立墙}=1.8\times2.0\times25m^3 0=90m^3$

【注释】 1.8 为砖砌烟道的宽，2.0 为砖砌烟道的高，25 为烟道的长。

$$V_{拱顶}=圆弧长\times拱厚\times拱长=ldL$$

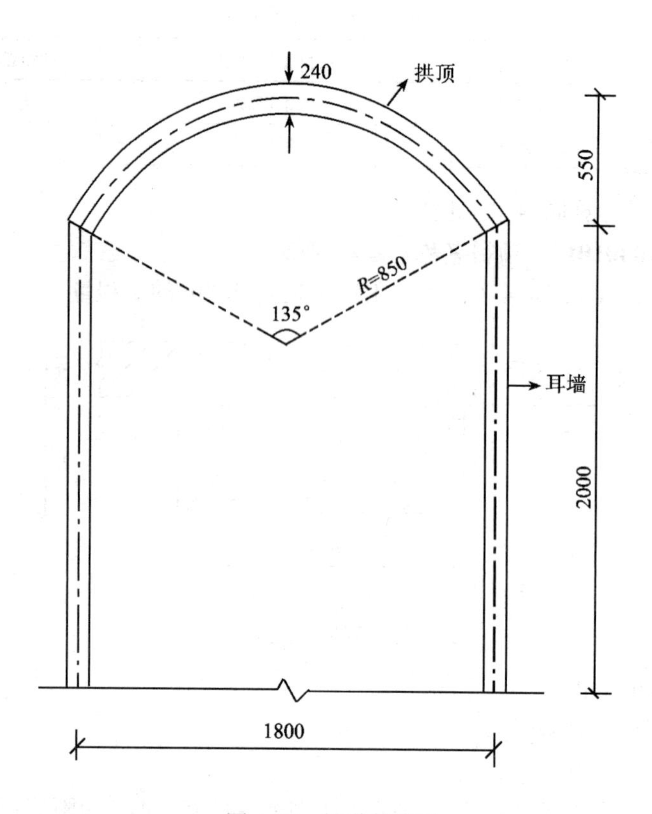

图 4-79　烟道断面图

其中 $l=\frac{\pi}{180}R\theta$

则　　　$V_{拱顶}=\frac{3.14}{180}\times0.85\times135\times0.24\times25m^3=12.01m^3$

【注释】 $\frac{3.14}{180}\times0.85\times135$ 此部分为圆弧长，0.24 为拱厚，25 为烟道长。

$$V=V_{立墙}+V_{拱顶}=(90+12.01)m^3=102.01m^3$$

清单工程量计算见表 4-82。

清单工程量计算表　　　　**表 4-82**

项目编码	项目名称	项目特征描述	计量单位	工程量
010401012001	零星砌砖	砖烟道，烟道截面为拱形，长 25m	m^3	102.01

(2) 定额工程量计算同清单工程量

说明：烟道工程量＝立墙体积＋弧顶体积

当拱弧标注尺寸为矢高 f 时，弧顶体积＝$abLk$

式中　a——拱顶厚度；

b——中心线跨度；

L——拱顶长度；

k——拱顶弧长系数(表 4-83)。

拱顶弧长系数表　　表 4-83

矢矩比$\frac{f}{b}$	$\frac{1}{2}$	$\frac{1}{2.5}$	$\frac{1}{3}$	$\frac{1}{3.5}$	$\frac{1}{4}$	$\frac{1}{4.5}$	$\frac{1}{5}$	$\frac{1}{5.5}$	$\frac{1}{6}$
弧长系数	1.571	1.383	1.274	1.205	1.159	1.127	1.103	1.086	1.073
矢矩比$\frac{f}{b}$	$\frac{1}{6.5}$	$\frac{1}{7}$	$\frac{1}{7.5}$	$\frac{1}{8}$	$\frac{1}{8.5}$	$\frac{1}{9}$	$\frac{1}{9.5}$	$\frac{1}{10}$	
弧长系数	1.062	1.054	1.047	1.041	1.037	1.033	1.027	1.026	

$$\frac{f}{b}=\frac{550}{1800}=\frac{1}{3.27}$$

利用拱顶弧长系数表采用内插法得　$k=1.234$

弧顶体积$=abLk=0.24\times1.8\times25\times1.234\text{m}^3=13.33\text{m}^2$

套用基础定额 4-52。

项目编码：010401011　项目名称：砖检查井

【例 4-81】 如图 4-80 所示，试求 10 座图示检查井的工程量。

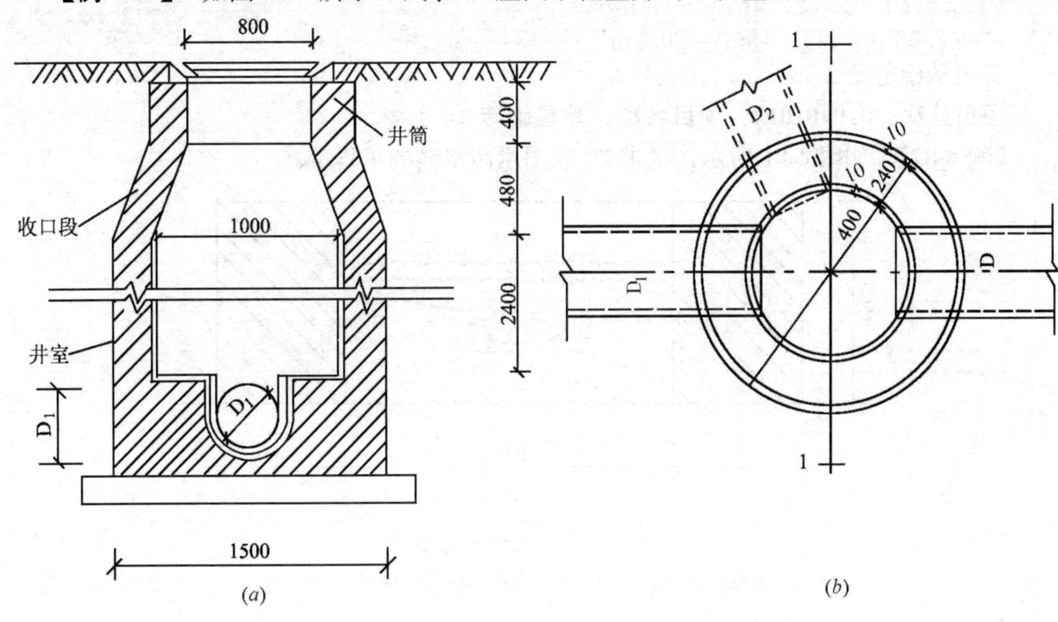

图 4-80　检查井平、剖面图

(a)1—1 剖面图；(b)平面图

【解】（1）清单工程量

检查井的工程量：10 座

清单工程量计算见表 4-84。

清单工程量计算表　　表 4-84

项目编码	项目名称	项目特征描述	计量单位	工程量
010401011001	砖检查井	井截面 R=400mm 的圆形截面	座	10

(2) 定额工程量

说明：以体积 m^3 计算，不分壁厚、洞口上的砖平拱旋等并入砌体体积内计算。

$$V=V_{圆柱体}+V_{圆台体}$$

$V_{圆柱体}=\pi h(井筒_1^2-r_1^2)+\pi h_2(井室_2^2-r_2^2)$

$=\pi h(0.64^2-0.4^2)+\pi h_2(0.74^2-0.5^2)$

$=[3.14\times0.4\times(0.64^2-0.4^2)+3.14\times2.4\times(0.74^2-0.5^2)]m^3$

$=(0.313+2.243)m^3$

$=2.56m^3$

$V_{圆台体1}=\dfrac{\pi h}{3}(R^2+r^2+Rr)$

$=\dfrac{3.14\times0.48}{3}\times(0.5^2+0.4^2+0.5\times0.4)m^3$

$=0.31m^3$

$V_{圆台体2}=\dfrac{\pi h}{3}(R^2+r^2+Rr)$

$=\dfrac{3.14\times0.48}{3}\times(0.74^2+0.64^2+0.74\times0.64)m^3$

$=0.72m^3$

$V_{圆台体}=(0.72-0.31)m^3=0.41m^3$

$V=(2.56+0.41)\times10m^3=29.7m^3$

套用基础定额 4-58。

项目编码：010401012　项目名称：零星砌砖

【例 4-82】 如图 4-81 所示，试求 20 座图示砖水池的工程量。

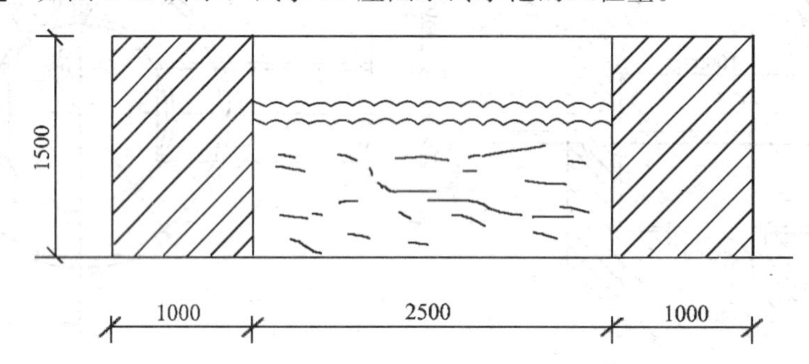

图 4-81　砖水池示意图

注：水池长 4.5m，水池底板厚 350mm，边缘砌壁厚 1000mm

【解】 (1) 清单工程量

砖水池工程量　20 个

清单工程量计算见表表 4-85。

清单工程量计算表　　**表 4-85**

项目编码	项目名称	项目特征描述	计量单位	工程量
010401012001	零星砌砖	砖水池，池截面 2500mm×1500mm，底板厚 350mm	个	20

(2) 定额工程量

$V=\{[(1.0\times2+2.5)\times(4.5+1.0\times2)-2.5\times4.5]\times(1.5+0.35)$

$+2.5\times4.5\times0.35\}\times20m^3$

$=(33.3+3.9375)\times20m^3$

$=744.75m^3$

【注释】 (1.0×2+2.5)为水池的宽，(4.5+1.0×2)为水池的长，1.0×2 为两侧边缘砌壁的厚，2.5×4.5 为水池中间加水的部分。(1.5+0.35)为水池的总高，0.35 为水池底板厚。2.5×4.5×0.35 为水池中间加水部分的底板体积。20 为座数。

项目编码：010401012　项目名称：零星砌砖

【例 4-83】 试求 15 座如图 4-82 所示的砖砌水池的工程量。

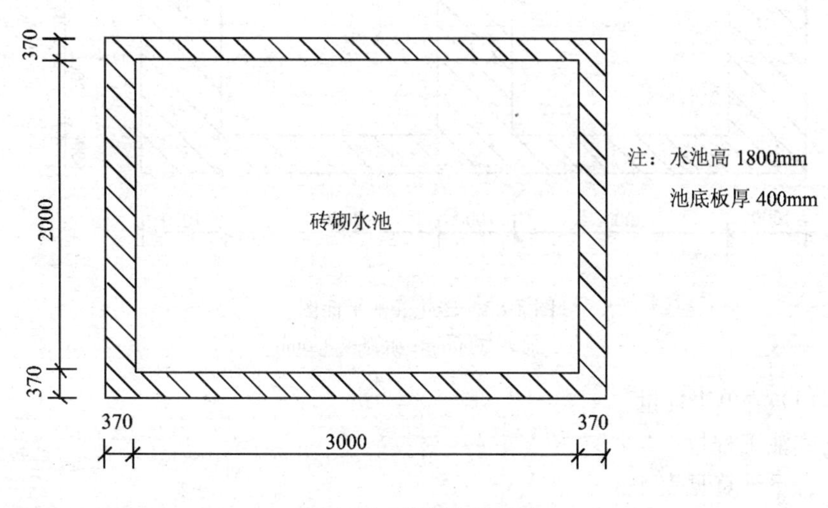

图 4-82　砖水池平面图

【解】 (1) 清单工程量

砖砌水池工程量：15 个。

清单工程量计算见表 4-86。

清单工程量计算表　　表 4-86

项目编码	项目名称	项目特征描述	计量单位	工程量
010401012001	零星砌砖	砖水池，池截面 3000mm×2000mm 的方形截面，底板厚 400mm	个	15

(2) 定额工程量

说明：砖水池工程量中的“座”计算包括挖土、运输、回填、井池底板、池壁等全部工程。

$V=\{[(3.0+0.37\times2)\times(2.0+0.37\times2)-3.0\times2.0]\times(1.8+0.4)+3.0\times2.0\times0.4\}m^3$

$=(9.345+2.4)m^3=11.75m^3$

【注释】 (3.0+0.37×2)为砖砌水池的长，(2.0+0.37×2)为砖砌水池的宽，0.37 为墙厚。3.0×2.0 为中间加水部分的截面面积。(1.8+0.4)为水池的高，0.4 为水池底板厚。3.0×2.0×0.4 为中间加水部分水池底板的体积。

$V_{总}=11.75m^3\times15=176.25m^3$

项目编码：010401012　项目名称：零星砌砖

【例 4-84】 如图 4-83 所示，试求其工程量。

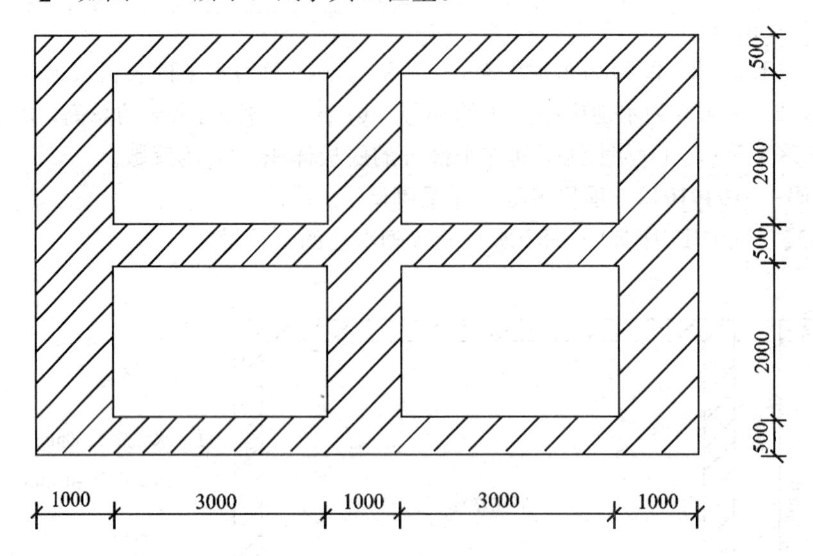

图 4-83　砖化粪池平面图

注：池高 2000mm；底厚板 350mm

【解】 (1) 清单工程量

砖砌化粪池工程量：4 个

清单工程量计算见表 4-87。

清单工程量计算表　　　　**表 4-87**

项目编码	项目名称	项目特征描述	计量单位	工程量
010401012001	零星砌砖	砖砌化粪池，池截面 3000mm×2000mm，底板厚 350mm	个	4

(2) 定额工程量

$V=\{[(1.0\times3+3.0\times2)\times(0.5\times3+2.0\times2)-3.0\times2.0\times4]\times(2.0+0.35)+2.0\times3.0\times0.35\times4\}\text{m}^3$

$=(25.5\times2.35+8.4)\text{m}^3$

$=68.33\text{m}^3$

【注释】 (1.0×3+3.0×2)为化粪池平面长，(0.5×3+2.0×2)为化粪池平面的宽，3.0×2.0×4 为中间四个装粪的部分的面积。(2.0+0.35)为化粪池的高，0.35 为底板的厚。2.0×3.0×0.35×4 为中间四个装粪的部分的底板的体积。

套用基础定额 4-57。

项目编码：010402001　项目名称：砌块墙

【例 4-85】 某建筑物如图 4-84 所示，室内净高 3.0m，内外墙均为 1 砖混水墙，用 M2.5水泥砂浆砌筑，试计算其砖墙工程量。

【解】 (1) 清单工程量

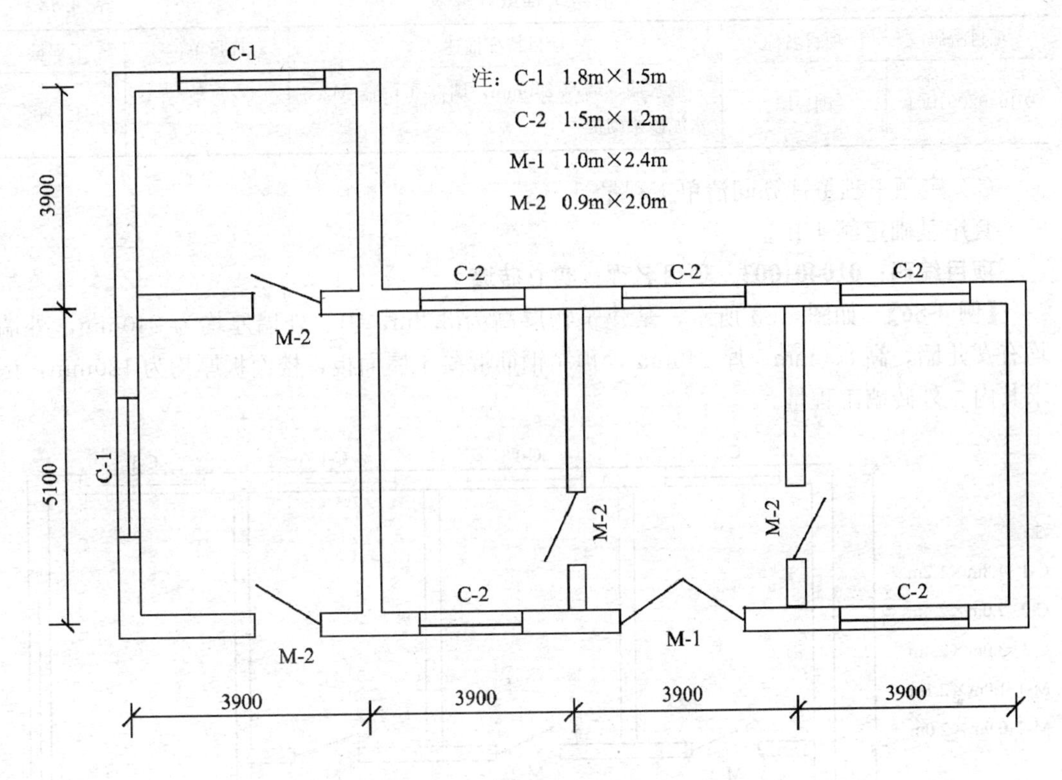

图 4-84 某建筑物平面图

1)计算门窗的体积：

$$C\text{-}1：1.8\times1.5\times0.24\times2m^3=1.30m^3$$

【注释】 1.8×1.5 为窗 1 的面积，0.24 为窗厚，2 为个数。

$$C\text{-}2：1.5\times1.2\times0.24\times5m^3=2.16m^3$$

【注释】 1.5×1.2 为窗 2 的面积，0.24 为窗厚，5 为个数。

$$M\text{-}1：1.0\times2.4\times0.24m^3=0.576m^3$$

【注释】 1.0×2.4 为门 1 的面积，0.24 为窗厚。

$$M\text{-}2：0.9\times2.0\times0.24\times4m^3=1.73m^3$$

【注释】 0.9×2.0 为门 2 的面积，0.24 为窗厚，4 为个数。

门窗总的体积：$(1.30+2.16+0.576+1.73)m^3=5.76m^3$

2) 计算砖墙体积：

外墙长：$L_{外}=(3.9\times4+5.1+3.9)\times2m=49.20m$

内墙净长：$L_{内}=[(3.9-0.24)+(5.1-0.24)\times3]m=18.24m$

砖墙体积：$V_1=(49.20+18.24)\times3.0\times0.24m^3=48.56m^3$

【注释】 (49.20＋18.24)砖墙的总长，3.0 为墙高，0.24 为墙厚。

3) 扣除门窗后砖墙的工程量

$V=(48.56-5.76)m^3=42.80m^3$

清单工程量计算见表 4-88。

清单工程量计算表 表 4-88

项目编码	项目名称	项目特征描述	计量单位	工程量
010402001001	砌块墙	混水墙，墙厚 240mm，墙高 3.0m，M2.5 水泥砂浆砌筑	m^3	42.80

(2) 定额工程量计算同清单工程量

套用基础定额 4-10。

项目编码：010401003 项目名称：实心砖墙

【例 4-86】 如图 4-85 所示，某建筑物层高为 3.3m，内、外墙厚均为 240mm，外墙均有女儿墙，高 800mm，厚 240mm，预制钢筋混凝土屋面板，楼面板厚均为 120mm，试求其内、外砖墙工程量。

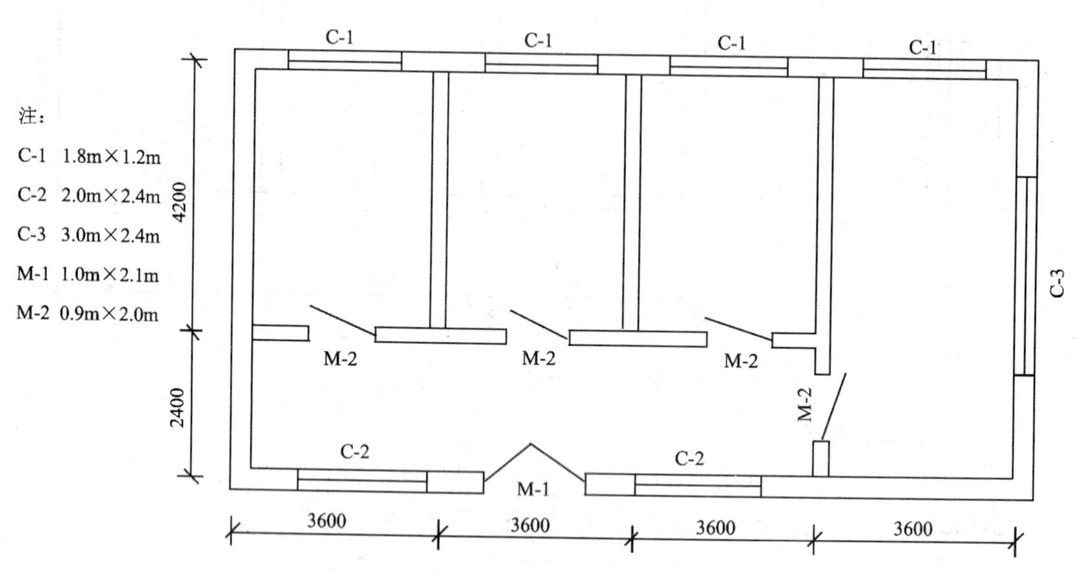

图 4-85 某建筑物平面图

【解】 (1) 清单工程量

1) 砖外墙：

外墙中心线长：$L_{外}$＝(3.6×4＋2.4＋4.2)×2m＝42.00m

砖女儿墙体体积＝42×0.8×0.24＝8.064m^2

【注释】 42 为女儿墙长，0.8 为女儿墙高，0.24 为墙厚。

砖外墙工程量＝(外墙中心线长×外墙高度)×墙厚＝42×3.3×0.24m^3＝33.26m^3

2) 砖内墙

内墙净长＝[(3.6－0.24)×3＋(4.2－0.24)×2]＋(4.2＋2.4－0.24)m

＝(10.08＋7.92)＋6.36m

＝24.36m

内墙墙身高度＝层高－钢筋混凝土板厚＝(3.3－0.12)m＝3.18m

内墙体积＝24.36×3.18×0.24m^3＝18.59m^3

【注释】 24.36 为内墙净长，3.18 为内墙净高，0.24 为墙厚。

3）门窗体积

C-1：1.8×1.2×0.24×4m^3＝2.07m^3

C-2：2.0×2.4×0.24×2m^3＝2.30m^3

C-3：3.0×2.4×0.24m^3＝1.73m^3

M-1：1.0×2.1×0.24m^3＝0.50m^3

M-2：0.9×2.0×0.24×4m^3＝1.73m^3

门窗总的体积：(2.07＋2.3＋1.73＋0.5＋1.73)＝8.33m^3

4）扣除门窗体积后的内外墙工程量

内墙工程量：V＝(18.59－1.73)m^3＝16.86m^3

外墙工程量：V＝[(33.26－2.07－2.30－1.73－0.50)＋8.06(女儿墙体积)]m^3

＝(26.65＋8.06)m^3

＝34.72m^3

$V_{总}$＝16.86＋34.72＝51.58m^3

【注释】 33.26为外墙的工程量，2.07、2.3、1.73、0.5为门窗的体积。

清单工程量计算见表4-89。

清单工程量计算表　　表4-89

项目编码	项目名称	项目特征描述	计量单位	工程量
010401003001	实心砖墙	实心砖墙，墙厚240mm，墙高3.3m	m^3	51.58

(2) 定额工程量计算同清单工程量

套用基础定额4-10。

说明：女儿墙高度，自外墙顶面至女儿墙顶面高度，分别从不同墙厚并入外墙计算。

项目编码：010401003　项目名称：实心砖墙

【例4-87】 某办公楼如图4-86所示，钢筋混凝土屋面板上表面高为3.3m，屋面板厚120mm，外墙均有女儿墙，墙厚240mm，女儿墙高1000mm，内外墙均用1砖混水墙，M2.5水泥混合砂浆砌筑，试求其砖砌内外墙工程量。

【解】 (1) 清单工程量

1）门窗体积

C-1：2.0×1.8×0.24×7m^3＝6.05m^3

C-2：1.5×1.2×0.24m^3＝0.43m^3

M-1：2.0×2.4×0.24m^3＝1.15m^3

M-2：1.0×2.1×0.24×7m^3＝3.53m^3

2）过梁、圈梁体积

内墙上过梁、圈梁体积为2.0m^3

外墙上过梁、圈梁体积为2.5m^3

3）砖外墙体积

砖外墙中心线长$L_{外}$＝(4.5×5＋2.4＋3.9)×2m＝57.6m

女儿墙体积＝57.6×1.0×0.24m^3＝13.824m^3

【注释】 57.6为女儿墙的长，1.0为女儿墙的墙高，0.24为墙厚。

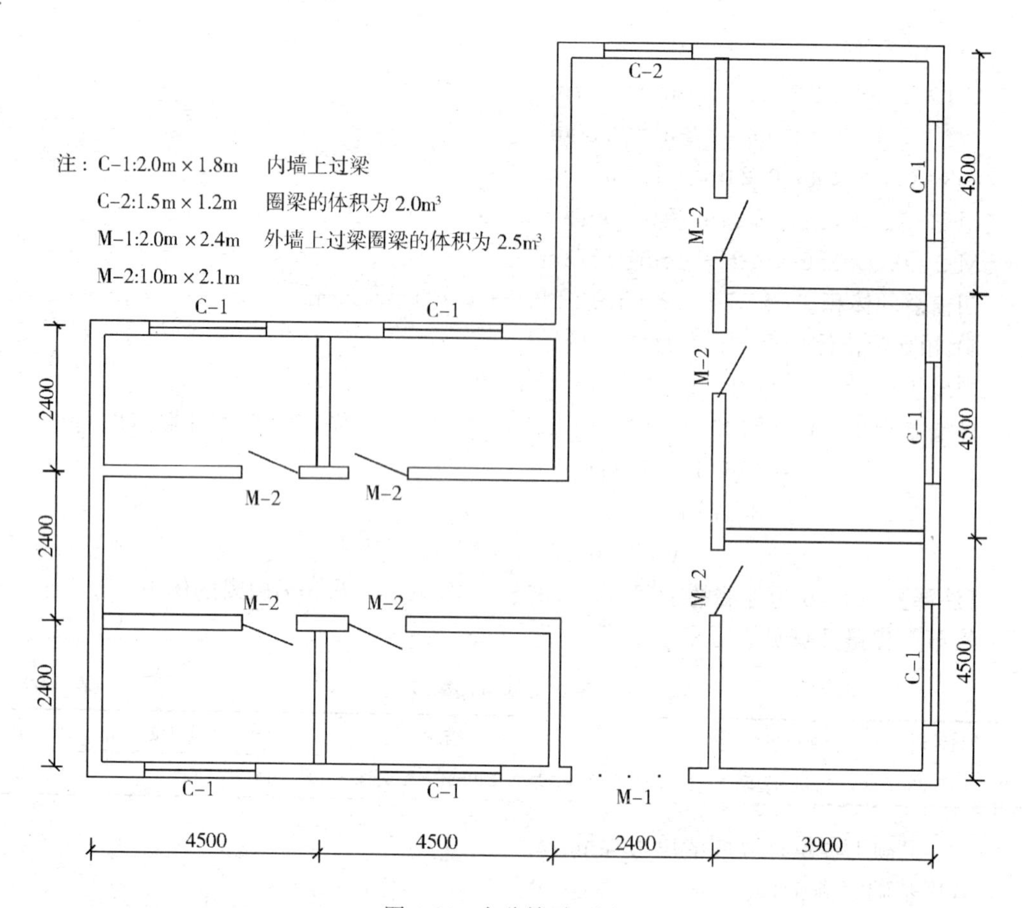

图 4-86 办公楼平面图

外墙工程量=(外墙中心线长×外墙高度×墙厚)-外门窗体积-圈梁、过梁体积+女儿墙体积

$=[(57.6\times3.3\times0.24)-6.048-0.432-1.152-2.5+13.824]\text{m}^3$

$=(45.619-10.132+13.824)\text{m}^3$

$=49.31\text{m}^3$

【注释】 6.048、0.432、1.152为外墙门窗体积，2.5为过梁的体积，13.284为女儿墙的工程量。

4) 砖内墙体积

砖内墙净长：$L_{内}=[(4.5-0.24)\times4+(3.9-0.24)\times2+(2.4-0.24)\times4+(4.5-0.24)\times3]\text{m}$

$=(17.04+7.32+8.64+12.78)\text{m}$

$=45.78\text{m}$

内墙高=层高-钢筋混凝土板厚=(3.3-0.12)m=3.18m

内墙体积$=[45.78\times3.18\times0.24-3.528-2.0]\text{m}^3$

$=(34.939-24.696-2.0)\text{m}^3$

$=29.41\text{m}^3$

【注释】 45.78为内墙线净长，3.18为内墙高，0.24为墙厚。3.528为内墙的门窗体积。2.0 为内墙过梁、圈梁的体积 。

清单工程量计算见表 4-90。

清单工程量计算表 **表 4-90**

项目编码	项目名称	项目特征描述	计量单位	工程量
010401003001	实心砖墙	实心砖墙，墙厚 240mm，墙高 3.3m，M2.5 水泥混合砂浆	m^3	29.41

(2) 定额工程量计算同清单工程量

套用基础定额 4-10。

项目编码：010401003　项目名称：实心砖墙

【例 4-88】 试求图 4-87 所示附墙砖垛工程量。

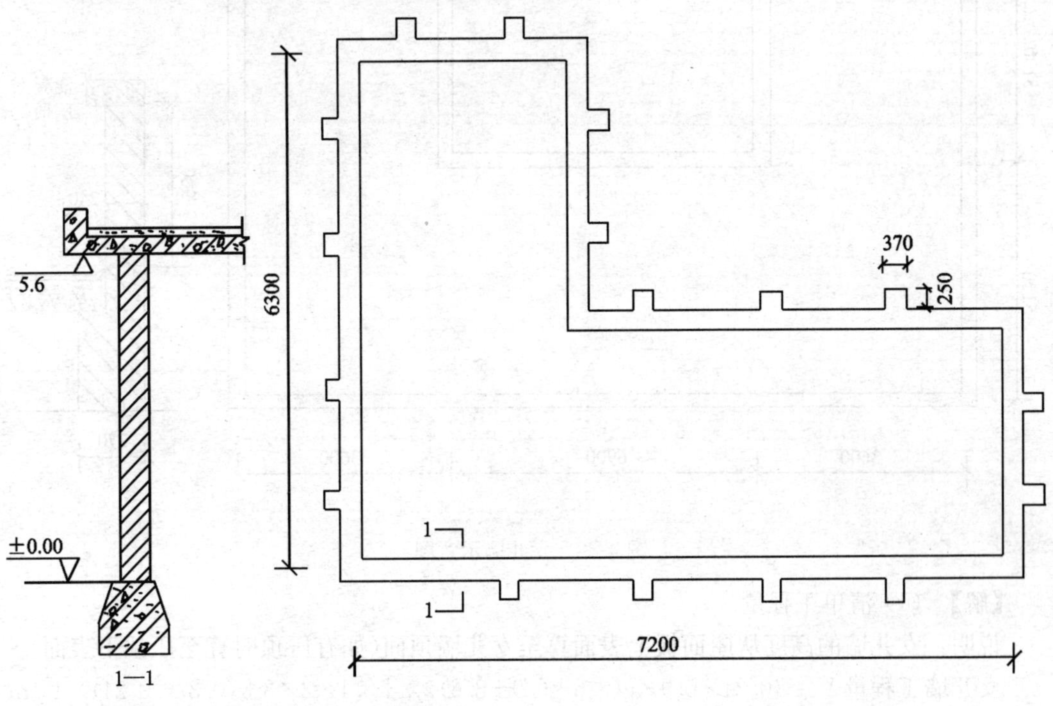

图 4-87　附墙砖垛

【解】 (1) 清单工程量

说明：凸出墙面的砖垛并入墙体体积内。

1) 墙垛工程量

$$V_1 = 0.25 \times 0.37 \times 5.6 \times 17 m^3 = 8.81 m^3$$

【注释】 0.25 为附墙垛的宽，0.37 为附墙垛的长，5.6 为墙垛的高。17 为墙垛的个数。

2) 砖体工程量

$$V_2 = (7.2 + 6.3) \times 2 \times 0.37 \times 5.6 m^3 = 55.94 m^3$$

【注释】 (7.2+6.3)×2 为外墙中心线总长，0.37 为墙厚，5.6 为墙高。

3) 砖垛和砖墙工程量合计

$$V=V_1+V_2=(8.81+55.95)\mathrm{m}^3=64.75\mathrm{m}^3$$

清单工程量计算见表 4-91。

清单工程量计算表 **表 4-91**

项目编码	项目名称	项目特征描述	计量单位	工程量
010401003001	实心砖墙	实心砖墙，墙垛厚 250mm，墙垛高 5.6m	m^3	64.75

(2) 定额工程量计算同清单工程量

套用基础定额 4-11。

【例 4-89】 试求图 4-88 女儿墙的工程量。

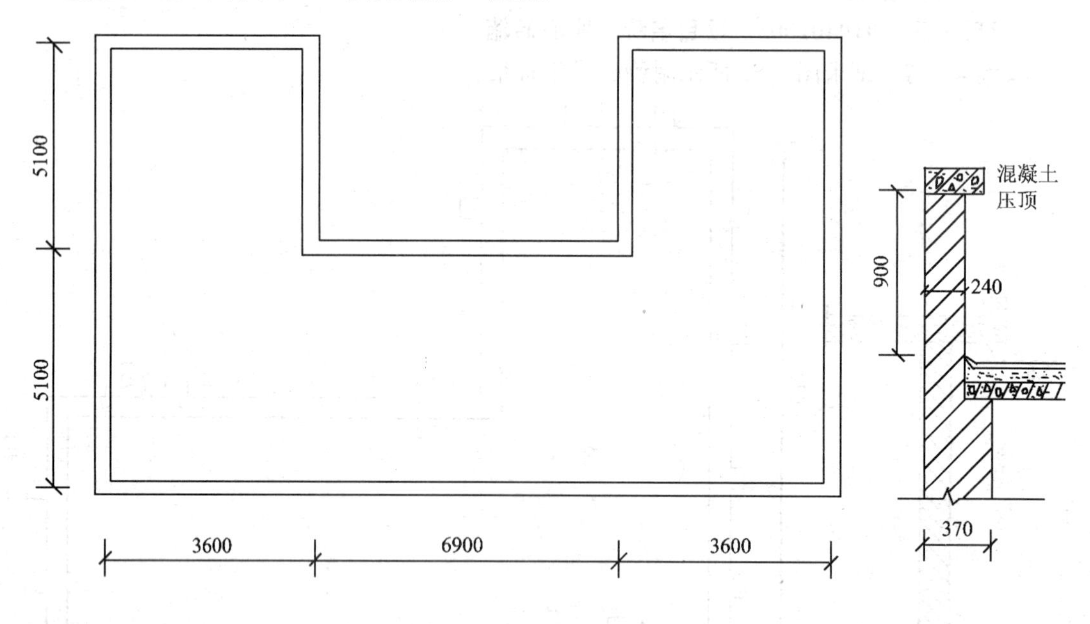

图 4-88 女儿墙示意图

【解】 (1) 清单工程量

说明：女儿墙的高度从屋面板上表面算至女儿墙顶面(如有压顶时算至压顶下表面)。

女儿墙工程量 $V=\{0.24\times0.9\times[(3.6+6.9+3.6)\times2+5.1\times2\times3+(0.37-0.24)\times4]\}\mathrm{m}^3$

$=0.216\times(28.2+30.6+0.52)\mathrm{m}^3$

$=12.81\mathrm{m}^3$

【注释】 0.24 为女儿墙厚，0.9 为高，$[(3.6+6.9+3.6)\times2+5.1\times2\times3+(0.37-0.24)\times4]$此部分为女儿墙中心线的总长。

(2) 定额工程量

套用基础定额 4-10。

说明：女儿墙的砖压顶，围墙的砖压顶突出墙面部分不计算体积，压顶顶面凹进墙面的部分也不扣除。

项目编码：010402001 项目名称：砌块墙

【例 4-90】 试求图 4-89 所示框架间硅酸盐砌块墙的工程量。

【解】 (1) 清单工程量

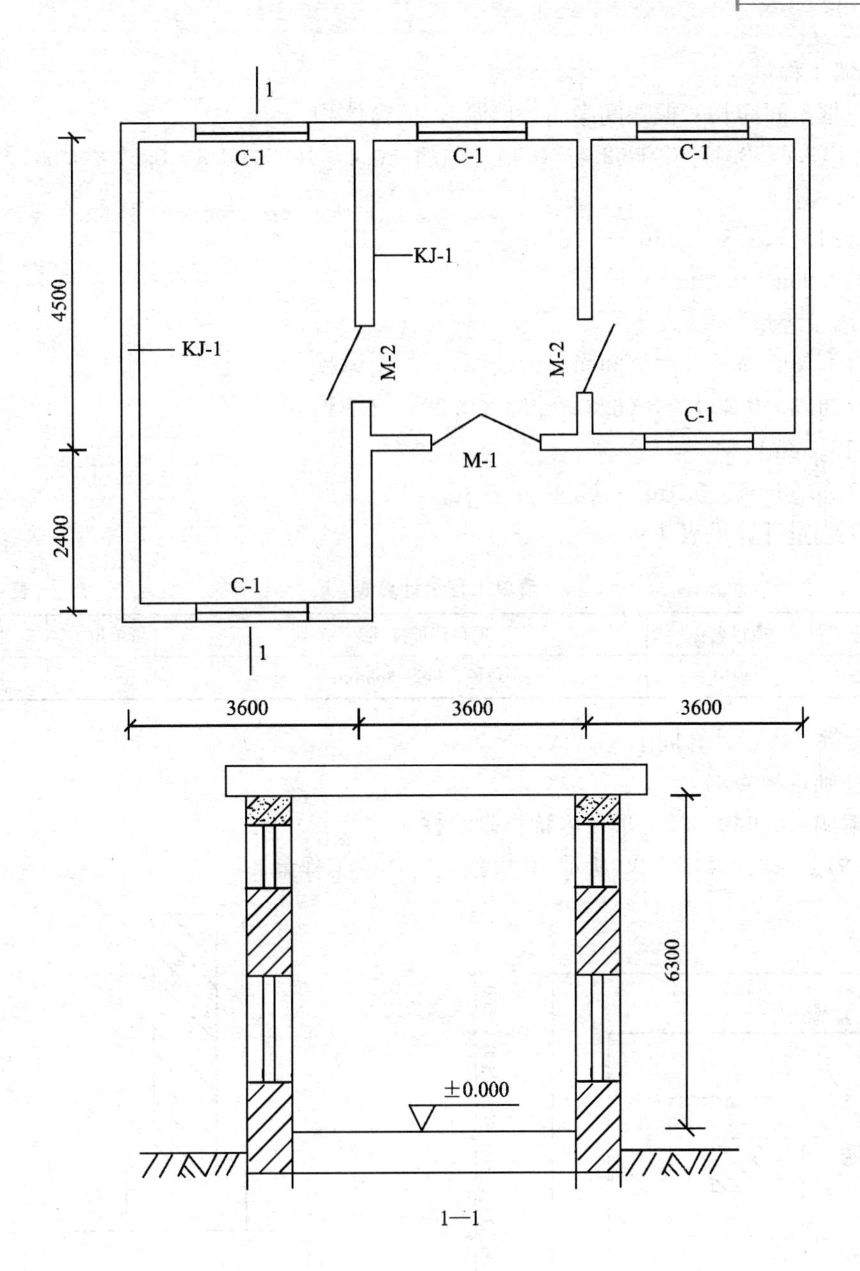

图 4-89 砖块墙示意图

注：KJ-1 柱断面为 400mm×400mm；梁断面为 400mm×500mm

M-1：1.8m×2.4m

M-2：1.2m×2.1m

C-1：1.8m×1.5m

门窗两侧均砌 365mm 厚的砖

1）门窗体积

M-1：$1.8 \times 2.4 \times 0.365m^3 = 1.58m^3$

M-2：$1.2 \times 2.1 \times 0.365m^3 \times 2 = 0.9324m^3 \times 2 = 1.84m^3$

C-1：$1.8 \times 1.5 \times 0.365m^3 \times 5 = 4.93m^3$

2）外墙工程量

$V_{外}$＝[框架间净长×框架间净高×墙厚]－门窗体积

＝{[(3.6－0.4)×3＋(2.4－0.4)＋(4.5－0.4)]×2×(6.3－0.5)×0.365－1.58－4.93}m^3

＝(31.4×5.8×0.365－6.51)m^3

＝59.96m^3

3）内墙工程量

$V_{内}$＝(框架间净长×框架间净高×墙厚)－门窗体积

＝[(4.5－0.4)×2×(6.3－0.5)×0.365－1.84]m^3

＝15.52m^3

$V_{总}$＝(59.96＋15.52)m^3＝75.48m^3

清单工程量计算见表 4-92。

清单工程量计算表 **表 4-92**

项目编码	项目名称	项目特征描述	计量单位	工程量
010402001001	砌块墙	砌块墙，墙厚 365mm	m^3	75.48

(2) 定额工程量计算同上

套用基础定额 4-34

项目编码：010402002　项目名称：砌块柱

【例 4-91】 试计算图 4-90 所示 10 根独立砖柱的工程量。

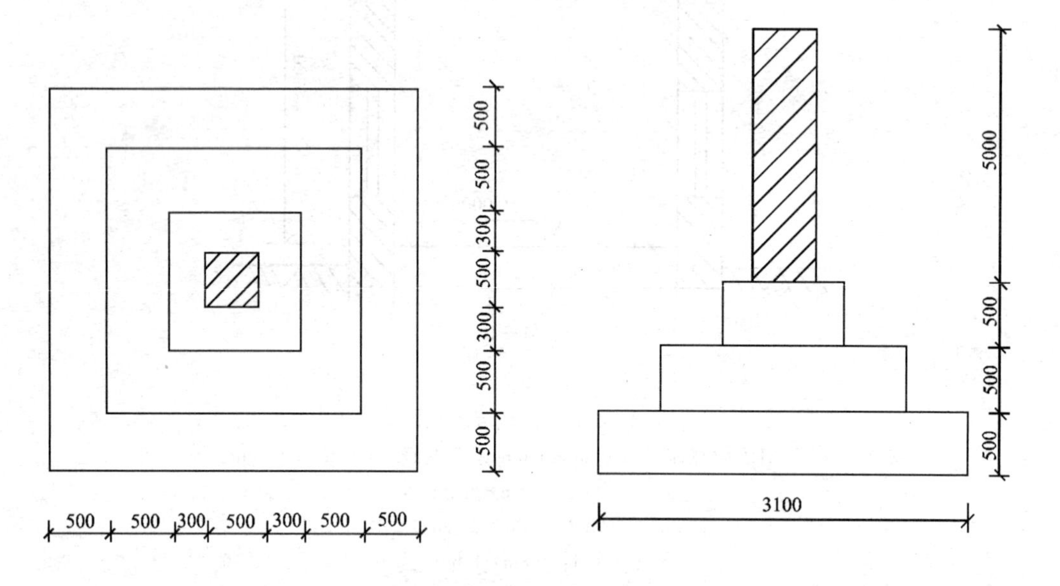

图 4-90　独立砖柱 示意图

【解】 (1) 清单工程量

说明：按设计图示尺寸以体积计算，扣除混凝土及钢筋混凝土梁垫梁头、板头所占体积。

1）方形砖柱体积＝0.5×0.5×5×10m^3＝12.50m^3

【注释】 0.5×0.5 为柱截面面积，5 为柱高，10 为柱的根数。

2）方形砖柱基础体积

最上层大放脚体积：$V_1 = 1.1 \times 1.1 \times 0.5\text{m}^3 = 0.61\text{m}^3$

【注释】 1.1×1.1 为最上层大放脚截面面积，0.5 为最上层大放脚高。

中间大放脚体积：$V_2 = 2.1 \times 2.1 \times 0.5\text{m}^3 = 2.21\text{m}^3$

【注释】 2.1×2.1 为中间大放脚截面面积，0.5 为中间大放脚高。

最下层大放脚体积：$V_3 = 3.1 \times 3.1 \times 0.5\text{m}^3 = 4.81\text{m}^3$

【注释】 3.1×3.1 为最下层大放脚截面面积，0.5 为最下层大放脚高。

$V_{基础} = (V_1 + V_2 + V_3) \times 10 = (0.605 + 2.205 + 4.805) \times 10\text{m}^3 = 76.15\text{m}^3$

【注释】 基础的体积为三层大放脚的体积之和。

3）柱及柱基总体积

$V = V_{柱} + V_{基础} = (12.5 + 76.15)\text{m}^3 = 88.65\text{m}^3$

清单工程量计算见表 4-93。

清单工程量计算表 **表 4-93**

序号	项目编码	项目名称	项目特征描述	计量单位	工程量
1	010401009001	实心砖柱	独立柱，柱截面 500mm×500mm，柱高 5.0m	m^3	12.50
2	010401001001	砖基础	独立基础，基础深 1.5m	m^3	76.15

(2) 定额工程量同清单工程量

套用基础定额 4-40。